城镇工程计量与计价

主　编　何　俊　陈送财

副主编　樊宗义　费家仓　艾思平

编　委　张　延　张晓战　何　芳

王旭东　袁　敏

主　审　陈方葵

合肥工业大学出版社

内 容 提 要

本书是根据《建设工程工程量清单计价规范》(GB50500—2008)编写的。书中简单介绍了城镇建筑工程及城镇道路工程造价组成、计价模式、消耗量定额、施工图计价方法。重点介绍了建筑工程和市政工程的工程量清单编制、工程量清单计价、工程造价软件的应用、设计案例。本书突出了职业教育的特点,强调实用,案例教学,图文并茂、通俗易懂。

本书可作为高等职业教育建筑工程类、市政工程类专用教材,也可作为工程造价、建筑工程管理专用教材,以及相应的资格认证考试和实际工程造价编制人员的参考用书。

图书在版编目(CIP)数据

城镇工程计量与计价/何俊,陈送财主编．—合肥:合肥工业大学出版社,2010.10

ISBN 978-7-5650-0267-0

Ⅰ.①城… Ⅱ.①何…②陈… Ⅲ.①城镇—建筑工程—计量—高等学校:技术学校—教材②城镇—建筑工程—工程造价—高等学校:技术学校—教材 Ⅳ.①TU723.3

中国版本图书馆 CIP 数据核字(2010)第 168307 号

城镇工程计量与计价

主编 何 俊 陈送财 责任编辑 陆向军 田春燕

出 版	合肥工业大学出版社	版 次	2010 年 10 月第 1 版
地 址	合肥市屯溪路 193 号	印 次	2010 年 10 月第 1 次印刷
邮 编	230009	开 本	787 毫米×1092 毫米 1/16
电 话	总编室:0551—2903038	印 张	22
	发行部:0551—2903198	字 数	532 千字
网 址	www.hfutpress.com.cn	印 刷	安徽江淮印务有限责任公司
E-mail	press@hfutpress.com.cn	发 行	全国新华书店

ISBN 978-7-5650-0267-0 定价:39.80 元

前　言

《城镇工程计量与计价》是国家示范建设院校重点建设专业——城镇建设专业的专业建设与课程改革的重要成果之一。

本书根据教育部有关指导性精神和意见，充分吸收高职教育相关课程改革的成果，着力体现“职业性”与“高等性”的高职教育特色，依照国家示范性高职高专专业——城镇建设专业人才培养目标对本课程的要求，遵循城镇建设专业以项目为载体，“工学交替任务驱动”的工学结合人才培养模式，以“工作过程为导向”进行开发的。在校企共同开发的课程标准与教学组织设计、教学大纲的基础上，由院内经验丰富的教师和企业具有较强实践经验的工程师组成校企合作编写团队，共同编写而成。通过分析建筑工程造价的工作过程，结合岗位要求和职业标准，将原学科体系进行解构，通过 4 个学习项目(包括若干个案例)，对施工预算中所需要的知识、能力和素质进行强化。

本书的 4 个学习项目分别是：学习项目 1 砖混结构工程计量与计价、学习项目 2 框架结构工程计量与计价、学习项目 3 道路工程计量与计价、学习项目 4 综合实训。每一学习项目由若干个情境构成，并配有相应的案例，供学生在理论知识学习后，及时进行实践练习，加深对理论知识的理解。本书突出了职业技术教育的特点，强调实用性。

本书由何俊(安徽水利水电职业技术学院高工、副教授)、陈送财(安徽水利水电职业技术学院高工、副教授)担任主编，安徽水利水电职业技术学院教师樊宗义、费家仓、艾思平担任副主编。艾思平编写 1.1、2.3 及综合实训；王旭东编写 1.2；何俊编写 1.4、2.1、2.2 及综合实训；陈送财编写 1.5 和 1.3；张延编写 1.7 和 2.2；张晓战编写 1.6 和综合实训；樊宗义编写 3.1 和综合实训；费家仓编写 3.2 和综合实训；何芳编写 1.8 和综合实训；安徽工业经济职业技术学院教师袁敏编写 2.1 部分内容。

本书由陈方葵(安徽水安建设发展股份有限公司高工、造价工程师)主审。

本书在编写过程中，得到了学院及系领导的大力支持，同时也得到了黄河水利职业技术学院吴韵侠老师、杨凌职业技术学院张小林老师的大力帮助，在此表示最真挚的谢意！

本书在编写中引用了大量的规范、专业文献和资料，恕未在书中一一注明。在此，对有关作者表示诚挚的谢意！

限于编者水平有限，不足之处在所难免，恳请读者批评指正。

编　者

2010 年 10 月

目　录

学习项目 1　砖混结构工程计量与计价

【项目描述】　某高校新建教职工住宅楼为六层砖混结构，结构安全等级二级，耐火等级二级，抗震设防烈度为 7 度，建筑总面积为 3 626 m^2。施工图主要有建筑说明、总平面图、一层平面图、标准层平面图、顶层平面图、基础平面图、一层结构图、标准层结构图、顶层结构图、给排水图、电气防雷接地等施工图，根据施工现场及施工图纸，采用施工方案如下：

(1)基础土方开挖采用人工配合挖掘机开挖。

(2)建筑材料就地购买，混凝土采用商品混凝土。

(3)土方工程、墙体砌筑、钢筋混凝土结构按施工规范执行。

【项目剖析】　本项目涉及砖混结构住宅楼工程概况描述、工程施工图纸及施工方案，根据《建设工程工程量清单计价规范》(GB50500—2008)、安徽省建筑工程消耗量定额(2005)、安徽省建筑工程计价规范及施工方案和市场行情，进行砖混结构住宅楼清单项目设置、工程量计算及工程计价。

表 1-1　工作任务表

能力目标	主讲内容	学生完成任务	评价标准	
掌握砖混结构工程工程量清单项目设置及工程量计算	砖混结构工程工程量清单项目设置及工程量计算	熟悉、掌握砖混结构工程工程量清单项目设置及工程量计算	优秀	熟练掌握砖混结构工程工程量计算并进行清单项目设置、能利用软件操作
			良好	掌握砖混结构工程工程量计算并进行清单项目设置
			合格	熟悉砖混结构工程工程量计算并进行清单项目设置
掌握砖混结构工程工程量清单计价	城镇砖混结构工程量清单计价方法	熟悉、掌握砖混结构工程工程量清单计价方法	优秀	熟练掌握砖混结构工程工程量清单计价方法、能利用软件进行计价
			良好	掌握砖混结构工程工程量清单计价方法
			合格	熟悉砖混结构工程工程量清单计价方法

【具体项目】

学习情境 1.1　基本建设概述

1.1.1　基本建设的概念、分类和划分

1.1.1.1　基本建设的概念

基本建设，就是形成固定资产的生产过程，或是对一定固定资产的建筑、安装以及相关

联的其他工作的总称。

固定资产是指可供长期使用的，并在其使用过程中保持其原有物质资源形态的劳动手段，主要包括劳动过程中劳动者所使用的各种设备、生产工具以及为保证生产正常进行所必需的建筑物、构筑物、运输工具等。

在我国会计制度中，凡称固定资产的，应具备以下条件：①使用期超过一年，单位价值在规定限额（按企业规模大小分别规定）以上的劳动资料；②使用期限在两年以上，单位价值在2 000元以上，但不属于劳动资料范围的非生产经营的房屋设备。

1.1.1.2 基本建设的分类和划分

基本建设是由一个一个的建设项目组成的，建设项目是基本建设活动的体现。所谓建设项目，简单地说，是按一个总体设计进行建设的各个单项工程所构成的总体，如一个工厂、一所学校、一所医院、一个住宅小区等。

1. 建设项目的分类

由于工程建设项目种类繁多，为了适应科学管理的需要，要正确反映工程建设项目的性质、内容和规模，可以从不同的角度对工程建设项目进行分类。

（1）按建设项目的性质分

1）新建项目：是指从无到有平地起家的全新建设项目，或对原有项目重新进行总体设计，并使其新增固定资产价值超过原有固定资产价值3倍以上的建设项目。

2）扩建项目：是指在原有规模上为增加生产能力或建筑面积而新建的主要车间和工程的项目。应当说明的是，按照现行制度规定，分期建设项目，在一期工程建成之后的续建项目，属于扩建项目；原有基础很小而经扩建后固定资产价值增加很多（如3倍以上）者，应视为新建项目。

3）改建项目：是指为改进产品方向，改进产品质量或现有设施的功能而对原有固定资产进行整体性改造的项目。

4）恢复项目：是专指因自然灾害、战争或人为的灾害等，造成原有固定资产全部或部分报废，而后又按规模重新恢复的项目。

5）迁建项目：是指为了改变生产的布局或由于其他因素，将原有单位迁至异地重建的项目。

（2）按建设项目的用途分

按建设项目在国民经济中的用途，基本建设可分为生产性建设项目和非生产性建设项目两大类。

1）生产性建设项目是指直接用于物质生产或为满足物质生产需要而进行的建设项目，包括工业建设、农林建设、水利建设、气象建设、交通运输建设、邮电建设、商业和物资供应设施建设、地质资源勘察建设等。

2）非生产性建设项目是指为人民的物质和文化生活福利需要而建设的项目，包括住宅建设、文教卫生建设、公共和生活服务事业建设、科学实验研究设施建设、行政机关与社会团体建造的办公楼等以及不属于以上各类的其他非生产性建设。

（3）按投资的来源分

按投资来源分，基本建设可分为国家投资和自筹资金。

1）国家投资是指国家预算直接安排的建设项目。

2)自筹资金是指国家预算直接安排以外的投资项目,自筹资金项目又可分为地方自筹(指省、地市、县各级地方财政安排用于基本建设的投资)和企业事业单位自筹投资的建设项目。国家投资可以用拨款或贷款方式进行,企事业单位自筹投资可以是自有资金也可以是信贷资金,或是两者兼有。

(4)按项目建设过程不同分

1)筹建项目,是指在计划年度内,只做准备而并未开工的项目。

2)在建项目,是指正在施工中的项目。

3)投产项目,是指全部竣工并以投产或交付使用的项目。

(5)按建设规模大小分

按项目规模大小分为大型、中型和小型建设项目,或限额以上和限额以下的建设项目。其划分标准各个行业是不同的。

不同等级的建设项目,国家规定的审批机关和报建程序不尽相同。生产性建设项目中的能源、交通、原材料部门的工程项目,投资限额达到5 000万元以上为大中型建设;其他部门及非工业建设项目,投资限额达到3 000万元以上为大中型建设。能源、交通、原材料部门投资限额达到5 000万元及以上工程项目和其他部门及非工业部门投资限额达到3 000万元及以上的项目为限额以上项目,否则为限额以下项目。

(6)按行业性质和特点分

按行业性质和特点分为竞争性建设项目、基础性建设项目、公益性建设项目。

1)竞争性建设项目是指投资效益比较高、竞争性比较强的一般性建设项目。

2)基础性建设项目是指具有自然垄断性、建设周期长、投资额大而效益低的基础设施和需要政府重点扶持的一部分基础工业项目,以及直接增强国力的符合经济规模的支柱产业项目。

3)公益性建设项目主要包括科技、文教、卫生、体育和环保等设施,公、检、法等政权机关以及政府机关、社会团体办公设施等。

2. 建设项目的划分

在工程项目实施过程中,为了准确确定整个建设项目的建设费用,必须对项目进行科学的分析、研究,进行合理划分,把建设项目划分为简单的、便于计算的基本构成项目,汇总求出工程项目造价。

一个建设项目是一个完整配套的综合性产品,国家统计部门统一规定将基本建设工程分为建设项目、单项工程、单位工程、分部工程、分项工程等五个项目层次。

(1)基本建设项目(简称建设项目),指具有设计任务书和总体设计,经济上实行统一核算,管理上具有独立组织形式的基本建设单位。在工业建筑中,往往以一个企业或企业联合体作为建设项目,如大庆油田、江淮汽车制造厂。在民用建筑中,往往以一个住宅小区或一个事业单位为一个建设项目,如安徽水利水电职业技术学院、合肥市新华学府花园等。

(2)单项工程(又叫工程项目),是具有独立的设计文件,建成后能独立发挥生产能力或效益的工程。生产性建设项目的单项工程,一般是指能独立生产的车间,包括厂房建筑、设备与管道安装以及工具、器具、仪器的购置等。非生产性建设项目的单项工程,是指一所学校的教学楼、图书馆、学生公寓等。单项工程是建设项目的组成部分,一个建设项目可以由一个或几个单项工程组成。单项工程造价组成建设项目总造价,其工程产品价格是由编制单项工程综合造价确定的。

(3)单位工程,是具有独立设计,可以独立组织施工,但竣工后一般是不能独立发挥生产能力和效益的工程。它是单项工程的组成部分,如一个生产车间是由厂房建筑、电器照明、给水排水、工业管道安装、机械设备安装、电器设备安装等单位工程组成,民用建筑中住宅楼由建筑工程、装饰工程、安装工程等单位工程组成。单位工程是编制设计总概算、单项工程综合概预算造价的基本依据。单位工程造价一般可由编制施工图预算确定。

(4)分部工程,是单位工程的组成部分。它是按单位工程的结构形式、工程部位、构件性质、使用材料、设备种类及型号的不同来划分的。如一般建筑工程,可分为土石方,桩与地基基础,砌筑,混凝土和钢筋混凝土,厂库房大门、特种门、木结构,金属结构,屋面及防水,防腐、隔热、保温等分部工程。分部工程费用组成单位工程价格,也是按分部工程发包时确定承发包合同价格。

(5)分项工程,是分部工程的组成部分。按照不同的施工方法、不同的材料、不同的构造及规格将一个分部工程更细致地分解为若干个分项工程。如在砖砌体分部工程中,设置了砖基础、砖砌体、砖构筑物、砌块砌体、石砌体、砖散水、地坪、地沟等几个分项工程。

分项工程是单位工程的基本组成要素,是工程造价的基本计算单位体,在计价性定额中是组成定额的基本单位体,又称定额子目。

综上所述,一个建设项目是由若干个单项工程组成,一个单项工程是由若干个单位工程组成,一个单位工程是由若干个分部工程组成,一个分部工程又是由若干个分项工程组成的。

1.1.2 基本建设程序

基本建设程序,是指建设项目在整个建设过程中,各项工作必须遵循的先后顺序。建设程序是对基本建设工作的科学总结,是基本建设过程所固有的客观规律性的集中体现。一般大中型及限额以上工程项目的建设程序可以分为项目建议书、可行性研究、设计、建设准备、施工安装、生产准备、竣工验收、后评价等八个阶段。

1. 项目建议书阶段

建设单位按国民经济和社会发展长远规划、行业规划、所在地区发展方向和本单位的发展需要,经过调查、预测、分析,提出项目建议文件,是对工程项目建设的轮廓设想。

2. 可行性研究阶段

项目建议书批准后,项目法人委托有相应资质的设计、咨询单位,对拟建项目在技术、工程、经济和外部协作条件等方面的可行性,进行全面分析、论证,进行方案比较,推荐最佳方案。可行性研究报告是项目决策的依据,应按国家规定达到一定的深度和准确性,其投资估算和初步设计概算的出入不得大于10%,否则将对项目进行重新决策。

3. 设计阶段

设计是对拟建工程的实施在技术和经济上所进行的全面详细的安排,是项目建设计划的具体化,是组织施工的依据。设计阶段一般分为初步设计和施工图设计两个阶段。重大项目和特殊项目可根据行业的特点,实行三阶段设计(即增加一阶段技术设计)。

(1)初步设计是按照批准的可行性研究报告的要求做出具体实施方案。初步设计批准后,设计概算即为工程投资的最高限额,未经批准,不得随意突破。确因不可抗拒因素造成投资突破设计概算，经上报原批准部门审批。

(2)技术设计或扩大初步设计是根据初步设计和更详细的调查研究资料编制，进一步解决初步设计中的重大技术问题。

(3)施工图设计是根据初步设计或技术设计的要求，满足施工和计价的需要，完整地表现建筑物外形、内部空间分隔、结构体系、构造状况、配套设施以及建设群的组成和周围环境的配合。

4. 施工准备阶段

项目在开工建设之前，要做好各项准备工作。其主要内容包括征地搬迁、场地平整、工程水文地质勘察；落实水、电、路的供应渠道；组织对专用设备和特殊材料的订货；组织施工招标投标，择优确定施工单位，签订承包合同；申请施工执照等。

5. 施工安装阶段

施工准备就绪，办理开工手续，取得建筑许可证便可开始施工，这是项目决策实施、建成投产发挥效益的关键环节。新开工建设的时间是指项目计划文件中规定的任何一项永久性工程第一次正式破土开槽开始施工的时间。施工过程中施工方必须严格遵守施工图纸、施工验收规范的规定，科学组织施工，并加强施工中的经济核算。

6. 生产准备阶段

生产准备工作是衔接建设和生产的桥梁，建设单位要根据建设项目或主要单项工程生产技术特点，及时组织并落实做好生产准备工作，保证项目建成后能及时投产或投入使用。生产准备的主要内容有：招收和培训人员、生产组织准备、生产技术准备、生产物资准备等。

7. 竣工验收阶段

竣工验收是工程建设过程的最后一环，是全面考核建设成本、体验设计和施工质量的重要步骤，也是项目由建设转入生产使用的标志。验收合格后，施工单位应向建设单位办理竣工移交和竣工结算手续。

8. 后评价阶段

后评价阶段是指项目竣工投产运营一段时间后，对项目的运行进行全面评价，即对建设项目的实际成本—效益进行系统审计，将项目的预期结果与项目实施后的终期实际结果进行全面对比考核，对建设项目投资的财务、经济、社会和环境等方面的效益与影响进行全面科学的评价。

1.1.3　建设项目工程造价的分类

建筑项目工程造价可以根据不同的建设阶段、编制对象(或范围)、承包结算方式等进行分类。

1. 按工程建设阶段分类

在基本建设程序的每个阶段都有相应的工程造价形式，如图1-1所示。

(1)投资估算。投资估算是指建设项目在项目建议书和可行性研究阶段，根据建设规模结合估算指标、类似工程造价资料、现行的设备材料价格，对拟建设项目未来发生的全部费用进行预测和估算。投资估算是判断项目可行性、进行项目决策的主要依据之一，又是建设项目筹资和控制造价的主要依据。

(2)设计概算。设计概算是在初步设计或扩大初步设计阶段编制的计价文件，是在投资

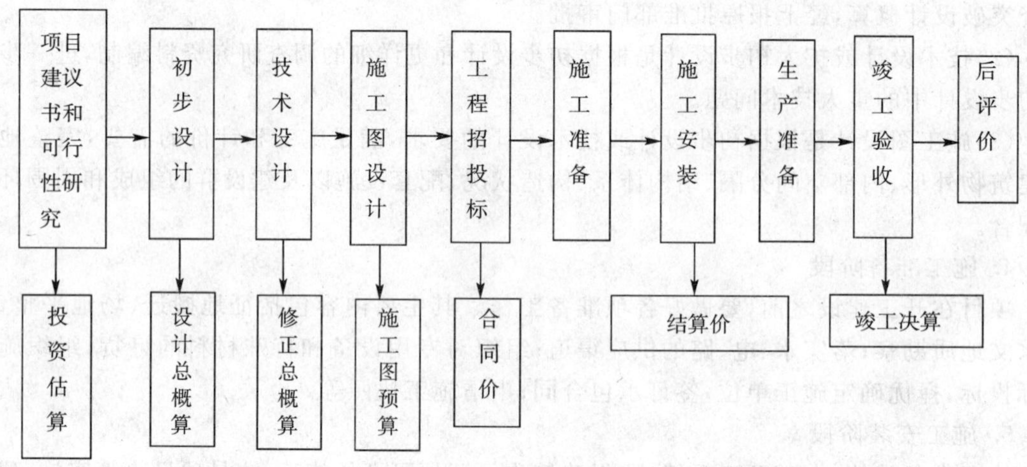

图 1－1 基本建设程序与工程造价形式对照示意图

估算的控制下由设计单位根据初步设计图纸及说明、概算定额(或概算指标)、各项费用定额或取费标准、设备、材料预算价格和建设地点的自然、技术经济条件等资料，用科学的方法计算、编制和确定建设项目从筹建至竣工交付使用所需全部费用的文件。采用两阶段设计的建设项目，初步设计阶段必须编制设计概算。

(3)修正概算。修正概算是当采用三阶段设计时，在技术设计阶段，随着对初步设计内容的深化，对建设规模、结构性质、设备类型等方面可能进行必要的修改和变动，由设计单位对初步设计总概算作出相应调整和变动，即形成修正设计概算。一般修正设计概算不能超过原已批准的概算投资额。

(4)施工图预算。施工图预算是在设计工作完成并经过图纸会审之后，根据施工图纸、图纸会审记录、施工方案、预算定额、费用定额、各项取费标准、建设地区设备、人工、材料、施工机械台班等预算价格编制和确定的单位工程全部建设费用的建筑安装工程造价文件。

(5)工程结算。工程结算是指承包商按照合同约定和规定的程序，向业主收取已完工程价款清算的经济文件。工程结算分为工程中间结算、年终结算和竣工结算。

(6)竣工决算。竣工决算指业主在工程建设项目竣工验收后，由业主组织有关部门，以竣工结算等资料为依据编制的反映建设项目实际造价和投资效果的文件。竣工决算真实地反映了业主从筹建到竣工交付使用为止的全部建设费用，是核定新增固定资产价值，办理其交付使用的依据，是业主进行投资效益分析的依据。

2. 按编制对象分类

(1)单位工程造价。单位工程造价是以单位工程为编制对象编制的工程建设费用的技术经济文件，是编制单项工程综合造价的依据，是单项工程综合造价的组成部分。按工程性质不同，单位工程造价分为建筑工程、设备及安装工程造价。

(2)单项工程综合造价。单项工程综合造价是以单项工程为对象的确定其所需建设费用的综合性经济文件。它是由单项工程内各单位工程造价汇总而成的。

(3)建设项目总造价。建设项目总造价是以建设项目为对象编制的反映建设项目从筹建到竣工验收交付使用全过程建设费用的文件，它是由组成该建设项目的各个单项工程综合造价以及工程建设其他费用、预备费和投资方向调节税等汇总而成的。

3. 按工程承包合同结算方式分类

(1)固定总价合同概预算。固定总价合同概预算是指以投资估算、设计图纸和工程说明书为依据计算和确定工程总造价。一般在约定的风险范围内合同价款不再调整,按总造价一次包死的承包合同。

(2)单价合同概预算。单价合同概预算是指施工单位在投标报价时按照投标文件分部所列出的分项工程量表确定各分部分项工程费用的合同类型。单价合同概预算是设计、施工同时发包,先确定分部分项工程的单价,再根据施工图纸计算工程量,结合已规定的单价确定工程造价。单价可固定不变,也可根据双方的约定而调整。这种合同有利于风险的合理分摊,并且能够鼓励施工单位通过提高工效等手段从成本节约中提高利润,但要注意双方对单价和工程量计算方法的确认。

(3)成本加酬金合同概预算。成本加酬金合同概预算是建设单位向施工单位支付建设工程的实际成本(人工、材料、机械台班费等),并加上双方商定的总管理费用和计划利润来确定工程概预算总造价。这种合同承包方式适用于遭受毁灭性灾害或战争破坏后亟待修复的工程项目。这种方式还可细分为成本加固定百分数、成本加固定酬金、成本加浮动酬金和目标成本加奖酬金等四种方式。

(4)按工程的专业性质不同有建筑工程造价、安装工程造价、市政工程造价、园林绿化工程造价等。

学习情境1.2 建筑工程消耗量定额

1.2.1 建筑工程消耗量定额概念和分类

1.2.1.1 工程建设定额的概念

在社会化生产中,为了完成某一合格产品,就必然要消耗(投入)一定量的活劳动与物化劳动。在社会生产发展的各个阶段,由于生产水平及生产关系不同,在产品生产中所消耗的活劳动与物化劳动的数量也就不同,然而在一定的生产条件下,总有一个相对合理的数额。规定完成某一合格单位产品所需消耗的活劳动与物化劳动的数量标准(或额度),就是生产性的定额。所谓“定”,就是规定;“额”,就是额度或限度。从广义理解,定额就是规定的额度或限度,即标准或尺度。工程建设定额是指在正常的生产建设条件下,完成合格单位工程建设产品所需资源消耗量的数量标准。

在理解上述工程建设定额概念时,应注意以下几个问题:

1. 工程建设定额属于生产消费定额性质。工程建设是物质资料的生产过程,而物质资料的生产过程必然也是生产的消费过程。一个工程项目的建成,无论是新建、改建、扩建,还是恢复工程,都要消耗大量人力、物力和资金。而工程建设定额所反映的,正是在一定的生产力发展水平条件下,以产品质量标准为前提,完成工程建设中某项产品与各种生产消耗之间的特定数量关系。这种特定数量关系一经定额编制部门(或企业)确定,即成为工程建设中生产消耗的限量标准。这种限量标准是定额编制部门(或企业)对工程建设实施者在生产效率方面的一种要求,也是工程建设管理者(或生产者)用来编制工程计划、考核和评价建设成果的重要标准。

2. 工程建设定额的水平必须与当时的生产力发展水平相适应。人们一般将工程建设定额所反映的资源消耗量的大小称为定额水平。定额水平受生产力发展的制约，一般说来，生产力发展水平高，则生产效率高，生产过程中的消耗就少，定额所规定的资源消耗量应相应地降低，人们将此种状况称为定额水平高；反之，生产力发展水平低，则定额所规定的资源消耗量应相应地提高，此种状况则称为定额水平低。

3. 工程建设定额所规定的资源消耗量，是指完成定额所标定（或限定）的定额对象的合格单位工程建设产品所需的消耗资源的限量标准。

4. 工程建设定额反映的资源消耗量的内容，包括为完成该工程建设产品生产任务所需的所有的资源消耗。工程建设是一项物质生产活动，为完成物质生产过程必须形成有效的生产能力，而生产能力的形成必须消耗劳动力、劳动对象和劳动工具，反映在工程建设过程中，即人工、材料和机械三种资源的消耗。

尽管管理科学在不断发展，但是它仍然离不开定额。没有定额提供可靠的基本管理数据，任何好的管理方法和手段也不能取得理想的结果。所以，定额虽然是科学管理发展初期的产物，但它在企业管理中一直占有重要的地位。定额是企业管理科学化的产物，也是科学管理的基础。

1.2.1.2 建筑工程定额的分类

在建筑安装施工生产中，根据需要而采用不同的定额。例如用于企业内部管理的有劳动定额、材料消耗定额和施工定额。又如为了计算工程造价，要使用估算指标、概算定额、预算定额（包括基础定额）、费用定额等等。因此，工程建设定额可以从不同的角度进行分类。

1. 根据生产要素消耗内容分类

(1)劳动定额

劳动定额规定了在正常施工条件下某工种某等级的工人在生产单位合格产品所消耗的劳动时间，或是在单位时间内生产合格产品的数量。

(2)材料消耗定额

材料消耗定额是在节约和合理使用材料的条件下，生产单位合格产品所必须消耗的一定品种规格的原材料、半成品、成品或结构构件的数量。

(3)机械台班消耗定额

机械台班消耗定额是在正常施工条件下，利用某种机械，生产单位合格产品所必须消耗的机械工作时间，或是在单位时间内机械完成合格产品的数量。

按生产要素分类如图1-2所示。

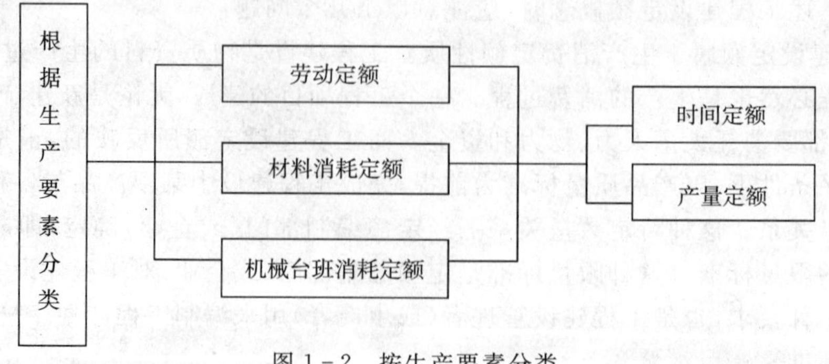

图1-2 按生产要素分类

2. 根据编制程序和用途分类

(1)施工定额

施工定额是企业内部使用的定额,它以同一性质的施工过程为研究对象,由劳动定额、材料消耗定额、机械台班消耗定额组成。它既是企业投标报价的依据,也是企业控制施工成本的基础。

(2)预算定额

预算定额是编制工程预结算时计算和确定一个规定计量单位的分项工程或结构构件的人工、材料、机械台班耗用量(或货币量)的数量标准。它是以施工定额为基础的综合扩大。

基础定额是以完成规定计量单位工序所需的人工、材料、施工机械的基础消耗量,不包括人工幅度差、材料损耗和机械幅度差。为编制预算定额、企业定额、概算定额和投资估算指标提供基础标准。

(3)概算定额

概算定额是编制扩大初步设计概算时计算和确定扩大分项工程的人工、材料、机械台班耗用量(或货币量)的数量标准。它是预算定额的综合扩大。

(4)概算指标

概算指标是在初步设计阶段编制工程概算所采用的一种定额,是以整个建筑物或构筑物为对象,以"m^2"、"m^3"或"座"为计量单位规定人工、材料、机械台班耗用量的数量标准。它比概算定额更加综合扩大。

(5)投资估算指标

投资估算指标是在项目建议书和可行性研究阶段编制,计算投资需要量时使用的一种定额,一般以独立的单项工程或完整的工程项目为对象,编制和计算投资需要量时使用的一种定额,它也是以预算定额、概算定额为基础的综合扩大。

按编制程序和用途分类如图1-3所示。

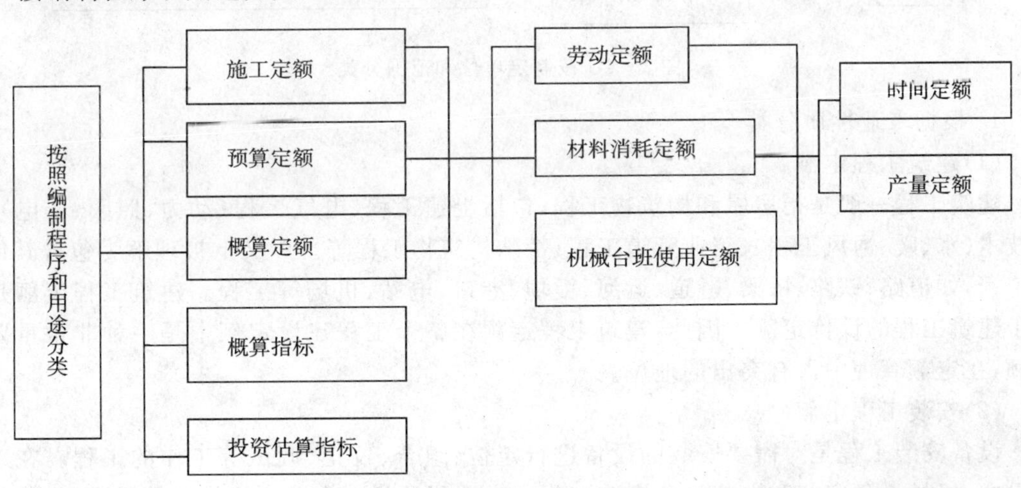

图1-3 按编制程序和用途分类

3. 根据制定单位和执行范围分类

(1)全国统一定额

由国家建设行政主管部门根据全国各专业工程的生产技术与组织管理情况而编制的、

在全国范围内执行的定额，如《全国统一安装工程预算定额》等。

(2)地区统一定额

按照国家定额分工管理的规定，由各省、直辖市、自治区建设行政主管部门根据本地区情况编制的、在其管辖的行政区域内执行的定额，如各省、市、自治区的《安徽省建筑工程消耗量定额》等。

(3)行业定额

按照国家定额分工管理的规定，由各行业部门根据本行业情况编制的、只在本行业和相同专业性质使用的定额，如交通部发布的《公路工程预算定额》等。

(4)企业定额

由企业根据自身具体情况编制，在本企业使用的定额，如施工企业定额等。

(5)补充定额

当现行定额项目不能满足生产需要时，根据现场实际情况一次性补充定额，并报当地造价管理部门批准或备案。

如图 1-4 所示。

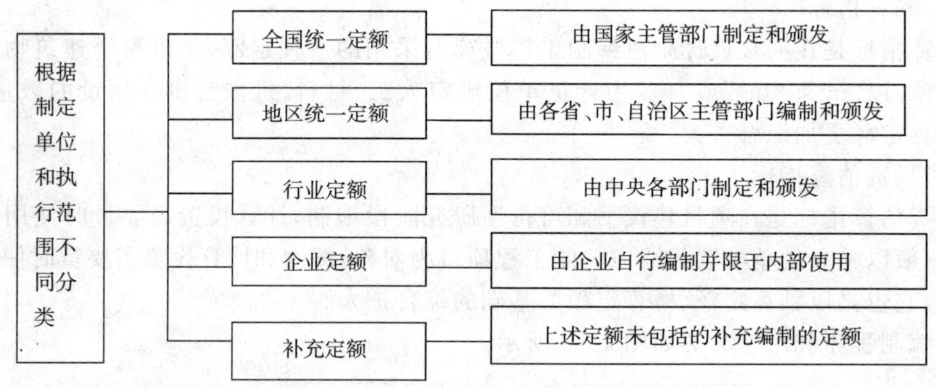

图 1-4　按制定单位和范围分类

4. 根据专业性质分类

(1)建筑工程定额

建筑工程一般是指房屋和构筑物工程，包括土建工程、电气工程(动力、照明、弱电)、暖通技术(水、暖、通风工程)、工业管道工程、特殊构筑物工程等。广义上被理解为包含其他各类工程，如道路、铁路、桥梁、隧道、运河、堤坝、港口、电站、机场等工程。建筑工程定额是指用于建筑工程的计价定额。因此，建筑工程定额在整个工程建设定额中是一种非常重要的定额，在定额管理中占有突出的地位。

(2)安装工程定额

设备安装工程是对需要安装的设备进行定位、组合、校正、调试等工作的工程。在工业项目中，机械设备安装和电气设备安装工程占有重要地位。在非生产性的建设项目中，由于社会生活和城市设施的日益现代化，设备安装工程量也在不断增加。设备安装工程定额是指用于设备安装工程的计价定额。

设备安装工程定额和建筑工程定额是两种不同类型的定额。一般都要分别编制，各自独立。但是设备安装工程和建筑工程是单项工程的两个有机组成部分，在施工中有时间连续性，也有作业的搭接和交叉，需要统一安装，互相协调，在这个意义上通常把建筑和安装工程作为一个施工过程来看待，即建筑安装工程。所以有时合二为一，称为建筑安装工程定额。

按专业性质分类如图1-5所示。

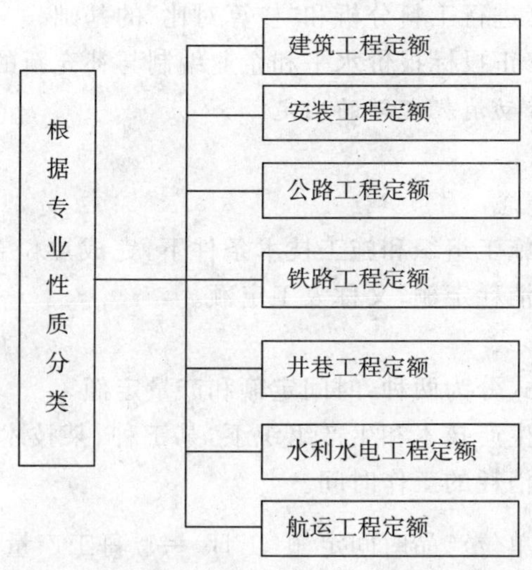

图1-5 按专业性质分类

1.2.2 建筑工程消耗量定额编制及应用

1.2.2.1 建筑工程施工消耗定额

1. 施工消耗定额的概念

施工消耗定额是施工企业直接用于建筑工程投标报价、施工管理与经济核算的一种定额。它是以同一性质的施工过程或工序为测定对象，以工序定额为基础综合而成的确定建筑工人在正常的施工条件下，为完成一定计量单位的某一施工过程或工序所需人工、材料和机械台班消耗的数量标准。所以，施工消耗定额是由劳动定额、材料消耗定额和机械台班定额组成，是最基本的定额。

施工单位应根据本企业的具体条件和可能挖掘的潜力，根据市场的需求和竞争环境，根据国家的有关政策、法律、规范、制度，自己编制定额，自行决定定额水平。同类企业和同一地区的企业之间存在施工定额水平的差距，使其具有一定的竞争潜力，只有这样才能具有市场竞争能力。

在市场经济条件下，施工消耗定额是企业定额，而国家定额和地区定额也不再受强加于施工单位的约束，而是对企业的施工消耗定额管理进行引导，为企业提供有关参数和指导，从而实现对工程造价的宏观调控。

2. 施工消耗定额的作用

施工消耗定额在建筑安装企业管理工作中的基础作用，主要表现在以下几个方面：

(1)施工消耗定额是影响招标文件和决策投标报价，以及编制施工组织设计、施工作业计划的依据。

(2)施工消耗定额是施工队向班、组签发施工任务单和限额领料单的依据。施工任务单是记录班、组完成任务情况和结算班、组工人工资的凭证。限额领料单是项目经理部随任务单同时签发的领取材料的凭证，是限额领料和节约材料奖励的依据。

(3)施工消耗定额是实行按劳分配的有效手段。

(4)施工消耗定额是编制施工项目目标计划成本和项目成本核算的重要依据，也是加强企业成本管理和经济核算，进行工料分析和"核算对比"的基础。

(5)施工消耗定额是修正投标报价水平和企业编制与补充新的施工消耗定额的基础。

1.2.2.2 建筑工程劳动消耗定额的确定

1. 劳动消耗定额概述

(1)劳动消耗定额的概念

劳动定额是在一定的施工组织和施工技术条件下，完成单位合格产品所必需的劳动消耗标准。劳动定额是人工消耗定额，又称人工定额。

(2)劳动定额的表现形式

劳动定额根据表现形式分为两种：时间定额和产量定额。

时间定额是指在一定生产技术和生产组织下，某工种、某技术等级的工人小组或个人，完成单位合格产品所必须消耗的工作时间。

单位产品时间定额(工日)＝1/每工产量 (1－1)

单位产品时间定额(工日)＝小组成员工日数总和/小组台班产量 (1－2)

时间定额以工日为单位，根据现行的劳动制度，每工日的工作时间为 8 小时。

产品定额是指在一定生产技术和生产组织下，某工种、某技术等级的工人小组或个人，在单位时间内所应该完成的合格产品数量。

每工日产量＝1/单位产品时间定额 (1－3)

小组台班产量＝小组成员工日数总和/单位产品时间定额

时间定额和产量定额互为倒数，即时间定额＝1/产量定额 (1－4)

或 时间定额×产量定额＝1 (1－5)

2. 劳动定额编制方法

劳动定额的编制是通过测定其时间定额来完成的，而时间定额是由基本工作时间、辅助工作时间、准备与结束工作时间、不可避免中断时间和休息时间组成，它们之和就是劳动定额的时间定额。由于时间定额与产量定额互为倒数，所以根据时间定额可计算出产量定额。

(1)经验估计法

经验估计法是由定额人员、工程技术人员和工人组成，根据个人和集体的实践经验，经过图纸分析和时间观察，了解施工工艺，分析施工的生产技术组织条件和操作方法的简繁难易等情况，进行座谈讨论，从而进行劳动定额。

运用经验估算法制定定额，应以工序(或单项产品)为对象，将工序分为操作(或动作)，分别测算出操作(或动作)的基本工作时间，然后考虑辅助工作时间、准备时间、结束时间和休息时间，经过综合整理，并经过整理结果予以优化处理，即该工序(或产品)的时间定额和产量定额。

这种方法的优点是简单，速度快，缺点是容易受参加人员的主观因素和局限性影响，使指定出来的定额出现偏高或偏低的现象。因此，经验估计法只适用于企业内部，作为某些局部项目的补充定额。

为了提高经验估计法的精确度，使取定的定额水平适当，可以用概率论的方法来估算定额。这种方法是请有经验的人员，分别对某一产品或施工过程进行估算，从而得出3个工时消耗数值：先进的估计为 a，一般的估计为 m，保守的估计为 b，从而计算出他们的平均值 t：

$$t=(a+4m+b)/6 \tag{1-6}$$

式中，t——经验估计的平均值；

a——先进的估计值；

m——一般的估计值；

b——保守的估计值。

(2)统计分析法

统计分析法就是把过去施工中同类工程或同类产品的工时消耗统计资料，与当前生产技术组织条件的变化因素结合在一起进行研究，以制定劳动定额。

由于统计分析资料反映的是工人过去达到的水平，在统计时没有也不可能剔除施工过程中的不合理因素，因而这个水平偏于保守。为了克服统计分析资料的这个缺陷，使确定出来的定额保持平均先进水平，可以采用“二次平均法”计算平均先进值作为确定定额水平的依据。

其步骤如下：

1)剔除统计资料中特别偏高、偏低的明显不合理数据；

2)计算一次平均值；

3)计算平均先进值。对于时间定额，等于数列中小于一次平均值的各数值的平均值，对于产量定额，等于数列中大于一次平均值的各数值的平均值；

4)计算平二次平均先进值。二次平均先进值等于一次平均值与平均先进值的平均值，亦即第二次平均，以此作为确定定额水平的依据。

【例1-1】 已知由统计得来的工时消耗数据资料为40,70,60,21,70,70,50,50,60,60,60,105。试用二次平均的方法计算其平均先进值。

【解】

1. 剔除偏高、偏低的明显的不合理数据21,105：

2. 计算一次平均值：

$$t=1/10(40+60+70+70+70+60+50+50+60+60)=59$$

3. 计算平均先进值：

$$tn=(40+50+50)/3=46.67$$

4. 计算二次平均先进值为

$$t0=(t+tn)/2=(59+46.67)/2=52.84$$

52.84 既可作为这一组统计资料整理优化后的数值，又可作为确定劳动定额的依据。

(3)比较类推法

比较类推法也叫典型定额法，是以同类型、相似类型产品或工序的典型定额项目的定额水平为标准，经过分析比较，类推出同一组定额中相邻项目定额水平的方法。

这种方法简便，工作量小，只要典型定额选择恰当、切合实际，具有代表性，类推出的定额一般比较合理，这种方法适用于同类型规格多，批量小的施工过程。为了提高定额水平的精确度，通常采用主要项目作为典型定额来类推。

采用这种方法的时候，要特别注意掌握生产产品的施工工艺和劳动组织类似或近似的特征，细致分析施工过程的各种影响因素，防止将因素变化很大的项目作为典型定额比较类推。用公式表示：

$$t=p\times t0 \tag{1-7}$$

式中，t——需计算的时间定额；

$t0$——相邻的典型定额项目的时间定额；

p——已确定出的比例。

(4)技术测定法

技术测定法是根据先进合理的生产(施工)技术、操作工艺、合理的劳动组织和正常的生产(施工)条件，对施工过程中的具体活动进行实地观察，详细记录施工工人和机械的工作时间消耗、完成产品的数量及有关影响因素，将记录结果加以整理，客观分析各种因素对产品的工作时间消耗的影响，据此进行取舍，以获得各个项目的时间消耗资料，从而制定劳动定额的方法。

这种方法有较高的准确性和科学性，是制定新定额和典型定额的主要方法。

根据施工过程的特点和技术测定的目的、对象和方法的不同，技术测定法又可分为测时法、写实记录法、工作日写实法和简易测定法 4 种。

1)测时法。测时法主要用于观测研究施工过程中各循环组成部分的工作时间消耗，不研究工人休息、准备与结束及其他非循环的工作时间，主要适用于施工机械。

2)写实记录法。写实记录法可以研究所有种类的工作时间消耗，包括基本工作时间、辅助工作时间、不可避免的中断时间、准备与结束时间、休息时间以及各种损失时间。通过写实记录，可以获得分析工时消耗和制定定额时所需要的全部材料。这种方法比较简便，易于掌握，并能保证必需的精确度，因此在实际中得到广泛应用。

3)工作日写实法。就是对工人全部工作时间中的各类工时消耗按顺序进行实地观察、记录和分析研究的一种测定法。运用这种方法可以分析哪些工时消耗是合理的、哪些工时消耗是无效的，并找出工时损失的原因，拟订改进措施，消除引起工时损失的因素，促进劳动生产率的提高。根据写实对象的不同，工作日写实法可分为个人工作日写实、小组工作日写实和机械工作日写实 3 种。

4)简易测定法。就是前面几种技术测定的方法予以简化，但仍保持了现场实地观察记录的基本原则。在测定时，它只测定定额时间中的基本工作时间，而其他时间(即规范时间)可借助“工时消耗规范”查出，然后利用计算公式，确定出定额指标。这种方法简便，容易掌握，且节省人力和时间，常用于编制企业补充定额或临时定额。其计算公式如下：

$$定额时间=基本工作时间/(1-规范时间\%) \tag{1-8}$$

总之，以上 4 种技术测定法，可以根据施工过程的特点以及测定的目的分别选用。同时还应注意比较类推法、统计分析法、经验估计法相结合，取长补短，拟订和编制工程定额。

1.2.2.3　施工定额材料消耗量的确定

1. 材料消耗定额概述

(1)材料消耗定额的概念

材料消耗定额是指在一定的生产技术和组织条件下，在保证工程质量与合理使用材料的条件下，生产单位合格产品所必须消耗的建筑材料的数量标准。它是施工企业核算材料消耗、考核材料节约或浪费的指标。

制定材料消耗定额，主要就是为了利用定额这个经济杠杆，对物资消耗进行控制和监督，达到降低物耗和工程成本的目的。

(2)材料消耗定额的组成

单位合格产品所消耗的材料数量等于材料净耗量和不可避免的合理材料损耗量之和，即：

$$材料消耗量=材料净耗量+材料合理损耗量 \tag{1-9}$$

材料的净耗量是为了完成单位合格产品或施工过程所必需的材料数量，即构成工程实体的材料消耗量。材料消耗量是指材料从现场仓库领出，到完成合格产品的过程中不可避免的合理材料消耗量，包括场内搬运的合理损耗，加工制作的合理损耗和施工操作的损耗 3 部分。

材料的损耗一般以损耗率表示，公式为：

$$材料损耗率=(材料损耗量/材料消耗量)\times 100\% \tag{1-10}$$

产品中材料的净耗量可以根据产品的设计图纸计算求得，只要知道了生产某种产品的某种材料的损耗率，就可以计算出该单位产品材料的消耗量，即：

$$材料消耗量=材料净用量/(1-材料损耗率) \tag{1-11}$$

2. 材料消耗定额的编制方法

根据材料使用次数的不同，建筑安装材料分为非周转性材料和周转性材料。

非周转性材料也称为直接性材料。它是指施工中一次性消耗并直接构成工程实体的材料，如砖、瓦、灰、砂、石、钢筋、水泥、工程用木材等。

周转性材料是指在施工过程中能多次使用，反复周转但并不构成工程实体的工具性材料，如模板、活动支架、脚手架、支撑、挡土板等。

(1)直接性(非周转性)材料消耗定额的制定

常用的制定方法有：观测法、试验法、统计法和计算法。

1)观测法

观测法是对施工过程中实际完成产品的数量进行现场观察、测定，再通过分析整理和计算确定建筑材料消耗定额的一种方法。

这种方法最适合制定材料的损耗定额。因为只有通过现场观察、测定，才能正确区别哪些属于不可避免的损耗，哪些属于可以避免的损耗。

用观测法制定材料的消耗定额时，所选用的观测对象应符合下列要求：

① 建筑物应具有代表性；

② 施工方法符合操作规范的要求；

③ 建筑材料的品种、规格、质量符合技术和设计的要求；

④ 被观测对象在节约材料和保证产品质量等方面有较好的成绩。

2)试验法

试验法是通过专门的仪器和设备在试验室内确定材料消耗定额的一种方法。这种方法适用于能在试验室条件下进行测定的塑性材料和液体材料(如砼、砂浆、沥青玛帝脂、油漆涂料及防腐等)。

例如：可测定出砼的配合比，然后计算出每 $1m^3$ 砼中的水泥、砂、石、水的消耗量。由于在实验室内比施工现场具有更好的工作条件，所以能更深入、详细地研究各种因素对材料消耗的影响，从中得到比较准确的数据。但是，在实验室中无法充分估计施工现场中某些外界因素对材料消耗的影响。因此，要求实验室条件尽量与施工过程中的正常施工条件一致，同时在测定后用观察法进行审核和修正。

3)统计法

统计法是指在施工过程中，对分部分项工程所拨发的各种材料数量、完成的产品数量和竣工后的材料剩余数量，进行统计、分析、计算，来确定材料消耗定额的方法。

这种方法简便易行，不需组织专人观测和试验。但应注意统计资料的真实性和系统性，要有准确的领退料统计数字和完成工程量的统计资料。统计对象也应加以认真选择，并注意和其他方法结合使用，以提高所拟定额的准确程度。

4)计算法

计算法也称理论计算法，是根据施工图纸和其他技术资料，用理论公式计算出产品的材料净用量，从而制定出材料的消耗定额。

这种方法主要适用于块状、板状和卷筒状产品(如砖、钢材、玻璃、油毡等)的材料消耗定额。

3. 几种常用材料的计算方法

(1)砖砌体材料用量的计算：

$$\text{每 } m^3 \text{ 砌体中砖的净用量(块)}=\frac{2\times\text{墙厚的砖数}}{\text{墙厚}\times(\text{砖长}+\text{灰缝})\times(\text{砖厚}+\text{灰缝})} \quad (1-12)$$

$$\begin{aligned}\text{每 } m^3 \text{ 砌体中砂浆的净用量}(m^3)&=1-\text{砖的净用量}\times\text{砖的长}\times\text{宽}\times\text{厚砖(砂浆)损耗量}\\&=\text{净用量}\times\text{损耗率}\end{aligned} \quad (1-13)$$

【例 1-2】 计算标准砖一砖外墙每 m^3 砌体砖和砂浆的总消耗量(砖和砂浆损耗率均为 1%)。

【解】

每 m^3 一砖墙中砖净用量＝2×1/0.24×(0.24＋0.01)×(0.053＋0.01)＝529.1 块

砖总消耗量＝529.1×(1＋1%)＝534.29 块

每 m^3 一砖墙中砂浆净用量＝1－529.1×0.24×0.115×0.053＝0.226 m^3

砂浆总消耗量＝0.226×(1＋1%)＝0.228 m^3

块料面层材料用量计算

每 100 m^2 块料面层中

块料净用量＝100/[(块料长＋灰缝)×(块料宽＋灰缝)]　(1－14)

灰缝材料净用量＝[100－块料净用量×块料长×宽]×灰缝厚　(1－15)

结合层材料净用量＝100×结合层厚　(1－16)

【例 1－3】　1∶1 水泥砂浆贴 152×152×5 瓷砖墙面，结合层厚度 10 mm 厚，试计算每 100 m^2 墙面瓷砖和砂浆的总消耗量(灰缝宽 2 mm)，瓷砖损耗率 1.5 %，砂浆损耗率 1 %。

【解】

每 100 m^2 瓷砖墙面中瓷砖净用量＝100/(0.152＋0.002)×(0.152＋0.002)

＝4216.56 块

瓷砖总消耗量＝4216.56×(1＋1.5 %)＝4279.81 块

结合层砂浆净用量＝100×0.01＝1.00 m^3

缝隙砂浆净用量－[100－4216.56×0.152×0.152]×0.005＝0.013 m^3

砂浆总消耗量＝(1＋0.013)×(1＋1 %)＝1.023 m^3

普通抹灰砂浆配合比用料量的计算

抹灰砂浆的配合比通常是按砂浆的体积比计算的，每 m^3 砂浆各种材料消耗量计算公式如下：

砂消耗量(m^3)＝[砂比例数/(配合比总比例数－砂比例数砂空隙率)]×(1＋损耗率)　(1－17)

水泥消耗量(kg)＝[水泥比例数×水泥密度/砂的比例数]×砂用量×(1＋损耗率)　(1－18)

石灰膏消耗量(m^3)＝[石灰膏比例数/砂的比例数]×砂用量×(1＋损耗率)　(1－19)

【例 1－4】　试计算配合比 1∶1∶3 水泥石灰砂浆每 m^3 材料消耗量。已知：砂视密度 2650 kg/m^3，堆积密度 1550 kg/m^3，水泥密度 1200 kg/m^3，砂损耗率为 2 %，水泥、石灰膏损耗率为 1 %。

【解】　砂空隙率＝(1－砂堆积密度/砂视密度)×100 %

＝(1－1550/2650)×100 %＝41 %

砂消耗量＝3/[(1＋1＋3)－3×0.41]×(1＋0.02)＝0.81 m^3

水泥消耗量＝[1×1200/3]×0.81×(1＋0.01)＝327 kg

石灰消耗量＝1/3×0.81×(1＋0.01)＝0.27 m^3

(2)周转性材料

周转材料的消耗定额，应该按照多次使用、分次摊销的方法确定。

摊销量是指周转材料使用一次在单位产品上的消耗量，即应分摊到每一单位分项工程或结构构件上的周转材料消耗量。

周转性材料消耗定额一般与下面四个因素有关：

1)一次使用量：第一次投入使用时的材料数量。根据构件施工图与施工验收规范计算。

一次使用量供建设单位和施工单位申请备料和编制施工作业计划使用。

2)损耗率:在第二次和以后各次周转中,每周转一次因损坏不能复用,必须另作补充的数量占一次使用量的百分比,又称平均每次周转补损率。用统计法和观测法来确定。

3)周转次数:按施工情况和过去经验确定。

4)回收量:平均每周转一次可以回收材料的数量,这部分数量应从摊销量中扣除。

以木模板为例,现浇砼构件木模板摊销量计算公式如下:

① 一次使用量计算

根据选定的典型构件,按砼与模板的接触面积计算模板工程量,再按下式计算:

一次使用量=每 m^3 砼构件的模板接触面积×每 m^2 接触面积需模量 (1-20)

② 周转使用量

平均每周转一次的模板材用量。施工是分阶段进行,模板也是多次周转使用,要按照模板的周转次数和每次周转所发生的损耗量等因素,计算生产一定计量单位砼工程的模板周转使用量。

周转使用量=[一次使用量+一次使用量×(周转次数-1)×损耗率]/周转次数

=一次使用量×[1+(周转次数-1)×损耗率]/周转次数 (1-21)

③ 模板回收量和回收折价率

周转材料在最后一次使用完了,还可以回收一部分,这部分称回收量。但是,这种残余材料由于是经过多次使用的旧材料,其价值低于原来的价值。因此,还需规定一个折价率。

同时周转材料在使用过程中施工单位均要投入人力、物力、组织和管理补修工作,需额外支付管理费。为了补偿此项费用和简化计算,一般采用减少回收量增加摊销量的做法。

回收量=一次使用量-(一次使用量×损耗率)/周转次数

=一次使用量×(1-损耗率)/周转次数

=周转使用最终回收量/周转次数 (1-22)

回收系数=回收折价率(常为50%)/(1+间接费率) (1-23)

④ 摊销量计算

摊销量=周转使用量-回收量×回收系数 (1-24)

1.2.2.4 施工定额机械台班消耗量的确定

1. 施工机械台班定额的概念

(1)施工机械台班定额的概念

施工机械台班定额是指在合理使用机械和合理的施工组织条件下,完成单位合格产品所必须消耗的机械台班数量标准。

施工机械台班定额是编制机械需用量计划和考核机械工作效率的依据,也是对操作机械的工人班组签发施工任务书,实现计件奖励的依据。

一个台班,是指工人使用的一台机械工作8 h。一个台班的工作,既包括机械运行,又包括工人劳动。

(2)施工机械台班定额的表现形式

1)时间定额。时间定额是指在合理的劳动组织和合理使用机械的条件下,某种机械生产单位合格产品所必须消耗的台班数量。可按下式计算:

$$机械时间定额=1/机械台班产量定额 \tag{1-25}$$

2)产量定额。产量定额是指在合理的劳动组织和合理使用机械的条件下,某种机械在一个台班时间内,所应完成的合格产品的数量。可按下式计算:

$$机械台班产量定额=1/机械时间定额 \tag{1-26}$$

由此可以看出,机械台班的时间定额和产量定额互为倒数关系。

2. 施工机械台班定额的编制方法

(1)定额的时间构成

机械施工过程的定额时间,可分为净工作时间和其他工作时间。

1)净工作时间。是指工人利用劳动机械对劳动对象进行加工,用于完成基本操作所消耗的时间,包括机械的有效工作时间、机械在工作中不可避免的无负荷运转时间、与操作有关的不可避免的中断时间。

2)其他工作时间。是指除了净工作时间以外的其他工作时间。

3)机械时间利用系数。是指机械净工作时间(t)与工作延续时间(T)的比值(KB),即:

$$KB=t/T \tag{1-27}$$

如:某施工机械的工作延续机时间为8 h,机械准备与结束时间为0.5 h,保持机械的延续时间为1.5 h,则机械的净工作时间$=8-(0.5+1.5)=6$ h,而机械时间利用系数:

$$KB=6/8=0.75 \tag{1-28}$$

(2)确定机械1 h净工作正常生产率

建筑机械可分为循环动作和连续动作两种类型,在确定机械1 h净工作正常生产率时,要分别对两类不同机械进行研究。

1)循环动作机械。循环动作机械1 h净工作正常生产率(Nh),就是在正常施工组织条件下,具有必需的知识和技能的技术工人操作机械1 h生产率,即:

$$Nh=n\times m \tag{1-29}$$

式中,n——机械净工作1 h的正常循环次数;

m——每一次循环中所产生的产品数量。

$$n=60\times 60/t1+t2+t3+\cdots+tn \tag{1-30}$$

式中,$t1$、$t2$、$t3$、…、tn——机械每一循环内各组成部分延续时间。

计算循环动作机械净工作1 h正常生产率的步骤:

① 根据计时观察资料和机械说明书确定各循环组成部分的时间;

② 将各循环组成部分的延续时间相加,减去各组成部分之间的重叠时间,求出循环过程的正常延续时间;

③ 计算机械净工作1 h的正常循环次数;

④ 计算循环机械净工作 1 h 的正常生产率。

2)连续动作机械。连续动作机械净工作 1 h 正常生产率，主要根据机械性能来确定。机械净工作 1 h 正常生产率(Nh)，是通过试验或观察取得机械在一定工作时间(t)内的产品数量(m)而确定，即：

$$Nh=m/t \tag{1-31}$$

对于不易于用计时观察法精确确定机械产品数量、施工对象加工程度的施工机械，连续动作机械净工作 1 h 正常生产率应与机械说明书等有关资料的数据进行比较，最后分析取定。

(3)确定施工机械台班定额

机械台班产量(N 台班)，等于该机械净工作 1 h 的生产率(Nh)乘以工作班的延续时间 T(一般为 8 h)再乘以机械时间利用系数(KB)，即：

$$N\text{台班}=Nh\times T\times KB \tag{1-32}$$

对于一次循环时间大于 1 h 的机械施工过程就不必先计算净工作 1 h 的生产率，可以直接用一次循环时间 t(单位：h)求出台班循环次数(T/t)，再根据每次循环的产品数量(m)确定其台班产量，即：

$$N\text{台班}=T/t\times m\times KB \tag{1-33}$$

学习情境 1.3　建筑工程费用组成

1.3.1　定额计价模式下的费用构成

根据建标[2003]206 号《建筑安装工程费用项目组成》，将建筑安装工程费用分为直接费、间接费、利润和税金 4 部分。建筑安装工程费用项目组成如图 1-6 所示。

1.3.1.1　直接费

由直接工程费和措施费组成。

1. 直接工程费

直接工程费是指施工过程中耗费的构成工程实体的各项费用，包括人工费、材料费、施工机械使用费。

(1)人工费：是指直接从事建筑安装工程施工的生产工人(包括现场水平、垂直运输等辅助工人和附属辅助生产单位工人)开支的各项费用。内容包括：

1)基本工资：是指发放给生产工人的基本工资。

2)工资性补贴：是指按规定标准发放的物价补贴，如煤、燃气补贴，交通补贴，住房补贴，流动施工津贴等。

3)生产工人辅助工资：是指生产工人年有效施工天数以外非作业天数的工资，包括职工学习、培训期间的工资，调动工作、探亲、休假期间的工资，因气候影响的停工工资，女工哺乳时间的工资，病假在六个月以内的工资及产、婚、丧假期的工资。

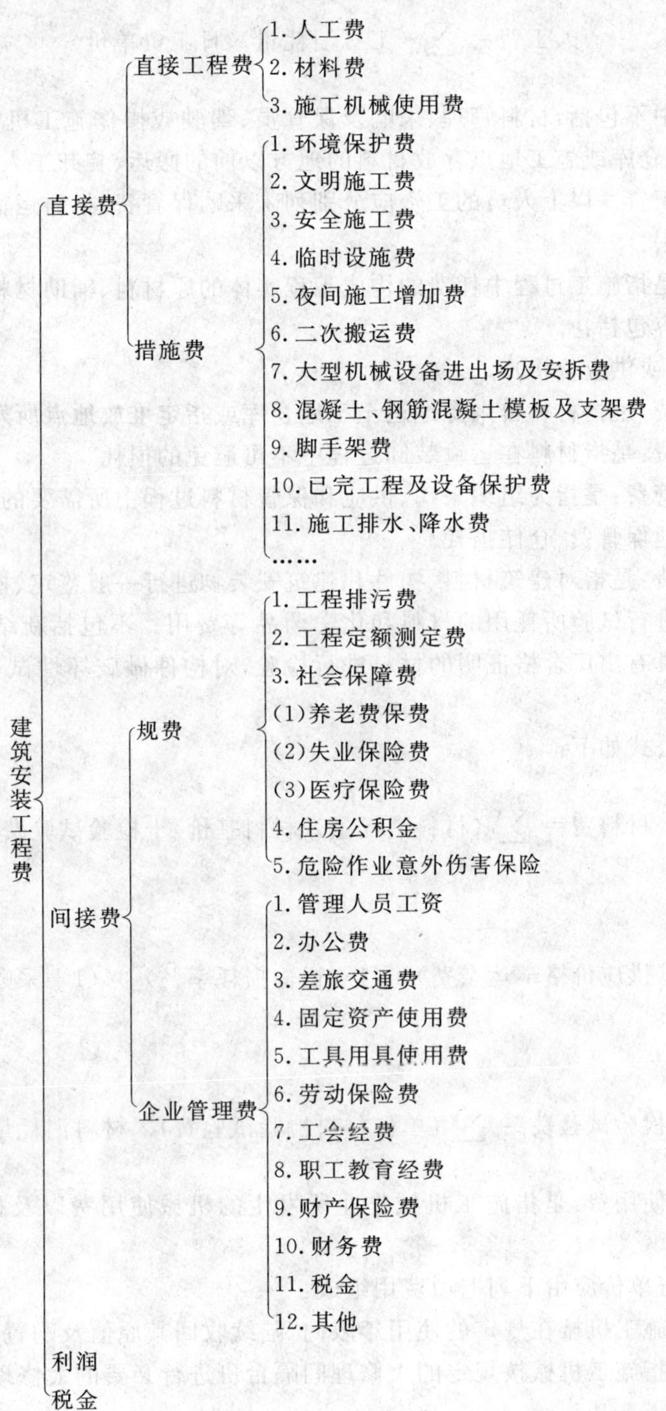

图 1－6　建筑安装工程费用项目组成

4)职工福利费：是指按规定标准计提的职工福利费。

5)生产工人劳动保护费：是指按规定标准发放的劳动保护用品的购置费及修理费、徒工服装补贴、防暑降温费、在有碍身体健康环境中施工的保健费用等。

人工费计取公式如下：

$$人工费=\sum(工日消耗量\times日工资单价) \tag{1-34}$$

注意人工费中不包括：材料管理、采购及保管员、驾驶或操作施工机械及运输工具的工人、材料到达工地仓库或施工地点存放材料的地方以前的搬运、装卸工人和其他由管理费支付工资的人员的工资。以上人员的工资应分别列入采购保管费、材料运输费、机械费等各相应的费用项目中去。

(2)材料费：是指施工过程中耗费的构成工程实体的原材料、辅助材料、构配件、零件、半成品的费用。内容包括：

1)材料原价(或供应价格)。

2)材料运杂费：是指材料自来源地运至工地仓库或指定堆放地点所发生的全部费用。

3)运输损耗费：是指材料在运输装卸过程中不可避免的损耗。

4)采购及保管费：是指为组织采购、供应和保管材料过程中所需要的各项费用。包括采购费、仓储费、工地保管费、仓储损耗。

5)检验试验费：是指对建筑材料、构件和建筑安装物进行一般鉴定、检查所发生的费用，包括自设试验室进行试验所耗用的材料和化学药品等费用。不包括新结构、新材料的试验费和建设单位对具有出厂合格证明的材料进行检验，对构件做破坏性试验及其他特殊要求检验试验的费用。

材料费计取公式如下：

$$材料费=\sum(材料消耗量\times材料基价)+检验试验费 \tag{1-35}$$

式中，

$$材料基价=[(供应价格+运杂费)\times(1+运输损耗率\%)]\times(1+采购保管费率\%) \tag{1-36}$$

$$检验试验费=\sum(单位材料检验试验费)\times材料消耗量 \tag{1-37}$$

(3)施工机械使用费：是指施工机械作业所发生的机械使用费以及机械安拆费和场外运费。

施工机械台班单价应由下列七项费用组成：

1)折旧费：指施工机械在规定的使用年限内，陆续收回其原值及购置资金的时间价值。

2)大修理费：指施工机械按规定的大修理间隔台班进行必要的大修理，以恢复其正常功能所需的费用。

3)经常修理费：指施工机械除大修理以外的各级保养和临时故障排除所需的费用。包括为保障机械正常运转所需替换设备与随机配备工具附具的摊销和维护费用，机械运转中日常保养所需润滑与擦拭的材料费用及机械停滞期间的维护和保养费用等。

4)安拆费及场外运费：安拆费指施工机械在现场进行安装与拆卸所需的人工、材料、机械和试运转费用以及机械辅助设施的折旧、搭设、拆除等费用；场外运费指施工机械整体或分体自停放地点运至施工现场或由一施工地点运至另一施工地点的运输、装卸、辅助材料及架线等费用。

5)人工费:指机上司机(司炉)和其他操作人员的工作日人工费及上述人员在施工机械规定的年工作台班以外的人工费。

6)燃料动力费:指施工机械在运转作业中所消耗的固体燃料(煤、木柴)、液体燃料(汽油、柴油)及水、电等。

7)养路费及车船使用税:指施工机械按照国家规定和有关部门规定应缴纳的养路费、车船使用税、保险费及年检费等。

施工机械使用费计取公式如下:

$$施工机械使用费=\sum(施工机械台班消耗量\times机械台班单价) \tag{1-38}$$

2. 措施费

措施费是指为完成工程项目施工,发生于该工程施工前和施工过程中的非工程实体项目的费用。

包括内容:

(1)环境保护费:是指施工现场为达到环保部门要求所需要的各项费用。

$$环境保护费=直接工程费\times环境保护费费率(\%) \tag{1-39}$$

(2)文明施工费:是指施工现场文明施工所需要的各项费用。

$$文明施工费=直接工程费\times文明施工费费率(\%) \tag{1-40}$$

(3)安全施工费:是指施工现场安全施工所需要的各项费用。

$$安全施工费=直接工程费\times安全施工费费率(\%) \tag{1-41}$$

(4)临时设施费:是指施工企业为进行建筑工程施工所必须搭设的生活和生产用的临时建筑物、构筑物和其他临时设施费用等。

临时设施包括:临时宿舍、文化福利及公用事业房屋与构筑物,仓库、办公室、加工厂以及规定范围内道路、水、电、管线等临时设施和小型临时设施。

临时设施费用包括:临时设施的搭设、维修、拆除费或摊销费。

临时设施费有以下三部分组成:

1)周转使用临建(如活动房屋)

2)一次性使用临建(如简易建筑)

3)其他临时设施(如临时管线)

计算公式如下:

$$临时设施费=(周转使用临建费+一次性使用临建费)+(1+其他临时设施所占比例\%) \tag{1-42}$$

(5)夜间施工增加费:是指因夜间施工所发生的夜班补助费、夜间施工降效、夜间施工照明设备摊销及照明用电等费用。费用内容包括:

1)照明设施的安装、拆除和摊销费;

2)电力消耗费用;

3)人工工效降低;

4)机械降效;

5)夜班津贴费。

(6)二次搬运费:是指因施工场地狭小等特殊情况而发生的二次搬运费用。

材料二次搬运费=直接工程费×二次搬运费费率(%) (1-43)

(7)大型机械设备进出场及安拆费:是指机械整体或分体自停放场地运至施工现场或由一个施工地点运至另一个施工地点,所发生的机械进出场运输及转移费用及机械在施工现场进行安装、拆卸所需的人工费、材料费、机械费、试运转费和安装所需的辅助设施的费用。

大型机械设备进出场及安拆费=(一次进出场及安拆费×年平均安拆次数)÷年工作台班 (1-44)

(8)混凝土、钢筋混凝土模板及支架费:是指混凝土施工过程中需要的各种钢模板、木模板、支架等的支、拆、运输费用及模板、支架的摊销(或租赁)费用。

计算方法:混凝土、钢筋混凝土模板及支架费按自有和租赁两种不同情况分别计算。

1) 模板及支架费=模板摊销量×模板价格+支、拆、运输费 (1-45)

式中,摊销量=一次使用量×(1+施工损耗)×[1+(周转次数-1)×补损率/周转次数

-(1-补损率)50%/周转次数] (1-46)

2) 租赁费=模板使用量×使用日期×租赁价格+支、拆、运输费

(9)脚手架费:是指施工需要的各种脚手架搭、拆、运输费用及脚手架的摊销(或租赁)费用。

1) 脚手架搭拆费=脚手架摊销量×脚手架价格+搭、拆、运输费

式中,脚手架摊销量=单位一次使用量×(1-残值率)÷(耐用期×一次使用期) (1-47)

2) 租赁费=脚手架每日租金×搭设周期+搭、拆、运输费 (1-48)

(10)已完工程及设备保护费:是指竣工验收前,对已完工程及设备进行保护所需费用。

已完工程及设备保护费=成品保护所需机械费+材料费+人工费 (1-49)

(11)施工排水、降水费：是指为确保工程在正常条件下施工，采取各种排水、降水措施所发生的各种费用。

$$排水、降水费=\sum 排水降水机械台班费\times 排水降水周期+排水降水使用材料费、人工费 \tag{1-50}$$

1.3.1.2　间接费

由规费、企业管理费组成。

1. 规费

规费：是指政府和有关权力部门规定必须缴纳的费用(简称规费)。包括：

(1)工程排污费：是指施工现场按规定缴纳的工程排污费。

(2)工程定额测定费：是指按规定支付工程造价(定额)管理部门的定额测定费。

(3)社会保障费

1)养老保险费：是指企业按规定标准为职工缴纳的基本养老保险费。

2)失业保险费：是指企业按照国家规定标准为职工缴纳的失业保险费。

3)医疗保险费：是指企业按照规定标准为职工缴纳的基本医疗保险费。

(4)住房公积金：是指企业按规定标准为职工缴纳的住房公积金。

(5)危险作业意外伤害保险：是指按照建筑法规定，企业为从事危险作业的建筑安装施工人员支付的意外伤害保险费。

2. 企业管理费

企业管理费：是指建筑安装企业组织施工生产和经营管理所需费用。内容包括：

(1)管理人员工资：是指管理人员的基本工资、工资性补贴、职工福利费、劳动保护费等。

(2)办公费：是指企业管理办公用的文具、纸张、账表、印刷、邮电、书报、会议、水电、烧水和集体取暖(包括现场临时宿舍取暖)用煤等费用。

(3)差旅交通费：是指职工因工出差、调动工作的差旅费、住勤补助费、市内交通费和误餐补助费、职工探亲路费、劳动力招募费、职工离退休、退职一次性路费、工伤人员就医路费，工地转移费以及管理部门使用的交通工具的油料、燃料、养路费及牌照费。

(4)固定资产使用费：是指管理和试验部门及附属生产单位使用的属于固定资产的房屋、设备仪器等的折旧、大修、维修或租赁费。

(5)工具用具使用费：是指管理使用的不属于固定资产的生产工具、器具、家具、交通工具和检验、试验、测绘、消防用具等的购置、维修和摊销费。

(6)劳动保险费：是指由企业支付离退休职工的安家补助费、职工退职金、六个月以上的病假人员工资、职工死亡丧葬补助费、抚恤费、按规定支付给离休干部的各项经费。

(7)工会经费：是指企业按职工工资总额计提的工会经费。

(8)职工教育经费：是指企业为职工学习先进技术和提高文化水平，按职工工资总额计提的费用。

(9)财产保险费：是指施工管理用于财产、车辆保险的费用。

(10)财务费：是指企业为筹集资金而发生的各种费用。包括企业经营期间发生的短期贷款利息净支出、汇兑净损失、调剂外汇手续费、金融机构手续费，以及筹集资金发生的其他财务费用。

(11)税金：是指企业按规定缴纳的房产税、车船使用税、土地使用税、印花税等。

(12)其他：包括技术转让费、技术开发费、业务招待费、绿化费、广告费、公证费、法律顾问费、审计费、咨询费等。

间接费的计算方法按取费基数的不同分为以下三种：

以直接费为计算基础

$$间接费=直接费合计\times间接费费率(\%) \quad (1-51)$$

以人工费和机械费合计为计算基础

$$间接费=人工费和机械费合计\times间接费费率(\%) \quad (1-52)$$

以人工费为计算基础

$$间接费=人工费合计\times间接费费率(\%) \quad (1-53)$$

1.3.1.3 利润

利润是指施工企业完成所承包工程获得的盈利，是施工单位劳动者为社会和集体劳动所创造的价值，应计入建筑工程造价。

利润的计算方法按取费基数的不同分为以下三种：

1. 以直接成本为计算基础

$$利润=(直接费+间接费)\times利润率(\%) \quad (1-54)$$

2. 以人工费和机械费合计为计算基础

$$利润=(直接费中人工费合计+直接费中机械费合计)\times利润率(\%) \quad (1-55)$$

3. 以人工费为计算基础

$$利润=直接费中人工费合计\times利润率(\%) \quad (1-56)$$

目前，由于建筑施工队伍生产能力大于建筑市场需求，使得建筑施工企业与其他行业的利润水平之间存在着较大的差距，并且可能在一段时间内不能有大幅度的提高。但从长远发展趋势来看，随着建设管理体制的改革和建筑市场的完善和发展，这个差距一定会逐步缩小的。

1.3.1.4 税金

税金是指国家税法规定的应计入建筑安装工程造价内的营业税、城市维护建设税及教育费附加等。

1. 营业税

营业税是按营业额乘以营业税税率确定。建筑安装企业营业税税率为3％。

$$应纳营业税=营业额\times 3\% \tag{1-57}$$

2. 城市维护建设税

纳税人所在地为市区的，按营业额的7%征收；所在地为县、城镇的，按营业额的5%征收；所在地不在市区、县城、镇的，按营业额的1%征收。

$$应纳税额=应纳营业税额\times 适应税率(7\%或5\%或1\%) \tag{1-58}$$

3. 教育费附加

教育费附加是按营业税额的3%确定。

$$应纳税额=应纳营业税额\times 3\% \tag{1-59}$$

税金计算公式为：

$$税金=(税金造价+利润)\times 税率(\%) \tag{1-60}$$

(1)纳税地点在市区的企业

$$税率(\%)=\frac{1}{1-3\%-(3\%\times 7\%)-(3\%\times 3\%)}-1=3.41\% \tag{1-61}$$

(2)纳税地点在县、城镇的企业

$$税率(\%)=\frac{1}{1-3\%-(3\%\times 5\%)-(3\%\times 3\%)}-1=3.35\% \tag{1-62}$$

(3)纳税地点不在市区、县、城镇的企业

$$税率(\%)=\frac{1}{1-3\%-(3\%\times 1\%)-(3\%\times 3\%)}-1=3.22\% \tag{1-63}$$

1.3.2　清单计价模式下的费用构成

随着建设工程市场的快速发展，项目法人制、招标投标制与合同管理制的逐步推行，以及加入WTO与国际建设工程市场接轨的要求，传统的工程造价计价办法已不能适应市场经济发展要求。经过多年的试点，工程量清单计价办法已得到各级造价管理部门、建设单位与施工单位的广泛赞同与认可。2003年2月17日以国家标准发布的《建设工程工程量清单计价规范》(GB50500—2003)，自2003年7月1日起在全国范围内实施。

2008年，在总结了《建设工程工程量清单计价规范》(GB50500—2003)实施以来的经验，针对执行中存在的问题，中华人民共和国住房和城乡建设部主编了《建设工程工程量清单计价规范》(GB50500—2008)，以下简称为《计价规范》。

根据《计价规范》的规定，工程量清单计价的费用由分部分项工程费、措施项目费、其他项目费、规费与税金组成，如图1-7所示。

- 工程项目总费用
  - 分部分项工程费
    - 人工费
    - 材料费
    - 施工机械使用费
    - 管理费
      - 管理人员工资
      - 办公费
      - 差旅交通费
      - 固定资产使用费
      - 工具用具使用费
      - 劳动保险费
      - 工会经费
      - 职工教育经费
      - 财产保险费
      - 财务费
      - 税金
      - 其他
    - 利润
  - 措施项目费
    - 安全文明施工费（含环境保护、文明施工、安全施工、临时设施费）
    - 夜间施工费
    - 二次搬运费
    - 冬雨季施工费
    - 大型机械设备进出场及安拆费
    - 施工排水
    - 施工降水
    - 地上、地下设施，建筑物的临时保护设施费
    - 已完工程及设备保护费
  - 其他项目费
    - 暂列金额
    - 暂估价
      - 材料暂估单
      - 专业工程暂估价
    - 计日工
    - 总承包服务费
  - 规费
    - 工程排污费
    - 工程定额测定费
    - 社会保障费
      - 养老保险费
      - 失业保险费
      - 医疗保险费
    - 住房公积金
    - 危险作业意外伤害保险
  - 税金
    - 营业税
    - 城市维护建设税
    - 教育费附加

图 1－7　清单费用构成

1.3.2.1　分部分项工程量清单费用

分部分项工程量清单费用采用综合单价计价，它综合了完成工程量清单中一个规定的计量单位项目所需的人工费、材料费、施工机械使用费和企业管理费与利润，以及一定范围内的风险费用。应按设计文件或参照《计价规范》附录的工程内容确定。分部分项工程的综合单价包括以下内容：

1. 分部分项工程主项的一个清单计量单位人工费、材料费、机械费、管理费、利润；

2. 与该主项一个清单计量单位所组合的各项工程的人工费、材料费、机械费、管理费、利润；

3. 在不同条件下施工需增加的人工费、材料费、机械费、管理费、利润；

4. 人工、材料、机械动态价格调整与相应的管理费、利润调整。

人工费是指直接从事建筑安装工程施工的生产工人开支的各项费用。

材料费是指施工过程中耗费的构成工程实体的原材料、辅助材料、构配件、零件、半成品的费用。

施工机械使用费指使用施工机械作业所发生的费用。

管理费是指建筑安装企业组织施工生产和经营管理所需费用。

利润指按企业经营管理水平和市场的竞争能力，完成工程量清单中各个分项工程应获得并计入清单项目中的利润。

分部分项工程费用中，还应考虑由施工方承担的风险因素，计算风险费用。风险费用是指投标企业在确定综合单价时，客观上可能产生的不可避免误差，以及在施工过程中遇到施工现场条件复杂、恶劣的自然条件、施工中以外事故、物价暴涨以及其他风险因素所发生的费用。

1.3.2.2　措施项目费用

措施项目费是指施工企业为完成工程项目施工，应发生于该工程施工前和施工过程中生产、生活、安全等方面的非工程实体费用。结算需要调整的，必须在招标文件或合同中明确。

投标报价时，措施项目费（除安全、文明施工费外）由编制人自行计算。措施项目费中的混凝土、钢筋混凝土模板或支架、脚手架、垂直运输、施工排水、降水等措施项目费，由投标人根据企业的情况自行报价，可高可低。

1.3.2.3　其他项目费用

其他项目费分招标人部分和投标人部分。

1. 招标人部分

（1）预留金：它是指招标人在工程招标范围内为可能发生的工程变更而预备的金额。工程变更主要指工程量清单漏项、有误引起的工程量的增加和施工中设计变更引起标准提高或工程量的增加等。按预计发生数估算。

（2）材料购置费：它是指招标人按国家规定准予分包的工程指定分包人或者指定供应商供应材料等而预留的金额。按预计发生数估算。

2. 投标人部分

（1）总承包服务费：指投标人配合协调招标人工程分包和材料采购所发生的费用。

（2）零星工作项目费：指施工过程中应招标人要求而发生的不是以实物计量和定价的零

星项目所发生的费用。工程竣工时按实结算。

(3)其他。如工程发生时，由编制人根据工程要求和施工现场实际情况，按实际发生或经批准的施工方案计算。

上述其他项目名称、费用标准、计算方法和说明，仅供工程招投标双方参考，具体应按合同约定执行。

预留金、材料购置费均为估算、预测数，虽在工程投标时计入投标人的报价中，但不为投标人所有。工程结算时，应按承包人实际完成的工作量计算，剩余部分仍归招标人所有。

零星工作项目费由招标人根据拟建工程的具体情况，列出人工、材料、机械的名称、计量单位和相应数量。工程招标时工程量由招标人估算后提出。工程结算时，工程量按承包人实际完成的工作量计算，单价按承包中标时的报价不变。

1.3.2.4 规费

规费是指政府和有关权力部门规定必须缴纳的费用(简称规费)。内容包括：工程排污费、工程定额测定费、社会保障费、住房公积金、危险作业意外伤害保险等。

1.3.2.5 税金

税金是指国家税法规定的应计入建筑工程造价内的营业税、城市维护建设税及教育费附加等各种税金。

学习情境1.4 工程量清单计量

1.4.1 建筑工程清单项目分项工程量计算

1.4.1.1 建筑面积的计算规则

1. 建筑面积的概念

建筑面积(也称展开面积)建筑物各层面积的总和。

$$建筑面积=使用面积+辅助面积+结构面积 \tag{1-64}$$

(1)使用面积——建筑物各层为生产或生活使用的净面积总和，如办公室、卧室、客厅等；

(2)辅助面积——建筑物各层为生产或生活起辅助作用的净面积总和，如电梯间、楼梯间等；

(3)结构面积——各层平面布置中的墙体、柱等结构所占面积总和。

其中，

$$使用面积+辅助面积=有效面积 \tag{1-65}$$

2. 建筑面积的作用

(1)是确定建设规模的重要指标

根据项目立项批准文件所核准的建筑面积，是初步设计的重要控制指标。按规定施工图的建筑面积不得超过初步设计的5%，否则必须重新报批。

(2)是确定各项技术经济指标的基础

建筑面积是确定每平方米建筑面积的造价和工程用量的基础性指标，即：

$$工程单位面积造价=\frac{工程造价}{建筑面积} \tag{1-66}$$

$$人工单位消耗指标=\frac{工程总人工工日消耗量}{建筑面积} \tag{1-67}$$

$$材料单位消耗指标=\frac{工程某种材料总消耗量}{建筑面积} \tag{1-68}$$

(3)是计算有关分项工程量的依据

(4)是选择概算指标和编制概算的主要依据

3. 计算建筑面积的规定

(1)单层建筑物的建筑面积应按其建筑物外墙勒脚以上的外围水平面积计算,并应符合下列规定：

1)单层建筑物高度在 2.20 m 以上者应计算全面积;高度不足 2.20 m 者应计算 1/2 面积,如图 1-8 所示。

2)利用坡屋顶内空间时,顶板下表面至楼面的净高超过 2.10 m 的部位应计算全面积;净高在 1.20 m 至 2.10 m 的部位应计算 1/2 面积;净高不足 1.2 m 的部位不应计算面积。

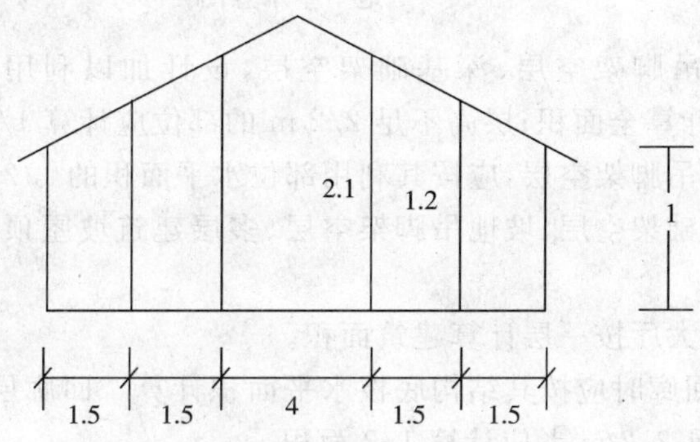

图 1-8　单层坡屋顶建筑示意图

按高度分块计算。

过去按 2.2 m 计算面积,不够 2.2 m 不计算面积。

现在分三部分:2.1 m 以上计算全面积;

1.2～2.1 m 计算 1/2 面积;

1.2 m 以下不计算面积。

(2)单层建筑物内设有局部楼层者,局部楼层的二层以及以上楼层,有维护结构的应按其维护结构外围水平面积计算,无维护结构的应按其结构底板水平面积计算。层高 2.2 m 及以上者应计算全面积;层高不足 2.2 m 者应计算 1/2 面积。

(3)多层建筑物首层应按其外墙勒脚以上结构外围水平面积计算,二层及以上楼层按其外墙结构的外围水平面积计算。层高 2.2 m 及以上者应计算全面积;层高不足 2.2 m 者应计算 1/2 面积(如技术层)。

(4)多层建筑坡屋顶内和场馆看台下。当设计加以利用时净高超过 2.10 m 的部位计算全面积;净高在 1.20 m 至 2.10 m 的部位应计算 1/2 面积;当设计不加以利用或室内净高不足 1.20 m 时不应计算面积。

(5)地下室、半地下室(车间、仓库、商店、车库、车站)等相应的有永久性顶盖的出入口,应按其外墙上口(不包括采光井、防潮层及其保护墙)外边线所围的水平面积计算。层高 2.2 m 及以上者应计算全面积;层高不足 2.2 m 者应计算 1/2 面积。

地下室:房间地平面低于室外地平面的高度超过该房间净高的 1/2 者。

半地下室:房间地平面低于室外地平面的高度超过该房间净高的 1/3 且不超过 1/2 者。

如:房间净高 3 m,埋在地下 1.1 m,超过 1/3,但不超过 3 m 的一半,属于半地下室;房间净高 3 m,埋在地下 1.7 m,超过 1/2,属于地下室,如图 1-9 所示。

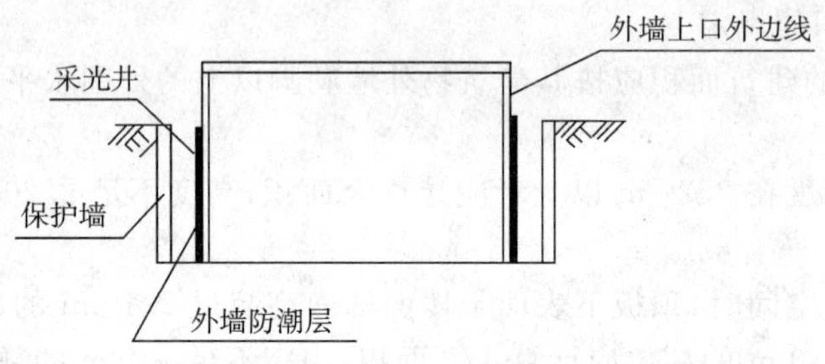

图 1-9 地下室示意图

(6)坡地的建筑物吊脚架空层、深基础架空层,设计加以利用并有维护结构的层高 2.2 m及以上的部位应计算全面积;层高不足 2.2 m 的部位应计算 1/2 面积。

无维护结构的建筑吊脚架空层,应按其利用部位水平面积的 1/2 计算。

设计不利用的深基础架空层、坡地吊脚架空层、多层建筑坡屋顶内、场馆看台下的空间不应计算面积。

(7)建筑物的门厅、大厅按一层计算建筑面积。

门厅、大厅内设有回廊时应按其结构底板水平面积计算。回廊层高在 2.2 m 及以上者应计算全面积;层高不足 2.2 m 者应计算 1/2 面积。

(8)建筑物间有围护结构的架空走廊,应按其围护结构外围水平面积计算,层高在 2.2 m及以上者应计算全面积;层高不足 2.2 m 者应计算 1/2 面积。有永久性顶盖无围护结构的应按其结构底板水平面积的 1/2 计算(如教学楼之间的走廊),如图 1-10 所示。

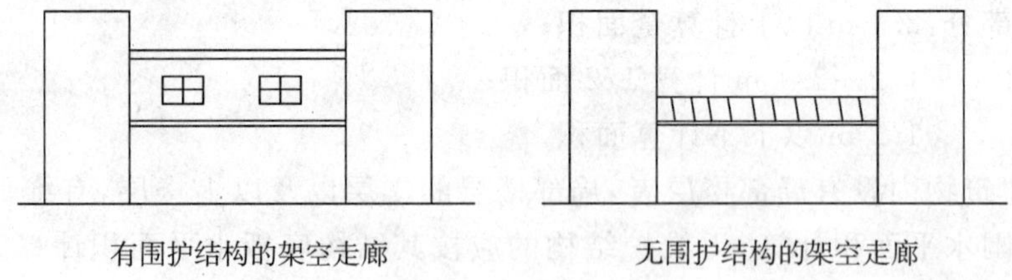

图 1-10 建筑物走廊示意图

(9)立体书库、立体仓库、立体车库中,无结构层的按一层计算;有结构层的,按结构层面积分别计算。层高在 2.2 m 及以上者应计算全面积;层高不足 2.2 m 者应计算 1/2 面积(与过去不同,过去按书架层,现在不管书架层,只考虑结构层)。

(10)有围护结构的舞台灯光控制室,应按其围护结构外围水平面积。层高在 2.2 m 及以上者应计算全面积；层高不足 2.2 m 者应计算 1/2 面积。

(11)建筑物外有围护结构的落地橱窗、门斗、挑廊、走廊、檐廊，应按其围护结构外围水平面积计算。层高在 2.2 m 及以上者应计算全面积；层高不足 2.2 m 者应计算 1/2 面积。有永久性顶盖无围护结构的应按其结构底板水平面积的 1/2 计算。

(12)有永久性顶盖无围护结构的场馆看台应按其顶盖水平投影面积的 1/2 计算。

(13)建筑物顶部有围护结构的楼梯间、水箱间、电梯机房等，层高在 2.2 m 及以上者应计算全面积；层高不足 2.2 m 者应计算 1/2 面积。

(14)设有围护结构不垂直于水平面而超出底板外沿的建筑物应按其底板面的外围水平面积计算。层高在 2.2 m 及以上者应计算全面积；层高不足 2.2 m 者应计算 1/2 面积。

(15)建筑物内的室内楼梯间、电梯井、观光电梯井、提物井、管道井、通风排气竖井、垃圾道、附墙烟囱应按建筑物的自然层计算。

(16)雨篷结构的外边线至外墙结构外边线的宽度超过 2.10 m 者应按雨篷结构板的水平投影面积的 1/2 计算。

(17)有永久性顶盖的室外楼梯，应按建筑物自然层的水平投影面积的 1/2 计算。

(18)建筑物的阳台均应按水平投影面积的 1/2 计算(不管封闭不封闭)。

(19)有永久性顶盖无围护结构的车棚、货棚、站台、加油站、收费站等，应按其顶盖水平投影面积的 1/2 计算。

(20)高低联跨的建筑物，应以高跨结构外边线为界分别计算建筑面积；其高低跨内部连通时，其变形缝应计算在低跨面积内。

(21)以幕墙作为围护结构的建筑物，应按幕墙外边线计算建筑面积。

(22)建筑物外墙外侧有保温隔热层的，应按保温隔热层外边线计算建筑面积。

(23)建筑物内的变形缝，应按其自然层合并在建筑面积内计算。

(24)下列项目不计算建筑面积：

1)建筑物通道(骑楼、过街楼的底层)，如图 1－11 所示；

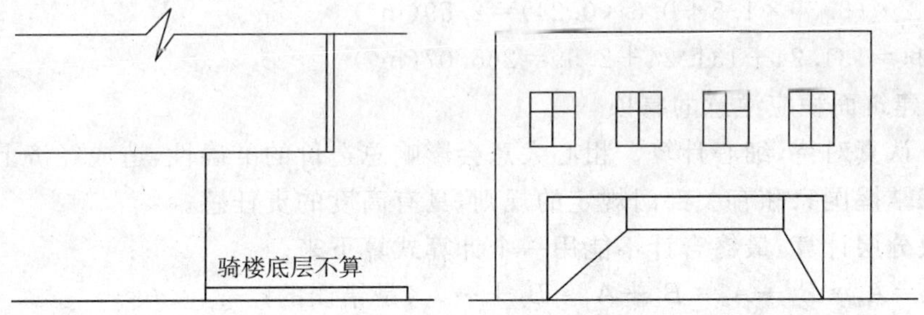

图 1－11　建筑物通道示意图

2)建筑物内的设备管道夹层；

3)建筑物内分隔的单层房间、舞台及后台悬挂幕布、布景的天桥、挑台等；

4)屋顶水箱、花架、凉棚、露台、露天游泳池；

5)建筑物内操作平台、上料平台、安装箱和罐体的平台；

6)勒脚、附墙柱、垛、台阶、墙面抹灰、装饰面、镶贴块料面层、装饰性幕墙、空调室外机搁板(箱)、飘窗、构件、配件、宽度在 2.10 m 及以内的雨篷以及与建筑物内不相通的装饰性阳台、挑廊；

7)无永久性顶盖的架空走廊、室外楼梯和用于检修、消防等目的的室外钢楼梯、爬梯；

8)自动扶梯、自动人行道；

9)独立烟囱、烟道、地沟、油(水)罐、水塔、贮油(水)池、贮仓、栈桥、地下人防通道、地铁隧道。

【例 1-5】 如图 1-12 所示，计算其建筑面积(墙厚为 240 mm)。

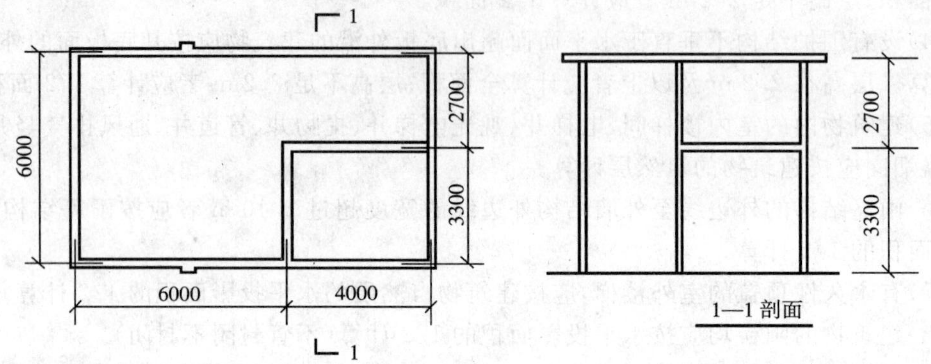

图 1-12

【解】 底层建筑面积=(6.0+4.0+0.24)×(3.30+2.70+0.24)

=10.24×6.24=63.90(m²)

楼隔层建筑面积=(4.0+0.24)×(3.30+0.24)

=4.24×3.54=15.01(m²)

【例 1-6】 计算图 1-13 所示的建筑面积。

【解】 一层：10.14×3.84+9.24×3.36+10.74×5.04+5.94×1.2=113.24(m²)

二层：同一层 131.24 m²

阳台：1/2×(3.36×1.5+0.6×0.24)=2.59(m²)

建筑面积=131.24+131.24+2.59=265.07(m²)

4. 计算建筑面积应注意的事项

(1)耐心认真对待，细心计算。粗心大意会影响总造价的准确性，造成经济上的损失。

(2)熟练掌握国家和有关部门规定的规则，具有高度的责任感。

(3)分块分层计算，最终合计不能用一个计算式算下来。

如：S总$=A_1*B_1+A_2*B_2+A_3*B_3+\cdots$。(是错误的)

应该：$S_1=A_1*B_1$

$S_2=A_2*B_2$

$S_3=A_3*B_3$

⋮

S总$=S_1+S_2+S_3+\cdots+S_N$

这样可发挥建筑面积的基数作用，减少分项计算的工作量，也便于复核检查。

可分为底层建筑面积、标准层建筑面积、顶层建筑面积。

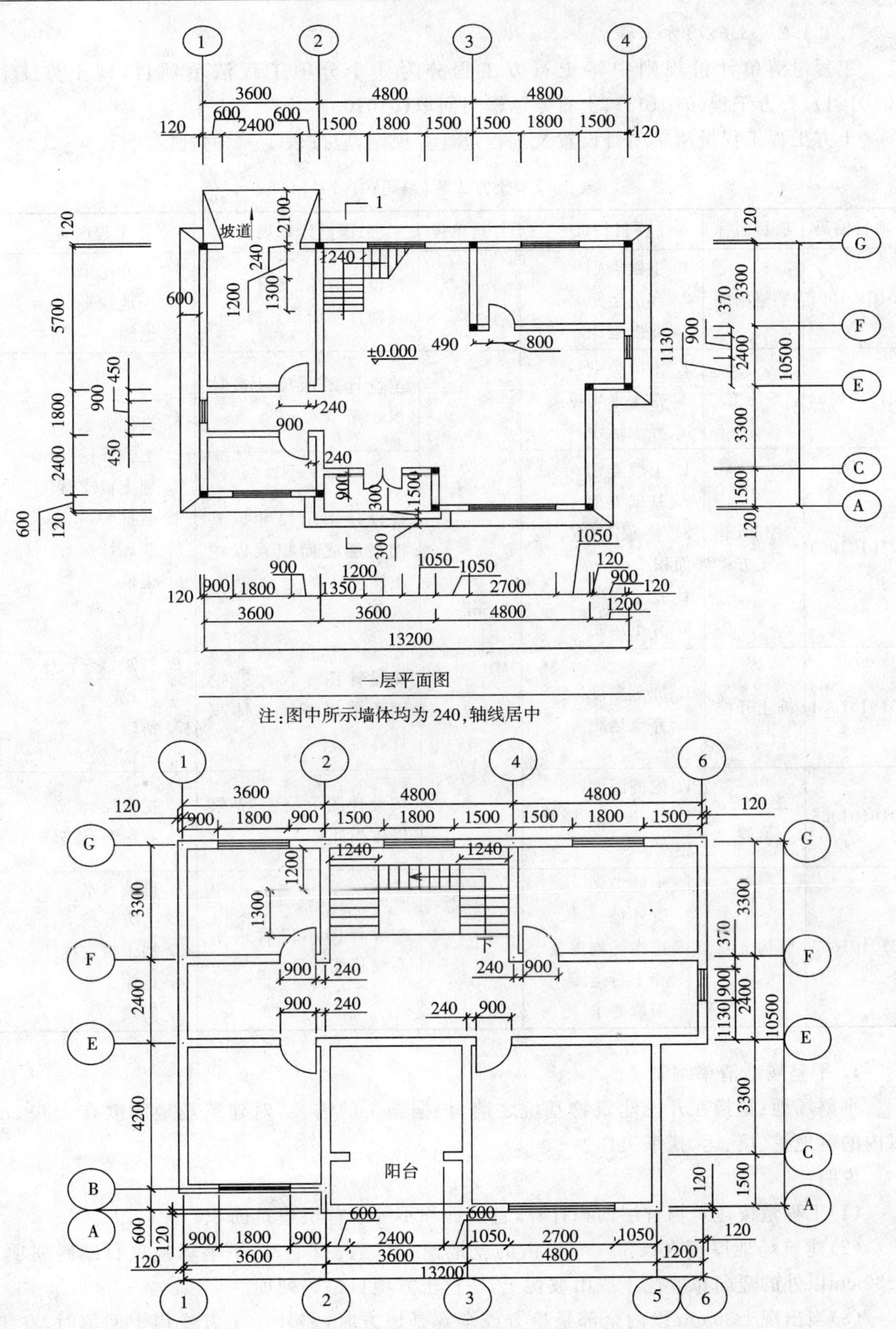

图 1－13　二层平面图

1.4.1.2　土(石)方工程

工程量清单计价规则中将土石方工程分为 3 个分项工程清单项目，即土方工程(010101)、石方工程(010102)、土石方运输与回填(010103)。

土方工程工程量清单项目设置及工程量计算规则，应按表 1－2 的规定执行。

表 1－2　土方工程(编码:010101)

项目编码	项目名称	项目特征	计量单位	工程量计算规则	工程内容
010101001	平整场地	1. 土壤类别 2. 弃土运距 3. 取土运距	m^2	按设计图示尺寸以建筑物首层面积计算	1. 土方挖填 2. 场地找平 3. 运输
010101002	挖土方	1. 土壤类别 2. 挖土平均厚度 3. 弃土运距	m^3	按设计图示尺寸以体积计算	1. 排地表水 2. 土方开挖 3. 挡土板支拆 4. 截桩头 5. 基底钎探 6. 运输
010101003	挖基础土方	1. 土壤类别 2. 基础类型 3. 垫层底宽、底面积 4. 挖土深度 5. 弃土运距		按设计图示尺寸以基础垫层底面积乘以挖土深度计算	
010101004	冻土开挖	1. 冻土厚度 2. 弃土运距		按设计图示尺寸开挖面积乘以厚度以体积计算	1. 打眼、装药、爆破 2. 开挖 3. 清理 4. 运输
010101005	挖淤泥、流砂	1. 挖掘深度 2. 弃淤泥、流砂距离		按设计图示位置、界限以体积计算	1. 挖淤泥、流砂 2. 弃淤泥、流砂
010101006	管沟土方	1. 土壤类别 2. 管外径 3. 挖沟平均深度 4. 弃土石运距 5. 回填要求	m	按设计图示以管道中心线长度计算	1. 排地表水 2. 土方开挖 3. 挡土板支拆 4. 运输 5. 回填

1. 平整场地清单编制

平整场地：是指在开挖建筑物基坑之前，根据施工的需要，对建筑场地厚度在±30 cm 以内的就地挖、填、运、找平工作。

说明：

(1)工程量按建筑物首层面积计算，首层面积不等于首层建筑面积。

(2)建筑场地厚度在±30 cm 以内的就地挖、填、运、找平，按平整场地项目编码列项，±30 cm以外的竖向布置挖土或山坡切土，按挖土方项目编码列项。

(3)当出现±30 cm 以内全部是挖方或全部是填方时，需外运土方或借土回填时，在工程量清单项目中应描述弃土运距或取土运距，这部分的运输应包括在平整场地项目报价内。

2. 挖土方清单编制

挖土方:是指设计室外地坪以上的竖向布置的挖土或山坡切土。

说明:

(1)设计室外地坪至±30 cm 之间区域的挖土按挖土方项目编码列项。

(2)挖土方按挖掘前的天然密实体积计算。

3. 挖基础土方清单编制

挖基础土方:适用于设计室外地坪标高以下的挖土,具体是指开挖各类基础而进行的土石方工程。

说明:

(1)挖土深度指基础垫层底至设计室外地坪之间的垂直距离。

(2)弃土运距指余土外运距离,一般考虑就近弃土。

(3)挖基础土方包括带形基础、独立基础、满堂基础(包括地下室基础)及设备基础、人工挖孔桩等的挖方,并包括指定范围内的土方运输。带形基础应按不同底宽和深度,独立基础和满堂基础应按不同底面积和深度分别编码列项。

(4)根据清单计价规则,在编制工程量清单时,不考虑放坡和工作面。

(5)挖地槽适用于建筑物的条形基础、埋设地下水管的沟槽、通讯线缆及排水沟等的挖土工程。挖土方和挖地坑是底面积大小的区别,它们适用建造地下室、满堂基础、独立基础、设备基础等挖土工程。

【例 1-7】 某工程基础平面图和断面图,如图 1-14 所示,基础类型分别为钢筋混凝土

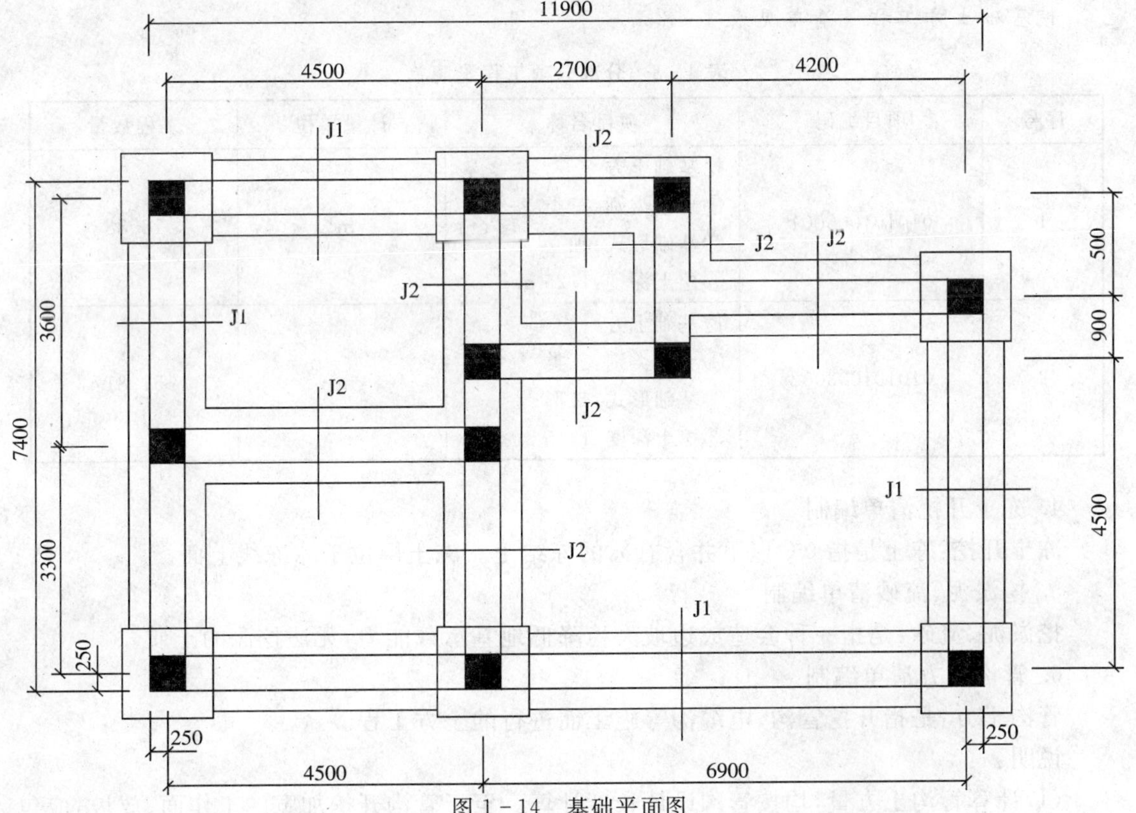

图 1-14　基础平面图

无梁式带形基础和独立基础,招标人提供的资料是地面已平整,并达到设计地面标高,施工单位现场勘察,土质为三类土,无需支档土板和基底钎探。已知室内外高差为−0.45,其他已知条件如图1-15所示。编制基础挖土方工程量清单。

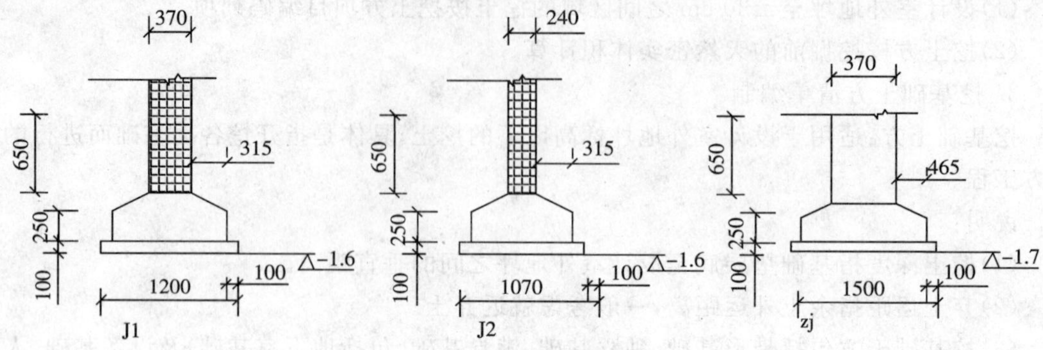

图1-15　基础断面图

【解】　挖基础土方工程量清单的编制

1. 挖独立基础土方工程量=1.50×1.50×1.25×6=16.88 m^3

2. 挖带形基础土方工程量

=〔(4.50+0.90+4.50+6.90+4.50+3.30+3.60+0.25×6−0.185×6−1.5×5)×1.20+(2.70+1.50+4.20+0.25−0.185−1.50+4.50+0.25−0.185−0.60−1.07/2+3.30+3.60+0.25×2−0.185×2−1.50+2.70+0.90−1.07)×1.07〕×1.15=51.81 m^3。

挖基础土方工程量清单见表1-3。

表1-3　分部分项工程量清单

序号	项目编码	项目名称	计量单位	工程数量
1	010101003001	挖基础土方 ①土壤类别:三类 ②基础形式:独立 ③挖土深度:1.25 m	m^3	16.88
2	010101003002	挖基础土方 ①土壤类别:三类 ②基础形式:带形 ③挖土深度:1.15 m	m^3	51.81

4. 冻土开挖清单编制

冻土开挖:冻土是指0℃以下并含有冰的冻结土。冻土层位于冰冻线上面。

5. 挖淤泥、流砂清单编制

挖淤泥、流砂:是指一种会造成边坡失稳降低地基承载能力,无法挖深的土质。

6. 管沟土方清单编制

管沟土方:是指开挖管沟、电缆沟等施工而进行的土方工程。

说明:

(1)计算管沟土方量,均按管沟设计长度计算。至于管沟开挖加宽的工作面、放坡,应包括在管沟土方报价中。

(2)计算管道沟槽回填时，当管径在 500 mm 以下的不扣除管道所占的体积；当管径超过 500 mm 时，按表 1－4 规定按挖方体积扣除管道所占的体积计算。

表 1－4　管道扣除土方体积表　(计量单位：m^3/m)

管道名称	管道直径(mm)					
	501～600	601～800	801～1000	1001～1200	1201～1400	1401～1600
钢管	0.21	0.44	0.71			
铸铁管	0.24	0.49	0.77			
钢筋混凝土管	0.33	0.60	0.92	1.15	1.35	1.55

1.4.1.3　条基、筏板基础工程

工程量清单计价规则中将砖基础工程分为 1 个分项工程清单项目，即砖基础。

砖基础工程量清单项目设置及工程量计算规则，应按表 1－5 的规定执行。

表 1－5　砖基础(编码：010301)

项目编码	项目名称	项目特征	计量单位	工程量计算规则	工程内容
010301001	砖基础	1. 砖品种、规格、强度等级 2. 基础类型 3. 基础深度 4. 砂浆强度等级	m^3	按设计图示尺寸以体积计算。包括附墙垛基础宽出部分体积，扣除地梁(圈梁)、构造柱所占体积，不扣除基础大放脚T形接头处的重叠部分及嵌入基础内的钢筋、铁件、管道、基础砂浆防潮层和单个面积 0.3 m^2 以内的孔洞所占体积，靠墙暖气沟的挑檐不增加。 基础长度：外墙按中心线，内墙按净长线计算。	1. 砂浆制作、运输 2. 砌砖 3. 防潮层铺设 4. 材料运输

1. 基础垫层包括在基础项目内。
2. 标准砖尺寸应为 240 mm×115 mm×53 mm。标准砖墙厚度应按表 1－6 计算。

表 1－6　标准墙计算厚度表

砖数(厚度)	1/4	1/2	3/4	1	$1\frac{1}{2}$	2	$2\frac{1}{2}$	3
计算厚度(mm)	53	115	180	240	365	490	615	740

3. 砖基础与砖墙(身)划分应以设计室内地坪为界(有地下室的按地下室室内设计地坪为界)，以下为基础，以上为墙(柱)身。基础与墙身使用不同材料，位于设计室内地坪±300 mm以内时以不同材料为界，超过±300 mm，应以设计室内地坪为界。砖围墙应以设

计室外地坪为界,以下为基础,以上为墙身。

注意:

(1)基础垫层包括在各类基础项目内,垫层的材料种类、厚度、材料的强度等级配合比,应在工程量清单中进行描述。

(2)砖基础项目适用于各种类型砖基础:柱基础、墙基础、烟囱基础、水塔基础、管道基础等。还应注意对基础类型应在工程量清单中进行描述。

4. 大放脚

砖基础的基础墙与墙身同厚。大放脚是墙基下面的扩大部分,分等高和不等高两种。

等高放脚,每步放脚层数相等,高度为 126 mm(两皮砖加两灰缝);每步放脚宽度相等,为 62.5 mm(一砖长加一灰缝的 1/4),如图 1-16 所示。

不等高放脚,每步放脚高度不等,为 63 mm 与 126 mm 互相交替间隔放脚;每步放脚宽度相等,为 62.5 mm,如图 1-17 所示。

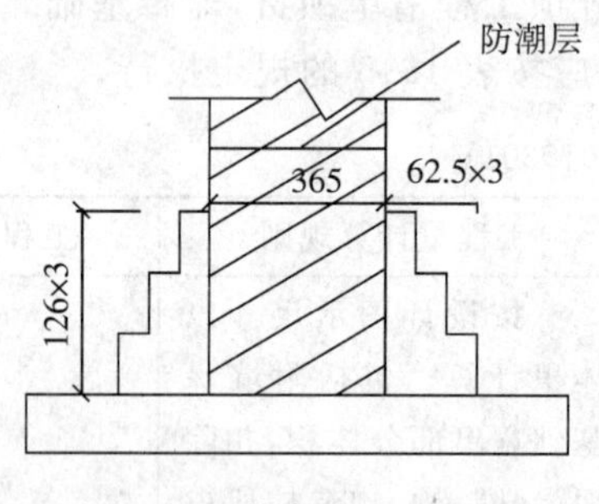

图 1-16 等高式大放脚基础

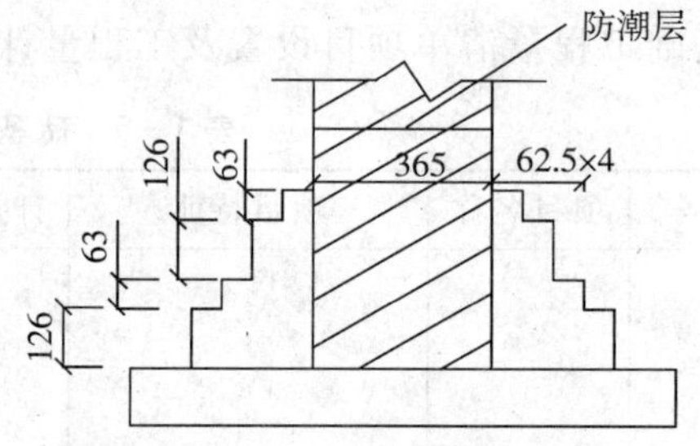

图 1-17 不等高式大放脚基础

5. 基础垫层

基础垫层是位于基础大放脚下面将建筑物荷载均匀地传给地基的找平层,它是基础的一部分。包括在各类基础项目内,垫层的材料种类、厚度、材料的强度等级配合比,应在工程量清单中进行描述。

垫层多用素土、灰土、碎砖三合土、级配砂石及低标号混凝土制作。

素土垫层:挖去基槽的软弱土层,分层回填素土,并分层夯实,一般适用于处理湿陷性黄土或杂填土地基。

灰土垫层:一般采用 3∶7 灰土或 2∶8 灰土夯实。

砖品种、规格、强度等级:砖的品种、强度必须符合设计要求,并应规格一致,有出厂证明和进厂复验报告。

烧结普通砖的强度等级有 MU30、MU25、MU20、MU15、MU10 和 MU7.5。

承重黏土空心砖的强度等级有 MU20、MU15、MU10、MU7.5。

(1)砖基础工程量计算公式:

$$砖基础体积=基础墙体积+大放脚体积 \tag{1-69}$$

(2)带形基础计算公式:

$$外墙基础体积=外墙中心线\times基础断面积 \tag{1-70}$$

$$内墙基础体积=内墙净长线\times基础断面积 \tag{1-71}$$

基础断面按图示尺寸计算。

(3)标准砖墙厚度，按表1-6计算。

(4)基础大放脚增加断面积和折加高度。由于等高式与不等高式大放脚是有规律的，因此，可以预先将各种形式和不同层次的大放脚增加断面积计算出来，然后按不同墙厚折成其高度(简称为折加高度)加在砖基础的高度内计算，以加快计算速度。

1)大放脚增加断面积。按等高与不等高分别计算。计算时，按双面放脚计算，并且将两面放脚对折叠加为矩形面积计算。因此，可得计算公式为：

$$\text{等高式大放脚增加断面积 } S=n\times(n+1)\times0.0625\times0.126(\mathrm{m}^2) \quad (1-72)$$

不等高式大放脚增加断面积 S，可分别按下面两式计算：

当错台层数为偶数时：

$$S=0.0625\times n\times(0.0945\times n+0.126)(\mathrm{m}^2) \quad (1-73)$$

为了计算方便，现将大放脚增加断面积和折加高度见表1-7，以备查用。

表1-7　等高不等高砖墙基大放脚折加高度和大放脚增加断面积表

放脚层高	折加高度(m)												增加断面	
	$\frac{1}{2}$砖 (0.115)		1砖 (0.24)		$1\frac{1}{2}$砖 (0.365)		2砖 (0.49)		$2\frac{1}{2}$砖 (0.615)		3砖 (0.74)		(m²)	
	等高	不等高	等高	不等高	等高	不等高	等高	不等高	等高	不等高	等高	不等高	等高	不等高
一	0.137	0.137	0.066	0.066	0.043	0.043	0.032	0.032	0.026	0.026	0.021	0.021	0.01575	0.01575
二	0.411	0.342	0.197	0.164	0.129	0.108	0.096	0.080	0.077	0.064	0.064	0.053	0.04725	0.03938
三	0.822	0.685	0.394	0.328	0.259	0.216	0.193	0.161	0.154	0.128	0.128	0.106	0.0945	0.07875
四	1.396	1.096	0.656	0.525	0.432	0.345	0.321	0.253	0.256	0.205	0.213	0.170	0.1575	0.126
五	2.054	1.643	0.984	0.788	0.647	0.518	0.482	0.380	0.384	0.307	0.319	0.255	0.2363	0.189
六	2.876	2.260	1.378	1.083	0.906	0.712	0.672	0.530	0.538	0.419	0.447	0.315	0.3308	0.2599
七		3.013	1.838	1.444	1.208	0.949	0.900	0.707	0.717	0.563	0.596	0.468	0.441	0.3465
八		3.835	2.363	1.838	1.553	1.208	1.157	0.900	0.922	0.717	0.766	0.596	0.567	0.4411
九			2.953	2.297	1.942	1.510	1.447	1.125	1.153	0.896	0.958	0.745	0.7088	0.5513
十			3.610	2.789	2.372	1.834	1.768	1.366	1.409	1.088	1.717	0.905	0.8663	0.6694

注：1.(1)基础放脚折加高度是按双面计算的，当为平面放脚时，折加高度应乘0.5的系数。

(2)该表是以标准砖240 mm×115 mm×53 mm为准，灰缝为10 mm为准编制的。

2. 按基础放脚折算为断面法计算砖基础体积。

$$\text{砖基础体积}=\text{长度}\times(\text{基础墙高度}\times\text{基础墙厚度}+\text{大放脚增加断面积}) \quad (1-74)$$

【例1-8】 如图1-18所示为某工程M7.5水泥砂浆砌筑MU15水泥实心砖墙基(砖规格240×115×53)。编制该砖基础砌筑项目清单(提示：砖砌体内无砼构件)。

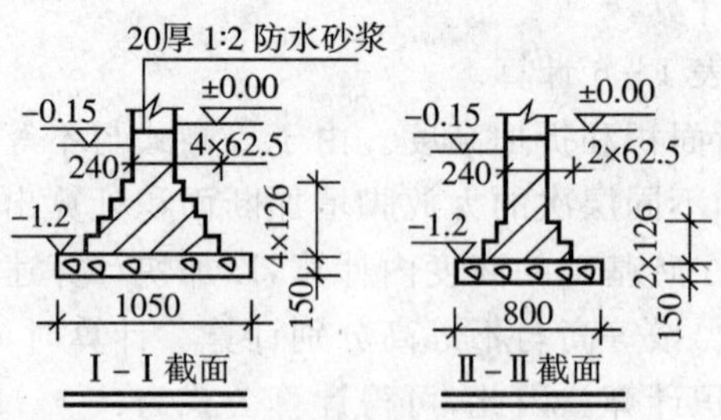

图 1-18

【解】 该工程砖基础有两种截面规格，为避免工程局部变更引起整个砖基础报价调整的纠纷，应分别列项。工程量计算：

Ⅰ－Ⅰ截面砖基础长度：砖基础高度：$H=1.2$ m

$$L=7\times3-0.24+2\times(0.365-0.24)\times0.365\div0.24=21.14\ \text{m}$$

其中：(0.365－0.24)×0.365÷0.24 为砖垛折加长度

大放脚增加截面：$S=0.1575$ m^2

砖基础工程量：

砖基础体积＝长度×(基础墙高度×基础墙厚度＋大放脚增加断面积)

$$=21.14\times(1.2\times0.24+0.1575)=9.42\ \text{m}^3$$

Ⅱ－Ⅱ截面：砖基础高度：$H=1.2$m　　$L=(3.6+3.3)\times2=13.8$ m

大放脚增加截面：$S=0.04725$ m^2

砖基础工程量：$V=13.8\times(1.2\times0.24+0.04725)=4.63$ m^3

工程量清单见表 1-8。

表 1-8　分部分项工程量清单

序号	项目编码	项目名称	计量单位	工程数量
1	010301001001	Ⅰ－Ⅰ砖墙基础：M7.5 水泥砂浆砌筑(240×115×53) MU15 水泥实心砖一砖条形基础，四层等高式大放脚；－1.2 m 基底下 C10 砼垫层，长 20.58 m，宽 1.05 m，厚 150 mm；－0.06 m 标高处 1：2 防水砂浆 20 厚防潮层	m^3	9.42
2	010301001002	Ⅱ－Ⅱ砖墙基础：M7.5 水泥砂浆砌筑(240×115×53) MU15 水泥实心砖一砖条形基础，二层等高式大放脚；－1.2 m 基底下 C10 砼垫层，长 13.8 m，宽 0.8 m，厚 150 mm；－0.06 m 标高处 1：2 防水砂浆 20 厚防潮层	m^3	4.63

6. 现浇混凝土带形基础(010401001)清单编制

现浇混凝土基础的清单工程量应按设计图示尺寸计算其体积。不扣除构件内钢筋、预埋铁件和伸入承台基础的桩头所占体积。

(1)带形基础(010401001)

带形基础又称条形基础,平面布置呈长条形状且封闭,断面形式一般有矩形、梯形、阶梯形等。

1)无梁式带基与有梁式带基的划分

根据基础断面的几何形状,可将带形基础划分为有梁式带形基础和无梁式带形基础,以方便准确组价。此时带形基础可分别编码为010401001001和010401001002。

2)清单工程量计算

带形基础的工程量按设计图示尺寸以体积计算。可用公式表达为:

V=基础断面面积S×基础长L+T形接头体积

其中,基础长L可按下列方法计算:外墙下按外墙中心线长;内墙下按基础净长,如图1-19所示,当接头为“十”字形时,接头处体积相当于2个“T”形接头。

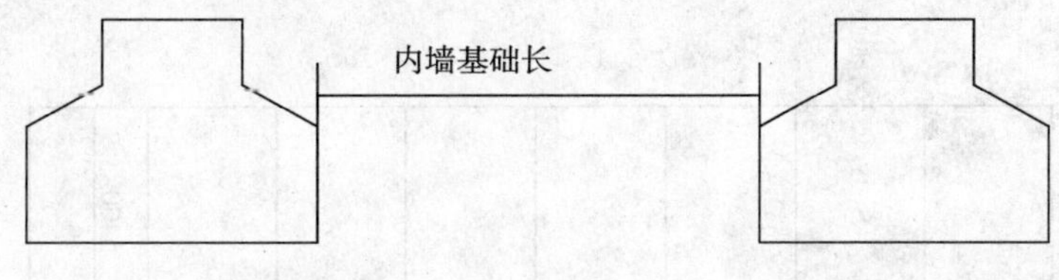

图1-19

下面介绍“T”形接头体积的计算:

① 基础截面为梯形时接头体积V_D计算,公式中子目的含义如图1-20所示。

$$V_D = V_1 + V_2 + V_3$$

V_D——图示搭接部分上部矩形体积,$V_D = L_D[h_3 \times b + h_2 \times (2b+B)/6]$;

V_1——搭接部分中部矩形体积一半,$V_1 = L_D \times b \times h_3$;

V_2——搭接部分两侧三角锥体积,$V_2 = L_D \times b \times h_2 \times 1/2$;

V_3——搭接部分两侧三角锥体积,$V_3 = 1/3 \times (1/2 \times L_D \times h_2) \times (B-b)/2 \times 2$。

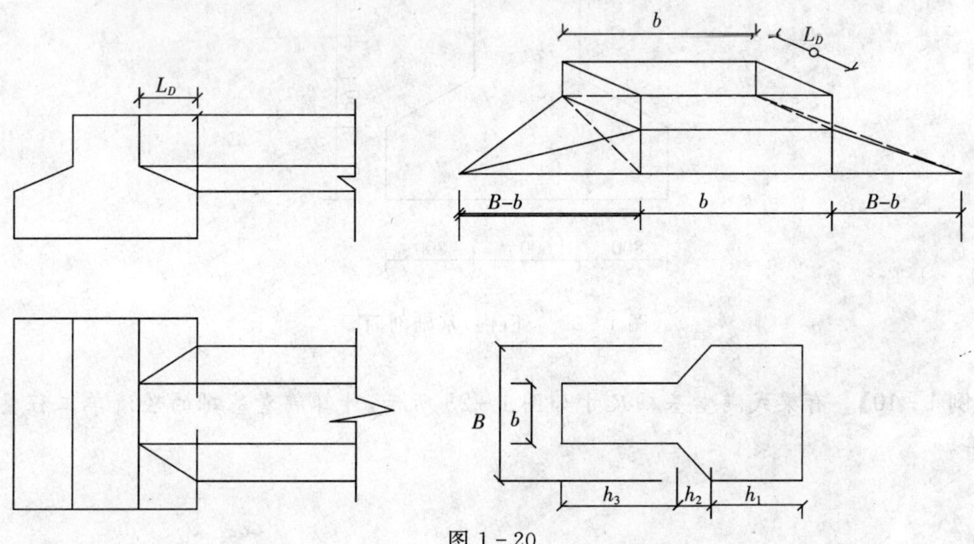

图1-20

对于无梁式带形基础，如图 1－21 所示，因为 $V_1=0$，所以 $V_1=L_D\times h_2\times(2b+B)/6$。

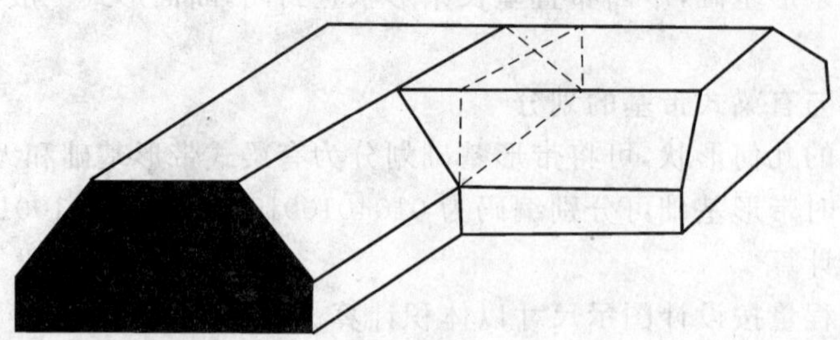

图 1－21　无梁式带形基础

【例 1－9】　某办公楼工程基础如图 1－22 所示，试计算该基础工程清单工程量并列出清单表。

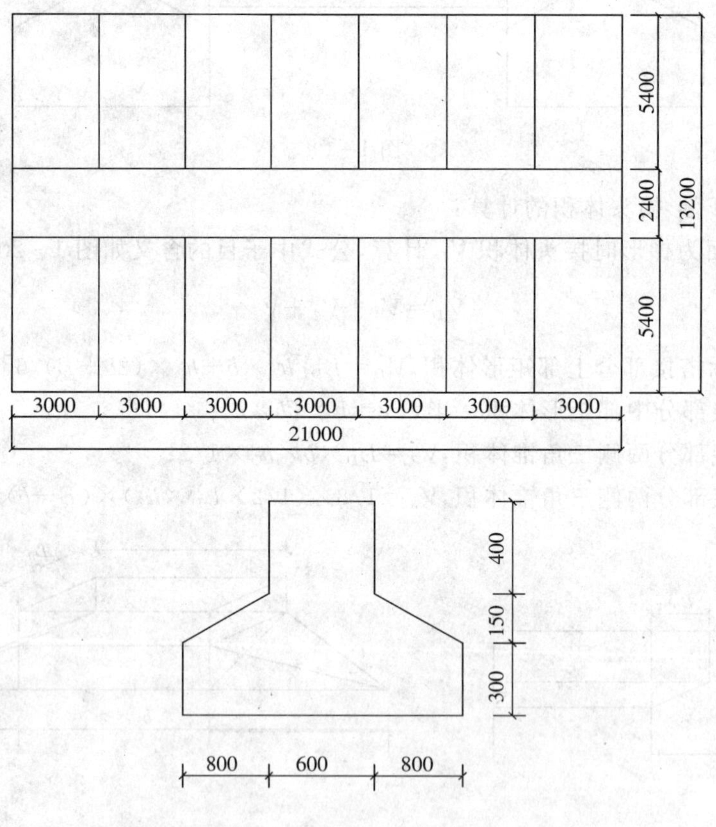

图 1－22　外(内)基础剖面图

【例 1－10】　有梁式满堂基础尺寸如图 1－23 所示，计算满堂基础的砼清单工程量并编制清单。

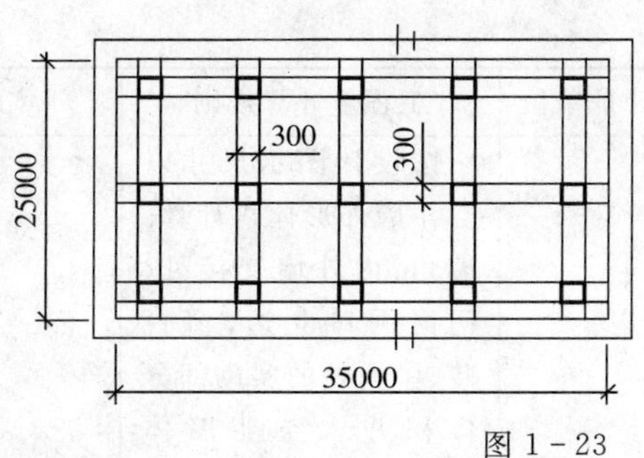

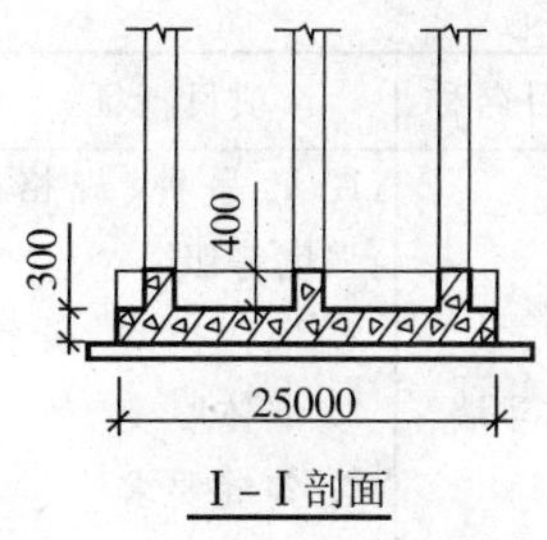

图1－23

1.4.1.4　承重与非承重墙体工程

工程量清单计价规则中将砖砌体工程分为6个分项工程清单项目，即砖砌体实心砖墙（010302001）、空斗墙（010302002）、空花墙（010302003）、填充墙（010302004）、实心砖柱（010302005）、零星砌砖（010302006）。

工程量清单项目设置及工程量计算规则，应按表1－9的规定执行。

表1－9　砖砌体（编码：010302）

项目编码	项目名称	项目特征	计量单位	工程量计算规则	工程内容
010302001	实心砖墙	1. 砖品种、规格、强度等级 2. 墙体类型 3. 墙体厚度 4. 墙体高度 5. 勾缝要求 6. 砂浆强度等级、配合比	m^3	按设计图示尺寸以体积计算。扣除门窗洞口、过人洞、空圈、嵌入墙内的钢筋混凝土柱、梁、圈梁、挑梁、过梁及凹进墙内的壁龛、管槽、暖气槽、消火栓箱所占体积。不扣除梁头、板头、檩头、垫木、木楞头、沿缘木、木砖、门窗走头、砖墙内加固钢筋、木筋、铁件、钢管及单个面积0.3 m^2以内的孔洞所占体积。凸出墙面的腰线、挑檐、压顶、窗台线、虎头砖、门窗套的体积亦不增加。凸出墙面的砖垛并入墙体体积内计算 1. 墙长度：外墙按中心线，内墙按净长计算 2. 墙高度： (1)外墙：斜（坡）屋面无檐口天棚者算至屋面板底；有屋架且室内外均有天棚者算至屋架下弦底另加200 mm；无天棚者算至屋架下弦底另加300 mm，出檐宽度超过600 mm时按实砌高度计算；平屋面算至钢筋混凝土板底 (2)内墙：位于屋架下弦者，算至屋架下弦底；无屋架者算至天棚底另加100 mm；有钢筋混凝土楼板隔层者算至楼板顶；有框架梁时算至梁底 (3)女儿墙：从屋面板上表面算至女儿墙顶面（如有混凝土压顶时算至压顶下表面） (4)内、外山墙：按其平均高度计算 3. 围墙：高度算至压顶上表面（如有混凝土压顶时算至压顶下表面），围墙柱并入围墙体积内	1. 砂浆制作、运输 2. 砌砖 3. 勾缝 4. 砖压顶砌筑 5. 材料运输

（续表）

<table>
<tr><th>项目编码</th><th>项目名称</th><th>项目特征</th><th>计量单位</th><th>工程量计算规则</th><th>工程内容</th></tr>
<tr><td>010302002</td><td>空斗墙</td><td>1. 砖品种、规格、强度等级
2. 墙体类型
3. 墙体厚度
4. 勾缝要求
5. 砂浆强度等级、配合比</td><td rowspan="5">m³</td><td>按设计图示尺寸以空斗墙外形体积计算。墙角、内外墙交接处、门窗洞口立边、窗台砖、屋檐处的实砌部分体积并入空斗墙体积内</td><td rowspan="4">1. 砂浆制作、运输
2. 砌砖
3. 装填充料
4. 勾缝
5. 材料运输</td></tr>
<tr><td>010302003</td><td>空花墙</td><td>1. 砖品种、规格、强度等级
2. 墙体类型
3. 墙体厚度
4. 勾缝要求
5. 砂浆强度等级</td><td>按设计图示尺寸以空花部分外形体积计算，不扣除空洞部分体积</td></tr>
<tr><td>010302004</td><td>填充墙</td><td>1. 砖品种、规格、强度等级
2. 墙体厚度
3. 填充材料种类
4. 勾缝要求
5. 砂浆强度等级</td><td>按设计图示尺寸以填充墙外形体积计算</td></tr>
<tr><td>010302005</td><td>实心砖柱</td><td>1. 砖品种、规格、强度等级
2. 柱类型
3. 柱截面
4. 柱高
5. 勾缝要求
6. 砂浆强度等级、配合比</td><td rowspan="2">按设计图示尺寸以体积计算。扣除混凝土及钢筋混凝土梁垫、梁头、板头所占体积</td></tr>
<tr><td>010302006</td><td>零星砌砖</td><td>1. 零星砌砖名称、部位
2. 勾缝要求
3. 砂浆强度等级、配合比</td><td rowspan="2">1. 砂浆制作、运输
2. 砌砖
3. 勾缝
4. 材料运输</td></tr>
<tr><td></td><td></td><td></td><td>m³（m²、m、个）</td><td></td></tr>
</table>

1. 实心砖墙清单编制

实心砖墙的组砌形式有下列几种：一顺一丁、梅花丁（即同一皮砖丁顺相同组砌）、三顺一丁、两平一侧（用于 3/4 砖墙）、全顺（用于半砖墙）、全丁（用于圆弧形砌体，如烟囱等）。

砖墙的砌筑工序包括抄平、放线、摆砖、立皮数杆、砌砖、清理等。

砌筑用砖按砖面孔洞率不同分为三大类：普通砖是指孔洞率不大于 15 %或没用孔洞的

砖；多孔砖是指孔洞率大于15 %不大于35 %的砖；空心砖是指孔洞率大于35 %的砖。实心砖墙所采用砖的品种多为粘土标准砖，规格为240×115×53，强度等级MU5、M7.5、MU10和MU15等。

墙体类型：常用的砖墙组砌形式，普通砖墙的厚度有半砖、3/4砖、一砖、一砖半、二砖等几种。但从墙的立面上看，共有以下七种组砌形式：一顺一丁、梅花丁、三顺一丁、两平一侧、全顺砌法、全丁砌法、空斗墙。

墙体厚度：砖砌体用作内外承重墙、围护墙或隔墙。承重墙的厚度根据强度和稳定性的要求确定，围护墙则需要考虑保温、防热、隔声等要求来确定其厚度。此外，砖墙厚度应与砖的规格相适应。

勾缝要求：清水墙面应随砌随勾缝，并要求光滑、密实、平整，勾缝的时间，一般应在灰缝砂浆略为结硬，用手指按出痕迹，且砂浆不黏手时进行勾缝工序。勾缝应先勾水平缝，再勾竖缝。

砌砖：砌筑时为了保证灰缝平直，要挂线砌筑。一般在砌一砖、一砖半墙可单面挂线，二砖墙以上则应双面挂线。

勾缝时清水砖墙的最后一道工序，具有保护墙面和增加墙面美观的作用。内墙面可采用砌筑、砂浆随砌随勾缝，称为原浆勾缝；外墙面应采用加浆勾缝，即在砌筑几皮砖以后，先在灰缝处划出1 cm深的灰槽。待砌完整个墙体以后，再用细砂拌制1∶1.5水泥砂浆勾缝。

砖压顶砌筑：压顶是指在有关墙板（如栏板、女儿墙、围墙等）的顶面，为了加固墙板整体性和防止雨水渗入墙板而设置的封顶构件。它的顶面宽度，一般都较所封的墙板稍宽，要求在墙板的两边出檐。

墙高如图1-24(a)、(b)、(c)、(d)所示。

2. 空斗墙清单编制

空斗墙是用标准砖平砌和侧砌结合的方法来砌筑的墙体。平砌层称为“眠砖”，侧砌层包括沿墙面顺砖的“顺斗砖”和侧砖露头的“丁头砖”。顺斗砖和丁头砖所形成的孔洞称为“空斗”。

空斗墙依其立面砌筑形式不同，分为一眠一斗、一眠二斗、一眠三斗和无眠空斗等4种。一眠一斗，是由一皮眠砖层与一皮斗砖层相隔砌成。一眠二斗，是由一皮眠砖层与二皮斗砖层相隔砌成。一眠三斗，是由一皮眠砖层与三皮斗砖层相隔砌成。无眠空斗是全部用斗砖层砌成。

说明：空斗墙中的另一部分实砌体积，如窗间墙、窗台下、楼板下、梁头下的实砌砖体积不可计入空斗墙中，须按零星砌砖项目编码列项。

3. 空花墙清单编制

空花墙指某些不粉饰的清水墙上方砌成有规则花案的墙，一般为梅花图样，空花墙多用于围墙等。空花墙每隔2～3 m要立砖柱，以保证空花墙的稳定性。空花墙的空花部分均在墙上方1/3～1/2处。空花墙既可省砖（相同体积的空花墙用砖量一般略少于空斗墙），又美观大方，适用于较高的围墙。

说明：

(1)空花墙连接的实砌部分砖墙体积，另行按相应的墙身项目计算；

(2)使用混凝土预制花格砌筑的空花墙，其实砌砖墙体与预制花格要分别计算。预制花

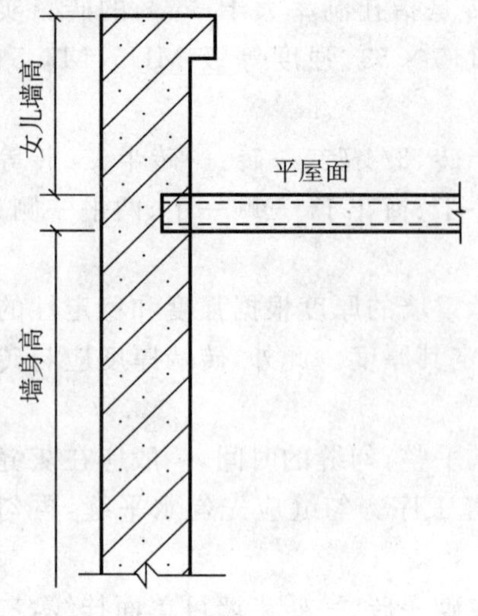

(a)平屋面外墙墙身高度

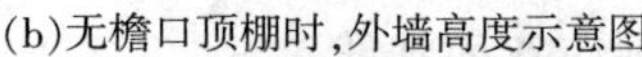

(b)无檐口顶棚时，外墙高度示意图

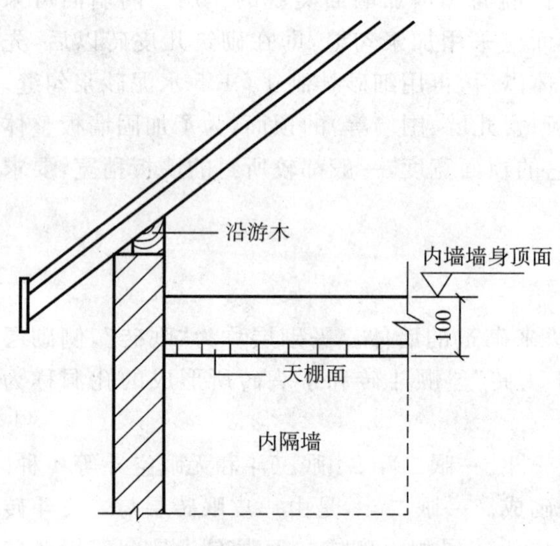

(c)无屋架时，内墙墙身高度示意图

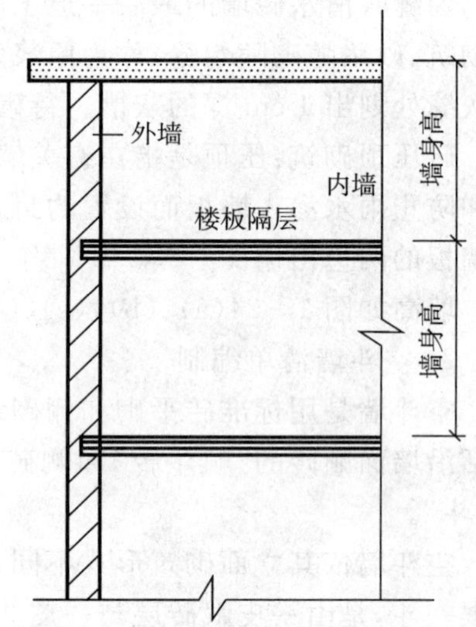

(d)有混凝土楼楼板隔层时的内墙墙身结婚示意图

图 1－24

格按混凝土预制零星构件编码列项计算。

4. 填充墙清单编制

当对墙体具有保温隔热要求时，如冷库外墙或寒冷地区外墙，可做成填充墙。填充墙是在所砌的墙体中间夹填保温隔热材料而构成的墙体。

5. 实心砖柱清单编制

用砖实砌（不留空心）的砌法，砌筑而成的柱子为实心砖柱。其砌筑应保证砖柱外表面上下皮垂直灰缝相互错开 1/4 砖，砖柱内部空洞，少通缝，不得采用包心砌法。

柱类型：砖柱有附墙砖柱（又称墙垛）和独立砖柱两种。砖柱根据柱身截面形式分为方砖柱积圆、半圆、多边形砖柱。

柱截面:方砖柱应给出柱身截面的长和宽;圆形柱应给出柱身截面直径,半圆形柱应注明半圆并应给出半圆直径或半径;多边形柱应注明几边形并给出边长等。砌筑砖柱时全部灰缝均应填满砂浆。水平缝的砂浆饱满度不低于 80 %,砖柱不允许留脚手眼。

柱高:柱的底部(即支承柱的地坪或楼板的上表面)至柱的顶部(也就是柱支承构件的下表面)的高度。

砖柱不分柱身和柱基,其工程量合并以立方米计算,即

$$砖柱工程量=柱身体积+柱基体积 \tag{1-75}$$

其中,

$$柱身体积=柱身断面积\times柱身高 \tag{1-76}$$

$$柱基体积=基础部分柱身体积+大放脚增加体积 \tag{1-77}$$

6. 零星砌砖清单编制

零星项目指台阶、台阶挡墙、梯带、锅台、炉灶、蹲台、池槽、池槽腿、花台、花池、楼梯栏板、阳台栏板、地垄墙、屋面隔热板下的砖墩、0.3 m^2 以内的孔洞填塞等。

零星砌砖名称、部位:砌砖炉灶是指民用住宅的小型灶。与锅台不同的是炉灶的砌筑材料不用麻刀和生石灰,而比锅台多了铁钉和镀锌铁丝。锅台是指集体实体食堂等的大型砌砖灶。锅台一般用砖砌筑。砖砌锅台所用材料有普通黏土砖、32.5 水泥、粘土、麻刀、砂、生石灰等。

勾缝要求:零星砌体的水平灰度宜为 10 mm,不应小于 8 mm,也不应大于 12 mm,水平灰缝的砂浆饱满度不得小于 80 %,竖缝也应饱满密实,不得出现透明缝。

砂浆强度等级、配合比:砂浆用砂宜采用中砂,并应过筛,不得含有草根等杂物。对于水泥砂浆和强度等级不小于 M5 的水泥混合砂浆,砂中含量不应超过 5 %。

【例 1-11】 如图 1-25 所示,为某一层建筑物平面图,屋面为平屋面,屋面板厚 100 mm,外墙、内墙均采用承重多孔砖,尺寸为 240 mm×115mm×90 mm。求砖墙工程量为并列出清单。

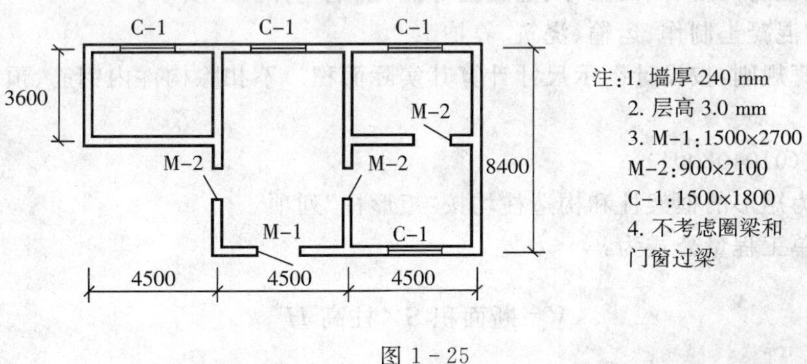

图 1-25

【解】 根据工程量计算规则:

外墙高度算至板底,外墙高度为 $H=3.0-0.1=2.9$ m

内墙高度算至板顶,内墙高度为 $H=3.0$ m

$L_中$ 长度按中心线长度计算：$L_外=9+8.4+13.5+3.6+4.5+4.8=43.8(m)$

$L_内$ 长度按净长线长度计算：$L_内=3.6-0.24+8.4-0.24+4.5-0.24=15.78(m)$

内外墙厚度均为 240 mm

$V_外=(43.8\times2.9-1.5\times2.7-0.9\times2.1-1.5\times1.8\times4)\times0.24=28.41(m^3)$

$V_内=(15.78\times3-0.9\times2.1\times2)\times0.24=10.45(m^3)$

表 1-10 分部分项工程量清单

序号	项目编码	项目名称	计量单位	工程数量
1	010304001001	空心砖墙(外墙) 墙体高度 $H=2.9$ m； 承重多孔砖：240 mm×115 mm×90 mm 墙体厚度为 240 mm	m^3	28.41
2	010304001002	空心砖墙(内墙) 墙体高度 $H=3.0$ m； 采用标准砖：240 mm×115 mm×90 mm 墙体厚度为 240 mm	m^3	10.45

1.4.1.5 钢筋混凝土构造柱、圈梁、过梁工程

工程量清单计价规则中将现浇钢筋混凝土工程分为 8 个分项工程清单项目，即现浇混凝土基础（010401）、现浇混凝土柱（010402）、现浇混凝土梁（010403）、现浇混凝土墙（010404）、现浇混凝土板（010405）、现浇混凝土楼梯（010406）、现浇混凝土其他构件（010407）、后浇带（010408）。

下面着重介绍现浇混凝土柱、梁清单编制。

1. 现浇混凝土柱清单编制(010402)

混凝土柱按截面形式不同可分为矩形柱和异形柱，其编码分别为 010402001 和 010402002。

项目特征：柱的高度、截面尺寸、混凝土等级、混凝土拌和料要求。

工程内容：混凝土制作、运输、浇筑、养护。

工程量计算规则：按设计图示尺寸计算其实际面积。不扣除构件内钢筋、预埋铁件所占体积。

(1)矩形柱(010402001)

截面形状为矩形的框架柱和构造柱均按“矩形柱”列项。

矩形柱清单工程量公式为：

$$V=\text{断面积 } S\times\text{柱高 } H \quad (1-78)$$

1)断面积 S

当柱的实际断面积为矩形时，$S=$边长×边长；当为构造柱时，其断面应根据构造柱的具体位置计算其实际面积(包括马牙槎面积)，马牙槎的构造如图 1-26 所示。构造柱的平面布置有四种情况：“一”字形墙中间处、“T”形接头处、“十”字交叉处、“L”形拐角处，如图

1－27所示，构造柱断面积$=d_1d_2+0.03(n_1d_1+n_2d_2)$。

d_1、d_2 为构造柱两个方向的尺寸，n_1、n_2 为 d_1、d_2 方向咬接的边数。

2)柱高 H 计算规则

有梁板、平板的柱高，自柱基上表面(或楼板上表面)至上一层楼板上表面之间的高度。

无梁板的柱高，自柱基上表面(或楼板上表面)至柱帽下表面之间的高度，柱帽体积并入板中。

框架柱高，自柱基上表面至柱顶高度计算。

依附柱上的牛腿、升板的柱帽并入柱体积计算。

构造柱按全高计算，与圈梁相交处计入构造柱，构造柱的基础并入构造柱中。

如图 1－28 所示。

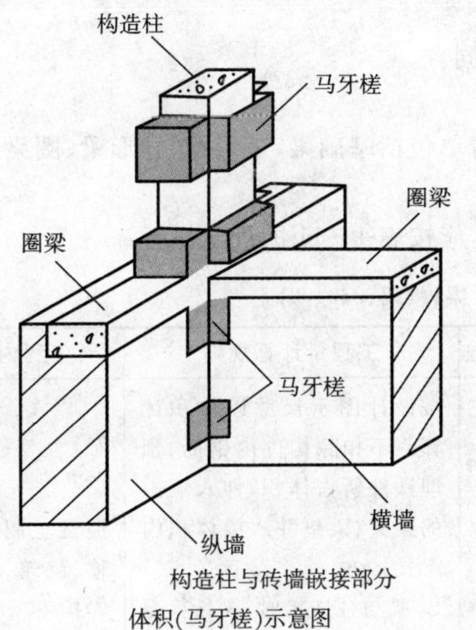

图 1－26

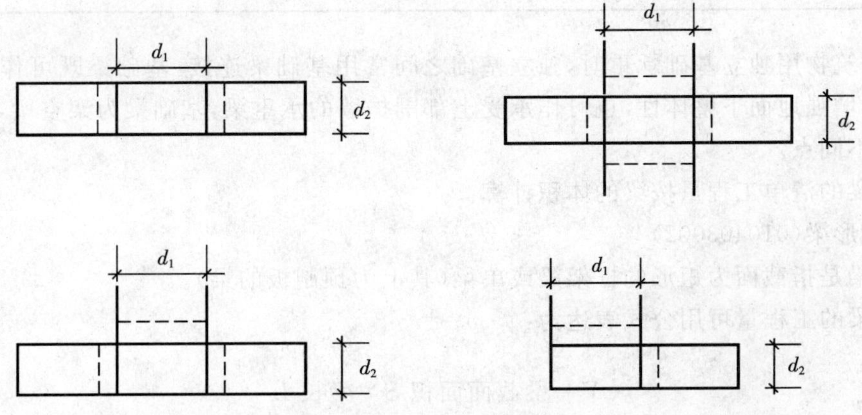

图 1－27　构造柱平面位置

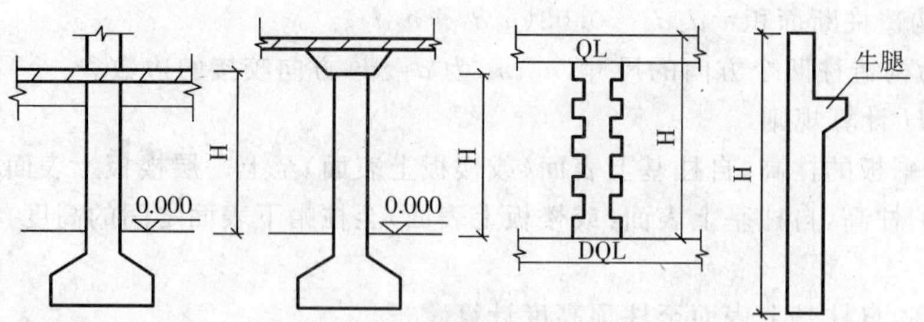

图 1-28

(2)异形柱

异形柱是指柱立面有一至两个斜面的柱。

异形柱清单工程量的计算方法与矩形柱相同。

2. 现浇混凝土梁清单编制(010403)

工程量清单计价规则中,现浇混凝土梁的清单包括基础梁、矩形梁、异形梁、圈梁、过梁、弧形梁、拱形梁。如图 1-29～图 1-31 所示。

其工程量清单项目设置及工程量计算规则,应按表 1-11 的规定执行。

表 1-11 现浇混凝土梁(编码:010403)

项目编码	项目名称	项目特征	计量单位	工程量计算规则	工程内容
010403001	基础梁	1. 梁底标高 2. 梁截面 3. 混凝土强度等级 4. 混凝土拌和料要求	m^3	按设计图示尺寸以体积计算。不扣除构件内钢筋、预埋铁件所占体积,伸入墙内的梁头、梁垫并入梁体积内 梁长: 1. 梁与柱连接时,梁长算至柱侧面 2. 主梁与次梁连接时,次梁长算至主梁侧面	混凝土制作、运输、浇筑、振捣、养护
010403002	矩形梁				
010403003	异形梁				
010403004	圈梁				
010403005	过梁				
010403006	弧形、拱形梁				

(1)建筑物用独立基础承重时,独立基础之间常用基础梁连接,基础梁既可作为结构的连系拉梁,增强地面下整体性,也可作承受上部围护墙的承重梁,基础梁为架空梁,这是与基础圈梁的不同点。

基础梁的清单工程量按梁的体积计算。

(2)矩形梁(010403002)

矩形梁是指截面为矩形的框架梁或单梁(其上为预制板的梁)。

矩形梁的工程量可用公式表达为:

$$V=梁截面面积\ S\times 梁长\ L \tag{1-79}$$

其中,梁长度计算规定如下:

梁与柱连接时，梁长算至柱内侧面；次梁与主梁连接时，次梁长算至主梁内侧面；梁端与混凝土墙相接时，梁长算至混凝土墙内侧面；梁端与砖墙交接时伸入砖墙的部分（包括梁头）并入梁内。

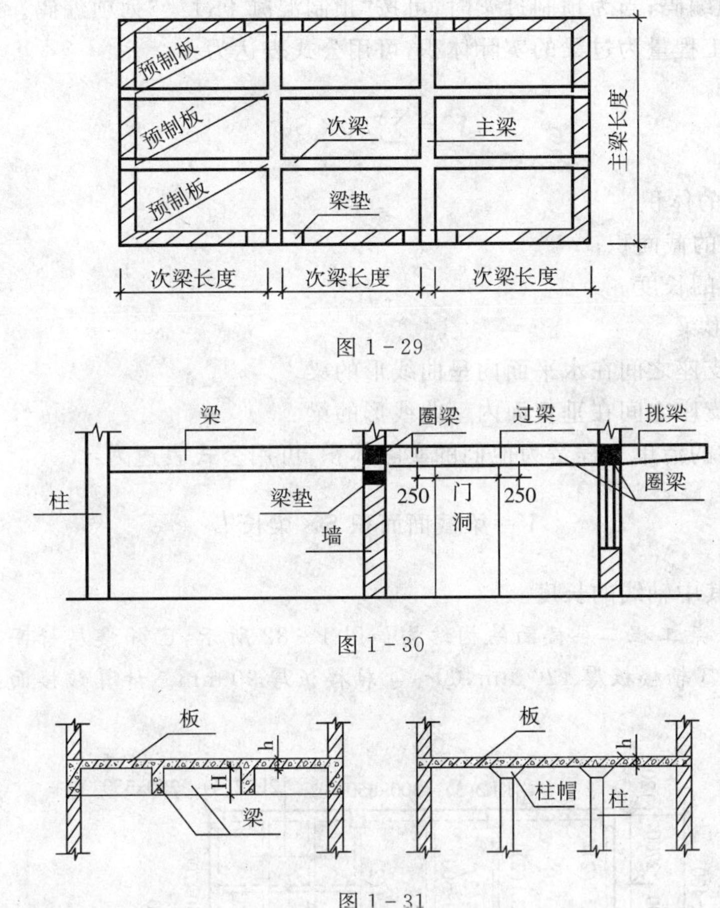

图 1－29

图 1－30

图 1－31

(3)异形梁(010403003)

框架梁或单梁的截面为非矩形时称为异形梁。

异形梁的清单量计算方法同矩形梁。

(4)圈梁(010403004)

圈梁是沿砖墙设置的连续封闭的梁，圈梁可提高建筑物的空间刚度和整体稳定性，减少因地基不均匀沉降而引起的墙身开裂。圈梁一般为现浇，按圈梁的位置不同有墙上圈梁和基础地圈梁。

圈梁的清单工程量为圈梁的实际体积，可用公式表达为：

$$V=\text{圈梁截面面积}\ S\times\text{圈梁长}\ L \tag{1-80}$$

其中，圈梁的长按下列方法确定：外墙上圈梁长取外墙中心线长；内墙上圈梁长取内墙净长，且当圈梁与主次梁或柱交接时，圈梁长度算至主次梁或柱的侧面；当圈梁与构造柱相交时，其相交部分的体积计入构造柱内。

(5)过梁(010403005)

为承受门窗洞口上砌体传来的各种荷载而设置的各种横梁叫过梁。过梁可现浇也可预制。当为单独的现浇过梁时,按“现浇混凝土过梁”列项编码;当圈梁兼做过梁时,可按“现浇混凝土圈梁”列项编码;当为预制过梁时,可按“预制混凝土过梁”列项编码。

过梁的清单工程量为过梁的实际体积,可用公式表达为:

$$V = \sum Li \times Si \tag{1-81}$$

式中,V——过梁的体积;

Si——过梁的截面积;

Li——过梁的长度。

(6)弧形、拱形梁

弧形梁指两支座之间在水平面内呈曲线形的梁。

拱形梁指两支座之间在垂直面内呈曲线形的梁。

弧形、拱形梁的清单工程量为他们的实际体积,可用公式表达为:

$$V = 梁截面面积\ S \times 梁长\ L \tag{1-82}$$

其中梁长取其中轴线的长度。

【例 1-12】 某工程二层楼面结构结构如图 1-32 所示,已知楼层标高为 4.5 m,砼强度等级 C30,①~③轴楼板厚 120 mm,③~④轴楼板厚 90 mm。计算该楼面梁、板清单工程量及编列清单。

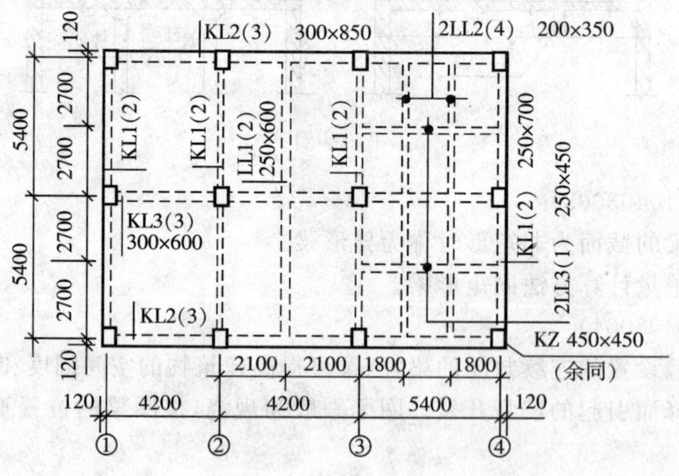

图 1-32　二楼结构平面

【解】 该楼面③～④轴间井字格面积为 4.86 $m^2 \leqslant 5\ m^2$,梁、板合并计算,②～③间 $> 5\ m^2$,为一般板,梁、板分别列项计算。

1. 工程量计算见表 1-12。

表 1-12　工程量计算表

构件号		计算式	单位	数量	备　注
梁	KL1	(11.04－0.45×3)×0.7×0.25×4	m^3	6.78	梁 0.6 m 上
	KL2	(14.04－0.45×4)×0.85×0.3×2	m^3	6.24	梁 0.6 m 上
	KL3	(14.04－0.45×4)×0.6×0.3	m^3	2.20	梁 0.6 m 下
	LL1	(11.04－0.3×3)×0.6×0.25	m^3	1.52	梁 0.6 m 下
	LL2	(11.04－0.3×3－0.25×2)×0.35×0.2×2	m^3	1.35	井字板
	LL3	(5.4－0.125－0.13)×0.45×0.25×2	m^3	1.16	井字板
板	①－③	[(8.4－0.13－0.25×2－0.125)×(11.04－0.3×3)－0.2×0.15×6－0.1×0.15×3]×0.12	m^3	9.28	平板
	③～④	[(5.4－0.125－0.2×2－0.13)×(11.04－0.3×3－0.25×2)－0.2×0.15×3－0.1×0.15×3]×0.09	m^3	4.10	井字板

按照构件特征不同，该楼面梁、板按以下四个项目列项：

矩形梁(梁高 0.6 m 以上)V＝6.78＋6.24＝13.02 m^3

矩形梁(梁高 0.6 m 以下)V＝2.2＋1.52＝3.74 m^3

井字有梁板 V＝1.35＋1.16＋4.12＝6.61 m^3

平板(板厚 120 mm)V＝9.28 m^3

2. 工程量清单编列见表 1-13。

表 1-13　分部分项工程量清单

序号	项目编码	项目名称	计量单位	工程数量
1	010403002001	矩形梁：C30 钢筋混凝土，梁高 0.6 m 上，层高 4.5 m	m^3	13.02
2	010403002002	矩形梁：C30 钢筋混凝土，梁高 0.6 m 下，层高 4.5 m	m^3	3.74
3	010405001001	井字有梁板：C30 钢筋混凝土，层高 4.5 m	m^3	6.63
	010405003001	平板：C30 钢筋混凝土，板厚 120 mm，层高 4.5 m	m^3	9.3

3. 现浇混凝土墙清单编制(010404)

随着建筑物高度的增加，当框架结构已不能满足刚度、强度和抗震性能的要求时，可采用框架剪力墙结构或剪力墙结构。

现浇混凝土墙分为直形墙和弧形墙，其清单编码分别为 010404001 和 010404002。

在分部分项工程量清单中，应注明混凝土墙的项目特征，即墙的类型、墙的厚度、混凝土强度等级、混凝土拌和料要求。

分部分项工程量清单中，现浇混凝土墙包括以下工程内容：混凝土制作、运输、浇捣、养护。

墙的清单工程量按墙体积计算，不扣除构件内钢筋、预埋铁件所占体积，应扣除门洞口及单个面积 0.3 m^2 以上的孔洞所占体积，墙垛及突出墙面部分并入墙体积内。

4. 现浇混凝土板清单编制(010405)

混凝土板是房屋的水平承重构件，除承受自重及各种使用荷载外，同时也作为建筑水平支撑以增强建筑物的刚度和稳定性。

工程量清单中现浇混凝土板包括有梁板、无梁板、平板、拱板、薄壳板、栏板、天沟、挑檐板、雨篷、阳台板和其他板。每种板从 010405001 到 010401009 都有其对应的项目编码。

在分部分项工程量清单中，每种混凝土板都应注明其项目特征。其中"有梁板、无梁板、平扳、拱板、薄壳板、栏板"应注明板底标高、板厚、混凝土强度等级、混凝土拌和料要求；"天沟、挑檐板、雨篷、阳台板和其他板"注明混凝土强度等级和混凝土拌和料要求。

1.4.1.6 厂库房大门、特种门、木结构工程

厂库房大门、特种门、木结构工程清单编制

1. 厂库房大门、特种门(010501)

(1)项目名称：木板大门(010501001)；钢木大门(010501002)；全钢板大门(010501003)；特种门(010501004)；围墙铁丝门(010501005)。

(2)项目特征：开启方式、有框、无框；含门扇数；材料种类、规格；防护材料种类；油漆品种、刷漆遍数。

(3)工程量计算规则：计量单位——樘；按设计图示数量计算。

(4)工程内容：门(骨架)制作、运输；门、五金配件安装；刷防护材料、油漆。

2. 木屋架(010502)

(1)项目名称：木屋架(010502001)；钢木屋架(010502002)。

(2)项目特征：跨度；安装高度；材料种类、规格；刨光要求；防护材料种类；油漆品种、刷漆遍数。

(3)工程量计算规则：计量单位——榀；按设计图示数量计算。

(4)工程内容：制作、运输；安装；刷防护材料、油漆。

3. 木构件(010503)

(1)项目名称：木柱(010503001)；木梁(010503002)；木楼梯(010503003)；其他木构件(010503004)。

(2)项目特征：

1)木柱、木梁：构件高度、长度；构件截面；木材种类；刨光要求；防护材料种类；油漆品种、刷漆遍数。

2)木楼梯：木材种类；刨光要求；防护材料种类；油漆品种、刷漆遍数。

3)其他木构件：构件名称；构件截面尺寸；木材种类；刨光要求；防护材料种类；油漆品种、刷漆遍数。

(3)工程量计算规则：

1)木柱、木梁：计量单位为 m^3，按设计图示尺寸以体积计算。

2)木楼梯：计量单位为 m^2，按设计图示尺寸以水平投影面积计算。

注：不扣除宽度小于 300 的楼梯井；伸入墙内的部分不计算。

3)其他木构件：计量单位为 m^3(m)，按设计图示尺寸以体积(或长度)计算。

(4)工程内容：制作；运输；安装；刷防护材料、油漆。

其他相关问题规定：

(1)冷藏门、冷冻间门、保温门、变电室门、隔音门、放射线门、入防门、金库门等应按特种门项目编码列项。

(2)屋架的跨度应以上、下弦中心线两交点之间的距离计算。

(3)带气楼的屋架和马尾、折角以及正交部分的半屋架，应按相关屋架项目编码列项。

(4)木楼梯的栏杆(栏板)、扶手按装饰装修工程分部分项工程量清单项目中的扶手、栏杆、栏板装饰(编码：020107)中相关项目编码列项。

【例 1－13】 某单层工业厂房需要12榀钢木屋架，如图1－33所示，请按《建设工程工程量清单计价规则》列出此单层厂房钢木屋架工程量清单。

【解】 单层厂房钢木屋架工程量清单见表1－14。

表1－14　工程量清单

序　号	项目编码	项　目　名　称	计量单位	工程数量
1	010502002001	钢木屋架制作、运输、安装、油漆(跨度6 m；安装高度8 m；运距10公里；红松双面刨光，断面尺寸见附图，钢杆件 ϕ 20圆钢；防腐油漆、防锈漆各一遍，调和漆一遍)	榀	12

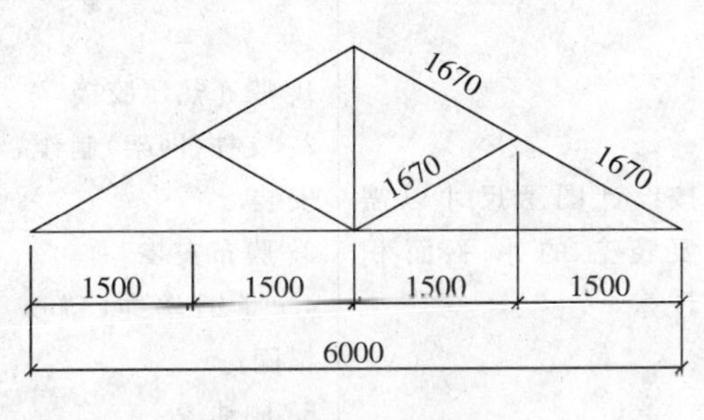

6 m跨度钢本屋架立面图

6 m跨度钢木屋架详图

图1－33　6 m跨度钢木屋架示意图

1.4.1.7　*屋面及防水工程*

工程量清单计价规则中将屋面及防水工程分为3个分项工程清单项目，即瓦、型材屋面(010701)，屋面防水(010702)，墙、地面防水、防潮(010703)。

1. 瓦、型材屋面

工程量清单项目设置及工程量计算规则，应按表1－15的规定执行。

表 1-15　瓦、型材屋面(编码:010701)

项目编码	项目名称	项目特征	计量单位	工程量计算规则	工程内容
010701001	瓦屋面	1. 瓦品种、规格、品牌、颜色 2. 防水材料种类 3. 基层材料种类 4. 楔条种类、截面 5. 防护材料种类	m^2	按设计图示尺寸以斜面积计算。不扣除房上烟囱、风帽底座、风道、小气窗、斜沟等所占面积,小气窗的出檐部分不增加面积	1. 檩条、椽子安装 2. 基层铺设 3. 铺防水层 4. 安顺水条和挂瓦条 5. 安瓦 6. 刷防护材料
010701002	型材屋面	1. 型材品种、规格、品牌、颜色 2. 骨架材料品种、规格 3. 接缝、嵌缝材料种类			1. 骨架制作、运输、安装 2. 屋面型材安装 3. 接缝、嵌缝
010701003	膜结构屋面	1. 膜布品种、规格、颜色 2. 支柱(网架)钢材品种、规格 3. 钢丝绳品种、规格 4. 油漆品种、刷漆遍数		按设计图示尺寸以需要覆盖的水平面积计算	1. 膜布热压胶接 2. 支柱(网架)制作、安装 3. 膜布安装 4. 穿钢丝绳、锚头锚固 5. 刷油漆

2. 屋面防水

工程量清单计价规则中将屋面防水工程分为 5 个清单项目,其工程量清单项目设置及工程量计算规则,应按表 1-16 的规定执行。

表1-16　屋面防水(编码:010702)

项目编码	项目名称	项目特征	计量单位	工程量计算规则	工程内容
010702001	屋面卷材防水	1. 卷材品种、规格 2. 防水层做法 3. 嵌缝材料种类 4. 防护材料种类		按设计图示尺寸以面积计算 1. 斜屋顶(不包括平屋顶找坡)按斜面积计算,平屋顶按水平投影面积计算 2. 不扣除房上烟囱、风帽底座、风道、屋面小气窗和斜沟所占面积 3. 屋面的女儿墙、伸缩缝和天窗等处的弯起部分,并入屋面工程量内	1. 基层处理 2. 抹找平层 3. 刷底油 4. 铺油毡卷材、接缝、嵌缝 5. 铺保护层
010702002	屋面涂膜防水	1. 防水膜品种 2. 涂膜厚度、遍数、增强材料种类 3. 嵌缝材料种类 4. 防护材料种类	m²		1. 基层处理 2. 抹找平层 3. 涂防水膜 4. 铺保护层
010702003	屋面刚性防水	1. 防水层厚度 2. 嵌缝材料种类 3. 混凝土强度等级		按设计图示尺寸以面积计算。不扣除房上烟囱、风帽底座、风道等所占面积	1. 基层处理 2. 混凝土制作、运输、铺筑、养护
010702004	屋面排水管	1. 排水管品种、规格、品牌、颜色 2. 接缝、嵌缝材料种类 3. 油漆品种、刷漆遍数	m	按设计图示尺寸以长度计算。如设计未标注尺寸,以檐口至设计室外散水上表面垂直距离计算	1. 排水管及配件安装、固定 2. 雨水斗、雨水箅子安装 3. 接缝、嵌缝
010702005	屋面天沟、沿沟	1. 材料品种 2. 砂浆配合比 3. 宽度、坡度 4. 接缝、嵌缝材料种类 5. 防护材料种类	m²	按设计图示尺寸以面积计算。铁皮和卷材天沟按展开面积计算	1. 砂浆制作、运输 2. 砂浆找坡、养护 3. 天沟材料铺设 4. 天沟配件安装 5. 接缝、嵌缝 6. 刷防护材料

【例1-14】 某办公楼的平屋面及檐沟做法如图1-34所示,请对其中的屋面及防水列出清单编号、项目名称及特征描述,并计算出相应的工程量。

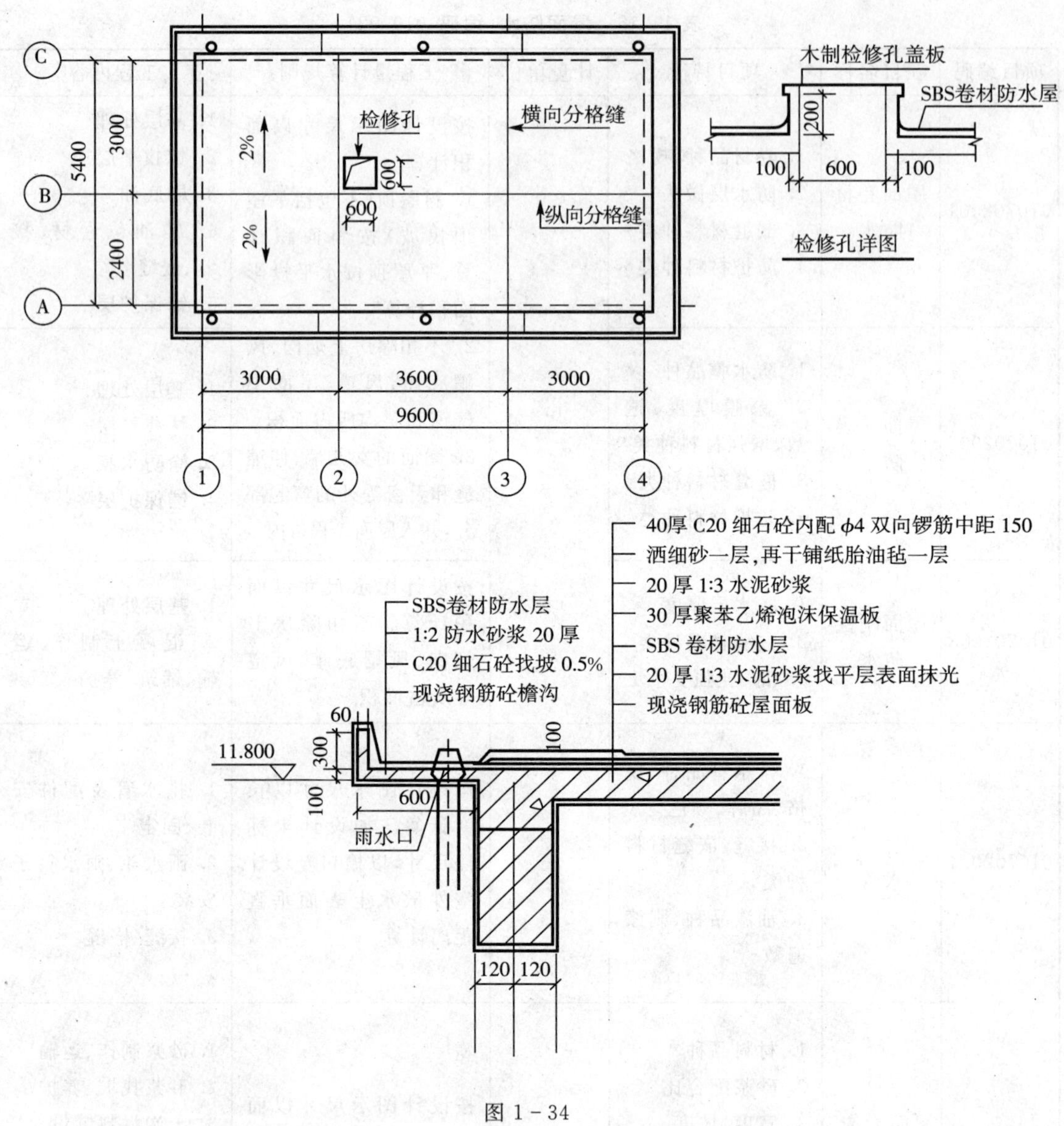

图 1－34

【解】 1. 计算清单工程量

(1)屋面卷材防水清单工程量

平屋面：(9.60＋0.24)×(5.40＋0.24)－0.80×0.80＝55.01(m^2)

检修孔弯起：0.80×4×0.20＝0.56(m^2)

合计：S＝55.01＋0.56＝55.57(m^2)

(2)屋面刚性防水清单工程量

S＝(9.60＋0.24)×(5.40＋0.24)－0.80×0.80＝55.01(m^2)

(3)屋面排水管清单工程量

L＝(12.00－0.10＋0.30)×6＝73.20(m)

(4)屋面天沟、檐沟清单工程量

$$S=(9.84+5.64)\times2\times0.1+[(9.84+0.54)+(5.64+0.54)]\times2\times0.54+[(9.84+1.08)(5.64+1.08)]\times2\times(0.3+0.06)=33.68(m^2)$$

2. 工程量清单的编制

表 1-17　分部分项工程量清单

工程名称:某办公楼

序号	项目编码	项目特征　项目名称	计量单位	工程数量
1	010702001001	屋面卷材防水 1. 卷材品种、规格:SBS改性沥青卷材,厚3 mm 2. 防水层作法:冷粘 3. 找平层:1∶3水泥砂浆20 mm厚,分格,高强APP嵌缝膏嵌缝	m^2	55.57
2	010702003001	屋面刚性防水 1. 防水层厚度:40 mm 2. 嵌缝材料:高强APP嵌缝膏嵌缝 3. 混凝土强度等级:C20细石混凝土 4. 找平层:1∶3水泥砂浆20 mm厚,分格,高强APP嵌缝膏嵌缝	m^2	55.01
3	010702004001	屋面排水管 1. 排水管品种、规格、颜色:白色D100UPVC增强塑料管 2. 排水口:D100带罩铸铁雨水口 3. 雨水斗:矩形白色UPVC增强塑料雨水斗	m	73.20
4	010702005001	屋面天沟、檐沟 1. 材料品种:SBS改性沥青卷材,厚3 mm 2. 防水层作法:满粘 3. 找坡:C20细石混凝土找坡0.5％ 4. 找平层:1∶2防水砂浆20厚,不分格	m^2	33.68

3. 墙、地面防水、防潮

工程量清单项目设置及工程量计算规则,应按表1-18的规定执行。

表 1－18 墙、地面防水、防潮(编码:010703)

<table>
<tr><th>项目编码</th><th>项目名称</th><th>项目特征</th><th>计量单位</th><th>工程量计算规则</th><th>工程内容</th></tr>
<tr><td>010703001</td><td>卷材防水</td><td rowspan="2">1. 卷材、涂膜品种
2. 涂膜厚度、遍数、增强材料种类
3. 防水部位
4. 防水做法
5. 接缝、嵌缝材料种类
6. 防护材料种类</td><td rowspan="3">m^2</td><td rowspan="3">按设计图示尺寸以面积计算
1. 地面防水:按主墙间净空面积计算,扣除凸出地面的构筑物、设备基础等所占面积,不扣除间壁墙及单个 0.3 m^2 以内的柱、垛、烟囱和孔洞所占面积
2. 墙基防水:外墙按中心线,内墙按净长乘以宽度计算</td><td>1. 基层处理
2. 抹找平层
3. 刷粘结剂
4. 铺防水卷材
5. 铺保护层
6. 接缝、嵌缝</td></tr>
<tr><td>010703002</td><td>涂膜防水</td><td>1. 基层处理
2. 抹找平层
3. 刷基层处理剂
4. 铺涂膜防水层
5. 铺保护层</td></tr>
<tr><td>010703003</td><td>砂浆防水(潮)</td><td>1. 防水(潮)部位
2. 防水(潮)厚度、层数
3. 砂浆配合比
4. 外加剂材料种类</td><td>1. 基层处理
2. 挂钢丝网片
3. 设置分格缝
4. 砂浆制作、运输、摊铺、养护</td></tr>
<tr><td>010703004</td><td>变形缝</td><td>1. 变形缝部位
2. 嵌缝材料种类
3. 止水带材料种类
4. 盖板材料
5. 防护材料种类</td><td>m</td><td>按设计图示以长度计算</td><td>1. 清缝
2. 填塞防水材料
3. 止水带安装
4. 盖板制作
5. 刷防护材料</td></tr>
</table>

其他相关问题规定及说明:

(1)膜结构也称索膜结构,是一种以膜布与支撑(柱、网架等)和拉杆结构(拉杆、钢丝绳等)组成的屋盖、蓬顶结构。

(2)膜结构屋面工程量计算按设计图示尺寸以需要覆盖的水平投影面积计算,如图 1－35 所示。

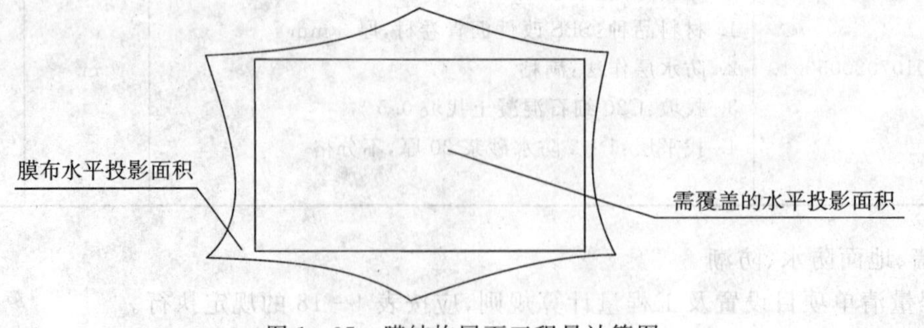

图 1－35 膜结构屋面工程量计算图

1.4.1.8 防腐、隔热、保温工程

工程量清单计价规则中将防腐、隔热、保温工程分为 3 个分项工程清单项目,即防腐面层(010801)、其他防腐(010802)、隔热和保温(010803)。

1. 防腐面层

工程量清单项目设置及工程量计算规则,应按表1-19的规定执行。

表1-19　防腐面层(编码:010801)

<table>
<tr><th>项目编码</th><th>项目名称</th><th>项目特征</th><th>计量单位</th><th>工程量计算规则</th><th>工程内容</th></tr>
<tr><td>010801001</td><td>防腐混凝土面层</td><td rowspan="3">1. 防腐部位
2. 面层厚度
3. 砂浆、混凝土、胶泥种类</td><td rowspan="6">m²</td><td rowspan="4">按设计图示尺寸以面积计算
1. 平面防腐:扣除凸出地面的构筑物、设备基础等所占面积
2. 立面防腐:砖垛等突出部分按展井面积并入墙面积内</td><td rowspan="2">1. 基层清理
2. 基层刷稀胶泥
3. 砂浆制作、运输、摊铺、养护
4. 混凝土制作、运输、摊铺、养护</td></tr>
<tr><td>010801002</td><td>防腐砂浆面层</td></tr>
<tr><td>010801003</td><td>防腐胶泥面层</td><td>1. 基层清理
2. 胶泥调制、摊铺</td></tr>
<tr><td>010801004</td><td>玻璃钢防腐面层</td><td>1. 防腐部位
2. 玻璃钢种类
3. 贴布层数
4. 面层材料品种</td><td>1. 基层清理
2. 刷底漆、刮腻子
3. 胶浆配制、涂刷
4. 粘布、涂刷面层</td></tr>
<tr><td>010801005</td><td>聚氯乙烯板面层</td><td>1. 防腐部位
2. 面层材料品种
3. 粘结材料种类</td><td rowspan="2">按设计图示尺寸以面积计算
1. 平面防腐:扣除凸出地面的构筑、物、设备基础等所占面积
2. 立面防腐:砖垛等突出部分按展开面积并入墙面积内
3. 踢脚板防腐:扣除门洞所占面积并相应增加门洞侧壁面积</td><td>1. 基层清理
2. 配料、涂胶
3. 聚氯乙烯板铺设
4. 铺贴踢脚板</td></tr>
<tr><td>010801006</td><td>块料防腐面层</td><td>1. 防腐部位
2. 块料品种、规格
3. 粘结材料种类
4. 勾缝材料种类</td><td>1. 基层清理
2. 砌块料
3. 胶泥调制、勾缝</td></tr>
</table>

2. 其他防腐

上程量清单项目设置及工程量计算规则,应按表1-20的规定执行。

表1-20　其他防腐(编码:010802)

项目编码	项目名称	项目特征	计量单位	工程量计算规则	工程内容
010802001	隔离层	1. 隔离层部位 2. 隔离层材料品种 3. 隔离层做法 4. 粘贴材料种类	m²	按设计图示尺寸以面积计算 1. 平面防腐:扣除凸出地面的构筑物、设备基础等所占面积 2. 立面防腐:砖垛等突出部分按展开面积并入墙面积内	1. 基层清理、刷油 2. 煮沥青 3. 胶泥调制 4. 隔离层铺设

（续表）

项目编码	项目名称	项目特征	计量单位	工程量计算规则	工程内容
010802002	砌筑沥青浸渍砖	1. 砌筑部位 2. 浸渍砖规格 3. 浸渍砖砌法（平砌、立砌）	m^3	按设计图示尺寸以体积计算	1. 基层清理 2. 胶泥调制 3. 浸渍砖铺砌
010802003	防腐涂料	1. 涂刷部位 2. 基层材料类型 3. 涂料品品种、刷涂遍数	m^2	按设计图示尺寸以面积计算 1. 平面防腐：扣除凸出地面的构筑物、设备基础等所占面积 2. 立面防腐：砖垛等突出部分按展开面积并入墙面积内	1. 基层清理 2. 刷涂料

3. 隔热、保温

工程量清单项目设置及工程量计算规则，应按表 1－21 的规定执行。

表 1－21　隔热、保温（编码：010803）

<table>
<tr><th>项目编码</th><th>项目名称</th><th>项目特征</th><th>计量单位</th><th>工程量计算规则</th><th>工程内容</th></tr>
<tr><td>010803001</td><td>保温隔热屋面</td><td rowspan="5">1. 保温隔热部位
2. 保温隔热方式（内保温、外保温、夹心保温）
3. 踢脚线、勒脚线保温做法
4. 保温隔热面层材料品种、规格、性能
5. 保温隔热材料品种、规格
6. 隔气层厚度
7. 粘结材料种类
8. 防护材料种类</td><td rowspan="5">m^2</td><td rowspan="2">按设计图示尺寸以面积计算。不扣除柱、垛所占面积</td><td rowspan="2">1. 基层清理
2. 铺粘保温层
3. 刷防护材料</td></tr>
<tr><td>010803002</td><td>保温隔热天棚</td></tr>
<tr><td>010803003</td><td>保温隔热墙</td><td>按设计图示尺寸以面积计算。扣除门窗洞口所占面积；门窗洞口侧壁需做保温时，并入保温墙体工程量内</td><td rowspan="2">1. 基层清理
2. 底层抹灰
3. 粘贴龙骨
4. 填贴保温材料
5. 粘贴面层
6. 嵌缝
7. 刷防护材料</td></tr>
<tr><td>010803004</td><td>保温柱</td><td>按设计图示以保温层中心线展开长度乘以保温层高度计算</td></tr>
<tr><td>010803005</td><td>隔热楼地面</td><td>按设计图示尺寸以面积计算。不扣除柱、垛所占面积</td><td>1. 基层清理
2. 铺设粘贴材料
3. 铺贴保温层
4. 刷防护材料</td></tr>
</table>

4. 其他相关问题应按下列规定处理

（1）保温隔热墙的装饰面层，应按 B.2 中相关项目编码列项。

（2）柱帽保温隔热应并入天棚保温隔热工程量内。

(3)池槽保温隔热,池壁、池底应分别编码列项,池壁应并入墙面保温隔热工程量内,池底应并入地面保温隔热工程量内。

【例1-15】 如图1-36所示,某冷库室内外保温做法如下(注门洞的尺寸为:1 000 mm×2 200 mm):已知:屋面和墙体的隔气层均为一毡二油;结合层做法均为冷底子油结合,沥青胶粘结。请按《建设工程工程量清单计价规则》列出该保温工程的工程量清单。

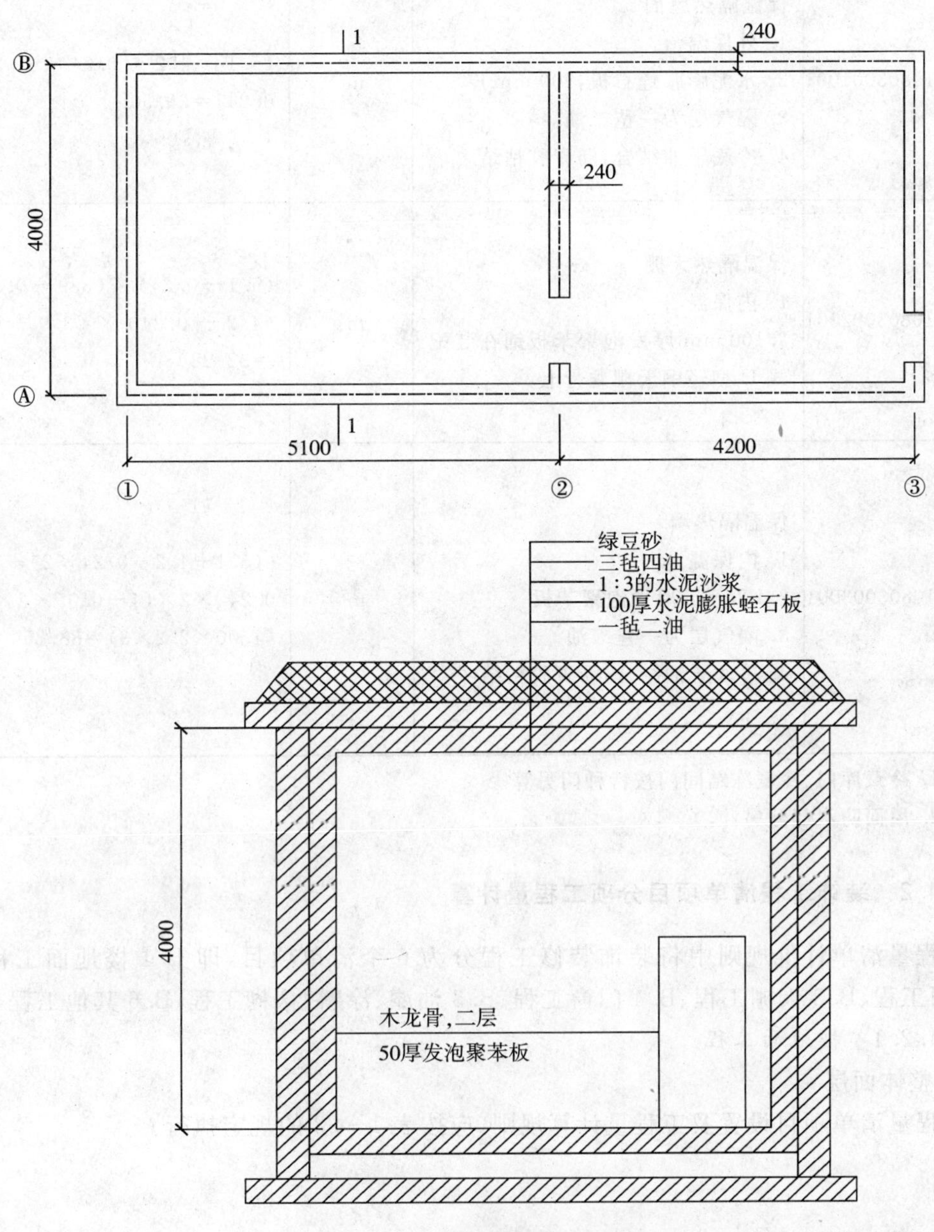

图1-36 冷库保温隔热示意图

【解】 保温工程工程量清单见表 1－22。

表 1－22　工程量清单

序号	项目编码	项目名称	计量单位	工程数量
1	010803001001	保温隔热屋面 1. 外保温 2. 水泥膨胀蛭石板，100 mm 厚 3. 隔气层为一毡二油 4. 冷底子油结合，沥青胶粘结	m^2	(5.1＋4.2＋0.24)×(3.9＋0.24)＝39.50
2	010803002001	保温隔热天棚 1. 内保温 2. 100 mm 厚发泡聚苯板铺在装配式 U 型轻钢天棚龙骨上	m^2	(5.1－0.24)×(3.9－0.24)＋(4.2－0.24)×(3.9－0.24)＝32.28
3	010803003001	保温隔热墙 1. 内保温 2. 100 mm 厚发泡聚苯板 3. 隔气层为一毡二油 4. 冷底子油结合，沥青胶粘结	m^2	[(5.1＋4.2－0.24×2)＋3.9－0.24]×2×(4－0.05×2×2)－(1.00×2.2×3)＝88.25

注：1. 冷藏库门、冷藏冻结间门按特种门另算。
　　2. 屋面防水部分另计。

1.4.2　装饰工程清单项目分项工程量计算

工程量清单计价规则中将装饰装修工程分为 6 个清单项目，即 B.1 楼地面工程、B.2 墙、柱面工程、B.3 天棚工程、B.4 门窗工程、B.5 油漆、涂料、裱糊工程、B.6 其他工程。

1.4.2.1　楼地面工程

1. 整体面层

工程量清单项目设置及工程量计算规则，应按表 1－23 的规定执行。

表 1-23　整体面层(编码:020101)

项目编码	项目名称	项目特征	计量单位	工程量计算规则	工程内容
020101001	水泥砂浆楼地面	1. 垫层材料种类、厚度 2. 找平层厚度、砂浆配合比 3. 防水层厚度、材料种类 4. 面层厚度、砂浆配合比	m²	按设计图示尺寸以面积计算。扣除凸出地面构筑物、设备基础、室内铁道、地沟等所占面积,不扣除间壁墙和 0.3 m² 以内的柱、垛、附墙烟囱及孔洞所占面积。门洞、空圈、暖气包槽、壁龛的开口部分不增加面积	1. 基层清理 2. 垫层铺设 3. 抹找平层 4. 防水层铺设 5. 抹面层 6. 材料运输
020101002	现浇水磨石楼地面	1. 垫层材料种类、厚度 2. 找平层厚度、砂浆配合比 3. 防水层厚度、材料种类 4. 面层厚度、水泥石子浆配合比 5. 嵌条材料种类、规格 6. 石子种类、规格、颜色 7. 颜料种类、颜色 8. 图案要求 9. 磨光、酸洗、打蜡要求			1. 基层清理 2. 垫层铺设 3. 抹找平层 4. 防水层铺设 5. 面层铺设嵌缝条安装 7. 磨光、酸洗、打蜡 8. 材料运输
020101003	细石混凝土地面	1. 垫层材料种类、厚度 2. 找平层厚度、砂浆配合比 3. 防水层厚度、材料种类 4. 面层厚度、混凝土强度等级			1. 基层清理 2. 垫层铺设 3. 抹找平层 4. 防水层铺设 5. 面层铺设 6. 材料运输
020101004	菱苦土楼地面	1. 垫层材料种类、厚度 2. 找平层厚度、砂浆配合比 3. 防水层厚度、材料种类 4. 面层厚度 5. 打蜡要求			1. 清理基层 2. 垫层铺设 3. 抹找平层 4. 防水层铺设 5. 面层铺设 6. 打蜡 7. 材料运输

2. 块料面层

工程量清单项目设置及工程量计算规则,应按表 1-24 的规定执行。

表 1-24　块料面层(编码:020102)

项目编码	项目名称	项目特征	计量单位	工程量计算规则	工程内容
020102001	石材楼地面	1. 垫层材料种类、厚度 2. 找平层厚度、砂浆配合比 3. 防水层、材料种类 4. 填充材料种类、厚度 5. 结合层厚度、砂浆配合比 6. 面层材料品种、规格、品牌、颜色 7. 嵌缝材料种类 8. 防护层材料种类 9. 酸洗、打蜡要求	m^2	按设计图示尺寸以面积计算。扣除凸出地面构筑物、设备基础、室内铁道、地沟等所占面积,不扣除间壁墙和 0.3 m^2 以内的柱、垛、附墙烟囱及孔洞所占面积。门洞、空圈、暖气包槽、壁龛的开口部分不增加面积	1. 基层清理、铺设垫层、抹找平层 2. 防水层铺设、填充层 3. 面层铺设 4. 嵌缝 5. 刷防护材料 6. 酸洗、打蜡 7. 材料运输
020102002	块料楼地面				

3. 橡塑面层

工程量清单项目设置及工程量计算规则,应按表 1-25 的规定执行。

表 1-25　橡塑面层(编码:020103)

项目编码	项目名称	项目特征	计量单位	工程量计算规则	工程内容
020103001	橡胶板楼地面	1. 找平层厚度、砂浆配合比 2. 填充材料种类、厚度 3. 粘结层厚度、材料种类 4. 面层材料品种、规格、品牌、颜色 5. 压线条种类	m^2	按设计图示尺寸以面积计算。门洞、空圈、暖气包槽、壁龛的开口部分并入相应的工程量内	1. 基层清理、抹找平层 2. 铺设填充层 3. 面层铺贴 4. 压缝条装钉 5. 材料运输
020103002	橡胶卷材楼地面				
020103003	塑料板楼地面				
020103004	塑料卷材楼地面				

4. 其他材料面层

工程量清单项目设置及工程量计算规则,应按表 1-26 的规定执行。

表 1-26　其他材料面层(编码:020104)

项目编码	项目名称	项目特征	计量单位	工程量计算规则	工程内容
020104001	楼地面地毯	1. 找平层厚度、砂浆配合比 2. 填充材料种类、厚度 3. 面层材料品种、规格、品牌、颜色 4. 防护材料种类 5. 粘结材料种类 6. 压线条种类	m^2	按设计图示尺寸以面积计算。门洞、空圈、暖气包槽、壁龛的开口部分并入相应的工程量内	1. 基层清理、抹找平层 2. 铺设填充层 3. 铺贴面层 4. 刷防护材料 5. 装钉压条 6. 材料运输
020104002	竹木地板	1. 找平层厚度、砂浆配合比 2. 填充材料种类、厚度、找平层厚度、砂浆配合比 3. 龙骨材料种类、规格、铺设间距 4. 基层材料种类、规格 5. 面层材料品种、规格、品牌、颜色 6. 粘结材料种类 7. 防护材料种类 8. 油漆品种、刷漆遍数			1. 基层清理、抹找平层 2. 铺设填充层 3. 龙骨铺设 4. 铺设基层 5. 面层铺贴 6. 刷防护材料 7. 材料运输
020104003	防静电活动地板	1. 找平层厚度、砂浆配合比 2. 填充材料种类、厚度,找平层厚度、砂浆配合比 3. 支架高度、材料种类 4. 面层材料品种、规格、品牌、颜色 5. 防护材料种类			1. 清理基层、抹找平层 2. 铺设填充层 3. 固定支架安装 4. 活动面层安装 5. 刷防护材料 6. 材料运输
020104004	金属复合地板	1. 找平层厚度、砂浆配合比 2. 填充材料种类、厚度,找平层厚度、砂浆配合比 3. 龙骨材料种类、规格、铺设间距 4. 基层材料种类、规格 5. 面层材料品种、规格、品牌 6. 防护材料种类			1. 清理基层、抹找平层 2. 铺设填充层 3. 龙骨铺设 4. 基层铺设 5. 面层铺贴 6. 刷防护材料 7. 材料运输

5. 踢脚线

工程量清单项目设置及工程量计算规则,应按表 1-27 的规定执行。

表 1－27 踢脚线(编码:020105)

项目编码	项目名称	项目特征	计量单位	工程量计算规则	工程内容
020105001	水泥砂浆踢脚线	1. 踢脚线高度 2. 底层厚度、砂浆配合比 3. 面层厚度、砂浆配合比	m^2	按设计图示长度乘以高度以面积计算	1. 基层清理 2. 底层抹灰 3. 面层铺贴 4. 勾缝 5. 磨光、酸洗、打蜡 6. 刷防护材料 7. 材料运输
020105002	石材踢脚线	1. 踢脚线高度 2. 底层厚度、砂浆配合比 3. 粘贴层厚度、材料种类 4. 面层材料品种、规格、品牌、颜色 5. 勾缝材料种类 6. 防护材料种类			
020105003	块料踢脚线				
020105004	现浇水磨石踢脚线	1. 踢脚线高度 2. 底层厚度、砂浆配合比 3. 面层厚度、水泥石子浆配合比 4. 石子种类、规格、颜色 5. 颜料种类、颜色 6. 磨光、酸洗、打蜡要求			
020105005	塑料板踢脚线	1. 踢脚线高度 2. 底层厚度、砂浆配合比 3. 粘结层厚度、材料种类 4. 面层材料种类、规格、品牌、颜色			
020105006	木质踢脚线	1. 踢脚线高度 2. 底层厚度、砂浆配合比 3. 基层材料种类 4. 面层材料品种、规格、品牌、颜色 5. 防护材料种类 6. 油漆品种、刷漆遍数			1. 基层清理 2. 底层抹灰 3. 基层铺贴 4. 面层铺贴 5. 刷防护材料 6. 刷油漆 7. 材料运输
020105007	金属踢脚线				
020105008	防静电踢脚线				

6. 楼梯装饰

工程量清单项目设置及工程量计算规则，应按表 1－28 的规定执行。

表 1-28　楼梯装饰(编码:020106)

项目编码	项目名称	项目特征	计量单位	工程量计算规则	工程内容
020106001	石材楼梯面层	1. 找平层厚度、砂浆配合比 2. 贴结层厚度、材料种类 3. 面层材料品种、规格、品牌、颜色 4. 防滑条材料种类、规格 5. 勾缝材料种类 6. 防护层材料种类 7. 酸洗、打蜡要求	m²	按设计图示尺寸以楼梯(包括踏步、休息平台及500 mm以内的楼梯井)水平投影面积计算。楼梯与楼地面相连时,算至梯口梁内侧边沿;无梯口梁者,算至最上一层踏步边沿加300 mm	1. 基层清理 2. 抹找平层 3. 面层铺贴 4. 贴嵌防滑条 5. 勾缝 6. 刷防护材料 7. 酸洗、打蜡 8. 材料运输
020106002	块料楼梯面层				
020106003	水泥砂浆楼梯面	1. 找平层厚度、砂浆配合比 2. 面层厚度、砂浆配合比 3. 防滑条材料种类、规格			1. 基层清理 2. 抹找平层 3. 抹面层 4. 抹防滑条 5. 材料运输
020106004	现浇水磨石楼梯面	1. 找平层厚度、砂浆配合比 2. 面层厚度、水泥石子浆配合比 3. 防滑条材料种类、规格 4. 石子种类、规格、颜色 5. 颜料种类、颜色 6. 磨光、酸洗、打蜡要求			1. 基层清理 2. 抹找平层 3. 抹面层 4. 贴嵌防滑条 5. 磨光、酸洗、打蜡 6. 材料运输
020106005	地毯楼梯面	1. 基层种类 2. 找平层厚度、砂浆配合比 3. 面层材料品种、规格、品牌、颜色 4. 防护材料种类 5. 粘结材料种类 6. 固定配件材料种类、规格			1. 基层清理 2. 抹找平层 3. 铺贴面层 4. 固定配件安装 5. 刷防护材料 6. 材料运输
020106006	木板楼梯面	1. 找平层厚度、砂浆配合比 2. 基层材料种类、规格 3. 面层材料品种、规格、品牌、颜色 4. 粘结材料种类 5. 防护材料种类 6. 油漆品种、刷漆遍数			1. 基层清理 2. 抹找平层 3. 基层铺贴 4. 面层铺贴 5. 刷防护材料、油漆 6. 材料运输

7. 扶手、栏杆、栏板装饰

工程量清单项目设置及工程量计算规则,应按表1-29的规定执行。

表 1-29 扶手、栏杆、栏板装饰(编码:020107)

项目编码	项目名称	项目特征	计量单位	工程量计算规则	工程内容
020107001	金属扶手带栏杆、栏板	1. 扶手材料种类、规格、品牌、颜色 2. 栏杆材料种类、规格、品牌、颜色 3. 栏板材料种类、规格、品牌、颜色 4. 固定配件种类 5. 防护材料种类 6. 油漆品种、刷漆遍数	m	按设计图纸尺寸以扶手中心线长度(包括弯头长度)计算	1. 制作 2. 运输 3. 安装 4. 刷防护材料 5. 刷油漆
020107002	硬木扶手带栏杆、栏板				
020107003	塑料扶手带栏杆、栏板				
020107004	金属靠墙扶手	1. 扶手材料种类、规格、品牌、颜色 2. 固定配件种类 3. 防护材料种类 4. 油漆品种、刷漆遍数			
020107005	硬木靠墙扶手				
020107006	塑料靠墙扶手				

8. 台阶装饰

工程量清单项目设置及工程量计算规则,应按表 1-30 的规定执行。

表 1-30 台阶装饰(编码:020108)

项目编码	项目名称	项目特征	计量单位	工程量计算规则	工程内容
020108001	石材台阶面	1. 垫层材料种类、厚度 2. 找平层厚度、砂浆配合比 3. 粘结层材料种类 4. 面层材料品种、规格、品牌、颜色 5. 勾缝材料种类 6. 防滑条材料种类、规格 7. 防护材料种类	m^2	按设计图示尺寸以台阶(包括最上层踏步边沿加 300 mm)水平投影面积计算	1. 基层清理 2. 铺设垫层 3. 抹找平层 4. 面层铺贴 5. 贴嵌防滑条 6. 勾缝 7. 刷防护材料 8. 材料运输
020108002	块料台阶面				1. 清理基层 2. 铺设垫层 3. 抹找平层 4. 抹面层 5. 抹防滑条 6. 材料运输
020108003	水泥砂浆台阶面	1. 垫层材料种类、厚度 2. 找平层厚度、砂浆配合比 3. 面层厚度、砂浆配合比 4. 防滑条材料种类			1. 清理基层 2. 铺设垫层 3. 抹找平层 4. 抹面层 5. 贴嵌防滑条 6. 打磨、酸洗、打蜡 7. 材料运输

（续表）

<table>
<tr><th>项目编码</th><th>项目名称</th><th>项目特征</th><th>计量单位</th><th>工程量计算规则</th><th>工程内容</th></tr>
<tr><td>020108004</td><td>现浇水磨石台阶面</td><td>1. 垫层材料种类、厚度
2. 找平层厚度、砂浆配合比
3. 面层厚度、砂浆配合比
4. 防滑条材料种类
5. 石子种类、规格、颜色
6. 颜料种类、规格、颜色
7. 磨光、酸洗、打蜡要求</td><td rowspan="2">m²</td><td rowspan="2">按设计图示尺寸以台阶（包括最上层踏步边沿加 300 mm）水平投影面积计算</td><td>1. 垫层材料种类、厚度
2. 找平层厚度、砂浆配合比
3. 面层厚度、水泥石子浆配合比
4. 防滑条材料种类、规格
5. 石子种类、规格、颜色
6. 颜料种类、颜色
7. 磨光、酸洗、打蜡要求</td></tr>
<tr><td>020108005</td><td>剁假石台阶面</td><td>1. 垫层材料种类、厚度
2. 找平层厚度、砂浆配合比
3. 面层厚度、砂浆配合比
4. 剁假石要求</td><td>1. 清理基层
2. 铺设垫层
3. 抹找平层
4. 抹面层
5. 剁假石
6. 材料运输</td></tr>
</table>

9. 零星装饰项目

工程量清单项目设置及工程量计算规则，应按表 1－31 的规定执行。

表 1－31　零星装饰项目

<table>
<tr><th>项目编码</th><th>项目名称</th><th>项目特征</th><th>计量单位</th><th>工程量计算规则</th><th>工程内容</th></tr>
<tr><td>020109001</td><td>石材零星项目</td><td rowspan="3">1. 工程部位
2. 找平层厚度、砂浆配合比
3. 贴结合层厚度、材料种类
4. 面层材料品种、规格、品牌、颜色
5. 勾缝材料种类
6. 防护材料种类
7. 酸洗、打蜡要求</td><td rowspan="4">m²</td><td rowspan="4">按设计图示尺寸以面积计算</td><td rowspan="3">1. 清理基层
2. 抹找平层
3. 面层铺贴
4. 勾缝
5. 刷防护材料
6. 酸洗、打蜡
7. 材料运输</td></tr>
<tr><td>020109002</td><td>碎拼石材零星项目</td></tr>
<tr><td>020109003</td><td>块料零星项目</td></tr>
<tr><td>020109004</td><td>水泥砂浆零星项目</td><td>1. 工程部位
2. 找平层厚度、砂浆配合比
3. 面层厚度、砂浆厚度</td><td>1. 清理基层
2. 抹找平层
3. 抹面层
4. 材料运输</td></tr>
</table>

【例 1－16】　某建筑平面如图 1－37 所示，墙厚 240 mm，室内地面做法为 20 厚的 1∶2 的水泥砂浆/素水泥浆一道/30 厚的 C20 混凝土垫层/150 厚 3∶7 灰土垫层/素土夯实。试

计算水泥砂浆地面的工程量并列出工程量清单。

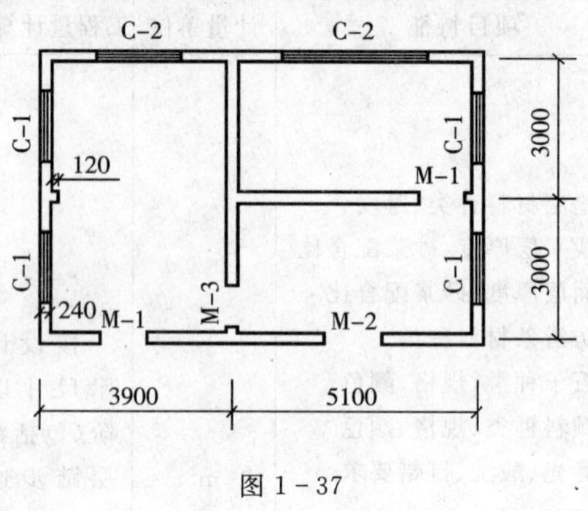

图 1-37

表 1-32 门窗表

M—1	1 000 mm×2 000 mm	C—1	1500 mm×1500 mm
M—2	1200 mm×2 000 mm	C—2	1800 mm×1500 mm
M—3	900 mm×2400 mm	C—3	3 000 mm×1500 mm

【解】 工程量＝(3.9－0.24)(3＋3－0.24)＋(5.1－0.24)(3－0.24)×2
＝21.082＋26.827＝47.91(m^2)

表 1-33 分部分项工程量清单

序号	项目编码	项目名称	计量单位	工程数量
1	020102002001	水泥砂浆地面 1.20 厚的 1：2 的水泥砂浆桩长：15 m 2. 素水泥浆一道 3.30 厚的 C20 混凝土垫层 4.150 厚 3：7 灰土垫层	m^2	47.91

【例 1-17】 在【例 1-16】中，若室内铺设 600 mm×75mm×18mm 实木地板，柚木 UV 漆板、四面企口，木龙骨 50 mm×30 mm@500 mm。试计算木地板地面的工程量。

【解】 木地板地面的工程量＝地面工程量＋门洞口部分的工程量

＝47.91＋(1×2＋1.2＋0.9)×0.24－0.24×0.12

＝47.91＋0.984－0.029＝48.87(m^2)

【例 1-18】 计算如图 1-38 所示水泥砂浆踢脚线(150 mm)的工程量并列出工程量清单。做法：10 厚的 1：2 水泥砂浆罩面压实赶光，10 厚的 1：2.5 水泥砂浆打底扫毛。

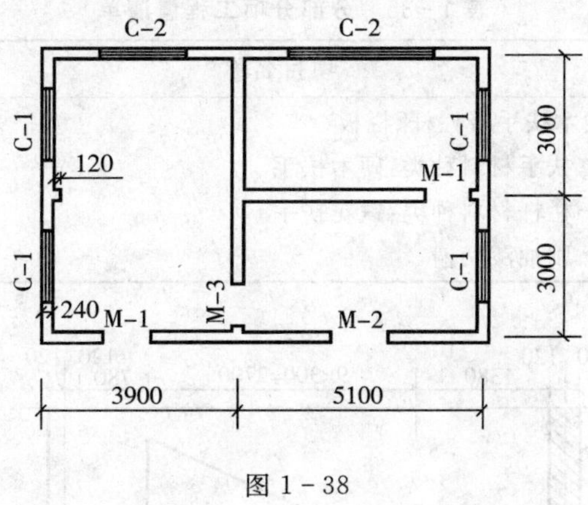

图 1-38

【解】 踢脚线的长度＝(3.9－0.24＋3×2－0.24)×2＋(5.1－0.24＋3－0.24)×2×2
－(0.9＋1)×2－(1.2＋1)＋0.24×4＋0.12×2
＝9.42×2＋7.62×4－1.9×2－2.2＋0.96＋0.24＝44.52(m)

踢脚线工程量＝44.52×0.15＝6.74(m^2)

表 1-34　分部分项工程量清单

序号	项目编码	项目名称	计量单位	工程数量
1	020105001001	水泥砂浆踢脚线 1.0.15 m高的踢脚线 2.10厚的1：2水泥砂浆罩面压实赶光 3.10厚的1：2.5水泥砂浆打底扫毛	m^2	6.74

【例 1-19】 某建筑物内一楼梯如图 1-39 所示，同走廊连接，采用直线双跑形式，墙厚240 mm，梯井300 mm宽，楼梯满铺芝麻白大理石，试计算其工程量。

【解】 楼梯工程量＝(3.3－0.24)×(0.20＋2.7＋1.43)
＝3.06×4.33＝13.25(m^2)

【例 1-20】 某楼梯如图 1-40 所示，试计算栏杆、扶手的工程量。

【解】 栏杆工程量＝〔2.1＋(2.1＋0.6)＋0.3×9＋0.3×10＋0.3×10〕×1.118＋0.6＋(1.2＋0.06)＋0.06×4
＝15.093＋0.6＋1.26＋0.24
＝17.19(m)

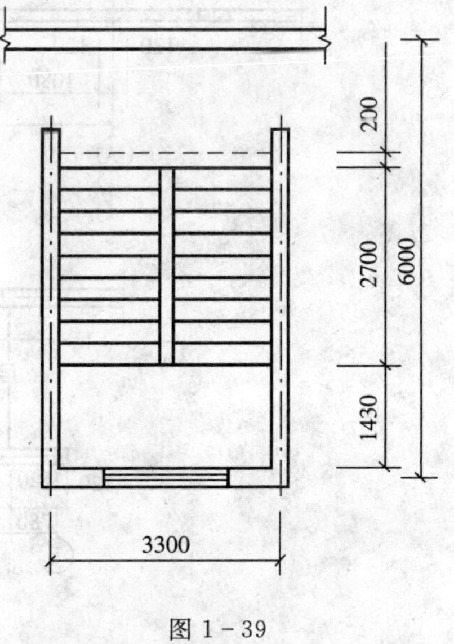

图 1-39

表 1-35 分部分项工程量清单

序号	项目编码	项目名称	计量单位	工程数量
1	020107002001	硬木扶手带栏杆、栏板 1. 扶手材料种类:硬木扶手 2. 栏杆材料种类:铁花扶手 3. 刷油漆两遍	m	17.19

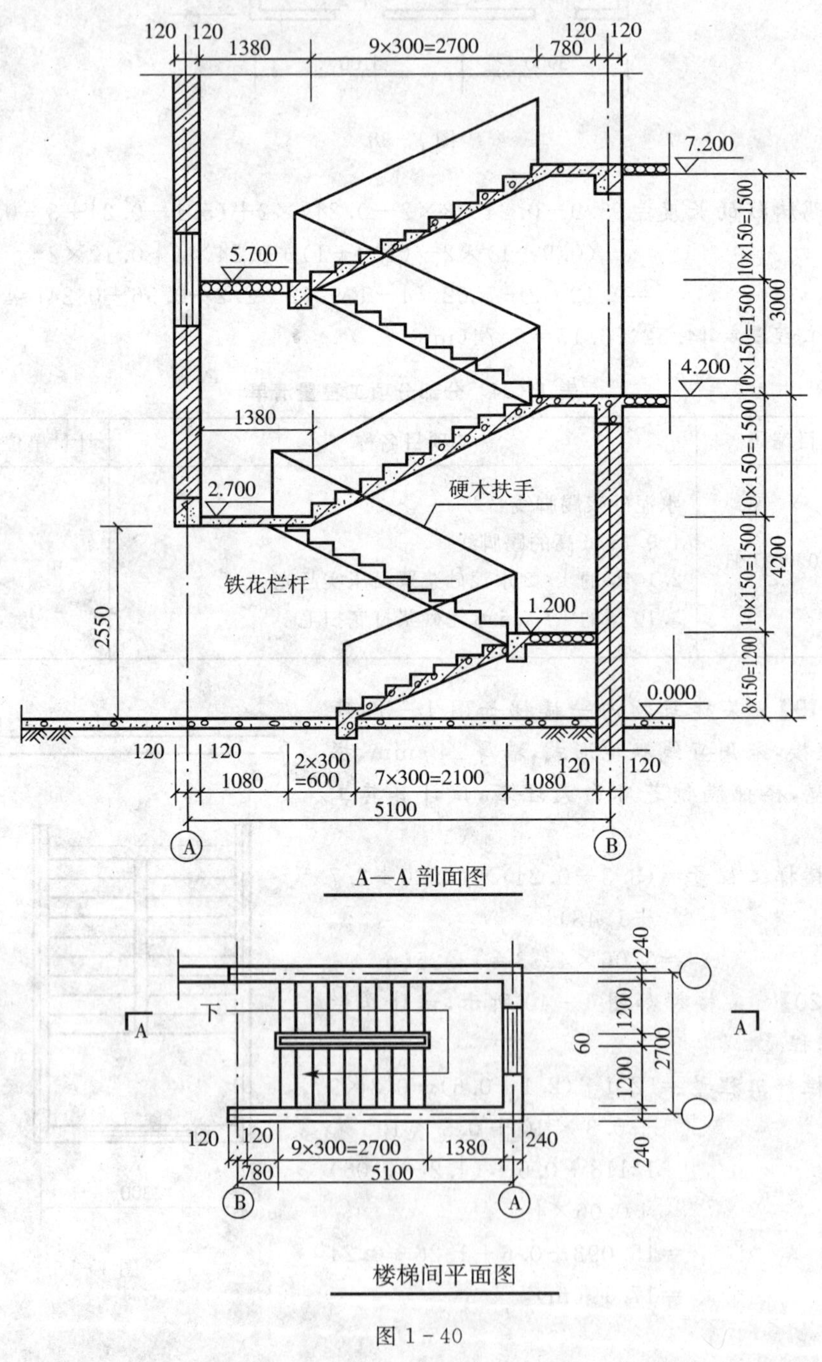

A—A 剖面图

楼梯间平面图

图 1-40

【例1-21】　某学院办公楼入口台阶如图1-41所示，300×300铁锈红色防滑地砖，20厚1∶3水泥砂浆找平层，10厚的1∶1水泥砂浆结合层，40厚C20混凝土台阶面层，150厚的3∶7灰土垫层，试计算其台阶工程量并列出工程量清单。

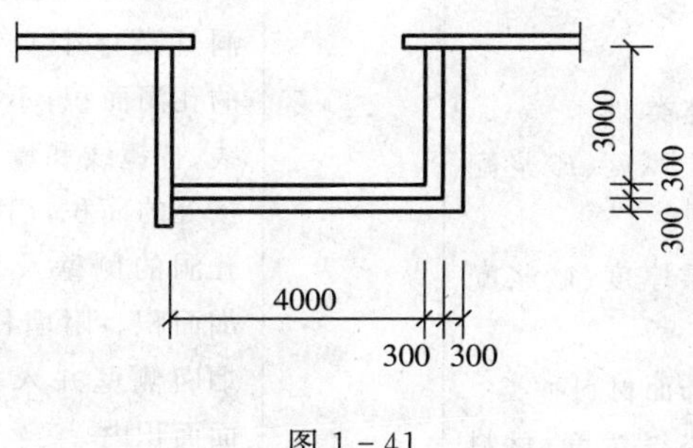

图1-41

工程量＝(4＋0.3×2)×(0.3×2＋0.3)＋(3.0－0.3)×(0.3×2＋0.3)
＝4.6×0.9＋2.7×0.9
＝6.57(m^2)

表1-36　分部分项工程量清单

序号	项目编码	项目名称	计量单位	工程数量
1	020107004001	块料台阶面 1. 垫层：150厚的3∶7灰土垫层，40厚C20混凝土台阶面层 2. 找平层：20厚1∶3水泥砂浆找平层 3. 粘结层：10厚的1∶1水泥砂浆结合层 4. 面层：300×300铁锈红色防滑地砖	m^2	6.57

1.4.2.2　墙、柱面工程

工程量清单计价规则中将墙、柱面工程分为10个分项工程清单项目，即墙面抹灰（编码：020201）、柱面抹灰（编码：020202）、零星抹灰（编码：020203）、墙面镶贴块料（编码：020204）、柱面镶贴块料（编码：020205）、零星镶贴块料（编码：020206）、墙饰面（编码：020207）、柱（梁）饰面（编码：020208）、隔断（编码：020209）、幕墙（编码：0202010）。

工程量清单项目设置及工程量计算规则，应按《建设工程工程量清单计价规范》(GB50500－2008)中表B.2.1～B.2.10的规定执行。

表 B.2.1 墙面抹灰(编码:020201)

项目编码	项目名称	项目特征	计量单位	工程量计算规则	工程内容
020201001	墙面一般抹灰	1.墙体类型 2.底层厚度、砂浆配合比 3.面层厚度、砂浆配合比 4.装饰面材料种类 5.分格缝宽度、材料种类	m^2	按设计图示尺寸以面积计算。扣除墙裙、门窗洞日及单个0.3m^2以外的孔洞面积,不扣除踢脚线、挂镜线和墙与构件交接处的面积,门窗洞日和孔洞的侧壁及顶面不增加面积。附墙柱、梁、垛、烟囱侧壁并入相应的墙面面积内 1.外墙抹灰面积按外墙垂直投影面积计算 2.外墙裙抹灰面积按其长度乘以高度计算 3.内墙抹灰面积按主墙间的净长乘以高度计算 (1)无墙裙的,高度按室内楼地面至天棚底面计算 (2)有墙裙的,高度按墙裙顶至天棚底面计算 4.内墙裙抹灰面按内墙净长乘以高度计算	1.基层清理 2.砂浆制作、运输 3.底层抹灰 4.抹面层 5.抹装饰面 6.勾分格缝
020201002	墙面装饰抹灰				
020201003	墙面勾缝	1.墙体类型 2.勾缝类型 3.勾缝材料种类			1.基层清理 2.砂浆制作、运输 3.勾缝

表 B.2.2 柱面抹灰(编码:020202)

项目编码	项目名称	项目特征	计量单位	工程量计算规则	工程内容
020202001	柱面一般抹灰	1.柱体类型 2.底层厚度、砂浆配合比 3.面层厚度、砂浆配合比 4.装饰面材料种类 5.分格缝宽度、材料种类	m^2	按设计图示柱断面周长乘以高度以面积计算	1.基层清理 2.砂浆制作、运输 3.底层抹灰 4.抹面层 5.抹装饰面 6.勾分格缝
020202002	柱面装饰抹灰				
020202003	柱面勾缝	1.墙体类型 2.勾缝类型 3.勾缝材料种类			1.基层清理 2.砂浆制作、运输 3.勾缝

表 B.2.3　零星抹灰(编码:020203)

项目编码	项目名称	项目特征	计量单位	工程量计算规则	工程内容
020203001	零星项目一般抹灰	1.墙体类型 2.底层厚度、砂浆配合比 3.面层厚度、砂浆配合比 4.装饰面材料种类 5.分格缝宽度、材料种类	m^2	按设计图示尺寸以面积计算	1.基层清理 2.砂浆制作、运输 3.底层抹灰 4.抹面层 5.抹装饰面 6.勾分格缝
020203002	零星项目装饰抹灰				

1.4.2.3　天棚工程

工程量清单计价规则中将天棚工程分为3个分项工程清单项目,即天棚抹灰(编码:020301)、天棚吊顶(编码:020302)、天棚其他装饰(编码:020303)。

工程量清单项目设置及工程量计算规则,应按《建设工程工程量清单计价规范》(GB50500—2008)中表B.3.1～B.3.3的规定执行。

表 B.3.1　天棚抹灰(编码:020301)

项目编码	项目名称	项目特征	计量单位	工程量计算规则	工程内容
020301001	天棚抹灰	1.基层类型 2.抹灰厚度、材料种类 3.装饰线条道数 4.砂浆配合比	m^2	按设计图示尺寸以水平投影面积计算。不扣除间壁墙、垛、柱、附墙烟囱、检查口和管道所占的面积,带梁天棚、梁两侧抹灰面积并入天棚面积内,板式楼梯底面抹灰按斜面积计算,锯齿形楼梯底板抹灰按展开面积计算	1.基层清理 2.底层抹灰 3.抹面层 4.抹装饰线条

1.4.2.4　门窗工程

工程量清单计价规则中将门窗工程分为9个分项工程清单项目,即木门(编码:020401)、金属门(编码:020402)、金属门(编码:020403)、其他门(编码:020404)、其他窗(编码:020405)、金属窗(编码:020406)、其他门(编码:020407)、窗帘盒和窗帘轨(编码:020408)、窗台板(编码:020409)。

工程量清单项目设置及工程量计算规则,应按《建设工程工程量清单计价规范》(GB50500—2008)中表B.4.1～B.4.9的规定执行。

表 B.4.1 木门(编码:020401)

<table>
<tr><th>项目编码</th><th>项目名称</th><th>项目特征</th><th>计量单位</th><th>工程量计算规则</th><th>工程内容</th></tr>
<tr><td>020401001</td><td>镶板木门</td><td rowspan="4">1.门类型
2.框截面尺寸、单扇面积
3.骨架材料种类
4.面层材料品种、规格、品牌、颜色
5.玻璃品种、厚度、五金材料、品种、规格
6.防护层材料种类
7.油漆品种、刷漆遍数</td><td rowspan="8">樘/m²</td><td rowspan="8">按设计图示数量或设计图示洞口尺寸面积计算</td><td rowspan="8">1. 门制作、运输、安装
2. 五金、玻璃安装
3.刷防护材料、油漆</td></tr>
<tr><td>020401002</td><td>企口木板门</td></tr>
<tr><td>020401003</td><td>实木装饰门</td></tr>
<tr><td>020401004</td><td>胶合板门</td></tr>
<tr><td>020401005</td><td>夹板装饰门</td><td rowspan="3">1.门类型
2.框截面尺寸、单扇面积
3.骨架材料种类
4.防火材料种类
5.门纱材料品种、规格
6.面层材料品种、规格、品牌、颜色
7.玻璃品种、厚度、五金材料、品种、规格
8.防护材料种类
9.油漆品种、刷漆遍数按设计图示数量计算</td></tr>
<tr><td>020401006</td><td>木质防火门</td></tr>
<tr><td>020401007</td><td>木纱门</td></tr>
<tr><td>020401008</td><td>连窗门</td><td>1.门窗类型
2.框截面尺寸、单扇面积
3.骨架材料种类
4.面层材料品种、规格、品牌、颜色
5.玻璃品种、厚度、五金材料、品种、规格
6.防护材料种类
7.油漆品种、刷漆遍数</td></tr>
</table>

1.4.2.5　油漆、涂料、裱糊工程

工程量清单计价规则中将门窗工程分为9个分项工程清单项目，即门油漆（编码：020501）、窗油漆（编码：020502）、木扶手及其他板条线条油漆（编码：020503）、木材面油漆（编码：020504）、金属面油漆（编码：020505）、抹灰面油漆（编码：020506）、喷刷和涂料（编码：020507）、花饰和线条刷涂料（编码：020508）、裱糊（编码：020509）。

工程量清单项目设置及工程量计算规则，应按《建设工程工程量清单计价规范》(GB50500－2008)中表B.5.1～B.5.9的规定执行。

表B.5.1　门油漆(编码:020501)

项目编码	项目名称	项目特征	计量单位	工程量计算规则	工程内容
020501001	门油漆	1.门类型 2.腻子种类 3.刮腻子要求 4.防护材料种类 5.油漆品种、刷漆遍数	樘/m^2	按设计图示数量或设计图示单面洞口面积计算	1.基层清理 2.刮腻子 3.刷防护材料、油漆

学习情境1.5　工程量清单编制

1.5.1　工程量清单计价规范概述

中华人民共和国国家标准《建设工程工程量清单计价规范》(Code of Valuation with Bill Quantity of Construction Works)(GB50500－2008)，主编部门是中华人民共和国住房和城乡建设部，批准部门是中华人民共和国住房和城乡建设部，其施行日期为2008年12月1日。

“计价规范”包括正文和附录两大部分，两者具有同等效力。正文共五章，包括总则、术语、工程量清单编制、工程量清单计价、工程量清单计价表格。附录包括附录A、附录B、附录C、附录D、附录E、附录F六大不同专业性质工程的工程量清单项目及计算规则。

1.5.1.1　总则

总则有8条。对规范的目的、依据、适用范围、基本原则等加以说明。

1. 为规范工程造价计价行为，统一建设工程工程量清单的编制和计价方法，根据《中华人民共和国建筑法》、《中华人民共和国合同法》、《中华人民共和国招标投标法》等法律法规，制定本规范。

2. 本规范适用于建设工程工程量清单计价活动。

3. 全部使用国有资金投资或国有资金投资为主（以下二者简称“国有资金投资”）的工程建设项目，必须采用工程量清单计价。

4. 非国有资金投资的工程建设项目，可采用工程量清单计价。

5. 工程量清单、招标控制价、投标报价、工程价款结算等工程造价文件的编制与核对应由具有一定资格的工程造价专业人员承担。

6. 建设工程工程量清单计价活动应遵循客观、公正、公平的原则。

7. 本规范附录 A、附录 B、附录 C、附录 D、附录 E、附录 F 应作为编制工程量清单的依据。

(1)附录 A 为建筑工程工程量清单项目及计算规则,适用于工业与民用建筑物和构筑物工程。

(2)附录 B 为装饰装修工程工程量清单项目及计算规则,适用于工业与民用建筑物和构筑物的装饰装修工程。

(3)附录 C 为安装工程工程量清单项目及计算规则,适用于工业与民用安装工程。

(4)附录 D 为市政工程工程量清单项目及计算规则,适用于城市市政建设工程。

(5)附录 E 为园林绿化工程工程量清单项目及计算规则,适用于园林绿化工程。

(6)附录 F 为矿山工程工程量清单项目及计算规则,适用于矿山工程。

8. 建设工程工程量清单计价活动,除应遵守本规范外,尚应符合国家现行有关标准的规定。

1.5.1.2 术语

术语有 23 条。对本规范特有的工程量清单、项目编码、项目特征、综合单价、竣工结算价等 23 个术语给予定义或涵义。

1. 工程量清单

建设工程的分部分项工程项目、措施项目、其他项目、规费项目和税金项目的名称和相应数量等的明细清单。

2. 项目编码

分部分项工程量清单项目名称的数字标识。

3. 项目特征

构成分部分项工程量清单项目、措施项目自身价值的本质特征。

4. 综合单价

完成一个规定计量单位的分部分项工程量清单项目或措施清单项目所需的人工费、材料费、施工机械使用费和企业管理费与利润,以及一定范围内的风险费用。

5. 措施项目(措施项目为非实体工程项目)

为完成工程项目施工,发生于该工程施工准备和施工过程中的技术、生活、安全、环境保护等方面的非工程实体项目。

6. 暂列金额

招标人在工程量清单中暂定并包括在合同价款中的一笔款项。用于施工合同签订时尚未确定或者不可预见的所需材料、设备、服务的采购,施工中可能发生的工程变更、合同约定调整因素出现时的工程价款调整以及发生的索赔、现场签证确认等的费用。

7. 暂估价

招标人在工程量清单中提供的用于支付必然发生但暂时不能确定价格的材料单价以及专业工程的金额。

8. 计日工

在施工过程中,完成发包人提出的施工图纸以外的零星项目或工作,按合同中约定的综合单价计价。

9. 总承包服务费

总承包人为配合协调发包人进行的工程分包自行采购的设备、材料等进行管理、服务以及施工现场管理、竣工资料汇总整理等服务所需的费用。

10. 索赔

在合同履行过程中，对于非己方的过错而应由对方承担责任的情况造成的损失，向对方提出补偿的要求。

11. 现场签证

发包人现场代表与承包人现场代表就施工过程中涉及的责任事件所作的签认证明。

12. 企业定额

施工企业根据本企业的施工技术和管理水平而编制的人工、材料和施工机械台班等的消耗标准。

13. 规费

根据省级政府或省级有关权力部门规定必须缴纳的，应计入建筑安装工程造价的费用。

14. 税金

国家税法规定的应计入建筑安装工程造价内的营业税、城市维护建设税及教育费附加等。

15. 发包人

具有工程发包主体资格和支付工程价款能力的当事人以及取得该当事人资格的合法继承人。

16. 承包人

被发包人接受的具有工程施工承包主体资格的当事人以及取得该当事人资格的合法继承人。

17. 造价工程师

取得《造价工程师注册证书》，在一个单位注册从事建设工程造价活动的专业人员。

18. 造价员

取得《全国建设工程造价员资格证书》，在一个单位注册从事建设工程造价活动的专业人员。

19. 工程造价咨询人

取得工程造价咨询资质等级证书，接受委托从事建设工程造价咨询活动的企业。

20. 招标控制价

招标人根据国家或省级、行业建设主管部门颁发的有关计价依据和办法，按设计施工图纸计算的，对招标工程限定的最高工程造价。

21. 投标价

投标人投标时报出的工程造价。

22. 合同价

发、承包双方在施工合同中约定的工程造价。

23. 竣工结算价

发、承包双方依据国家有关法律、法规和标准规定，按照合同约定确定的最终工程造价。

1.5.1.3 工程量清单编制

规定了工程量清单编制人、组成和分部分项工程量清单、措施项目清单、其他项目清单的编制要求。

1. 一般规定

工程量清单应由具有编制能力的招标人或受其委托具有相应资质的工程造价咨询人编制。

采用工程量清单方式招标，工程量清单必须作为招标文件的组成部分，其准确性和完整性由招标人负责。

工程量清单是工程量清单计价的基础，应作为编制招标控制价、投标报价、计算工程量、支付工程款、调整合同价款、办理竣工结算以及工程索赔等的依据之一。

工程量清单应由分部分项工程量清单、措施项目清单、其他项目清单、规费项目清单、税金项目清单组成。

2. 分部分项工程量清单

分部分项工程量清单就是把组成工程项目实体的各分部分项工程项目以表格的形式列出来，应包括项目编码、项目名称、项目特征、计量单位和工程量。分部分项工程量清单应根据附录A、附录B、附录C、附录D、附录E、附录F中规定的统一项目编码、项目名称、计量单位和工程数量计算规则进行编制。

分部分项工程量清单的项目编码，应采用十二位阿拉伯数字表示。一至九位应按附录的规定设置，十至十二位应根据拟建工程的工程量清单项目名称设置。同一招标工程的项目编码不得有重码。

分部分项工程量清单的项目名称应按附录的项目名称结合拟建工程的实际确定；清单中所列工程量应按附录中规定的工程量计算规则计算；计量单位应按附录中规定的计量单位确定；项目特征应按附录中规定的项目特征，结合拟建工程项目的实际予以描述。

编制工程量清单出现附录中未包括的项目，编制人应作补充，并报省级或行业工程造价管理机构备案，省级或行业工程造价管理机构应汇总报住房和城乡建设部标准定额研究所。

补充项目的编码由附录的顺序码、B和三位阿拉伯数字组成，并应从×B001起顺序编制，同一招标工程的项目不得重码。工程量清单中需附有补充项目的名称、项目特征、计量单位、工程量计算规则、工程内容。

3. 措施项目清单

为完成工程项目施工，在该工程施工前和施工过程中技术、生活、安全等方面的非工程实体的措施项目清单，称为措施项目清单。

措施项目清单应根据拟建工程的实际情况列项。通用措施项目可按表1-37选择列项，专业工程的措施项目可按附录中规定的项目选择列项。若出现本规范未列的项目，可根据工程实际情况补充。

表1-37 通用措施项目一览表

	项目名称
1	安全文明施工（含环境保护、文明施工、安全施工、临时设施）
2	夜间施工
3	二次搬运
4	冬雨季施工

（续表）

	项　目　名　称
5	大型机械设备进出场及安拆
6	施工排水
7	施工降水
8	地上、地下设施，建筑物的临时保护设施
9	已完工程及设备保护

措施项目中可以计算工程量的项目清单宜采用分部分项工程量清单的方式编制，列出项目编码、项目名称、项目特征、计量单位和工程量计算规则；不能计算工程量的项目清单，以“项”为计量单位。

4. 其他项目清单

其他项目清单宜按照下列内容列项：

(1)暂列金额；

(2)暂估价：包括材料暂估单价、专业工程暂估价；

(3)计日工；

(4)总承包服务费。

出现上述内容未列的项目，可根据工程实际情况补充。

5. 规费项目清单

规费项目清单应按照下列内容列项：

(1)工程排污费；

(2)工程定额测定费；

(3)社会保障费：包括养老保险费、失业保险费、医疗保险费；

(4)住房公积金；

(5)危险作业意外伤害保险。

出现上述内容未列的项目，应根据省级政府或省级有关权力部门的规定列项。

6. 税金项目清单

税金项目清单应包括下列内容：

(1)营业税；

(2)城市维护建设税；

(3)教育费附加。

出现上述内容未列的项目，应根据税务部门的规定列项。

1.5.1.4　工程量清单计价

1. 一般规定

采用工程量清单计价，建设工程造价由分部分项工程费、措施项目费、其他项目费、规费和税金组成。分部分项工程量清单应采用综合单价计价。

招标文件中的工程量清单标明的工程量是投标人投标报价的共同基础，竣工结算的工程量按发、承包双方在合同中约定应予计量且实际完成的工程量确定。

措施项目清单计价应根据拟建工程的施工组织设计，可以计算工程量的措施项目，应按分部分项工程量清单的方式采用综合单价计价；其余的措施项目可以“项”为单位的方式计价，应包括除规费、税金外的全部费用。

措施项目清单中的安全文明施工费应按照国家或省级、行业建设主管部门的规定计价，不得作为竞争性费用。

招标人在工程量清单中提供了暂估价的材料和专业工程属于依法必须招标的，由承包人和招标人共同通过招标确定材料单价与专业工程分包价。

若材料不属于依法必须招标的，经发、承包双方协商确定单价后计价。

若专业工程不属于依法必须招标的，由发包人、总承包人与分包人按有关计价依据进行计价。

规费和税金应按国家或省级、行业建设主管部门的规定计算，不得作为竞争性费用。

采用工程量清单计价的工程，应在招标文件或合同中明确风险内容及其范围(幅度)，不得采用无限风险、所有风险或类似语句规定风险内容及其范围(幅度)。

2. 招标控制价

国有资金投资的工程建设项目应实行工程量清单招标，并应编制招标控制价。招标控制价超过批准的概算时，招标人应将其报原概算审批部门审核。投标人的投标报价高于招标控制价的，其投标应予以拒绝。

招标控制价应由具有编制能力的招标人，或受其委托具有相应资质的工程造价咨询人编制。

招标控制价应根据下列依据编制：

(1)本规范；

(2)国家或省级、行业建设主管部门颁发的计价定额和计价办法；

(3)建设工程设计文件及相关资料；

(4)招标文件中的工程量清单及有关要求；

(5)与建设项目相关的标准、规范、技术资料；

(6)工程造价管理机构发布的工程造价信息；工程造价信息没有发布的参照市场价；

(7)其他的相关资料。

综合单价中应包括招标文件中要求投标人承担的风险费用。

招标文件提供了暂估单价的材料，按暂估的单价计入综合单价。

其他项目费应按下列规定计价：

1)暂列金额应根据工程特点，按有关计价规定估算；

2)暂估价中的材料单价应根据工程造价信息或参照市场价格估算；暂估价中的专业工程金额应分不同专业，按有关计价规定估算；

3)计日工应根据工程特点和有关计价依据计算；

4)总承包服务费应根据招标文件列出的内容和要求估算。

招标控制价应在招标时公布，不应上调或下浮，招标人应将招标控制价及有关资料报送工程所在地工程造价管理机构备查。

投标人经复核认为招标人公布的招标控制价未按照本规范的规定进行编制的，应在开标前5天向招投标监督机构或(和)工程造价管理机构投诉。

招投标监督机构应会同工程造价管理机构对投诉进行处理，发现确有错误的，应责令招标人修改。

3. 投标价

除本规范强制性规定外，投标价由投标人自主确定，但不得低于成本。

投标价应由投标人或受其委托具有相应资质的工程造价咨询人编制。

投标人应按招标人提供的工程量清单填报价格。填写的项目编码、项目名称、项目特征、计量单位、工程量必须与招标人提供的一致。

投标报价应根据下列依据编制：

(1)本规范；

(2)国家或省级、行业建设主管部门颁发的计价办法；

(3)企业定额，国家或省级、行业建设主管部门颁发的计价定额；

(4)招标文件、工程量清单及其补充通知、答疑纪要；

(5)建设工程设计文件及相关资料；

(6)施工现场情况、工程特点及拟定的投标施工组织设计或施工方案；

(7)与建设项目相关的标准、规范等技术资料；

(8)市场价格信息或工程造价管理机构发布的工程造价信息；

(9)其他的相关资料。

综合单价中应考虑招标文件中要求投标人承担的风险费用。

招标文件中提供了暂估单价的材料，按暂估的单价计入综合单价。

投标人可根据工程实际情况结合施工组织设计，对招标人所列的措施项目进行增补。

其他项目费应按下列规定报价：

1)暂列金额应按招标人在其他项目清单中列出的金额填写；

2)材料暂估价应按招标人在其他项目清单中列出的单价计入综合单价；专业工程暂估价应按招标人在其他项目清单中列出的金额填写；

3)计日工按招标人在其他项目清单中列出的项目和数量，自主确定综合单价并计算计日工费用；

4)总承包服务费根据招标文件中列出的内容和提出的要求自主确定。

投标总价应当与分部分项工程费、措施项目费、其他项目费和规费、税金的合计金额一致。

4. 工程合同价款的约定

实行招标的工程合同价款应在中标通知书发出之日起30天内，由发、承包双方依据招标文件和中标人的投标文件在书面合同中约定。

不实行招标的工程合同价款，在发、承包双方认可的工程价款基础上，由发、承包双方在合同中约定。

实行招标的工程，合同约定不得违背招、投标文件中关于工期、造价、质量等方面的实质性内容。招标文件与中标人投标文件不一致的地方，以投标文件为准。

实行工程量清单计价的工程，宜采用单价合同。

发、承包双方应在合同条款中对下列事项进行约定；合同中没有约定或约定不明的，由双方协商确定；协商不能达成一致的，按本规范执行。

(1)预付工程款的数额、支付时间及抵扣方式；

(2)工程计量与支付工程进度款的方式、数额及时间；

(3)工程价款的调整因素、方法、程序、支付及时间；

(4)索赔与现场签证的程序、金额确认与支付时间；

(5)发生工程价款争议的解决方法及时间；

(6)承担风险的内容、范围以及超出约定内容、范围的调整办法；

(7)工程竣工价款结算编制与核对、支付及时间；

(8)工程质量保证(保修)金的数额、预扣方式及时间；

(9)与履行合同、支付价款有关的其他事项等。

5. 工程计量与价款支付

发包人应按照合同约定支付工程预付款。支付的工程预付款，按照合同约定在工程进度款中抵扣。

发包人支付工程进度款，应按照合同约定计量和支付，支付周期同计量周期。

工程计量时，若发现工程量清单中出现漏项、工程量计算偏差，以及工程变更引起工程量的增减，应按承包人在履行合同义务过程中实际完成的工程量计算。

承包人应按照合同约定，向发包人递交已完成的工程量报告。发包人应在接到报告后按合同约定进行核对。

承包人应在每个付款周期末，向发包人递交进度款支付申请，并附相应的证明文件。除合同另有约定外，进度款支付申请应包括下列内容：

(1)本周期已完成工程的价款；

(2)累计已完成的工程价款；

(3)累计已支付的工程价款；

(4)本周期已完成计日工金额；

(5)应增加和扣减的变更金额；

(6)应增加和扣减的索赔金额；

(7)应抵扣的工程预付款；

(8)应扣减的质量保证金；

(9)根据合同应增加和扣减的其他金额；

(10)本付款周期实际应支付的工程价款。

发包人在收到承包人递交的工程进度款支付申请及相应的证明文件后，发包人应在合同约定时间内核对和支付工程进度款。发包人应扣回的工程预付款，与工程进度款同期结算抵扣。

发包人未在合同约定时间内支付工程进度款，承包人应及时向发包人发出要求付款的通知，发包人收到承包人通知后仍不按要求付款，可与承包人协商签订延期付款协议，经承包人同意后延期支付。协议应明确延期支付的时间和从付款申请生效后按同期银行贷款利率计算应付款的利息。

发包人不按合同约定支付工程进度款，双方又未达成延期付款协议，导致施工无法进行时，承包人可停止施工，由发包人承担违约责任。

6. 索赔与现场签证

合同一方向另一方提出索赔时，应有正当的索赔理由和有效证据，并应符合合同的相关约定。

若承包人认为非承包人原因发生的事件造成了承包人的经济损失，承包人应在确认该事件发生后，按合同约定向发包人发出索赔通知。

发包人在收到最终索赔报告后并在合同约定时间内，未向承包人作出答复，视为该项索赔已经认可。

承包人索赔按下列程序处理：

(1)承包人在合同约定的时间内向发包人递交费用索赔意向通知书；

(2)发包人指定专人收集与索赔有关的资料；

(3)承包人在合同约定的时间内向发包人递交费用索赔申请表；

(4)发包人指定的专人初步审查费用索赔申请表，符合本规范"合同一方向另一方提出索赔时，应有正当的索赔理由和有效证据，并应符合合同的相关约定"规定的条件时予以受理；

(5)发包人指定的专人进行费用索赔核对，经造价工程师复核索赔金额后，与承包人协商确定并由发包人批准。

若承包人的费用索赔与工程延期索赔要求相关联时，发包人在作出费用索赔的批准决定时，应结合工程延期的批准，综合作出费用索赔和工程延期的决定。

若发包人认为由于承包人的原因造成额外损失，发包人应在确认引起索赔的事件后，按合同约定向承包人发出索赔通知。

承包人在收到发包人索赔通知后并在合同约定时间内，未向发包人作出答复，视为该项索赔已经认可。

承包人应发包人要求完成合同以外的零星工作或非承包人责任事件发生时，承包人应按合同约定及时向发包人提出现场签证。

发、承包双方确认的索赔与现场签证费用与工程进度款同期支付。

7. 工程价款调整

招标工程以投标截止日前28天为基准日，非招标工程以合同签订前28天为基准日，其后国家的法律、法规、规章和政策发生变化影响工程造价的，应按省级或行业建设主管部门或其授权的工程造价管理机构发布的规定调整合同价款。

若施工中出现施工图纸(含设计变更)与工程量清单项目特征描述不符的，发、承包双方应按新的项目特征确定相应工程量清单项目的综合单价。

因分部分项工程量清单漏项或非承包人工程变更的原因，造成增加新的工程量清单项目，其对应的综合单价按下列方法确定：

(1)合同中已有适用的综合单价，按合同中已有的综合单价确定；

(2)合同中有类似的综合单价，参照类似的综合单价确定；

(3)合同中没有适用或类似的综合单价，由承包人提出综合单价，经发包人确认后执行。

因分部分项工程量清单漏项或非承包人原因的工程变更，引起措施项目发生变化，造成施工组织设计或施工方案变更，原措施费中已有的措施项目，按原措施费的组价方法调整；原措施费中没有的措施项目，由承包人根据措施项目变更情况，提出适当的措施费变更，经发包人确认后调整。

因非承包人原因引起的工程量增减，该项工程量变化在合同约定幅度以内的，应执行原有的综合单价;该项工程量变化在合同约定幅度以外的,其综合单价及措施项目费应予以调整。

若施工期内市场价格波动超出一定幅度时,应按合同约定调整工程价款;合同没有约定或约定不明确的,应按省级或行业建设主管部门或其授权的工程造价管理机构的规定调整。

因不可抗力事件导致的费用,发、承包双方应按以下原则分别承担并调整工程价款。

(1)工程本身的损害、因工程损害导致第三方人员伤亡和财产损失以及运至施工场地用于施工的材料和待安装的设备的损害,由发包人承担;

(2)发包人、承包人人员伤亡由其所在单位负责,并承担相应费用;

(3)承包人的施工机械设备损坏及停工损失,由承包人承担;

(4)停工期间,承包人应发包人要求留在施工场地的必要的管理人员及保卫人员的费用,由发包人承担;

(5)工程所需清理、修复费用,由发包人承担。

工程价款调整报告应由受益方在合同约定时间内向合同的另一方提出,经对方确认后调整合同价款。受益方未在合同约定时间内提出工程价款调整报告的,视为不涉及合同价款的调整。

收到工程价款调整报告的一方应在合同约定时间内确认或提出协商意见,否则,视为工程价款调整报告已经确认。

经发、承包双方确定调整的工程价款,作为追加(减)合同价款与工程进度款同期支付。

8. 竣工结算

工程完工后,发、承包双方应在合同约定时间内办理工程竣工结算。

工程竣工结算由承包人或受其委托具有相应资质的工程造价咨询人编制,由发包人或受其委托具有相应资质的工程造价咨询人核对。

工程竣工结算应依据:

(1)本规范;

(2)施工合同;

(3)工程竣工图纸及资料;

(4)双方确认的工程量;

(5)双方确认追加(减)的工程价款;

(6)双方确认的索赔、现场签证事项及价款;

(7)投标文件;

(8)招标文件;

(9)其他依据。

分部分项工程费应依据双方确认的工程量、合同约定的综合单价计算;如发生调整的,以发、承包双方确认调整的综合单价计算。

措施项目费应依据合同约定的项目和金额计算;如发生调整的,以发、承包双方确认调整的金额计算。

其他项目费用应按下列规定计算:

1)计日工应按发包人实际签证确认的事项计算;

2)暂估价中的材料单价应按发、承包双方最终确认价在综合单价中调整;专业工程暂估价应按中标价或发包人、承包人与分包人最终确认价计算;

3)总承包服务费应依据合同约定金额计算,如发生调整的,以发、承包双方确认调整的金额计算;

4)索赔费用应依据发、承包双方确认的索赔事项和金额计算;

5)现场签证费用应依据发、承包双方签证资料确认的金额计算;

6)暂列金额应减去工程价款调整与索赔、现场签证金额计算,如有余额归发包人。

承包人应在合同约定时间内编制完成竣工结算书,并在提交竣工验收报告的同时递交给发包人。

承包人未在合同约定时间内递交竣工结算书,经发包人催促后仍未提供或没有明确答复的,发包人可以根据已有资料办理结算。

发包人在收到承包人递交的竣工结算书后,应按合同约定时间核对。

同一工程竣工结算核对完成,发、承包双方签字确认后,禁止发包人再次要求承包人与另一个或多个工程造价咨询人重复核对竣工结算。

发包人或受其委托的工程造价咨询人收到承包人递交的竣工结算书后,在合同约定时间内,不核对竣工结算或未提出核对意见的,视为承包人递交的竣工结算书已经被认可,发包人应向承包人支付工程结算价款。

承包人在接到发包人提出的核对意见后,在合同约定时间内,不确认也未提出异议的,视为发包人提出的核对意见已经被认可,竣工结算办理完毕。

发包人应对承包人递交的竣工结算书签收,拒不签收的,承包人可以不交付竣工工程。

承包人未在合同约定时间内递交竣工结算书的,发包人要求交付竣工工程,承包人应当交付。

竣工结算办理完毕,发包人应将竣工结算书报送工程所在地工程造价管理机构备案。竣工结算书作为工程竣工验收备案、交付使用的必备文件。

竣工结算办理完毕,发包人应根据确认的竣工结算书在合同约定时间内向承包人支付工程竣工结算价款。

发包人未在合同约定时间内向承包人支付工程结算价款的,承包人可催告发包人支付结算价款。如达成延期支付协议的,发包人应按同期银行同类贷款利率支付拖欠工程价款的利息。如未达成延期支付协议,承包人可以与发包人协商将该工程折价,或申请人民法院将该工程依法拍卖,承包人就该工程折价或者拍卖的价款优先受偿。

9. 工程计价争议处理

在工程计价中,对工程造价计价依据、办法以及相关政策规定发生争议事项的,由工程造价管理机构负责解释。

发包人以对工程质量有异议,拒绝办理工程竣工结算的,已竣工验收或已竣工未验收但实际投入使用的工程,其质量争议按该工程保修合同执行,竣工结算按合同约定办理;已竣工未验收且未实际投入使用的工程以及停工、停建工程的质量争议,双方应就有争议的部分委托有资质的检测鉴定机构进行检测,根据检测结果确定解决方案,或按工程质量监督机构的处理决定执行后办理竣工结算,无争议部分的竣工结算按合同约定办理。

发、承包双方发生工程造价合同纠纷时,应通过下列办法解决:

(1)双方协商；

(2)提请调解，工程造价管理机构负责调解工程造价问题；

(3)合同约定向仲裁机构申请仲裁或向人民法院起诉。

在合同纠纷案件处理中，需作工程造价鉴定的，应委托具有相应资质的工程造价咨询人进行。

1.5.1.5 工程量清单计价表格

用《建设工程工程量清单计价规范》(GB50500－2008)中对应的表格讲解。

1. 封面：

(1)工程量清单：封—1

(2)招标控制价：封—2

(3)投标总价：封—3

(4)竣工结算总价：封—4

2. 总说明：表—01

3. 汇总表：

(1)工程项目招标控制价/投标报价汇总表：表—02

(2)单项工程招标控制价/投标报价汇总表：表—03

(3)单位工程招标控制价/投标报价汇总表：表—04

(4)工程项目竣工结算汇总表：表—05

(5)单项工程竣工结算汇总表：表—06

(6)单位工程竣工结算汇总表：表—07

4. 分部分项工程量清单表：

(1)分部分项工程量清单与计价表：表—08

(2)工程量清单综合单价分析表：表—09

5. 措施项目清单表：

(1)措施项目清单与计价表(一)：表—10

(2)措施项目清单与计价表(二)：表—11

6. 其他项目清单表：

(1)其他项目清单与计价汇总表：表—12

(2)暂列金额明细表：表—12—1

(3)材料暂估单价表：表—12—2

(4)专业工程暂估价表：表—12—3

(5)计日工表：表—12—4

(6)总承包服务费计价表：表—12—5

(7)索赔与现场签证计价汇总表：表—12—6

(8)费用索赔申请(核准)表：表—12—7

(9)现场签证表：表—12—8

7. 规费、税金项目清单与计价表：表—13

8. 工程款支付申请(核准)表：表—14

1.5.2　建筑工程工程量清单的编制

工程量清单应由具有编制招标文件能力的招标人或受其委托具有相应资质的中介机构进行编制。工程量清单应作为招标文件的组成部分，由分部分项工程量清单、措施项目清单、其他项目清单组成。

1.5.3　工程量清单的编制方法

1.5.3.1　建设工程计价办法规定

各省市根据工程量清单计价的内容制定了计价办法，例如 2006 年安徽省编制了《安徽省建筑工程消耗量定额》宣贯讲义。

1. 本宣贯讲义对《安徽省建筑工程消耗量定额》进行了交底，如在编制依据中，国家《建筑安装工程劳动定额》((LD/T72－94(DE))主要解决建筑工程三大消耗量(人工、材料、机械台班)之一的人工消耗量问题。

(1)人工消耗量包括内容

定额人工＝基本用工＋其他用工(辅助用工、超运距用工)＋人工幅度差。

1)基本用工——指完成单位合格产品所必须消耗的技术工种用工，依据 1994 年国家劳动定额计算。

2)超运距用工——指预算定额的平均水平运距(测算几个典型工程现场运距的算术平均运距)超过劳动定额中规定的水平运距部分用工，依据 1994 年国家劳动定额计算。

3)辅助用工——劳动定额中没有包括的但在预算定额内又必须考虑的非主要工种的用工：如砼工程中的冲洗石子用工、覆盖草袋子用工、钢筋工程中浇筑砼时的维护钢筋用工等，机械土方工程中的配合用工，电焊中的着火用工等。

4)人工幅度差——指劳动定额中没有考虑的，但在预算定额中应该考虑的在正常施工条件下所发生的各种工时损失。如：

① 各工种间的工序交接及交叉作业互相配合所发生的停歇用工。

② 施工机械在单位工程之间转移及临时水电线路移动所造成的停工。

③ 质量检查和隐蔽工程验收工作的影响。

④ 班组操作地点转移用工。

⑤ 工序交接时对前一工序不可避免的其他零星用工。

方法：人工幅度差用人工幅度差系数进行调整。

人工幅度差＝(基本用工＋辅助用工＋超运距用工)×人工幅度差系数

说明：我省 2005 年建筑工程消耗量定额中的人工幅度差系数大部分项目取定为 10 %，也有少量不同。如第一章人工土石方工程取 5 %；第六章取定为 12 %，这主要是根据我省实际情况及参照邻省定额水平来确定的。

(2)1995 年《全国统一建筑工程基础定额》(GJD－101－95)、1998 年《全国统一建筑工程基础定额安徽省估价表》

主要用来解决消耗量定额中的项目设置及材料损耗、机械台班消耗量问题。

材料消耗量＝实体性消耗量＋施工损耗量。

机械台班消耗量＝施工定额台班消耗量×(1＋机械幅度差率)

95 年《全国统一建筑工程基础定额》和 98 年《安徽省基础定额》是多年的经验结果，实践证明是切实可行，使用方便，造价相对准确，被广大建设、施工和工程造价人员认可。（也存在弊端。）

2. 关于定额水平

《安徽省建筑工程消耗量定额》宣贯讲义中提到：

总趋势：有所提高，提高比例根据各专业工程不同在 5 %～20 %之间不等。平均 10 %左右，也有少部分定额水平是下降的（如金属结构制安工程等），有些项目在确定定额水平时考虑了市场因素（如电渣压力焊、钢筋直螺纹连接等子目。例，98 定额：1.2 个工日/10 个，05 定额：0.4 个工日/10 个）。

1.5.3.2 工程量清单编制原则

1. 符合国家《计价规范》

项目分项类别、分项名称、清单分项编码、计量单位、分项项目特征和工作内容等，都必须符合《计价规范》的规定和要求。

2. 项目设置要遵循“五统一”原则

编制分部分项工程量清单应满足规定的要求。在《计价规范》中，对工程量清单的编制作了明确的规定。工程量清单的项目设置要遵循“五统一”的原则，即：

(1)项目编码要统一。项目编码是为工程造价信息全国共享而设的，因此要求全国统一。

(2)项目名称要统一。项目设置的原则之一是不能重复，一个项目只有一个编码，只有一个对应的综合单价。完全相同的项，只能汇总后列一个项目。

(3)项目特征要统一。项目特征是构成分部分项工程量清单项目、措施项目自身价值的本质特征。

(4)计量单位要统一。附录按照国际惯例，工程量的计量单位均采用基本单位计量，它与定额的计量单位不一样，编制清单或报价时一定要以本附录规定的计量单位计算。

(5)工程量计算规则要统一。工程量计算规则是对分部分项工程实物量的计算规定。招标人必须按该规则计算工程实物量，投标人也应按同一规则校核工程实物量。附录每一个清单项目都有一个相应的工程量计算规则，这个规则全国统一，与全国各省市现行定额中的计算规则不完全一样。即要求全国各省市工程量清单，均要按本附录的计算规则计算工程量。

3. 要满足建设工程施工招投标的要求，能够对工程造价进行合理的确定和有效地控制。

4. 符合工程量实物分项与描述准确的原则

招标人向投标人所提供的清单，必须与设计的施工图纸相符合，能充分体现设计意图，充分反映施工现场的现实施工条件，为投标人能够合理报价创造有利条件。

1.5.4 分部分项工程量清单的编制

1.5.4.1 分部分项工程量清单的含义

分部分项工程量清单是指表明拟建工程的全部分项实体工程项目名称和相应数量的明细清单。

分部分项工程量清单只由实体分项工程项目构成，这与传统定额中分部分项工程划分不同，因此也可称分部分项工程量清单项目是实体项目。把不构成实体工程项目的一些分项工程归到措施项目清单中，而不作为清单项目出现，如二次搬运费、施工排水、降水等。

分部分项工程量清单为不可调整的闭口清单，以分部分项工程项目为内容的主体，由序号、项目编码、项目名称、计量单位和工程数量等构成。投标人对清单所列内容不允许作任何更改，对投标文件提供的分部分项工程量清单必须逐一计价。投标人如果认为清单内容需要调整，则需通过质疑的方式由清单编制人作统一的修正，并将修正后的工程量清单发往所有投标人。

1.5.4.2　工程量清单项目编码的设置

1. 工程量清单项目编码的设置原则

工程量清单的编码，主要是指分部分项工程工程量清单的编码。工程量清单采用编码体系的目的是方便数据的计算机处理，加快工程造价信息化管理进程。

由于建筑产品形式多样，消耗材料品种多、类型复杂等因素，分部分项实体产品的类别也复杂多变。以墙体为例，不但形体多变，而且构成墙体的材料类型、操作工艺和墙体内外构造等都有所不同，使墙体具有多种类型。识别不同墙体，如果没有科学的编码区分，其清单分项就无法正确地表达与描述。此外，信息技术已在工程造价软件中得到广泛运用，若无统一编码，则无法得到信息技术的支持。因此，《计价规范》以上述因素为前提，对分部分项工程量清单分项编码做了严格科学的规定，并作为必须遵循的规定条款。

工程量清单编码共设十二位阿拉伯数字，采用五级编码制。前四级规范统一到一至九位，为全国统一编码，编制分部分项工程量清单时应按《建设工程工程量清单计价规范》附录中的相应编码设置，不得变动；第五级，即最后三位是具体的清单项目名称编码，由清单编制人员根据具体工程的清单项目特征自行编制，并应自工程001起顺序编制。

这样的12位数编码就能区分各种类型的项目，各级编码的含义如下：

第一级（第一、二位）为附录顺序码，表示规范规定的五类工程，即工程类别。01为建筑工程，见附录A；02为装饰装修工程，见附录B；03为安装工程，见附录C；04为市政工程，见附录D；05为园林绿化工程，见附录E；06为矿山工程，见附录F。

第二级（第三、四位）为专业工程顺序码，表示各附录的章顺序。如：在建筑工程中，用01、03、04分别表示土（石）方工程、砌筑工程、混凝土及钢筋混凝土工程的顺序码，与前级代码结合表示则分别为0101、0103、0104。

建筑工程共分八项专业工程，相当于八章，分别为土（石）方工程（编码0101）、桩与地基基础工程（编码0102）、砌筑工程（编码0103）、混凝土及钢筋混凝土工程（编码0104）、厂库房大门、特种门、木结构工程（编码0105）、金属结构工程（编码0106）、屋面及防水工程（编码0107）、防腐、隔热、保温工程（编码0108）。

第三级（第五、六位）为分部工程顺序码，表示各章的节顺序。如：土（石）方工程中又分土方工程与石方工程两类工种工程，其代码分别为01、02，加上前面代码则分别为010101、010102。

第四级（第七、八、九位）为分项工程项目名称顺序码，表示清单项目编码。如：土方工程共有六个分项工程，代码为001至006。其中，平整场地和挖土方两个项目的编码分别为001、002，加上前面的代码则分别为010101001、010101002。在建设部的造价信息库里

010101001 就是平整场地的相关信息，包括它的人工费、综合单价、消耗量等信息，可供全国查询。

第五级(第十、十一、十二位)为清单项目名称顺序码，表示具体清单项目编码。供清单编制人依据设计图纸根据项目特征来编码，又称识别码。例如，平整场地按土壤类别，弃土运距、取土运距等项目特征的不同，可逐项编码为 010101001001，010101001002……。

项目编码结构如图 1－42 所示。

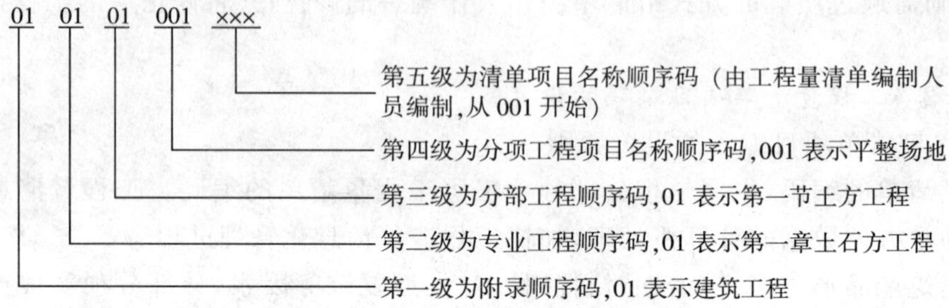

图 1－42　工程量清单编码示意图

示例见表 1－38～表 1－40。

表 1－38　A. 1. 2 石方工程(编码：010102)

项目编码	项目名称	项目特征	计量单位	工程量计算规则	工程内容
010102001	预裂爆破	1. 岩石类别 2. 单孔深度 3. 单孔装药量 4. 炸药品种、规格 5. 雷管品种、规格	m	按设计图示以钻孔总长度计算	1. 打眼、装药、放炮 2. 处理渗水、积水 3. 安全防护、警卫
010102002	石方开挖	1. 岩石类别 2. 开凿深度 3. 弃碴运距 4. 光面爆破要求 5. 基底摊座要求 6. 爆破石块直径要求	m^3	按设计图示尺寸以体积计算	1. 打眼、装药、放炮 2. 处理渗水、积水 3. 解小 4. 岩石开凿 5. 摊座 6. 清理 7. 运输 8. 安全防护、警卫
010102003	管沟石方	1. 岩石类别 2. 管外径 3. 开凿深度 4. 弃碴运距 5. 基底摊座要求 6. 爆破石块直径要求	m	按设计图示以管道中心线长度计算	1. 石方开凿、爆破 2. 处理渗水、积水 3. 解小 4. 摊座 5. 清理、运输、回填 6. 安全防护、警卫

表 1-39　A.4.1 现浇混凝土基础(编码:010401)

项目编码	项目名称	项目特征	计量单位	工程量计算规则	工程内容
010401001	带形基础	1. 混凝土强度等级 2. 混凝土拌和料要求 3. 砂浆强度等级	m^3	按设计图示尺寸以体积计算。不扣除构件内钢筋、预埋铁件和伸入承台基础的桩头所占体积	1. 混凝土制作、运输、浇筑、振捣、养护 2. 地脚螺栓二次灌浆
010401002	独立基础				
010401003	满堂基础				
010401004	设备基础				
010401005	桩承台基础				
010401006	垫层				

表 1-40　A.4.3 现浇混凝土梁(编码:010403)

项目编码	项目名称	项目特征	计量单位	工程量计算规则	工程内容
010403001	基础梁	1. 梁底标高 2. 梁截面 3. 混凝土强度等级 4. 混凝土拌和料要求	m^3	按设计图示尺寸以体积计算。不扣除构件内钢筋、预埋铁件所占体积，伸入墙内的梁头、梁垫并入梁体积内梁长： 1. 梁与柱连接时，梁长算至柱侧面 2. 主梁与次梁连接时，次梁长算至主梁侧面	混凝土制作、运输、浇筑、振捣、养护
010403002	矩形梁				
010403003	异形梁				
010403004	圈梁				
010403005	过梁				
010403006	弧形、拱形梁				

综上所述，前四级代码即前九位编码，是规范附录中根据工程分项在附录A、B、C、D、E、F中分别已明确规定的编码，供清单编制时查询，不能作任何调整与变动。表头中的“表A.1.1”，其中的“A”表示本表属建筑工程类，即附录A，即第一级编码为01；“表A.1.1”中的第一个“1”，表示本表为专业工程中土(石)方工程的分项编码，即第二级编码为01；“表A.1.1”中的第二个“1”，表示本表是上(石)方工程中的土方工程分项列表，即第三级代码为01。因此，“A.1.1”就是“010101”编码的省略标志码。熟悉了这类编码规律，就可以分清和查核附录中各分表编码。例如查表A.4.3表头号，其编码则是010403。表A.1.1中项目编码栏中的最后三位数的代码，则是第四级代码，用于区别分项工程的分项编码，如平整场地为001、挖土方为002、挖基础土方为003，以此类推，代码则分别为：010101001、010101002、010101003。

2. 工程量清单项目编码的编制步骤

下面结合实例介绍分部分项工程量清单编码的编制步骤：

(1)首先确定前三级编码。按上述介绍方法，首先在《计价规范》附录A中查到与编码对象的砖砌体分部分项工程的对应清单分项表，见表1-41。该表表头所示“表A.3.2”砖砌体(编码:010302)，括号内所示编码便是前三级编码，即010302。其实用前面介绍过的方法判定，即从已知A.3.2便能判断前三级编码，应当分别为“01”、“03”、“02”，按序排列前三级编码为010302编码。

表 1-41 A.3.2 砖砌体(编码:010302)

项目编码	项目名称	项目特征	计量单位	工程量计算规则	工程内容
010302001	实心砖墙	1. 砖品种、规格、强度等级 2. 墙体类型 3. 墙体厚度 4. 墙体高度 5. 勾缝要求 6. 砂浆强度等级、配合比	m^3	按设计图示尺寸以体积计算。扣除门窗洞口、过人洞、空圈、嵌入墙内的钢筋混凝土柱、梁、圈梁、挑梁、过梁及凹进墙内的壁龛、管槽、暖气槽、消火栓箱所占体积。不扣除梁头、板头、擦头、垫木、木楞头、沿缘木、木砖、门窗走头、砖墙内加固钢筋、木筋、铁件、钢管及单个面积 0.3 m^2 以内的孔洞所占体积。凸出墙面的腰线、挑檐、压顶、窗台线、虎头砖、门窗套的体积亦不增加。凸出墙面的砖垛并入墙体体积内计算 1. 墙长度:外墙按中心线,内墙按净长计算 2. 墙高度: (1)外墙:斜(坡)屋面无檐口天棚者算至屋面板底;有屋架且室内外均有大棚者算至屋架下弦底另加 200 mm;无天棚者算至屋架下弦底另加 300 mm,出檐宽度超过 600 mm时按实砌高度计算;平屋面算至钢筋混凝土板底 (2)内墙:位于屋架下弦者,算至屋架下弦底;无屋架者算至天棚底另加 100 mm;有钢筋混凝土楼板隔层者算至楼板顶;有框架梁时算至梁底 (3)女儿墙:从屋面板上表面算至女儿墙顶面(如有混凝土压顶时算至压顶下表面) (4)内、外山墙:按其平均高度计算 3. 围墙:高度算至压顶上表面(如有混凝土压顶时算至压顶下表面),围墙柱并入围墙体积内	1. 砂浆制作、运输 2. 砌砖 3. 勾缝 4. 砖压顶砌筑 5. 材料运输

(2)确定第四级编码。项目编码栏内,又根据不同分部分项工程规定了前四级编码,其三位尾数则是第四级编码。本示例中第一、第二两个清单分项对象的作业内容,均为清水实心墙砌体,两项的第四级编码也均应为“001”,则其四级序列编码均应为 010302001。

(3)确定和编制第五级编码。确定第五级编码时,更应注重与实际的工程对象结合,同时还应满足日后编制综合单价的要求。例如,混凝土强度等级分别为C25和C30的带形基础,因同属现浇混凝土带形基础工程,其第五级编码分别为001、002,两个分项的工程量清单项目编码,分别为010401001001、010401001002。

3. 第五级编码的设置应注意的问题

项目编码不设副码(如010405001103－2),也不在第四级编码后和第五级编码前加横线(如:010405001－102)。每个项目的第五级编码采用三位阿拉数字,可容纳999个项目,在具体工程上已经足够用了。

第五级项目编码,由工程量清单编制人根据工程项目特征自行设置,同一工程不允许出现重码(如同一工程中,370墙和240墙同时对应010302001001,是不允许的);不同工程重码是不可避免的(如某一工程010302001001对应370墙,而另一工程010302001001对应240墙,是允许的)。

个别特征不同而多数特征相同的项目,必须慎重考虑并项,否则会影响投标人的报价质量,给工程变更带来不必要的麻烦。例如,楼面和地面的项目特征中,尽管面层相同,但是基层不同,因此要把它们分开列项。

1.5.4.3 工程量清单项目名称的设置

1. 项目名称的设置应考虑的主要因素

一是附录中的项目名称;二是附录中的项目特征;三是拟建项目的实际情况。

编制工程量清单时,以附录中的项目名称为主体,考虑该项目的规格、型号、材质等特征要求,结合拟建工程的实际情况,使其工程量清单项目名称具体化、细致化,能够反映影响工程造价的主要因素。

2. 项目名称设置的原则

(1)工程量清单中的项目应具有高度的概括性,条目要简明,同时又不能出现漏项和错项,应保证计价项目的正确性。工程量清单项目的划分与现行预算定额的项目划分有很大的区别,前者是按一个"综合实体"考虑的,一般由多个工序组成;后者是按施工工序进行设置,包括的工程内容一般是单一的。如砖砌体工程,其工作内容包括:砂浆制作、运输,砌砖,勾缝,砖压顶砌筑,材料运输;相当于预算定额中个工序定额子目:砂浆制作、运输,砌砖,勾缝,砖压顶砌筑,材料运输。

(2)项目名称的设置是按照《计价规范》附录中的项目名称,结合项目特征的描述,以形成工程实体为原则,这也是计量的前提。

所谓实体是指形成生产或工艺作用的主要实体部分,项目必须包括完成或形成实体部分的全部内容。对于附属或次要部分应包含在内而不单独设置项目。

(3)项目名称的设置以《计价规范》附录中的项目名称为主体,这也是项目设置"四统一"原则中"项目名称统一"的要求。项目名称应表达规范、准确、通俗、详细,以避免投标人报价的失误。

(4)随着科学技术的发展,新材料、新技术、新的施工工艺伴随出现,规范规定,凡附录中的缺项,工程量清单编制人可作补充。补充项目应填写在工程量清单相应分部分项工程项目之后,并在项目编码栏中以"补"字表示之。补充的子目应力求表达清楚以免影响报价。附录清单项目特征栏目中未列而拟建工程分项中具有的项目特征,应在工程量清单"项目名称"栏内进行补充;附录清单项目特征栏目中已列而拟建工程分项中不具有的特征,在工程量清单“项目名称”栏目内，不应再列。

(5)项目的设置不能重复，图纸中完全相同的项目，只能汇总后列一项，用同一编码，即一个项目只有一个编码，只对应一个综合单价。

1.5.4.4　项目特征

项目特征是在分部分项工程量清单的“项目名称”栏中描述该项目的特征的。如：砖基础项目不仅描述基础类型、基础埋置深度，还包括基础垫层的宽度或面积、材料种类等。

在《计价规范》(GB50500－2008)附录中的表格里，增设有“项目特征描述”一栏，用来具体表述项目名称的。同一个名称的项目，例如“实心砖墙”，由于设计图中表明在工程的不同部位，所采用的材料、规格、位置及施工工艺等有所不同，都将影响该项目的综合单价。

项目特征是项目名称的补充。为方便施工企业计价的需要，工程量清单应按规范要求考虑项目规格、型号、材质等特征要求，结合拟建工程的实际情况，使工程量清单项目名称具体化，能够反映与工程造价有关的主要因素，避免投标人产生歧义理解，而影响招标的公平性。

例如附录A中表A.3.2砖砌体中编码“010302001”表示“实心砖墙”项目，在它的“项目特征”栏中写有6条：

(1)砖品种、规格、强度等级；

(2)墙体类型；

(3)墙体厚度；

(4)墙体高度；

(5)勾缝要求；

(6)砂浆强度等级、配合比。

在编制实心砖墙项目时根据图纸的设计，查对这6条项目特征，有一条不同的就是一个不同的子项目，可在最后三位数的编码上加以区分，如：

010302001001

010302001002

⋮

每一个不同的编码，都对应一个不同的项目特征，也即根据项目特征的不同，又把项目名称细化了。这样便于投标人准确报价。

因此在编制工程量清单时要逐一表述项目特征，根据特征的不同进一步细分项目。前面已叙述在十二位项目编码时规范统一规定到前九位，也即前九位编码明确了项目名称，最后三位数由编制人确定。编制人正是根据项目特征的不同来编这最后三个数码的。附录中的项目特征，提示了工程量清单编制人在清单的项目名称栏中应描述的项目特征和应包括的分项工程。

凡规范附录内“项目特征”栏中未描述到的其他独有特征，由清单编制人视项目具体情况确定，以准确描述清单项目为准。

1.5.4.5　工程量的计量单位与有效位数的规定

工程量清单中的工程数量，应严格按《计价规范》附录中规定的工程量计算规则计算。

1. 工程量计量单位的规定

编制工程量清单时，首先确定计量单位，然后再根据工程量计算规则计算工程量。工程量的计量单位，应按附录中规定的计量单位确定。采用国际通用的计量单位，划分如下：

(1)以重量计算的项目——吨或千克(t或kg);

(2)以体积计算的项目——立方米(m^3);

(3)以面积计算的项目——平方米(m^2);

(4)以长度计算的项目——米(m);

(5)以自然计量单位计算的项目——个、套、块、樘、组、台……;

(6)没有具体数量的项目——系统、项……。

2. 工程量有效位数的规定

工程量按照计量规则中的工程量计算规则计算,其有效位数应遵守下列规定:

(1)以"吨"为单位,应保留小数点后三位数字,第四位四舍五入;

(2)以"立方米"、"平方米"、"米"为单位,应保留小数点后两位数字,第三位四舍五入;

(3)以"个"、"项"、"套"等为单位,应取整数。

1.5.4.6 工程内容

工程内容是附录表格形式的最后一个内容,是指完成该清单项目可能发生的具体工作。由于清单项目是按"综合实体"设置的,而且应包括完成该实体的全部内容。许多工程的实体往往是由多个工程综合而成,因此,附录中对各清单可能发生的工程项目均作了提示并列在"工程内容"一栏内,供清单编制人对项目描述时参考。

工程内容与项目特征有着对应的关系,如现浇混凝土基础工程,工程特征有:垫层材料种类、厚度,混凝土强度等级,混凝土拌和料要求,砂浆强度等级;内容有:铺设垫层,混凝土制作、运输、浇筑、振捣、养护等。

工程内容即对清单项目内容的描述,可供招标人确定清单项目和投标人投标报价参考,是报价人计算综合单价的主要依据。如果描述不清楚,容易引起投标人的报价内容不一致,给评标带来困难。

如果遇到附录工程内容没有列到的,编制清单是应在清单项目描述中予以补充。投标人对于工程量清单中工程内容未列全的其他具体工程,应按照招标文件或图纸要求编制,以完成清单项目为准,综合考虑到报价中。

1.5.4.7 分部分项工程量清单的编制程序

分部分项工程量清单的编制程序如图1 43所示。

清单编制的程序如图1-43所示,编制前首先要根据设计文件和招标文件,认真读取拟建工程项目的内容,对照计价规范的项目名称和项目特征,确定具体的分部分项工程名称,然后设置12位项目编码,接着参考计价规范中列出的工程内容,确定分部分项工程量清单的综合工程内容和实际工程量,最后按计价规范中规定的计量单位和工程量计算规则,计算出该分部分项工程量清单的工程量。

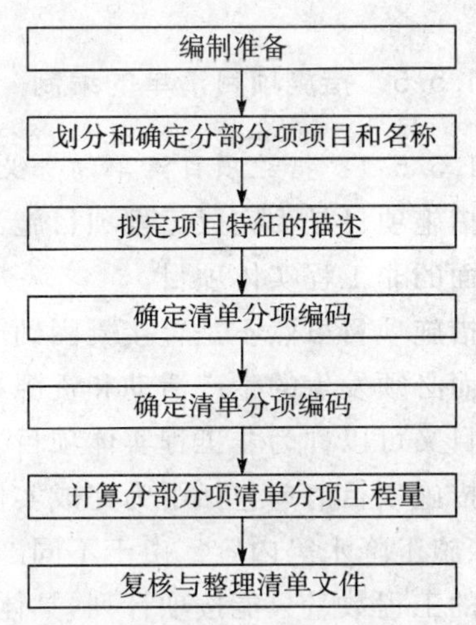

图1-43 分部分项工程量清单编制程序

【例1-22】 某多层砖混房屋土方工程,土壤类别为三类土;基础为砖大放脚带形基础;垫层宽度为1 200 mm;挖土深度为1.60 m,基础总长度为35.60 m。编制其工程量清单。

【解】 1. 清单工程量计算规则见表1－42。

表1－42 A.1.1 土方工程(编码:010101)

项目编码	项目名称	项目特征	计量单位	工程量计算规则	工程内容
010101003	挖基础土方	1. 土壤类别 2. 基础类型 3. 垫层底宽、底面积 4. 挖土深度 5. 弃土运距	m^3	按设计图示尺寸以基础垫层底面积乘以挖土深度计算	1. 排地表水 2. 土方开挖 3. 挡土板支拆 4. 截桩头 5. 基底钎探 6. 运输

2. 清单工程量计算

业主根据施工图、《计价规范》,计算挖基础土方清单工程量:

基础挖土截面积为:1.20 m×1.60 m＝1.92 m^2

基础总长度为:35.60 m

土方挖方总量为:1.92×35.60＝68.35 m^3

表1－43 分部分项工程量清单

序号	项目编码	项目名称	项目特征	计量单位	工程数量
1	010101003001	挖基础土方	土壤类别:三类土 基础类型:砖大放脚带形基础 垫层宽度:1200 mm 挖土深度:1.60 m	m^3	68.35

1.5.5 措施项目清单的编制

1.5.5.1 措施项目清单的含义

措施项目是为完成工程项目施工,发生于该工程施工前和施工过程中技术、生活、安全等方面的非工程实体项目。

措施项目虽然不是直接凝固到产品上的直接资源消耗项目,但都是为了完成分部分项工程而必须发生的生产活动和资源耗用的保障项目。由于不是直接凝结于产品的劳动,措施项目又可以称为非工程实体项目。

措施项目清单包括了为完成实体工程而必须采用的一些措施性工作,如二次搬运、施工排水、施工降水等内容。由于不同施工企业会采用不同的施工方法与施工措施,因此,措施项目的工程数量只能按项计列,具体工程量由施工企业自行计算。招标人提出的施工清单是根据一般情况确定的,没有考虑不同投标人的实际情况,如果有清单中未包括,但实际建设过程中需要采用的措施,在投标报价时可自行补充。

1.5.5.2 措施项目清单的编制

措施项目清单的编制应考虑多种因素，除工程本身的因素外，还涉及水文、气象、环境、安全和施工企业的实际情况等。为此，计价规范提供“通用措施项目一览表”(见表1-44)，作为列项的参考。

表1-44 通用措施项目一览表

序号	项 目 名 称
1	安全文明施工(含环境保护、文明施工、安全施工、临时设施)
2	夜间施工
3	二次搬运
4	冬雨季施工
5	大型机械设备进出场及安拆
6	施工排水
7	施工降水
8	地上、地下设施，建筑物的临时保护设施

措施项目中可以计算工程量的项目清单宜采用分部分项工程量清单的方式编制，列出项目编码、项目名称、项目特征、计量单位和工程量计算规则；不能计算工程量的项目清单，以“项”为计量单位。

措施项目清单的设置，首先，要参考拟建工程的施工组织设计，以确定环境保护、文明安全施工、材料的二次搬运等项目；其次，参阅施工技术方案，以确定夜间施工、大型机具进出场及安拆、施工排水降水等项目。参阅相关的施工规范与工程验收规范，可以确定施工技术方案没有表述的，但是为了实现施工规范与工程验收规范要求而必须发生的技术措施；招标文件中提出的为实现要求而必需的一些技术措施；设计文件中一些不足以写进技术方案的却又必要的技术措施；参阅相关的施工验收规范，为达到要求必须发生，而在施工技术方案中又没有表达的技术措施，等等。

编制措施项目清单应力求全面，但是影响措施项目设置的因素很多，“措施项目一览表”中不能一一列出。因情况不同，出现表中未列的措施项目，工程量清单编制人可作补充。补充项目应列在清单措施项目最后，并在“序号”栏中以“补”字表示之。对补充项目要注意描述清楚、准确。

从施工技术措施、设备设置、施工必需的各种保障措施，到包括环保、安全和文明施工等项目的设置，措施项目涵盖的内容十分广泛。编制人员应在认真阅读施工组织设计和施工规范的基础上，全面考虑要完成实体工程所必须发生的措施性工作。必须弄清和懂得措施项目一览表中各措施项目的含义，同时必须认真思考和分析分部分项工程量清单中每个分项需要设置哪些措施项目，以保证各分部分项工程能顺利完成。因此，分部分项工程量清单编制与措施项目工程量清单项目编制必须综合考虑，两者之间有着紧密联系。每个具体的分部分项工程项目与对应的措施项目是一个不可分割的系统问题，它与工程项目内容及采用什么样的施工技术与方案极为相关。

措施项目清单为可调整清单，投标人要对拟建工程可能发生的措施项目和措施费用作通盘考虑，并可根据企业自身特点，对招标文件中所列的项目作适当的变更。清单一经报出，即被认为是包括了所有应该发生的措施项目的全部费用。如果报出的清单中没有列项，且施工中又必须发生的项目，业主有权认为，其已经综合在分部分项工程量清单的综合单价中。

综上所述，措施项目清单的编制应注意以下问题：

1. 对规范有深刻的理解，熟悉和掌握规范对措施项目的划分规定和要求。

2. 具有相关的施工管理、施工技术、施工工艺和施工方法等方面的知识及实践经验，掌握有关政策、法规和相关规章制度，避免发生漏项少费的问题。

3. 编制措施项目工程量清单项目应与编制分部分项工程量清单综合考虑，与分部分项工程紧密相关的措施项目，在编制分部分项工程量清单时可同步进行。

4. 规范规定，对措施项目一览表中未能包含的措施项目，还应给予补充，对补充项目要注意描述清楚、准确。

1.5.6 其他项目清单编制

其他项目清单主要体现了招标人提出的一些与拟建工程有关的特殊要求，这些特殊要求所需的金额计入报价中。

其他项目清单由暂列金额、暂估价（包括材料暂估单价、专业工程暂估价）、计日工、总承包服务费等内容。

暂列金额由招标人填写，如不能详列，也可只列暂定金额总额，投标人应将上述暂列金额计入投标总价中。

材料暂估单价由招标人填写，并在备注栏说明暂估价的材料拟用在哪些清单项目上，投标人应将上述材料暂估单价计入工程量清单综合单价报价中。

材料包括原材料、燃料、构配件以及按规定应计入建筑安装工程造价的设备。

专业工程暂估价由招标人填写，投标人应将上述专业工程暂估价计入投标总价中。

计日工表项目名称、数量由招标人填写，编制招标控制价时，单价由招标人按有关计价规定确定；投标时，单价由投标人自主报价，计入投标总价中。

总承包服务费，包括为配合协调招标人进行的工程分包（国家允许范围内）和材料采购所需的费用，由投标人根据分包项目的实际情况按有关规定计取。

招标人填写的内容随招标文件发至投标人，其项目、数量、金额等投标人不得随意改动。

编制其他项目清单，出现规范未列项目时，清单编制人可做补充，补充项目应列在其他项目清单最后，并以“补”字在“序号”栏中表示。

学习情境 1.6 工程量清单计价

1.6.1 工程量清单计价概述

1.6.1.1 工程量清单计价内容

工程量清单计价的基本过程可以描述为：在统一的工程量计算规则的基础上，设置工程量清单项目名称，根据具体工程的施工图纸计算出各个清单项目的工程量，再根据各种渠道所获得的工程造价信息和经验数据进行计算得到工程造价。

1. 工程量清单计价的概念

表现拟建工程的分部分项工程项目、措施项目、其他项目名称和相应数量的明细清单。工程量清单计价是由招标人按照“计价规范”附录中统一的项目编码、项目名称、计量单位和工程量计算规则进行编制。工程量清单应作为招标文件的组成部分。

2. 工程量清单计价的内容

按照《建设工程工程量清单计价规范》(GB50500—2008)，工程量清单计价是指投标人根据招标人提供的工程量清单进行自主报价；招标人编制工程标底；承发包双方确定工程量清单合同价款、调整工程竣工结算等活动。

工程量清单计价费用组成见前面内容。

工程量清单计价包括按招标文件规定，完成工程量清单所列项目的全部费用，包括分部分项工程费、措施项目费、其他项目费和规费、税金。

1.6.1.2　工程量清单计价步骤

工程量清单计价的一般步骤为：

1. 熟悉工程量清单

工程量清单是计算工程造价的重要依据，在计价时必须全面了解每一个清单项目的特征描述，熟悉其所包括的工程内容，以便在计价时不漏项，不重复计算。

2. 研究招标文件

工程招标文件的有关条款、要求和合同条件，是计算工程计价的重要依据。在招标文件中对有关发包工程范围、内容、期限、工程材料、设备采购供应办法等都有具体规定，只有在计价时按规定进行，才能保证计价的有效性。因此，投标单位拿到招标文件后，根据招标文件的要求，要对照图纸，对招标文件提供的工程量清单进行复查或复核，其内容主要有：

(1)分专业对施工图进行工程量的数量审查。招标文件上要求投标人审核工程量清单，如果投标人不审核，则不能发现清单编制中存在的问题，也就不能充分利用招标人给予投标人澄清问题的机会，则由此产生的后果由投标人自行负责。如投标人发现由招标人提供的工程量清单有误，招标人可按合同约定进行处理。

(2)根据图纸说明和各种选用规范对工程量清单项目进行审查。这主要是根据规范和技术要求，审查清单项目是否漏项。例如建筑工程的钢筋接头、电渣压力焊、套管挤压连接，是否在工程量清单中被漏项。

(3)根据技术要求和招标文件的具体要求，对工程需要增加的内容进行审查。认真研究招标文件是投标人争取中标的第一要素。表面上看，各招标文件基本相同，但每个项目都有自己的特殊要求，这些要求一定会在招标文件中反映出来，这需要投标人仔细研究。有的工程量清单要求增加的内容、技术要求，与招标文件不一致，只有通过审查和澄清才能统一起来。

3. 熟悉施工图纸

全面、系统地阅读图纸，是准确计算工程造价的重要工作。阅读图纸时应注意按设计要求，收集图纸选用的标准图、大样图；认真阅读设计说明，掌握安装构件的部位和尺寸，安装施工要求及特点；了解本专业施工与其他专业施工工序之间的关系；对图纸中的错、漏以及表示不清楚的地方予以记录，以便在招标答疑会上询问解决。

4. 熟悉工程量计算规则

当采用消耗量定额分析分部分项工程的综合单价时，对消耗量定额的工程量计算规则的熟悉，是快速、准确地分析综合单价的重要保证。

5. 了解施工组织设计

施工组织设计或施工方案是施工单位的技术部门针对具体工程编制的施工作业的指导性文件，其中对施工技术措施、安全措施、施工机械配置、是否增加辅助项目等，都应在工程计价的过程中予以注意。施工组织设计所涉及的费用主要属于措施项目费。

6. 熟悉加工订货的有关情况

明确建设、施工单位双方在加工订货方面的分工。对需要进行委托加工订货的设备、材料、零件等，提出委托加工计划，并落实加工单位及加工产品的价格。

7. 明确主材和设备的来源情况

主材和设备的型号、规格、重量、材质、品牌等对工程计价影响很大，因此，主材和设备的范围及有关内容需要招标人予以明确，必要时注明产地和厂家。

8. 计算分部分项工程费

各单位工程的分部分项工程费的计算方法为：

$$\text{分部分项工程费} = \sum \text{清单工程量} \times \text{综合单价} \quad (1-83)$$

确定综合单价时由于“计价规范”与“定额”中的工程量计算规则、计量单位、项目内容不尽相同，首先是计价工程量的确定，然后是综合单价的确定。

9. 计算措施项目费

施工措施费，投标报价时由编制人根据企业的情况自行计算，可高可低。编制人没有计算或少计算费用，视为此费用已包括在其他费用内，额外的费用除招标文件和合同约定外，不予支付。

10. 计算其他项目费

其他项目费一般为估算、预测数量，随在投标时计入投标人的报价中，但不为投标人所有，工程结算时，应按约定或承包人实际完成的工作量结算，剩余部分仍归招标人所用。

11. 按工程量清单计价程序计算出工程造价，复核、编制说明、装订签章。

1.6.1.3 工程量清单计价格式

工程量清单计价应采用统一格式，工程量清单计价格式应随同招标文件发至投标人。工程量清单的计价格式见前面内容。

1.6.2 分部分项工程量清单计价

1.6.2.1 定额计价下的分部分项工程量计算

分部分项工程费由分部分项工程清单工程量乘以综合单价汇总而成，综合单价必须按清单项目描述的内容对其组成子目（包括主要项目和相关项目）的工程量和各要素价格确定后，计算出他们的合价并进行汇总后折算为该清单项目的综合单价。主体项目即计价规范中的清单项目名称，清单项目的工程量计算在前面已叙述，计算原则是以实体的净尺寸计算，计价时工程量有的是和清单工程量一致的，无需再计算，例如混凝土工程的现浇柱、梁、板等;有的在净值的基础上,加上考虑施工方法和措施的预留量,所以清单工程量在计价时有的需要重新计算,例如挖基础土方;计价时相关项目的工程量也需要计算。

1. 人工土、石方

下面以《安徽省建筑工程消耗量定额》为例,介绍人工土、石方工程计价。

(1)说明

1)土壤及岩石类别的确定。土壤及岩石类别的划分,依据工程地质勘察资料与“土壤及岩石分类表”对照后确定。

2)对地下水位标高及排(降)水方法。

3)土方、沟槽、基坑挖(填)起止标高,施工方法及运距。

4)岩石开凿,爆破方法:石渣清运方法及运距。

5)其他有关资料。

(2)工程量计算一般规则

1)土方体积,均以开挖前的天然密实体积为准计算,如遇有必须以天然密实体积折算时,可按表 1-45 折算。

表 1-45　土方体积折算表　(计量单位:m^3)

虚方体积	天然密实体积	夯实后体积	松填体积
1.00	0.77	0.67	0.83
1.20	0.92	0.80	1.00
1.30	1.00	0.87	1.08
1.50	1.15	1.00	1.25

2)挖土一律以设计室外地坪标高为准计算。如实际自然标高与设计地面标高不同,其工程量可以调整。

3)按不同的土壤类别,挖土深度,干、湿土分别以体积计算。

4)在同一槽、坑内、或沟内,有干、湿土时,应分别计算,使用定额时,按槽、坑或沟的全深计算。

(3)平整场地工程量按下列规定计算

1)人工平整场地是指建筑场地,挖、填土方厚度在±30 cm 以内及找平。挖填土方厚度超过±30 cm 以外时,按场地土方平衡竖向布置图另行计算。

2)平整场地工程量按建筑物外墙外边线每边各加 2 m,以“m^2”计算。

(4)沟槽、基坑、土方工程量按下列规定计算

1)沟槽、基坑划分:凡图示沟槽底宽在 3 m 以内,且沟槽长大于槽底宽 3 倍以上的为沟槽;凡图示基坑地面积在 20 m^2 以内为基坑;凡图示沟槽底宽在 3 m 以上,基坑地面积在 20 m^2 以上,平整场地挖土方厚度在 30 cm 以上均按挖土方计算。

2)沟槽土方工程量:按沟槽长度乘以沟槽截面(m^2)计算。沟槽长度:外墙按图示基础中心线长度计算,内墙按图示基础宽度加工作面宽度之间净长度计算。沟槽宽:按图示宽度加基础施工所需工作面宽度计算,突出墙外的附墙烟囱、垛等挖土体积并入沟槽土方工程量内计算。

3)挖沟槽、基坑、土方需放坡时,按《施工组织设计》规定计算,《施工组织设计》无明确规定时,放坡系数按表 1-46 规定计算。

表 1-46　放坡系数表

土壤类别	放坡起点(m)	人工挖土	机械挖土	
			坑内作业	坑上作业
一、二类土	1.20	1∶0.5	1∶0.33	1∶0.75
三类土	1.50	1∶0.33	1∶0.25	1∶0.67
四类土	2.00	1∶0.25	1∶0.10	1∶0.33

注:1. 沟槽、基坑中,土壤类别不同时,分别按其放破起点,放坡系数,依不同土壤厚度加权平均计算。
2. 计算放破时,在交接处的重复工作量不予扣除,原槽、坑有基础垫层时,放破自垫层上表面开始计算。

4)沟槽、基坑需支挡土板时,挡土板面积按槽、坑边实际支挡板面积计算。

5)基础施工所需工作面,按表 1-47 规定计算。

表 1-47　基础施工所需工作面

基础材料	每边各增加工作面宽度(mm)
砖基础	200
浆砌毛石、条石基础	150
混凝土基础垫层支模板	300
混凝土基础支模板	300
基础垂直面做防水层	800(防水层面)

6)管道沟槽长度按图示尺寸中心线长度计算,沟底宽度设计有规定的按设计规定计算;设计无规定的,按表 1-48 规定计算。

表 1-48　管道地沟底宽度计算表　(计量单位:mm)

管径	铸铁管、管道、石棉水泥管	混凝土、钢筋混凝土、预应力混凝土管	陶土管
50～70	600	800	700
100～200	700	900	800
250～350	800	1 000	900
400～450	1000	1300	1100
500～600	1300	1500	1400
700～800	1600	1800	—
900～1000	1800	2000	—
1100～1200	2000	2300	—
1300～1400	2200	2600	—

注:按上表计算管道沟土方工程量时,各种井类及管道接口等处需加宽而增加的土方量不另行计算。地面积大于 20 m^2 的井类,其增加工程量并入管沟土方内计算。

7)沟槽(管道地沟)、基坑深度,按图示沟、槽、坑底面至室外地坪深度计算。

(5)岩石开凿及爆破工程量,区分石质,按下列规定计算

1)人工凿岩石按图示尺寸以"m^3"计算;

2)爆破岩石按图示尺寸以"m^3"计算,沟槽、基坑深、宽允许超挖:

次坚石:200 mm;特坚石:150 mm;超挖部分岩石并入相应工程量内。

(6)就地回填土区分夯填、松填"m^3"计算

1)沟槽、基坑回填土体积=挖土体积－设计室外地坪以下埋设的基础体积(包括基础垫层、管道及其他构筑物)

2)室内回填土体积按主墙间的净面积乘以回填土厚度计算。

3)管径在500 mm以内的不扣除管道所占体积,管径在500 mm以上时,按表1-49扣除管道所占体积。

表1-49　管道扣除土方体积表　(计量单位:m^3/m)

管道名称	管道直径(mm)					
	500～600	601～800	801～1000	1001～1200	1201～1400	1401～1600
钢管	0.21	0.44	0.71	—	—	—
铸铁管	0.24	0.49	0.77	—	—	—
混凝土管	0.33	0.60	0.92	1.15	1.35	1.55

(7)余土外运、缺土内运工程量应按《施工组织设计》规定计算;《施工组织设计》无规定时按下式计算:

$$\text{运土工程量}=\text{挖土工程量}-\text{回填土工程量} \tag{1-84}$$

计算结果正值为余土外运,负值为缺土内运。

(8)运土回填如运浮土,不能另计挖土人工,但遇到已近压实的浮土,可另加Ⅰ、Ⅱ类挖土用工乘0.8系数(其工程量按实方计算,若为虚方按计算规则折算成实方),如挖自然土用作回填土时,可另列挖土子目,凡运土回填的均不重套就地回填子目。

【例1-23】 某单位传达室基础平面图及基础详图如图1-44所示,土壤为三类土、干土、场内运土,计算人工挖地槽工程量。

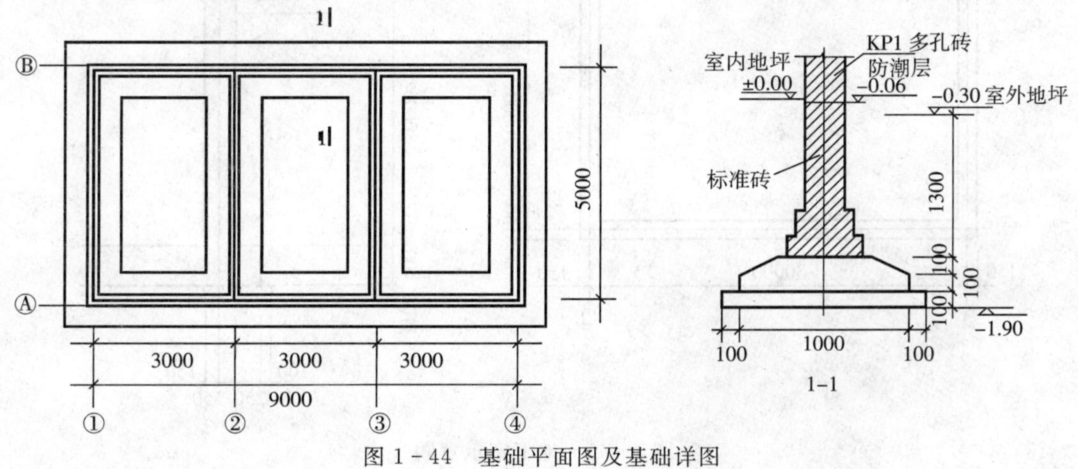

图1-44　基础平面图及基础详图

【相关知识】

1. 挖土深度从设计室外地坪至垫层底面，三类土，挖土深度超过 1.5 m，见表 1－46，1：0.33放坡；

2. 垫层需支模板，工作面从垫层边至槽边，见表 1－46，300 mm；

3. 地槽长度：外墙按基础中心线长度计算，内墙按扣去基础宽和工作面后的净长线计算，放坡增加的宽度不扣。

【解】 工程量计算

1. 挖土深度 1.9－0.30＝1.60(m)

2. 槽底宽度(加工作面) 1.20＋0.30×2＝1.80(m)

3. 槽上口宽度(加放坡长度)

放坡长度＝1.60×0.33＝0.53(m)

1.80＋0.53×2＝2.86(m)

4. 地槽长度 外：(9.0＋5.0)×2＝28.0(m) 内：(5.0－1.80)×2＝6.40(m)

5. 体积 1.60×(1.80＋2.86)×1/2×(28.0＋6.40)＝128.24(m^3)

6. 挖出土场内运输 128.24 m^3

【例 1－24】 某建筑物地下室如图 1－45 所示，地下室墙外壁做涂料防水层，施工组织设计确定用反铲挖掘机挖土，土壤为三类土，机械挖土坑内作业，土方外运 1km，回填土已堆放在距场地 150 m 处，计算挖土方工程量及回填土工程量。

【相关知识】

1. 三类土、机械挖土深度超过 1.5 m，见表 1－46，1：0.25 放坡；

2. 垂直面做防水层，工作面从防水层的外表面至地坑边，见表 1－46，800 mm；

3. 机械挖不到的地方，人工修边坡，整平的工作量需人工挖土方，但量不得超过挖土方总量的 10 %；

4. 计算回填土时，用挖出土总量减设计室外地坪以下的垫层，整板基础，地下室墙及地下室净空体积。

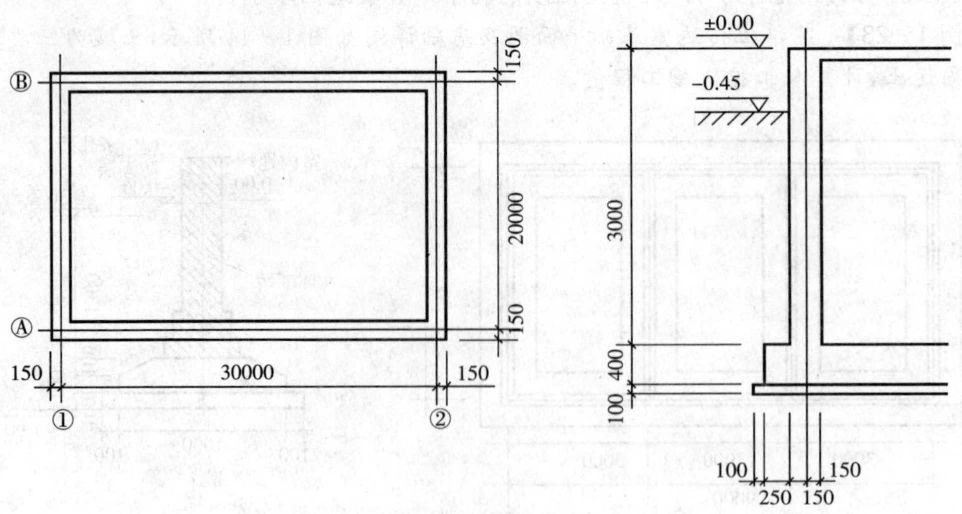

图 1－45 地下室示意图

【解】 工程量计算

1. 挖土深度 3.50－0.45＝3.05(m)

2. 坑底尺寸(加工作面,从墙防水层外表面至坑边)

30.30＋0.80×2＝31.90(m)

20.30＋0.80×2＝21.90(m)

3. 坑顶尺寸(加放坡长度)

放坡长度＝3.05×0.25＝0.76(m)

31.90＋0.76×2＝33.42(m)

21.90＋0.76×2＝23.42(m)

4. 体积 $31.9\times21.9+33.42\times23.42+\sqrt{31.90\times21.90\times33.42\times23.42}\times3.05/3=2220.77(m^3)$

其中,人工挖土方量

坑底整平 0.2×31.9×21.9＝139.72(m^3)

修边坡 0.10×(31.9＋33.42)×1/2×3.14×2＝20.51(m^3)

0.10×(21.9＋23.42)×1/2×3.14×2＝14.23(m^3)

小计:

人工挖土方 139.72＋20.51＋14.23＝174.46(m^3)(未超过挖土方总量的10%)

机械挖土方 2257.82－174.46＝2083.36(m^3)

5. 回填土 挖土方总量:2257.82 m^3

垫层量:0.10×31.0×21.0＝65.10(m^3)

减底板:0.40×30.80×20.80＝256.26(m^3)

减地下室:2.55×30.30×20.30＝1568.48(m^3)

回填土量:2 220.77－65.10－256.26－1 568.48＝330.93(m^3)

【例1-25】 如图1-46所示,底宽1.2 m,挖深1.5 m,土质为三类土,求人工挖地槽两侧边坡各放宽多少?

【解】 已知:$K=0.33$,$h=1.5$ m,则:

每边放坡宽度 $b=1.5\times0.33$ m＝0.495 m

地槽底宽1.2 m,放坡后上口宽度为:

(1.2＋0.495×2)＝2.19 m

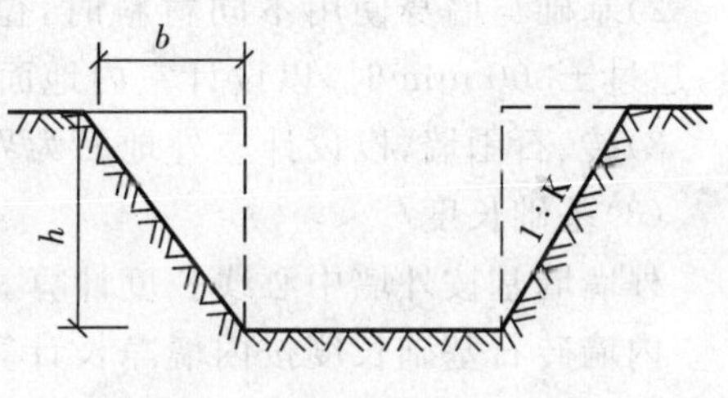

图1-46

【例1-26】 如图1-47所示,求其定额工程量及基价。土质为三类土,有垫层,一次放坡基槽,坡度0.33。

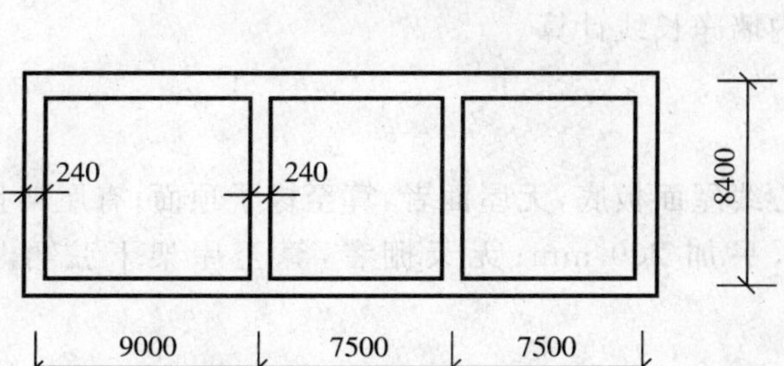

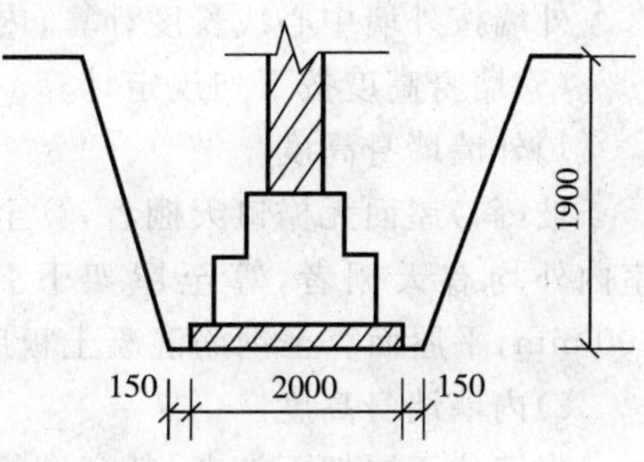

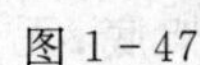
图1-47

【解】

工程量＝(2＋0.15×2＋2＋0.15×2＋1.9×0.33×2)×1.9÷2×[(9＋7.5＋7.5＋8.4)×2＋(8.4－2－0.15×2)×2] m^3＝428.22 m^3

套 2006 年《安徽省建筑工程消耗量定额综合单价》A1－11 子目

基价＝428.22×16.43＝7 035.65(元)

2. 桩与地基基础工程

在学习项目 2 中 2.2.1.2 介绍。

3. 砌体工程

(1)砌筑工程量一般规则

1)计算墙体工程量时,应扣除门窗洞口、过人洞、空圈、嵌入墙身的钢筋混凝土柱、梁(包括过梁、圈梁、挑梁)和暖气包、壁龛及内墙板头的体积,不扣除梁头梁垫、外墙板头、檩头、垫木、木楞头、沿椽木、木砖、门窗走头、砖砌体内的加固钢筋、木筋、铁件、钢管及每个面积在 0.3 m^2 以内的孔洞等所占体积。突出墙面的窗台虎头砖、压顶线、山墙泛水、烟囱根、门窗套及三匹砖以内的腰线、挑檐等体积亦不增加。

2)附墙砖垛、三匹砖以上的挑檐和腰线等体积,并入墙身体积内计算。

3)附墙烟囱、通风道按其外形体积计算,并入所依附的墙体积内,不扣除每个横截面在 0.1 m^2 以内的体积,但孔洞内的抹灰工程量亦不增加。

4)女儿墙高度,自外梁(板)顶面至女儿墙顶面(有混凝土压顶时,算至压顶底面高度),区分不同墙厚套相应项目。

(2)墙基与墙身的划分

1)砖基础与墙身,以设计室内地面为界(有地下室者以地下室室内设计地面为界);石基础与墙身的划分,外墙以设计室外地面为界,内墙以室内地面为界,以下为基础,以上为墙身。

2)基础与墙身使用不同材料时,位于室内地面±300 mm 以内时,以不同材料为分界线;超过±300 mm 时,以设计室内地面为分界线。

3)砖、石围墙,以设计室外地面为界线,以下为基础,以上为墙身。

(3)基础长度

外墙墙基按外墙中心线长度计算。

内墙砖石基础长度按内墙净长计算。基础大放脚 T 形接头处的重叠部分及嵌入基础的钢筋、铁件、管道、基础防潮层及单个面积在 0.3 m^2 以内的孔洞的体积不扣除,但靠墙暖气沟的挑檐亦不增加。附墙垛基础宽出部分体积并入基础工程量内。

(4)墙长度

外墙按外墙中心线长度计算;内墙按内墙净长线计算。

(5)墙身高度按下列规定计算

1)外墙墙身高度。

坡(斜)屋面无檐口天棚者,算至墙中心线屋面板底,无屋面者,算至椽子顶面;有屋架且室内外均有天棚者,算至屋架下弦底面,另加 200 mm;无天棚者,算至屋架下弦再加 300 mm;平屋面算至钢筋混凝土板底面。

2)内墙墙身高度。

内墙位于屋架下弦者,其高度算至屋架底;无屋架者,算至天棚底,另加 100 mm;有钢筋混凝土楼板隔层者，算至钢筋混凝土楼板底；有框架梁时，算至梁底面；同一楼板厚度不同时，按平均厚度计算；墙高度不同时，按平均高度计算。内外山墙的墙身高度，按平均高度计算。

(6)框架间砌体以框架间的净空间面积乘以墙厚计算套相应定额。框架外表面镶包砖部分套“贴砌砖”定额。

(7)空花墙按空花部分外形体积以“m^3”计算，空花部分不予扣除，其中实砌体部分以“m^3”另列项计算。

(8)空斗墙按外形尺寸以“m^3”计算，墙角、内外墙交接处，门窗洞口立边，平楦、窗台砖及屋檐处的实砌部分已包括在定额内，不另行计算。混凝土楼板下，楼版面踢脚线、山墙尖、窗间墙、钢筋砖圈梁、附墙垛实砌体部分另行计算，套“零星砌体”定额。

(9)砖砌围墙按设计图示尺寸以“m^3”计算，其围墙砖垛及压顶应并入墙身工程量内套相应墙体子目；砖围墙上有混凝土压顶时，混凝土压顶按相应定额另行计算，其围墙高度算至混凝土压顶下表面。

(10)多孔砖墙按图示墙度以“m^3”计算，应扣除门窗洞口、混凝土过梁、圈梁等所占体积。

(11)填充墙按外形体积以“m^3”计算，其实砌部分已经包括在定额

(12)砖柱不分清水、混水，按图示尺寸以“m^3”计算，柱身、柱基

定额。

(13)地下室墙以“m^3”计算，计算方法同普通砖墙，套相应定额。

(14)加气混凝土、硅酸盐砌块墙、小型空心砌块墙按图示尺寸以“m^3”计算，扣除门窗洞口、嵌入墙内的混凝土柱、过梁、圈梁等体积，砌块本身空心体积不予扣除，按设计规定需要镶嵌砖砌体不分已包括在定额内，不另计算。

(15)毛石墙、方整石墙按图示尺寸以“m^3”计算。毛石墙面突出的垛并入墙身工程量内。

【例 1-27】 某单位传达室基础平面图及基础详图如图 1-44 所示，室外地坪±0.00 m，防潮层－0.06 m，防潮层以下用 M10 水泥砂浆砌标准砖基础，防潮层以上为多空砖墙身。计算砖基础、防潮层的工程量。

【相关知识】

1. 基础与墙身使用不同材料的分界线位于－60 mm 处，在设计室内地坪±300 mm 范围以内，因此，－0.06 m 以下为基础，－0.06 m 以上为墙身；

2. 墙的长度计算：外墙按中心线，内墙按净长，大放脚 T 型接头处重叠部分不扣除。

【解】 工程量计算

1. 外墙基础长度　外：(9.0＋5.0)×2＝28.0(m)

内墙基础长度　内：(5.0－0.24)×2＝9.52(m)

2. 基础高度　1.30＋0.30－0.06＝1.54(m)

大放脚折加高度等高式，240 厚墙，2 层，双面，0.197 m

3. 体积　0.24×(1.54＋0.197)×(28.0＋9.52)＝15.64(m^3)

4. 防潮层面积　0.24×(28.0＋9.52)＝9.00(m^2)

【例 1-28】 某单位传达室基础平面图、剖面图、墙身大样图如图 1-48 所示，构造柱

240 mm×240 mm，有马牙槎与墙嵌接，圈梁 240 mm×300 mm，屋面板厚 100 mm，门窗上口无圈梁处设置过梁厚 120 mm，过梁长度为洞口尺寸两边各加 250 mm，窗台板厚 60 mm，长度为窗洞口尺寸两边各加 60 mm，窗两侧有 60 mm 宽砖砌窗套，砌体材料为 KP1 多空砖，女儿墙为标准砖，计算墙体工程量。

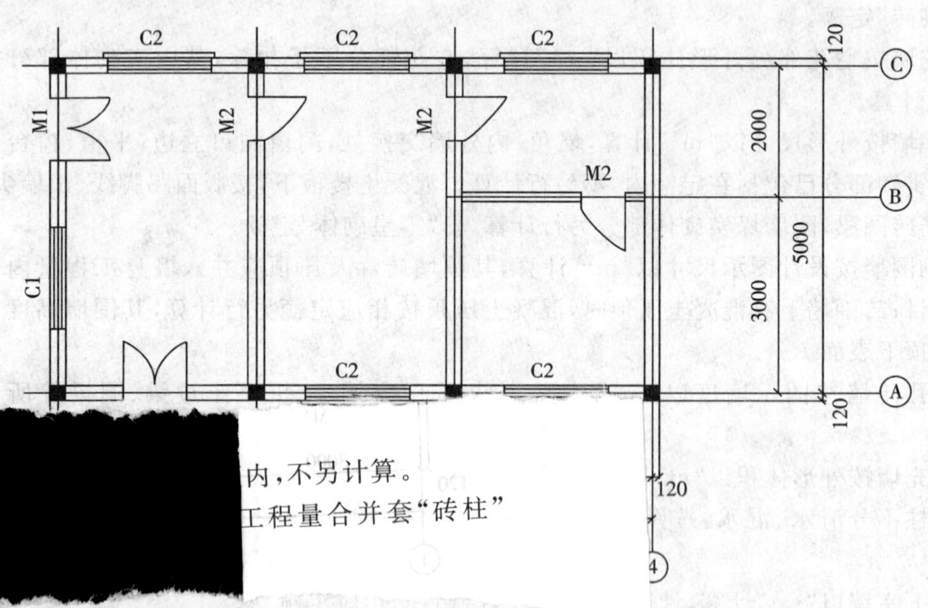

内，不另计算。

工程量合并套“砖柱”

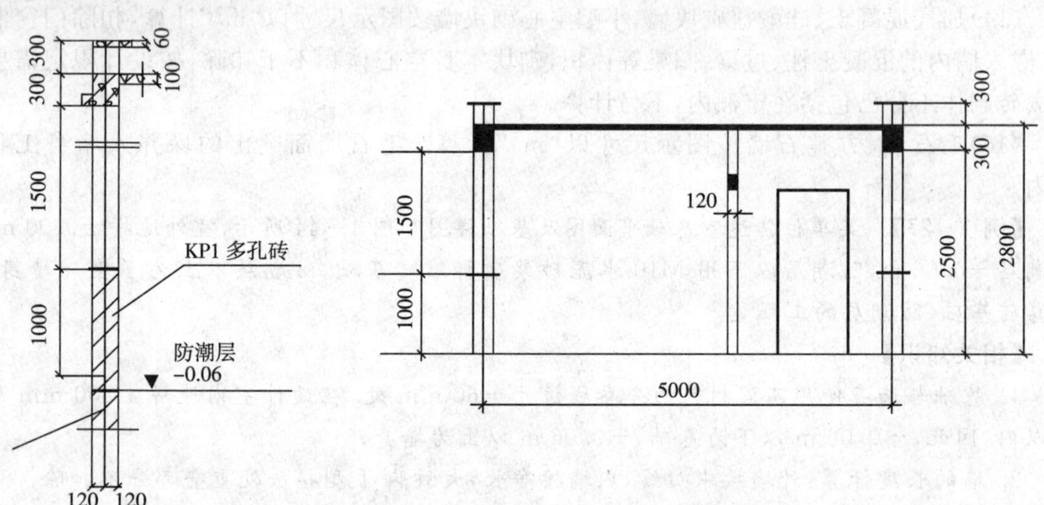

编号	宽	高	樘数
M1	1 200	2 500	2
M2	900	2 100	3
C1	1 500	1 500	1
C2	1 200	1 500	5

图 1－48　基础平面图、剖面图、墙身大样图

【相关知识】

1. 墙的长度计算：外墙按外墙中心线，内墙按内墙净长线；墙的高度计算：现浇平屋(楼)面板，算至板底，女儿墙自屋面板顶算至压顶底；

2. 计算工程量时，要扣除嵌入墙身的柱、梁、门窗洞口，突出墙面的窗套不增加；

3. 扣构造柱要包括与墙嵌接的马牙槎，本图构造柱与墙嵌接面有20个；

4. 因《计价表》中KP1多空砖内、外墙为同一定额子目，若砌筑砂浆标号一致，可合并计算。

【解】 工程量计算

1. 一砖墙

(1)墙长度　外：(9.0+5.0)×2=28.0(m)

内：(5.0−0.24)×2=9.52(m)

(2)墙高度　(扣圈梁、屋面板厚度，加防潮层至室内地坪高度)

2.8−0.30+0.06=2.56(m)

(3)外墙体积　外：0.24×2.56×28.0=17.20(m^3)

减构造柱：0.24×0.24×2.56×8=1.18(m^3)

减马牙槎：0.24×0.06×2.56×1/2×16=0.29(m^3)

减C1窗台板：0.24×0.06×1.62×1=0.02(m^3)

减C2窗台板：0.24×0.06×1.32×5=0.10(m^3)

减M1：0.24×1.20×2.50×2=1.44(m^3)

减C1：0.24×1.50×1.50×1=0.54(m^3)

减C2：0.24×1.20×1.50×5=2.16(m^3)

外墙体积=11.47(m^3)

(4)内墙体积　内：0.24×2.56×9.52=5.85(m^3)

减马牙槎：0.24×0.06×2.56×1/2×4=0.07(m^3)

减过梁：0.24×0.12×1.40×2=0.08(m^3)

减M2：0.24×0.90×2.10×2=0.91(m^3)

内墙体积=4.79(m^3)

(5)一砖墙合计　11.47+4.79=16.26(m^3)

2. 半砖墙

(1)内墙长度　3.0−0.24=2.76(m)

(2)墙高度　2.80−0.10=2.70(m)

(3)体积　0.12×2.70×2.76=0.89(m^3)

减过梁　0.12×0.12×1.40=0.02(m^3)

减M2　0.12×0.90×2.10=0.23(m^3)

(4)半砖墙合计　0.64(m^3)

3. 女儿墙

(1)墙长度　(9.0+5.0)×2=28.0(m)

(2)墙高度　0.30−0.06=0.24(m)

(3)体积　0.24×0.24×28.0=1.61(m^3)

【例 1－29】 某工程实心砖墙工程量清单示例如下表，按照表 1－50 提供的实心砖墙工程量清单，计算实心砖墙清单项目的综合单价；试编制招标标底价（企业管理费取 20 ％，利润取 9 ％）。

表 1－50 砌筑工程工程量清单

序号	项目编码	项目名称	计量单位	工程数量
1	010302001001	实心砖外墙：Mu10 水泥实心砖，墙厚一砖，M5.0 混合砂浆砌筑	m^3	120
2	010302001002	实心砖窗下外墙：Mu10 水泥实心砖，墙厚 3/4 砖，M5.0 混合砂浆砌筑；外侧 1：2 水泥砂浆加浆勾缝	m^3	8.1
3	010302001003	实心砖内隔墙：Mu10 水泥实心砖，墙厚 3/4 砖，M5.0 混合砂浆砌筑（墙顶现浇楼板长度 24.6m，板厚 120 mm）	m^3	60

因窗下墙单独采用加浆勾缝，砌体计价组合内容与内隔墙不同，故单独列项。

【解】

本例有三个清单计价项目，计价人根据清单提供的工程量，结合采用的计价定额进行分析计算各项工料机费用，然后按题意计算各清单项目的合价，得出单位清单项目的综合单价。

1. M5.0 混合砂浆砌筑 Mu10 水泥实心砖一砖厚外墙

套用 2006 年《安徽省建筑工程消耗量定额综合单价》A3－9 子目：

定额编号	定额名称	计量单位	人工费	材料费	机械费
A3－9	混水砖墙 1 砖	m^3	47.06	172.55	2.34

人工费＝47.06×120＝5 647.20 元

材料费＝172.55×120＝20 706.00 元

机械费＝2.34×120＝280.80 元

企业管理费＝（5 647.20＋280.80）×20 ％＝1 185.60 元

利润＝（5 647.20＋280.80）×9 ％＝533.52 元

风险＝0

项目合价＝28 353.12 元

综合单价＝28 353.12÷120＝236.28 元/ m^3

2. M5.0 混合砂浆砌筑 Mu10 水泥实心砖 3/4 砖厚窗下外墙，单面 1：2 水泥砂浆勾缝

该项目因规范与定额计算墙厚的规则不同及墙外侧做勾缝，需计算计价工程量。

3/4 砖墙体砌筑计价工程量＝8.10 m^3

套用 2006 年《安徽省建筑工程消耗量定额综合单价》A3－8 子目：

人工费＝58.28×8.10＝423.47 元

材料费＝170.05×8.10＝1 377.41 元

机械费＝2.22×8.10＝17.98 元

企业管理费＝(423.47＋17.98)×20％＝88.29 元

利润＝(423.47＋17.98)×9％＝39.73 元

项目合价＝1 946.88 元

综合单价＝1 946.88÷8.10＝240.36 元/ m^3

3. M5.0 混合砂浆砌筑 Mu10 水泥实心砖 3/4 砖厚内隔墙

因墙体工程量计算规则对墙厚及扣板体积的不同，需按照清单描述数据对清单工程量作一定调整后再套用定额进行计价。

定额砌筑工程量＝(计算至楼板顶工程量－墙上楼板所占体积)×厚度比

＝(60－24.6×0.12×0.18)×178÷180＝58.81 m^3

套用 2006 年《安徽省建筑工程消耗量定额综合单价》A3－8 子目：

人工费＝58.28×58.81＝3 427.45 元

材料费＝170.05×58.81＝10 000.64 元

机械费＝2.22×58.81＝130.56 元

企业管理费＝(3427.85＋130.56)×20％＝711.60 元

利润＝(3427.85＋130.56)×9％＝320.22 元

项目合价＝14 590.47 元

综合单价＝14 590.47÷60＝243.17 元/ m^3

表 1－51　分部分项工程量清单计价表

序号	项目编码	项目名称	计量单位	工程数量	金额(元)	
					综合单价	合价
1	010302001001	实心砖外墙：Mu10 水泥实心砖，墙厚一砖，M5.0 混合砂浆砌筑	m^3	120.00	236.28	28353.12
2	010302001002	实心砖窗下外墙：Mu10 水泥实心砖，墙厚 3/4 砖，M5.0 混合砂浆砌筑；外侧 1∶2 水泥砂浆加浆勾缝	m^3	8.10	240.36	1946.88
3	010302001003	实心砖内隔墙：Mu10 水泥实心砖，墙厚 3/4 砖，M5.0 混合砂浆砌筑(墙顶现浇楼板长度 24.6m，板厚 120 mm)	m^3	60.00	243.17	14590.47

4. 混凝土及钢筋混凝土工程

(1)现浇混凝土工程量，按以下规定计算：

1)混凝土工程量除另有规定者外，均按施工图示尺寸以体积计算。不扣除构件内钢筋、预埋铁件及墙、板单个面积在 0.3 m^2 以内的孔洞所占的体积。

2)基础

① 箱式满堂基础应分别按满堂基础、柱、墙、梁、板有关规定计算，套相应定额项目。

② 设备基础除块体以外，其他类型设备基础分别按基础、梁、柱、板、墙等相关规定计算，套相应定额项目。

3)柱

① 有梁板的柱高,应自柱基上表面(或楼板上表面)至上一层楼板上表面之间的高度计算。

② 无梁板的柱高,应自柱基上表面(或楼板上表面)至柱帽下表面之间的高度计算。

③ 框架柱的柱高,应自柱基上表面至柱顶高度计算。

④ 构造柱按全高计算,与砖墙嵌接部分的体积并入柱身体积内计算。

⑤ 依附于柱上的牛腿和升板的柱帽,并入柱身体积内计算。

4)梁:按设计图示尺寸以"m^3"计算。梁长按下列规定确定:

① 梁与柱连接时,梁长算至柱侧面。

② 主梁与次梁连接时,次梁长度算至主梁侧面。

③ 伸入墙内的梁头、梁垫体积并入梁体积内计算。

④ 圈梁、过梁应分别计算。过梁长度按图示尺寸,图纸无明确表示时,按门窗洞口外围宽度共加 500 mm 计算。

⑤ 现浇挑梁的悬梁部分按单梁计算;嵌入墙身部分按圈梁计算。

5)墙:按图示尺寸以"m^3"计算,应扣除门窗洞口及 0.3 m^2 以上孔洞所占的体积,墙垛及突出部分并入墙体积内计算。

墙高的确定:

① 墙与梁平行重叠,墙与梁合并计算。

② 墙与板橡胶,墙高算至板底面。

6)板:按图示尺寸以"m^3"计算,其中:

① 有梁板包括主、次梁与板,按梁、板体积之和计算。当有柱穿过有梁板时,应扣除其柱穿过板所占的体积。

② 无梁板按板和柱帽体积之和计算。

③ 平板按板实体积计算。

④ 现浇挑檐、天沟与板(包括屋面板、楼板)连接时,以外墙面为分界线,与圈梁(包括其他梁)连接时,以梁外边线为分界线,外墙边线以外或梁外边线以外为挑檐、天沟。

⑤ 各类板伸入墙内的板头并入板体积内计算,与圈、过梁连接时,外墙算至梁内侧;内墙按板计算,圈过梁算至板下。

⑥ 预制板补缝宽度在 60 mm 以上时,按现浇平板计算。

⑦ 阳台、雨篷按伸出外墙的水平投影面积计算,伸出墙外的牛腿不另计算。伸出墙外超过 1.5 m 时,按有梁板计算。带翻边的雨篷按展开面积并入雨篷面积内计算。

⑧ 栏板以长度乘断面积按"m^3"计算。

7)整体楼梯包括休息平台、平台梁、斜梁及楼梯的连接梁,按水平投影面积计算。不扣除宽度小于 200 mm 的楼梯井,伸入墙内部分不另增加。楼梯与楼板连接时,楼梯算至楼梯梁外侧面。无楼梯梁时,以楼梯的最后一个踏步边缘加 300 mm 为界。圆形楼梯按悬挑楼梯段间水平投影面积计算(不包括中心柱)。

8)台阶(含侧边)按图示尺寸实体积以"m^3"计算,平台与台阶的分界线以最上层踏步外沿加 300 mm 为界。

9)预制钢筋混凝土框架柱、梁现浇接头,按设计规定断面和长度以"m^3"计算。

10)现浇池、槽按实际体积计算。

11)散水按水平投影面积计算。

12)后浇带按设计图示尺寸以“m^3”计算。

(2)预制混凝土工程,按下列规定计算:

1)混凝土工程均按图示尺寸以“m^3”计算,不扣除构件内的钢筋、预埋铁件、后张法预应力钢筋的灌浆孔及单个尺寸 300 mm×300 mm 以内的孔洞所占体积,扣除空心板、烟道、通风道孔洞所占体积。

2)预制桩按桩全长(不扣除桩尖虚体积)乘以桩断面以“m^3”计算;预制桩尖按实体积计算。

3)混凝土与钢杆件组合的构件,混凝土部分按构件实体积以“m^3”计算,钢构件按金属结构相应的定额计算。

(3)构筑物钢筋混凝土工程量,按下列规定计算:

1)构筑物混凝土除另有规定者外,均按图示尺寸扣除 0.3 m^2 以上孔洞所占体积以实体积计算。

2)水塔

① 筒身与槽底以与槽底连接的圈梁底为界,以上为槽底,以下为筒身。

② 筒式塔身及依附于筒身的过梁、雨篷挑檐等,并入筒身体积内计算;柱式塔身,柱、梁合并计算。

③ 塔顶及槽底,塔顶包括顶板及圈梁,槽底包括底板挑出的斜壁板和圈梁等合并计算。

3)贮水池不分平底、锥底、坡底,均按池底计算;壁基梁、池壁不分圆形壁和矩形壁,均按池壁计算;其他项目均按现浇混凝土部分相应项目计算。

4)贮仓如由柱支承,其柱与基础按现浇混凝土相应项目计算。

5)普通水塔、倒锥壳水塔、烟囱基础及构筑物,定额中没有的项目按现浇混凝土部分相应或相近项目计算。

6)现浇支架、地沟、预制支架安装,均按现浇混凝土、预制混凝土构件安装相应项目计算。

7)构筑物中有关项目的分界线,按构筑物模板工程量规定界定。

(4)钢筋混凝土构件接头灌缝:

1)钢筋混凝土构件接头灌缝,包括构件座浆、灌缝、堵板孔、塞板、梁缝等,均按钢筋混凝土构件实体积以“m^3”计算。

2)柱与柱基的灌缝,按首层柱体积计算;首层以上柱灌缝按各层柱体积计算。

3)空心板堵塞端头孔的人工材料,已包括在定额内。

(5)设备基础二次灌浆以螺栓孔体积计算,不扣除螺栓所占体积。

【例 1-30】 某工业厂房柱的断面尺寸为 400 mm×600 mm,杯形基础尺寸如图 1-49 所示,试求杯形基础的混凝土工程量。

【解】

1. 下部矩形体积 V_1

$V_1=3.5\times4\times0.5=7(m^3)$

2. 中部棱台体积 V_2

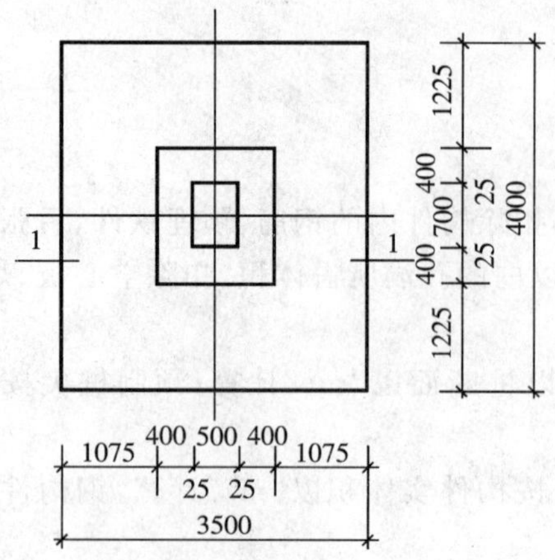

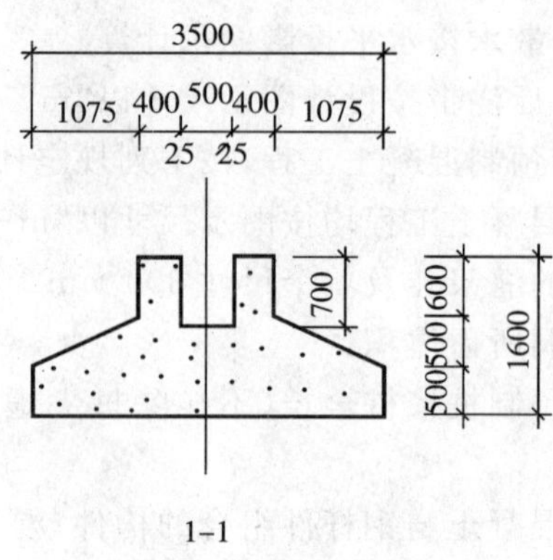

图 1-49

根据图示，已知$a_1=3.5$ m，$b_1=4$ m；$h=0.5$ m；$a_2=3.5-1.075\times2=1.35$(m)

$b_2=4-1.225\times2=1.55$(m)

$V_2=1/3\times0.5\times[3.5\times4+1.35\times1.55+(3.5\times4\times1.35\times1.55)^{1/2}]=3.58(\mathrm{m}^3)$

3. 上部矩形体积 V_3

$V_3=a_2\times b_2\times h_2=1.35\times1.55\times0.6=1.26(\mathrm{m}^3)$

4. 杯口净空体积 V_4

$V_4=1/3\times0.7\times[0.55\times0.75+0.5\times0.7+(0.55\times0.75+0.5\times0.7)^{1/2}]$

$=0.27(\mathrm{m}^3)$

5. 杯形基础体积

$V=V_1+V_2+V_3-V_4=7+3.58+1.26-0.27=11.57(\mathrm{m}^3)$

【例 1-31】 某建筑物基础采用 C20 钢筋混凝土，平面图形和结构构造如图 1-50 所示，试计算钢筋混凝土的工程量(图中基础的轴心线与中心线重合，括号内为内墙尺寸)。

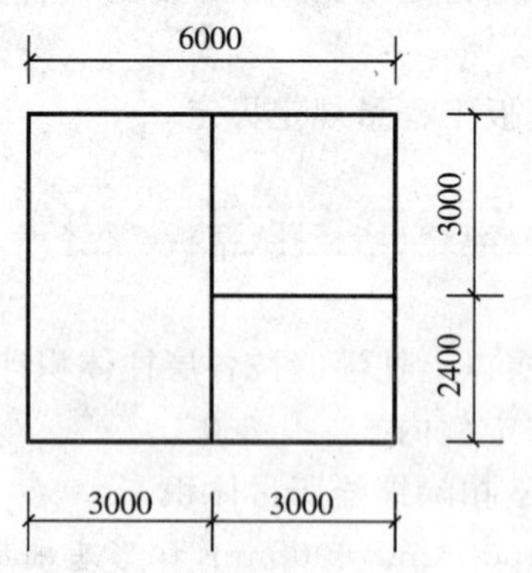

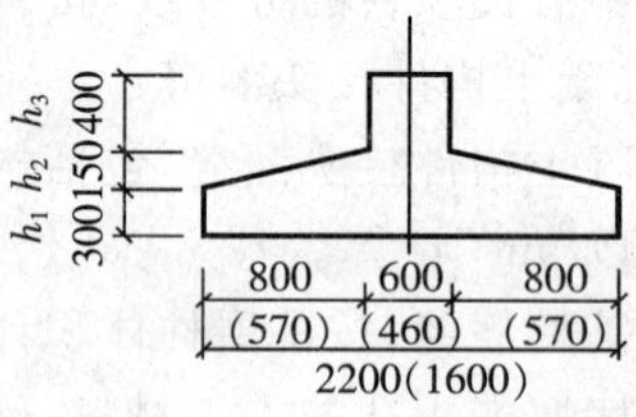

图 1-50

【解】

1. 计算长度

$L_{外}=(6+3+2.4)\times2=22.8$(m)

$L_{内}=3+2.4+3=8.4(m)$

2. 外墙基础

$V_1=[0.4\times0.6+(0.6+2.2)\times0.15/2+0.3\times2.2]\times22.8=25.31(m^3)$

3. 内墙基础

$V_{2\_1}=0.3\times1.6\times(8.4-2.2-1.1-0.8)=2.06(m^3)$

$V_{2\_2}=0.4\times0.46\times(8.4-0.6-0.3-0.23)=1.34(m^3)$

$V_{2\_3}=(0.46+1.6)0.15/2\times(8.4-1.4-0.7-0.515)=0.89(m^3)$

内墙基础小计:4.29 m³

4. 钢筋混凝土带形基础体积合计:29.6 m³

【例1-32】 如图1-51所示构造柱,总高为24 m,16根,混凝土为C25,计算构造柱现浇混凝土工程量,确定定额项目。(企业管理费取20 %,利润取9 %。)

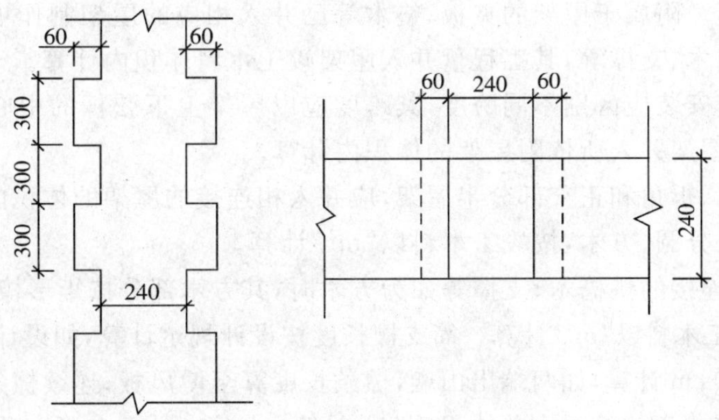

图1-51

【解】 构造柱混凝土工程量$=(0.24+0.06)\times0.24\times24\times16=27.65\ m^3$

查2006年《安徽省建筑工程消耗量定额综合单价》A4-15子目:

定额编号	定额名称	计量单位	人工费	材料费	机械费
A4-15	现浇混凝土构造柱	m³	75.73	183.56	7.77

人工费=73.73×27.65=2 038.63元

材料费=183.56×27.65+189.08×0.986×27.65=10 230.30元

机械费=7.77×27.56=214.14元

管理费=(2 038.63+214.14)×20 %=450.55元

利润=(2 038.63+214.14)×9 %=202.75元

合价=13 136.67元

综合单价=13 136.67÷27.65=475.09元

表 1-52 分部分项工程量清单计价

序号	项目编码	项目名称	计量单位	工程数量	金额(元)	
					综合单价	合价
1	010402001001	矩形柱 构造柱:高为24m,16根,混凝土为C25	m^3	27.65	475.09	13136.67

5. 厂库房大门、特种门、木结构工程

(1)厂库房大门、特种门制作、安装工程量均按门窗洞口面积计算。无框厂库房大门、特种门,按设计门扇外围面积计算。

(2)木屋架的制作安装工程量,按以下规定计算:

1)木屋架制作安装均按设计断面竣工木料以“m^3”计算,其后备长度及配制损耗已包括在项目内不另计算。附属于屋架的夹板、垫木等已并入相应的屋架制作项目中,不另计算;与屋架连接的挑檐木、支撑等,其工程量并入屋架竣工木料体积内计算。

2)屋架的制作安装应区别不同跨度,其跨度应以屋架上下弦杆的中心线交点之间的长度为准,带气楼的屋架并入所依附屋架的体积内计算。

3)屋架的马尾、折角和正交部分半屋架,应并入相连接的屋架的体积内计算。

4)钢木屋架区分圆、方木,按竣工木料以“m^3”计算。

(3)圆木屋架连接的挑檐木、支撑等如为方木时,其方木部分按矩形檩木计算。

(4)檩木按竣工木料以“m^3”计算。简支檩长度按设计规定计算,如设计无规定者,按屋架或山墙中距增加20 cm计算,如两端出山墙,檩条长度算至博风板;连续檩条的长度按设计长度计算,接头长度按全部连续檩木总体积的5%计算。檩条托木已包括在项目中,不另计算。

(5)屋面木基层,按屋面的斜面积计算。天窗挑檐重叠部分按设计规定计算,屋面烟囱及斜沟部分所占面积不扣除。

(6)封檐板按图示檐口的外围长度计算,博风板按斜长度计算,每个大刀头增加长度500 mm。

(7)木楼梯按水平投影面积计算,但楼梯井宽度超过300 mm时应予扣除。定额已包括踏步板、踢脚板、休息平台和伸入墙内部分的工料,但未包括楼梯及平台底面的钉天棚。其天棚工程量以楼梯投影面积乘以系数1.1,按装饰定额中相应天棚面层计算。

6. 金属结构工程

(1)金属结构构件制作按图示尺寸以“t”计算,不扣除孔眼、切边、切肢的质量,焊条、铆钉、螺栓等质量,已包括在定额内,不另计算。在计算不规则或多边形钢板质量时,以其外接矩形面积乘以厚度再乘以单位理论质量计算。

(2)制动梁的制作工程量,包括制动梁、制动桁架、制动板的质量。墙架的制作工程量,包括墙架柱,墙架梁及连接拉杆的质量。钢柱制作工程量,包括依附于柱上的牛腿及悬臂梁质量。

(3)天窗挡风架、柱侧挡风板、遮阳板支架制作工程量,均按挡风架子目计算主材质量。

(4)依附于钢柱上的牛腿及悬臂梁的主材质量,并入柱身主材质量内计算。

(5)钢屋架单榀质量在0.5 t以下者,按轻钢屋架子目计算。

(6)压型钢板墙,按设计图示尺寸以铺挂面积计算。不扣除单个 0.3 m² 以内孔洞所占面积,包角、包边、窗台泛水等不另增加面积。

【例 1-33】 求 10 块多边形连接钢板的重量,最大的对角线长 640 mm,最大宽度 420 mm,板厚 4 mm,如图 1-52 所示。

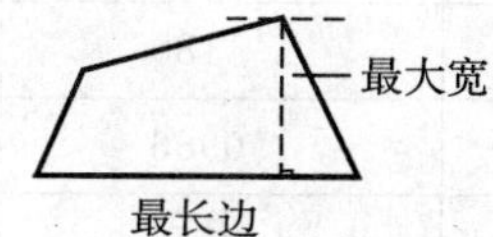

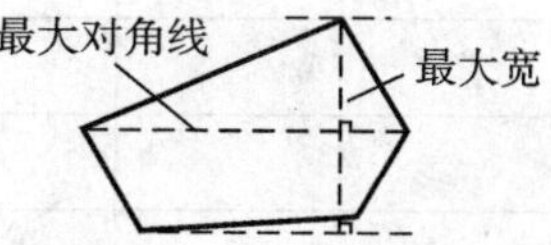

图 1-52

【相关知识】

在计算不规则或多边形钢板重量时均以矩形面积计算。

【解】

1. 钢板面积　　0.64×0.42=0.2688(m²)

2. 查预算手册钢板每平方米理论重量 31.4 kg/m²

3. 图示重量　　0.2688×31.4=8.44(kg)

4. 工程量　　8.44×10=84.4(kg)

7. 屋面及防水工程

(1)平瓦、波瓦屋面、金属压型板(含挑檐部分)均按图示尺寸的水平投影面积乘以屋面坡度系数(见表 1-53)以“m²”计算,不扣除房上烟囱、竖风道、风帽底座、屋顶小气窗和斜沟等所占面积,屋面小气窗的出檐部分亦不增加。屋脊已包括在定额内,不得另行计算。

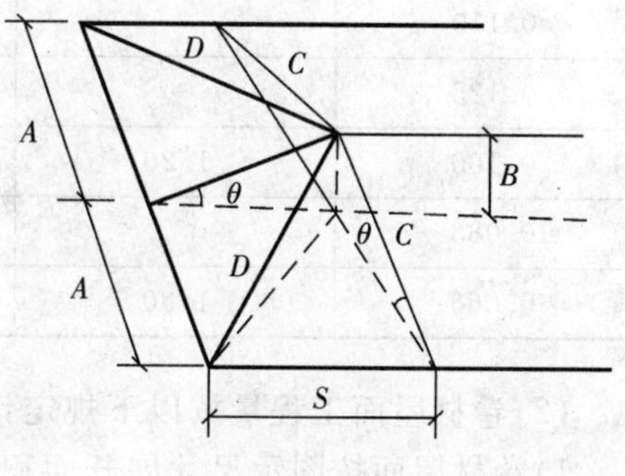

图 1-53

图 1-53 说明:1)两坡排水屋面面积为屋面水平投影面积乘以延尺系数 C。

2)四坡排水屋面斜脊长度=$A\times D$(当 $S=A$ 时)。

3)沿山墙泛水长度=$A\times C$。

表 1-53　屋面坡度系数表

坡　度 B(A=1)	坡　度 B/2A	坡角角度 (α)	延尺系数 (A=1)	隅延尺系数 D (A=1)
1	1/2	45°	1.4142	1.7321
0.750		36°52′	1.2500	1.6008
0.700		35°	1.2207	1.5779
0.666	1/3	33°40′	1.2015	1.5620
0.650		33°01′	1.1926	1.5564
0.600		30°58′	1.1662	1.5362
0.577		30°	1.1547	1.5270

（续表）

坡　度 B(A=1)	坡　度 B/2A	坡角角度 (α)	延尺系数 (A=1)	隅延尺系数 D (A=1)
0.550		28°49′	1.1413	1.5170
0.500	1/4	26°34′	1.1180	1.500
0.450		24°14′	1.0966	1.4839
0.400	1/5	21°48′	1.0770	1.4697
0.350		19°17′	1.0594	1.4569
0.300		16°42′	1.0440	1.4457
0.250		14°02′	1.0308	1.4362
0.200	1/10	11°19′	1.0198	1.4283
0.150		8°32′	1.0112	1.4221
0.125		7°08′	1.0078	1.4191
0.100	1/20	5°42′	1.0050	1.4177
0.083		4°45′	1.0035	1.4166
0.066	1/30	3°49′	1.0022	1.4157

(2)卷材屋面工程量按以下规定计算：

1)卷材屋面按图示尺寸展开面积以"m^2"计算。不扣除房上烟囱、竖风道、风帽底座、屋顶小气窗和斜沟所占面积。女儿墙、伸缩缝和天窗等处弯起高度，按图示尺寸并入屋面工程量计算。如图纸无规定时，伸缩缝、女儿墙的弯起部分可按 250 mm 计算，天窗弯起部分可按 500 mm 计算，并入屋面工程量内。

2)卷材屋面的附加层、接缝、收头、找平层的嵌缝、冷底子油、基地处理剂已计入定额内，不另计算。

(3)刚性屋面和涂膜屋面工程量的计算同卷材屋面。涂膜屋面的油膏嵌缝、玻璃布盖缝，以延长米计算。

坡度小于 3°49′的屋面工程量按图示尺寸水平投影面积计算。

(4)防水工程工程量按下列规定计算：

1)建筑物地面防水、防潮层，按主墙间净空面积计算，扣除凸出地面的构筑物、设备基础等所占的面积，不扣除柱、垛、间壁墙、附墙烟囱及 0.3 m^2 以内孔洞所占的面积。与墙连接处高度在 500 mm 以内者按展开面积计算，并入平面工程量内，超过 500 mm 时，按立面防水层计算。

2)构筑物及建筑物地下室防水层，按实铺面积计算，但不扣除 0.3 m^2 以内孔洞面积。平面与立面交接处的防水层，其上卷高度超过 500 mm 时，按立面防水计算。

3)防水卷材的附加层、接缝、收头、冷底子油等人工、材料均已计入定额内，不另计算。

4)变形缝按延长米计算。

(5)屋面排水工程量按以下规定计算：

1)铁皮排水按图示尺寸以展开面积计算;如图纸未标注尺寸时,按表1-54(铁皮排水单体零件面积折算表)规定计算;咬口和搭接等已计入定额中,不另计算。

2)铸铁、玻璃钢及塑料落水管,区分不同直径、规格、按图示尺寸以延长米计算;雨水口、水斗、弯头、短管以个(套)计算。

表1-54　铁皮排水单体零件面积折算表

名称		单位	天沟(m)	斜沟、天窗窗台泛水(m)	天窗侧面泛水(m)	烟囱泛水(m)	通气管泛水(m)	滴水檐头泛水(m)	滴水(m)
铁皮排水	天沟、斜沟、天窗窗台泛水、天窗侧面泛水、烟囱泛水、通气管泛水、滴水檐头泛水、滴水	m^2	1.30	0.50	0.70	0.80	0.22	0.24	0.11

8. 防腐、隔热、保温工程

(1)防腐工程

防腐工程项目应区别不同防腐材料种类及其厚度,按设计图示尺寸以面积计算。平面防腐:扣除凸出地面的构筑物、设备基础等所占面积;立面防腐:砖垛等突出部分按展开面积并入墙面积内;踢脚线防腐:扣除门窗洞口所占面积并相应增加门洞侧壁面积。

(2)隔热、保温工程

1)保温隔热层应区别不同保温隔热材料,除另有规定外,均按设计图示尺寸以面积计算。

2)保温隔热层的厚度按隔热材料(不包括胶结材料)净厚度计算。

3)隔热层地面按设计图示尺寸以面积计算。不扣除柱、垛所占的面积。

4)保温隔热墙:按设计图示尺寸以面积计算。扣除门窗洞口所占面积;门窗洞口侧壁需做保温时,并入保温墙体工程量内。

5)保温柱:按设计图示以保温层中心线展开长度乘以保温层高度计算。

6)其他有关说明:

① 保温隔热墙的装饰面层,应按装饰工程中相应项目套用。

② 柱帽保温隔热应并入天棚保温隔热工程量内。

③ 池槽保温隔、池壁、池底应分别列项,池壁应并入墙面保温隔热工程量内,池底应并入地面保温隔热工程量内。

9. 楼地面工程

楼地面面层相关项目工程量计算:

(1)地面垫层:地面垫层面积同地面面积,应扣除沟道所占面积乘以垫层厚度以体积计算。

(2)防潮层:地面防潮层面积同地面面积,墙面防潮按图示尺寸以面积计算,不扣除0.3 m^2以内的孔洞。

(3)防滑条按楼梯踏步两端距离减300 mm,以米计算。

(4)弯头按个计算。

(5)楼地面嵌金属分隔条按图示尺寸以米计算。

【例1-34】 计算某建筑楼地面工程的综合单价。要求列出计算过程，将计算结果填入分部分项工程工程量清单综合单价分析表中(给定条件：管理费率为6.5％，利润率为5.4％，计算结果保留2位小数)。

1. 经业主根据施工图计算：水泥砂浆楼地面工程，工程数量为66.54 m^2

2. 经投标人根据地质资料和施工方案计算：

(1)水泥砂浆地面66.54 m^2

(2)水泥砂浆踢脚线22 m

(3)混凝土基础垫层6.654 m^3

3. 根据安徽省消耗量定额及市场行情确定各分项人工、材料、机械单价见表1-55。

表1-55

定额编号		A2—273	B1—1	B1—141
项　目		基础垫层	水泥砂浆楼地面	水泥砂浆踢脚线
单位		m^3	100 m^2	100 m^2
其中	人工费(元)	2.44	318.37	1 033.54
	材料费(元)	162.41	502.41	392.41
	机械费(元)	4.89	20.96	20.35

【解】 根据题意，套用定额编号A2—273、B1—1、B1—141，计算过程如下：

水泥砂浆踢脚线的面积＝22×0.15 m＝3.3 m^2

管理费＝(人工费＋机械费)×6.9％

利润＝(人工费＋机械费)×5.4％

分部分项工程工程量清单综合单价计算表见表1-56。

表1-56　分部分项工程工程量清单综合单价计算表

工程名称：某装饰工程　　计量单位：m^2

项目编号：020101001001　　工程数量：66.54

项目名称：水泥砂浆楼地面　　综合单价：31.17

序号	定额编号	工程内容	单位	数量	人工费	材料费	机械费	管理费	利润	风险费	小计
1	A2—273	混凝土无筋现浇	m^3	6.6540	42.44	162.41	4.89	3.27	2.56		215.57
2	B1—1	水泥砂浆楼地面20 mm厚	100 m^2	0.6654	318.37	502.41	20.96	23.41	18.32		883.47
3	B1—141	水泥砂浆踢脚线	100 m^2	0.0330	1 033.54	392.41	20.35	72.72	56.91		1 575.93

综合单价＝(6.654 m^3×215.57 元/ m^3＋0.6654×883.48 元/100 m^2

＋0.033×1575.92 元/100 m^2)/66.54 m^2＝31.17 元/ m^2

分部分项工程工程量清单综合单价分析见表1-57。

表 1－57　分部分项工程工程量清单综合单价分析表

工程名称：某装饰工程　　计量单位：m^2

项目编号：020101001001　　工程数量：66.54

项目名称：水泥砂浆楼地面　　综合单价：31.17

序号	项目编码	项目名称	项目特征及工程内容	单位	综合单价组成(元)						
					人工费	材料费	机械费	管理费	利润	风险费	综合单价
1	020101001001	水泥砂浆楼地面	小　计		7.94	21.46	0.71	0.60	0.47		31.17
			混凝土无筋现浇	m^3	4.24	16.24	0.49	0.33	0.26		21.56
			水泥砂浆楼地面 20 mm 厚	100 m^2	3.18	5.02	0.21	0.23	0.18		8.83

10. 墙柱面工程

(1)内墙面抹灰计价工程量计算：内墙面抹灰面积按主墙间净长乘以高度计算。扣除墙裙、门窗洞口及单个 0.3 m^2 以外的孔洞面积，不扣除踢脚线、挂镜线、墙与构件交接处的面积，门窗洞口和侧壁及顶面不增加面积。附墙柱、梁、垛、烟囱侧壁并入相应墙面面积内。抹灰高度是：有吊顶者，其高度自楼地面至天棚下皮另加 10 cm 计算；有墙裙者，其高度自墙裙顶点至天棚底面另加 10 cm 计算。

(2)外墙窗间墙抹灰，以展开面积计算。

(3)墙(柱)面镶贴块料面层按实贴面积计算。

(4)墙面装饰抹灰相关项目工程量计算：抹灰厚度增减及分格嵌缝以面积计算。

(5)装饰板墙面中不锈钢卡口槽的工程量以延长米计算。

11. 天棚工程

(1)天棚吊顶计价工程量计算：天棚吊顶天棚面装饰面积，按主墙间净空面积计算，不扣除间壁墙、检查口、附墙烟囱、柱、垛和管道所占面积，应扣除独立柱及与天棚相连的窗帘盒所占的面积。天棚中的折线、迭落等圆弧形、拱形、高低灯槽及其他艺术形式天棚面层均按展开面积计算。

(2)天棚吊顶相关项目工程量计算

1)各种吊顶天棚龙骨按主墙间净空面积计算，不扣除间壁墙、检查口、附墙烟囱、柱垛和管道所占面积，但天棚中的折线、迭落等圆弧形、高低吊灯槽等面积也不展开计算。

2)天棚基层按展开面积计算。

3)铝扣板收边线、石膏板缝按延长米计算。

4)保温层按实铺面积计算。

5)灯光槽按延长米计算。

【例 1-35】 某居室现浇钢筋混凝土天棚抹灰工程，如图 1-54 所示，1∶1∶4 混合砂浆抹面。编制天棚抹灰工程量清单和综合单价。

【解】 天棚抹灰工程量清单的编制：

天棚抹灰工程量＝(2.80－0.24)×(2.80－0.24)＋(2.80＋1.50－0.24)×(0.90＋1.80－0.24)＋(4.20－0.24)×(1.80＋2.80－0.24)－(1.50－0.24)×(1.80－0.24)＋(2.70－0.24)×(1.50＋0.90－0.24)＋(4.50－0.24)×(3.40－0.24)＋(4.50－0.24)×(3.60－0.24)＋(1.38－0.12)×(3.60＋3.40＋0.25－0.12)＝56.63 m^2

工程量清单见表 1-58。

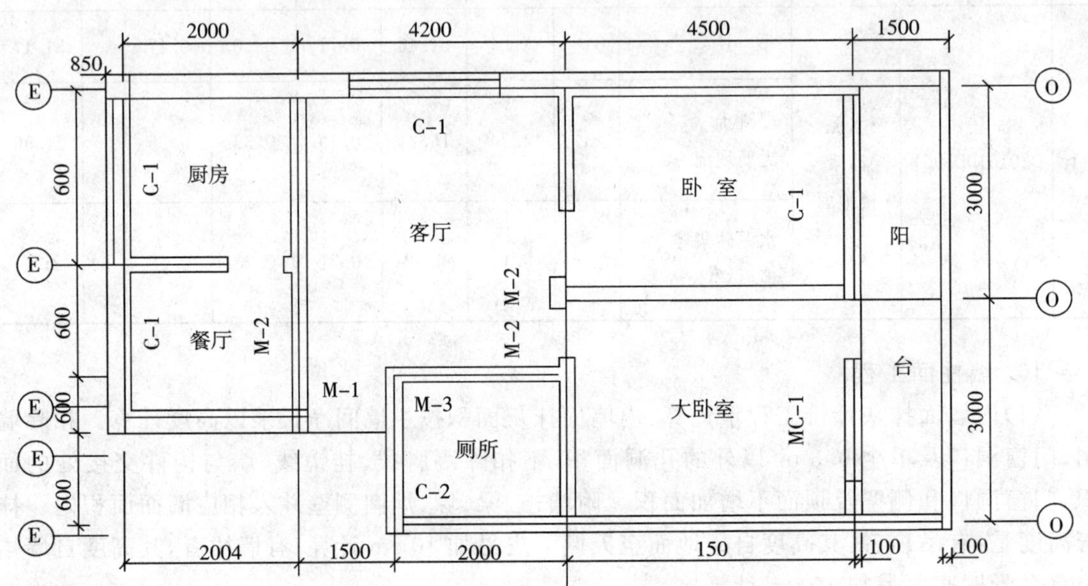

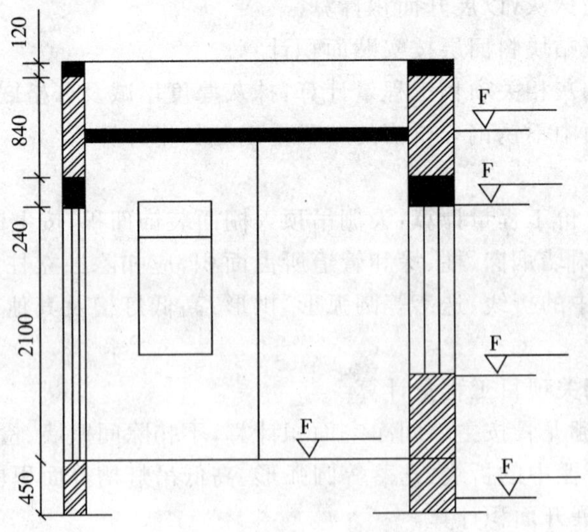

图 1-54

表 1－58　分部分项工程量清单

工程名称:某装饰工程

序号	项目编码	项目名称	计量单位	工程数量
1	020301001001	天棚抹灰 1. 基层类型:现浇钢筋混凝土 2. 面层材料种类、配合比:1∶1∶4 混合砂浆	m^2	56.63

天棚抹灰工程量清单计价表的编制

该项目发生的工程内容:混合砂浆抹面。

天棚抹灰工程量＝(2.80－0.24)×(2.80－0.24)×(0.90＋1.80 －0.24＋(4.20－0.24)×(1.80＋2.80－0.24)－(1.50－0.24)×(1.80－0.24)＋(2.70－0.24)×(1.50＋0.90－0.24)＋(4.50－0.24)×(3.40－0.24)＋(4.50－0.24)×(3.60－0.24)＋(1.38－0.12)×(3.60＋3.40＋0.25－0.12))＝56.63 m^2

人工、材料、机械单价选用市场信息价,人工、材料、机械费用分析见表 1－59。

表 1－59　工程量清单项目人工、材料、机械分析表

清单项目名称	工程内容	定额编号	计量单位	数量	费用组成其中:			
					人工费	材料费	机械费	小计
天棚抹灰 ①基层类型:现浇钢筋混凝土 ②面层材料种类、配合比:1∶1∶6 混合砂浆	水泥石灰砂浆抹面	10－663	100 m^2	0.57	225.81	164.88	5.88	396.57
合计					183.93	91.12	6.34	281.39

按照《安徽省建设工程清单计价费用定额》,取管理费率为 6.5 %,利润率为 5.4 %,工程量清单计价见表 1－60。

表 1－60　分部分项工程量清单计价表

序号	项目编码	项目名称	单位	工程数量	金额(元)	
					综合单价	合价
1	020301001001	天棚抹灰 1. 基层类型:现浇钢筋混凝土 2. 面层材料种类、配合比:1∶1∶6 混合砂浆	m^2	56.63	7.49	424.14

12. 门窗工程

(1)门窗计价工程量计算

1)除电子感应门、转门、电动伸缩门以樘为单位计算外,其他各种门、窗按框外围面积以平方米计算。纱门扇与纱亮子以门框中槛的上皮为分界。

2)塑钢门(窗)纱扇的工程量按实际安装纱扇框外围面积计算。

3)铝合金弧形、异形门窗按展开面积计算。门带窗分别计算套用相应子目,门算至门框外边线。

4)铝合金卷闸门按面积计算(门高度按洞口高度加 600 mm,宽度按闸门实际宽度计算)。电动装置安装以套计算,小门安装以个计算。防火卷帘门以楼地面算至端板顶点乘以设计宽度计算。

铝合金卷闸门面积 S=宽度×(洞口高度+600 mm)

(2)特殊五金计价工程量计算

1)吊装滑动门轨工程量以延长米计算。

2)门锁、地锁、门轧头、防盗门扣、门眼、电子锁工程量以把为单位计算。

3)门碰珠工程量以只为单位计算。

4)暗插销工程量以件为单位计算。

(3)窗台板计价工程量计算:木窗台板按实铺面积计算,石材窗台板按立方米计算。

1.6.2.2　综合单价的分析与确定

1. 综合单价的计算

分部分项工程清单项目综合单价是指给定的清单项目综合单价,即基本单位的清单项目所包括的各个分项工程内容的工程量乘以相应综合单价的小计。

分部分项工程量清单项目综合单价

$$=\sum(\text{清单项目所含分项工程内容的综合单价}\times\text{其工程量})\div\text{清单项目工程量} \tag{1-85}$$

$$\text{规定计量单位项目人工费}=\sum(\text{人工消耗量}\times\text{单价}) \tag{1-86}$$

$$\text{规定计量单位项目材料费}=\sum(\text{材料消耗量}\times\text{单价}) \tag{1-87}$$

$$\text{规定计量单位项目机械使用费}=\sum(\text{机械台班消耗量}\times\text{单价}) \tag{1-88}$$

人工、材料、机械台班的消耗量,可按企业定额或“定额消耗量”并结合工程情况分析确定。

人工、材料、机械台班单价,可根据自行采集的市场价格或省、市工程造价管理机构发布的市场价格信息,并结合工程情况确定。

以《安徽省建设工程工程量清单计价依据》为例,人工费市场单价为:31 元/工日。企业管理费和利润,按确定的建筑工程消耗量定额综合单价中人工费、机械费为计算基数,即:

$$\text{企业管理费}=(\text{人工费}+\text{机械费})\times\text{管理费费率} \tag{1-89}$$

$$\text{利润}=(\text{人工费}+\text{机械费})\times\text{利润率} \tag{1-90}$$

2. 综合单价的组合方法

由于《计价规范》与定额中的工程量计算规则、计价单位、项目内容不尽相同,所以综合

单价的确定,必须弄清以下问题:

清单项目的工程内容。用《计价规范》规定的内容与相应定额项目的内容作比较,看清单项目应该用哪几个定额项目来组合单价。

例:"实心砖墙"清单项目,《计价规范》规定的工程内容是砂浆制作、运输、砌砖、勾缝、砖压顶砌筑、材料运输。定额包括的工程内容与《计价规范》规定的工程内容一致,实心砖墙清单项目直接套砌砖墙定额组价。例:"现浇混凝土基础"清单项目,《计价规范》规定的工程内容是铺设垫层、混凝土制作、运输、浇筑、振捣、养护、地脚螺栓二次灌浆。定额分别列有垫层铺设、混凝土基础施工、地脚螺栓二次灌浆,所以"现浇混凝土基础"清单项目由垫层、基础、地脚螺栓二次灌浆预算基价项目复合组价。

《计价规范》的清单工程量与定额的工程量计算是否相同。不同时要重新计算计价工程量。例:"门窗"清单项目,《计价规范》规定的计量单位是樘,规定的计量单位是 m^2,两者工作内容相同,需重新计算工程量组价。再以建筑工程土石方工程中的基础土方工程量的计算为例,清单附录中规定了清单项目的计算规则:"按设计图示尺寸以基础垫层底面积乘以挖土深度计算"。招标方就是按照这个计算规则进行清单项目的工程量计算,最终完成招标文件的编制。这个计算规则的优点是计算简便,使工程量的计算和项目编码变得简单而快捷,但这样计算出来的数据是一个虚数。因为在实际工作中,凡是构成大中型项目的基础土方工程,只要不采用基坑支护,一定要考虑工作面和放坡。清单报价时,实方单位体积是可以根据现行定额进行计价,也有市场价格可参考。因此投标方在报价时还要进行二次计算,计算出实方体积的定额工程量。按照《建设工程工程量清单计价规范》的要求,招标人只要公布清单工程量,而定额层次的工程量有投标人自行报价计算。

综上所述综合单价的组合方法有以下几种方法:直接套用定额组价、重新计算计价工程量组价、复合组价、重新计算工程量复合组价。

1)直接套用定额组价

指一个分项清单项目工程的单价仅有一个定额计价项目组合而成。这种组价方法较简单,定额包括的工程内容与《计价规范》规定的工程内容一致,在一个单位工程中大多数的分项清单工程可利用这种方法。

【例 1-36】 某建筑工程清单项目如下:010402001001 现浇砼矩形柱 3.18 m^3。已知:柱截面 600×600,混凝土强度等级:C20,混凝土:现场搅拌,石子粒径:40 mm。根据企业定额及市场行情确定各分项人工、材料、机械单价如下表,计算综合单价。

其中管理费费率:25 %,利润率:18 %,不考虑风险因素。

根据安徽省消耗量定额及市场行情确定各分项人工、材料、机械单价见表 1-61。

表 1-61　现浇混凝土柱

定额编号		A4—13	A4—14	A4—15
定额名称		矩形柱	圆形、多边形异形柱	构造柱
计量单位		m^3	m^3	m^3
其中	人工费(元)	63.67	65.84	75.73
	材料费(元)	183.60	183.55	183.56
	机械费(元)	7.77	7.77	7.77

【解】 根据题意，套用定额编号 A4－13，计算过程如下：

企业管理费＝(人工费＋机械费)×25％

＝(63.67＋7.77)×25％＝17.86 元

利润＝(人工费＋机械费)×18％

＝(63.67＋7.77)×18％＝12.86 元

分部分项工程工程量清单综合单价计算表见表 1－62。

表 1－62　分部分项工程工程量清单综合单价计算表

工程名称：某建筑工程　　　　计量单位：m^3

项目编号：010402001001　　　　工程数量：3.18

项目名称：现浇砼矩形柱　　　　综合单价：285.76

序号	定额编号	工程内容	单位	数量	人工费	材料费	机械费	管理费	利润	风险费	小计
1	A4－13	矩形柱	m^3	3.18	63.67	183.60	7.77	17.86	12.86	0	285.76
		合计	元								285.76

分部分项工程量清单项目综合单价

＝$\sum$(清单项目所含分项工程内容的综合单价×其工程量)÷清单项目工程量

＝(285.76×3.18)÷3.18＝285.76(元/m^3)

其中：人工费＝63.67 元/m^3×3.18 m^3÷3.18 m^3＝63.67 元

材料费＝183.60 元/m^3×3.18 m^3÷3.18 m^3＝583.85 元

机械费＝7.77 元/m^3×3.18 m^3÷3.18 m^3＝7.77 元

管理费＝17.86 元/m^3×3.18 m^3÷3.18 m^3＝17.86 元

利润＝12.86 元/m^3×3.18 m^3÷3.18 m^3＝12.86 元

分部分项工程工程量清单综合单价分析表见表 1－63。

表 1－63　分部分项工程工程量清单综合单价分析表

工程名称：某建筑工程　　　　计量单位：m^3

项目编号：010402001001　　　　工程数量：3.18

项目名称：矩形柱　　　　综合单价：285.76

序号	项目编码	项目名称	项目特征及工程内容	单位	综合单价组成(元)						
					人工费	材料费	机械费	管理费	利润	风险费	综合单价
1	010402001001	矩形柱	小计	m^3	63.67	183.60	7.77	17.86	12.86		285.76
			柱截面：600×600 混凝土强度等级：C20 混凝土：现场搅拌 石子粒径：40 mm	m^3	63.67	183.60	7.77	17.86	12.86		

2)重新计算工程量组价

重新计算工程量组价，是指工程量清单给出的分项工程项目的单位，与所用定额的单位不同，或与工程量计算规则不同，需要按定额的计算规则重新计算工程量来组价综合单价。此种方法工程量清单项目和定额子目的工程内容一样，只是工程量不同。

重新计算工程量组价，主要按照所使用定额中的工程量计算规则，计算工程量。

【例 1-37】 清单项目如下：020406007001　塑钢窗单层 10 樘

塑钢窗尺寸：1800 mm×1800 mm，根据《安徽省装饰工程消耗量定额综合单价》，计算综合单价。其中管理费费率 16 %，利润率：7.5 %，不考虑风险因素。

根据安徽省消耗量定额及市场行情确定各分项人工、材料、机械单价如表 1-64。

表 1-64

定额编号		B4－20	B4－45	B4－55	B4－61
定额名称		铝合金推拉窗双扇带亮	塑钢窗单层	实木门框	装饰板门扇制作装饰面层
计量单位		100 m²	100 m²	100 m	100 m²
其中	人工费(元)	3 011.34	1 736.00	310.00	1 581.00
	材料费(元)	16 106.73	23 470.87	865.38	3 699.34
	机械费(元)	151.96	58.84	0.00	0.00

【解】 根据题意，套用定额编号 B4－45，计算过程如下：

塑钢窗尺寸：1800 mm×1800 mm，计价工程量：1.80×1.80×10＝32.40 m²

企业管理费＝(人工费＋机械费)×16 %

＝(1736.00＋58.84)×16 %＝287.17 元

利润＝(人工费＋机械费)×7.5 %

＝(1736.00＋58.84)×7.5 %＝134.61 元

分部分项工程工程量清单综合单价计算表见表 1-65。

表 1-65　分部分项工程工程量清单综合单价计算表

工程名称：某建筑工程　　计量单位：樘

项目编号：020406007001　　工程数量：10

项目名称：塑钢窗　　综合单价：832.28

序号	定额编号	工程内容	单位	数量	人工费	材料费	机械费	管理费	利润	风险费	小计
1	B4－45	塑钢窗制作安装	100 m²	0.324	1 736.00	23 470.87	58.84	287.17	134.61		25 687.50
		合计	元								832.28

分部分项工程量清单项目综合单价

$=\sum$(清单项目所含分项工程内容的综合单价×其工程量)÷清单项目工程量

＝(25 687.50×0.324)÷10＝832.26(元/樘)

其中：人工费＝1 736.00 元/樘×0.324100 m²÷10 樘＝56.25 元

材料费＝23 470.87 元/樘×0.324100 m²÷10 樘＝760.46 元

机械费＝58.84 元/樘×0.324100 m²÷10 樘＝1.91 元

管理费＝287.17 元/樘×0.324100 m²÷10 樘＝9.30 元

利润＝134.61 元/樘×0.324100 m²÷10 樘＝4.36 元

分部分项工程工程量清单综合单价分析表见表 1－66。

表 1－66　分部分项工程工程量清单综合单价分析表

工程名称：某建筑工程　　　　计量单位：樘

项目编号：020406007001　　　　工程数量：10

项目名称：塑钢窗　　　　综合单价：832.28

序号	项目编码	项目名称	项目特征及工程内容	单位	综合单价组成(元)						
					人工费	材料费	机械费	管理费	利润	风险费	综合单价
1	020406007001	塑钢窗	小计	樘	56.25	760.46	1.91	9.30	4.36		832.28
			窗类型：单层 窗尺寸：1800 mm×1800 mm	樘	56.25	760.46	1.91	9.30	4.36		

【例 1－38】　平整场地清单项目如下：010101001001　建筑物首层外墙外边线尺寸如图 1－55 所示。

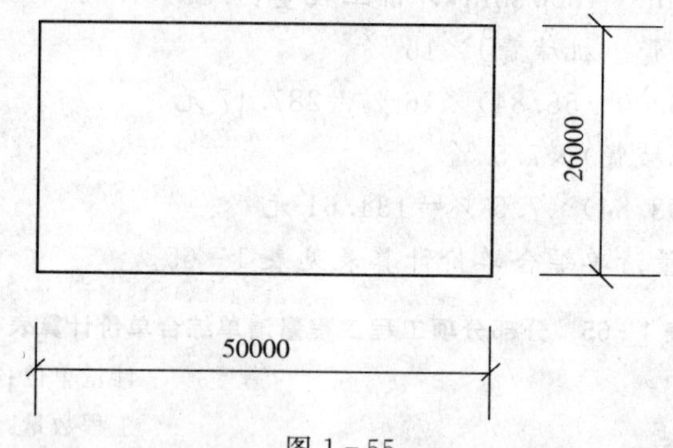

图 1－55

1. 人工费市场单价为：31 元/工日，企业管理费率为 19 %，利润费率为 15 %，不考虑风险因素。

2.《安徽省建筑工程消耗量定额》见表 1－67。

表 1－67　场地平整、回填土、打夯

工作内容：场地平整厚度在 30 cm 以内地挖、填、找平　　　　（计量单位：m²）

定额编号			A1－26
项目名称			场地平整
名　　称		单位	消耗量
人工	综合工日	工日	0.032
机械	电动夯实机	台班	

【解】 根据"计价规范"计算规则，平整场地是按建筑物首层面积计算：

工程量$=50\times26=1\,300\ m^2$

根据预算定额计算规则为周边各加2米计算工程量：

工程量$=(50+4)\times(26+4)=1\,620\ m^2$

规定计量单位项目人工费$=\sum$(人工消耗量×单价)

$=0.032$ 工日×31元/工日$=0.992$元

规定计量单位项目材料费$=\sum$(材料消耗量×单价)$=0$

规定计量单位项目机械使用费$=\sum$(机械台班消耗量×单价)$=0$

企业管理费=(人工费+机械费)×19%

$=(0.992+0.00)\times19\%=0.19$元

利润=(人工费+机械费)×15%

$=(0.992+0.00)\times15\%=0.15$元

分部分项工程工程量清单综合单价计算表见表1-68。

表1-68　分部分项工程量清单综合单价计算表

工程名称：某建筑工程　　　　计量单位：m^2

项目编号：010101001001　　　　工程数量：1300

项目名称：平整场地　　　　综合单价：1.67

序号	定额编号	工程内容	单位	数量	综合单价组成					小计
					人工费	材料费	机械费	管理费	利润	
1	A1-26	30 cm以内地挖、填、找平	m^2	1 620	0.992	—	—	0.19	0.15	1.33
		合计								1.67

分部分项工程量清单项目综合单价

$=\sum$(清单项目所含分项工程内容的综合单价×其工程量)÷清单项目工程量

$=(1.33\times1\,620)\div1\,300=1.67$(元/$m^2$)

分部分项工程工程量清单综合单价分析表见表1-69。

表1-69　分部分项工程量清单综合单价分析表

工程名称：某建筑工程　　　　计量单位：m^2

项目编号：010101001001　　　　工程数量：1300

项目名称：平整场地　　　　综合单价：1.67

序号	项目编码	项目名称	项目特征及工程内容	综合单价组成					综合单价
				人工费	材料费	机械费	管理费	利润	
1	010101001001	场地平整	30 cm以内地挖、填、找平	1.24	—	—	0.24	0.19	1.67

3)复合组价

复合组价,指工程量清单项目的单位、工程量计算规则与定额子目相同,但两者工程内容不同。这是因为清单项目原则上按实体设置的,而实体是由多个单一项目综合而成,清单项目的工程内容是由主体项目和相关项目构成。清单项目的名称是主体项目,主体项目和若干相关项目各为一个定额的子目,复合组价是对清单项目的各组成子目计算出合价并进行汇总后折算出该清单项目的综合单价。

【例 1-39】 清单项目如下:010702001001 屋面卷材防水及找平层 150.24 m^2

根据《安徽省建筑工程消耗量定额综合单价》,计算综合单价。其中管理费费率 19 %,利润率:13 %,不考虑风险因素。

其清单项目工程内容,包括:1∶2 水泥砂浆 20 mm 厚;SBS 改性沥青防水卷材、热熔法(满铺)、一层。

根据安徽省消耗量定额及市场行情确定各分项人工、材料、机械单价见 1-70。

表 1-70

定额编号		A7-27	B1-18
定额名称		SBS 改性沥青防水卷材 热熔法(满铺)一层	1∶2 水泥砂浆 20 mm 厚
计量单位		m^2	100 m^2
其中	人工费(元) 材料费(元) 机械费(元)	2.20 26.63	241.80 490.97 8.50

【解】 根据题意,套用定额编号 A7-27、B1-18,计算过程如下:

SBS 改性沥青防水卷材:

管理费=(2.20+0)元×19 %=0.42 元

利润=(2.20+0)元×13 %=0.29 元

小计=人工费+材料费+机械费+管理费+利润

　　=2.20+26.63+0+0.42+0.29=29.54 元

1∶2 水泥砂浆 20 mm 厚

管理费=(241.80+8.50)元×19 %=47.56 元

利润=(241.80+8.50)元×13 %=32.54 元

小计=人工费+材料费+机械费+管理费+利润

　　=241.80+490.97+8.50+47.56+32.54=821.37 元

分部分项工程工程量清单综合单价计算表见表 1-71。

表 1-71　分部分项工程工程量清单综合单价计算表

工程名称：某建筑工程　　　　计量单位：m^2

项目编号：010702001001　　　　工程数量：150.24

项目名称：屋面卷材防水及找平层　　　　综合单价：37.74

序号	定额编号	工程内容	单位	数量	人工费	材料费	机械费	管理费	利润	风险费	小计
1	A7-27	SBS改性沥青防水卷材热熔法(满铺)一层	m^2	150.24	2.20	26.63		0.42	0.29		29.54
	B1-18	1∶2水泥砂浆20 mm厚	100 m^2	1.50	241.80	490.97	8.50	47.56	32.54		821.37
		合计	元								37.74

分部分项工程量清单项目综合单价

$=\sum$(清单项目所含分项工程内容的综合单价×其工程量)÷清单项目工程量

$=(29.54\times150.24+821.37\times1.50)\div150.24=37.74$(元/$m^2$)

分部分项工程工程量清单综合单价分析表见表1-72。

表 1-72　分部分项工程工程量清单综合单价分析表

工程名称：某建筑工程　　　　计量单位：m^2

项目编号：010702001001　　　　工程数量：150.24

项目名称：屋面卷材防水及找平层　　　　综合单价：37.74

序号	项目编码	项目名称	项目特征及工程内容	单位	综合单价组成(元)						
					人工费	材料费	机械费	管理费	利润	风险费	综合单价
1	010702001001	屋面卷材防水及找平层	小计	m^2	4.61	31.53	0.08	0.90	0.62		37.74
			SBS改性沥青防水卷材热熔法(满铺)一层	m^2	2.20	26.63		0.42	0.29		
			1∶2水泥砂浆20 mm厚	100 m^2	2.41	4.90	0.08	0.48	0.33		

4)重新计算工程量复合组价

重新计算工程量复合组价，是指工程量清单给出的分项工程项目的单位，与所用的定额子目的单位不同，或与工程量计算规则不同，并且两者工程内容也不同。需要根据清单项目的工程内容确定有哪些定额子目组成，按定额的计算规则重新计算主体项目的计价工程量，各定额子目计价计算出合价并进行汇总后折算出该清单项目的综合单价。

重新计算工程量复合组价，主要是根据《计价规范》的工作内容和工程量清单文件计算主体项目的计价工程量、相关项目的工程量。

见【例1-34】。

1.6.2.3　分部分项工程量清单计价

工程量清单计价的工程费用均采用综合单价法计算。

分部分项工程量清单计价合计费用计算公式：

综合单价＝规定计量单位的人工费＋材料费＋机械使用费＋取费基数×(企业管理费费率＋利润率)＋风险费用

分项清单合价＝综合单价×工程数量

分部清单合价＝$\sum$ 分项清单合价

分部分项工程量清单计价合计费用＝$\sum$ 分部清单合价

1.6.3 措施项目清单计价

1.6.3.1 施工措施费概念

措施项目费是指不直接形成工程主体，而有助于工程实体形成的各项费用，包括发生于该工程施工前和施工过程中技术、生活、安全等方面的非工程实体项目费用。

施工措施费分为施工技术措施费和施工组织措施费。施工技术措施费按《安徽省建设工程工程量清单计价规范》和“安徽省建设工程消耗量定额”之规定确定。施工组织措施费按《安徽省建设工程清单计价费用定额》规定，结合工程实际情况确定。

工程量清单文件中列出了与本工程有关的各类施工措施项目名称，没有具体的工程量，是招标人根据一般情况提出的，没有考虑不同投标人的“个性”。编制工程标底时按照各专业预算基价和计价办法中的施工措施项目计价规定计算。投标报价时参照各专业预算基价和计价办法中的施工措施项目计价规定计算，也可根据投标人情况自主计算，报价必须附计算说明。

1.6.3.2 施工措施项目清单计价方法

施工措施项目清单计价表中的序号、项目名称应按施工措施项目清单的相应内容填写。施工措施项目清单计价采用综合单价，即包括直接工程费(人、材、机)、管理费和利润，并考虑风险因素。其计算方法在《建设工程计价办法》中提供两种方法，一种方法是按定额基价计价，另一种方法是按费率计价。

1. 按定额基价计价的方法

按定额基价计价时一般按下列顺序进行：

(1)根据施工措施项目清单和拟建工程的施工组织设计，确定施工措施项目。

(2)确定该施工措施项目所包含的工程内容。

(3)以现行的建筑和装饰预算基价规定的工程量计算规则，分别计算该施工措施项目所含每项工程内容的工程量。

(4)按预算基价的规定确定每项工程内容的人工、材料、机械的消耗量。

(5)确定工日单价、材料价格、施工机械台班单价，计算每项工程内容人工费、材料费、施工机械使用费。

人工费＝工程量×分项工程每一计量单位的人工费

材料费＝工程量×分项工程每一计量单位的材料费

机械费＝工程量×分项工程每一计量单位的机械费

(6)计算每项工程内容的管理费和利润。

安徽省按公式(1－89)、(1－90)计算。

(7)计算每项工程内容的综合价格，汇总形成该项施工措施费的综合单价(施工措施项目以项为单位)。

综合单价＝人工费＋材料费＋机械费＋企业管理费＋利润

施工措施费的综合单价＝汇总每项工程内容的综合价格

用此种方法计价的施工措施费有：大型机械设备进出场及安拆措施费、混凝土和钢筋混凝土模板及支架措施费、脚手架措施费、施工排水和降水措施费、垂直运输费、超高工程附加费、混凝土泵送费、已完工程及设备保护措施费。

2. 按费率计价的方法

按费率计价的方法，是指以直接费、材料费、人工费等为基数乘以相应的费率计算，此方法计算的施工措施费有：文明施工费、临时设施费、二次搬运措施费、总承包服务费、竣工验收存档资料编制费。

措施项目清单计价合计费用：施工技术措施费应按照综合单价法计算。施工组织措施费，按照《安徽省建设工程清单计价费用定额》规定计算。

1.6.4 其他项目清单计价

其他项目清单应根据拟建工程的具体情况，分别参照预留金、材料购置费、总承包服务费、零星工作项目费等项目列项，其中属招标人的预留金、材料购置费等应列出估算金额；“零星工作项目表”应根据省清单计价规范的要求，结合拟建工程的具体情况，详细列出可能发生的人工(分工种)、材料(分材质、规格)、机械分机型的名称、计量单位和相应数量，并随工程量清单发至投标人。

1.6.4.1 计日工清单计价

计日工清单标底计价按如下规定计算：

1. 人工综合单价

安徽省人工单价按每工日31元，并参考编制期的造价信息发布的参考调整系数计算。

2. 材料综合单价

材料单价参考编制期的造价信息发布的市场价格计算。

3. 施工机械费综合单价

施工机械台班单价参考编制期的造价信息发布的指导价格计算。

1.6.4.2 不可预见费

不可预见费以分部分项工程量清单计价和施工措施费清单计价的合计为基数乘以估算比例计算，结算比例按工程量清单中的规定执行。

其他项目清单计价合计费用：招标人部分的金额按招标人估算的金额确定；投标人部分的金额应根据招标人提出的要求，所发生的费用确定；零星工作项目费应根据“零星工作项目计价表”的要求，按照规范规定的综合单价的组成填写。

1.6.5 规费、税金

规费：是指投标人按照政府有关部门规定，必须缴纳的费用。

税金：是指国家税法和本省有关规定，应计入建设工程造价内的营业税、城市维护建设税、教育费附加、水利建设基金等。

规费和税金按当地取费文件的要求计算。一般规费等于分部分项工程费、措施项目费、其他项目费三项费用之和乘以相应费率。税金等于分部分项工程费、措施项目费、其他项目费、规费四项费用之和乘以相应税率。

规费计算公式:

规费=(分部分项工程量清单计价合计费用+措施项目清单计价合计费用+其他项目清单计价合计费用)×规定费率

或按照《安徽省建设工程清单计价费用定额》规定计算。

税金计算公式:税金=(分部分项工程量清单计价合计费用+措施项目清单计价合计费用+其他项目清单计价合计费用+规费)×规定税率

工程量清单计价的工程费用=分部分项工程量清单计价合计费用+措施项目清单计价合计费用+其他项目清单计价合计费用+规费+税金

学习情境 1.7　工程价款结算

工程量清单计价合同价(以下简称:清单合同价)和工程结算(包括竣工结算),应遵照《建设工程价款结算暂行办法》。

在确定中标人后,发包人与承包人应根据中标价签订合同价。

清单合同价的类型有固定总价、固定单价和可调价三种。

固定总价:合同工期较短且工程合同总价较低的工程,可以采用固定总价合同方式。

固定单价:双方在合同中约定综合单价包含的风险范围和风险费用的计算方法,在约定的风险范围内综合单价不再调整,风险范围以外的综合单价调整方法,应当在合同中约定。

可调价格:可调价格包括可调综合单价和措施费等,双方应在合同中约定综合单价和措施费的调整方法。

1.7.1　工程变更价款的计算方法

1. 工程变更包括设计变更、施工进度计划变更、施工条件变更及原招标文件和工程量清单中未包括的“新增工程”。

按照《建设工程施工合同文本》的规定,工程变更包括:

(1)更改工程有关部分的标高、基线、位置、尺寸。

(2)增减合同中约定的工程量。

(3)改变有关工程的施工时间和顺序。

(4)其他有关工程变更需要的附加工作。

当工程变更发生时,工程师应及时处理并确认变更的合理性,工程师签发的工程变更指令是确认工程变更,据以进行工程变更、工程价款和进度计划调整的依据,工程变更必须按照规定的程序进行。

2. 工程变更价款的确定应在双方协商的时间内,由承包商提出变更价格,报工程师批准后方可调整合同价或顺延工期。对承包商提出的变更价款,应按有关规定进行处理:

(1)承包人在工程变更确定后14天内,提出变更价款的报告,经工程师确认后调整合同价款。

(2)合同中已有适用于变更工程的价格,按合同已有的价格计算变更合同价款。

(3)合同中只有类似于变更工程的价格,可以参照类似价格变更合同价款。

(4)合同中没有适用于或类似于变更工程的价格,由承包人提出适当的变更价格变更合同价款。

3. 工程量的调整:

(1)发生下列情况之一的,项目的工程量均应按实调整:

1)发包人提供的工程量清单项目或数量有误;

2)设计变更引起的工程项目或数量的增减。

(2)变更的工程量应根据变更设计图纸、变更联系单,并按有关工程量计算规则计算确定。

1.7.2　工程索赔价款的计算方法

索赔是指在合同履行过程中,对于并非自己的过错,而应当由对方承担责任的情况造成的实际损失,向对方提出经济补偿和时间补偿的要求。工程索赔是双向的,包括施工索赔和业主索赔两个方面,一般习惯上将承包商向业主的施工索赔简称为"索赔",将业主向承包商的索赔称为"反索赔"。

寻找和发现索赔机会是索赔的第一步。索赔机会常常表现为具体的干扰事件。干扰事件是索赔处理的对象,事态调查、索赔理由分析、影响分析、索赔值计算等都针对具体的干扰事件。任何索赔事件的成立,其前提条件是必须具有正当的索赔理由,要有理有据,事实清楚,依据完善。工程索赔必须以合同为依据,注意在实际工程中收集和积累与索赔有关的资料,从而做到处理索赔时以事实和数据为依据。

索赔事件发生后,如何正确计算索赔给承包商造成的损失,直接牵涉到承包商的利益,熟练掌握索赔的计算方法是很重要的。

1. 索赔费用项目

(1)人工费

完成合同之外的额外工作所花费的人工费用,由于非承包商责任的人工降效所增加的人工费用,超过法定工作时间的加班费用,法定的人工费增长以及非承包商责任造成的工程延误导致的人工窝工费等。

(2)材料费

由于客观原因材料价格大幅度上涨;由于索赔事项材料实际用量超过计划用量而增加的材料费;由于非承包商原因致使材料运杂费、采购与储存费用的上涨;由于非承包商责任工程延误导致的材料价格上涨等。

(3)施工机械使用费

由于完成额外工作增加的机械使用费;非承包商责任致使功效降低而增加的机械使用费;由于业主或监理工程师原因造成机械停工的窝工费。

(4)分包费用

指的是分包商的索赔款项,应如数计入总承包商的索赔总额以内。

(5)工地管理费

指承包商完成额外工程、索赔事件工作以及工期延长期间的工地管理费。

(6)总部管理费

指工期延误所增加的管理费,包括企业总部管理人员的工资等各项费用。

(7)利息

业主拖期支付的工程进度款或索赔款的利息。

(8)利润

对于不同原因引起的索赔，利润索赔的成功率是不同的，一般引起工程量增加的索赔，是可以索赔利润的，而工期延误索赔，一般工程师或业主很难同意此种索赔加入利润。

2. 索赔费用计算方法

(1)总费用法和修正总费用法

总费用法又称总成本法，就是计算出该项工程的总费用，再从这个已实际开支的总费用中减去投标报价时的成本费用，即要求补偿的索赔费用额。

【例 1-40】 某工程原合同报价如下：

工程成本：直接费＋工地管理费	4 000 000 元
总部管理费：工程成本×10％	400 000 元
利润：(工程成本＋总部管理费)×7％	308 000 元
合同价	4 708 000 元

在工程实施过程中，由于非承包商原因造成工地实际成本增加至 4 200 000 元，用总费用法计算索赔值如下：

工程成本增加量(4 200 000－4 000 000)	200 000 元
总部管理费增加量：工程成本增加量×10％	20 000 元
利润：(工程成本增加量＋总部管理费增加量)×7％	15 400 元
利息：(按实际时间和利率计算)	4 000 元
索赔值	239 400 元

(2)分项法

分项法是按每个(或每类)干扰事件以及这件事所影响的各个费用项目分别计算索赔值的方法。这种方法比总费用法复杂，处理起来比较困难，但他更能反映实际情况，比较合理、科学，人们在逻辑上容易接受。分项法计算索赔值通常分三步：

1)分析每个干扰事件所影响的费用项目。这些费用项目通常与合同报价总的费用项目一致。

2)确定各费用项目索赔值的计算基础和计算方法。计算每个费用项目受干扰事件影响后的实际成本或费用值，并与合同中的费用值对比，即可得到该项费用的索赔值。

3)将各费用项目的计算值列表汇总，得到总费用索赔值。

用分项法计算关键是不能漏项。

【例 1-41】 某建设工程系外资贷款项目，业主与承包商按 FIDIC《土木工程施工合同条件》签订了施工合同。施工合同《专用条件》规定钢材、木材、水泥由业主供货到现场仓库，其他材料由承包商自行采购。

当工程施工至第五层框架柱钢筋绑扎时，因业主提供的钢筋未到，使该项作业从 10 月 3 日到 10 月 16 日停工(该项作业的总时差为零)。

10 月 7 日到 10 月 9 日因停电、停水使第三层的砌砖停工(该项作业的总时差为 4 天)。

10 月 14 日到 10 月 17 日因砂浆搅拌机发生故障使第一层抹灰延迟开工(该项作业的总时差为 4 天)。

为此，承包商于10月28日向工程师提交了一份索赔意向书，并于10月29日送交了一份工期、费用索赔计算书和索赔依据的详细材料。

其计算书如下：

1. 工期索赔

(1)框架柱绑扎钢筋　10月3日到10月16日停工　计14天

(2)砌砖　10月7日到10月9日停工　计3天

(3)抹灰　10月14日到10月17日　计4天

总计请求展延工期21天

2. 费用索赔

(1)窝工机械设备费

一台塔吊　14×234＝3276元

一台搅拌机　14×55＝770元

一台砂浆搅拌机　7×24＝168元

小计　4 214元

(2)窝工人工费

支模　25×20.15×14＝9 873.5元

砌砖　30×20.15×3＝1 813.5元

抹灰　35×20.15×4＝2 821元

小计　14 508元

(3)保函费延期补偿　(1 500×10％×6％)÷365×21＝0.0517万元＝517元

(4)管理费增加　(4 214＋14 508＋517)×5％＝2 885.85元

(5)利润损失　(4 214＋14 508＋517＋2 885.85)×15％＝1 106.24元

经济索赔合计：4 214＋14 508＋517＋2 885.85＋1 106.24＝23 231元

问题1：承包商提出的工期索赔是否正确？应予批准的工期索赔为多少天？

问题2：假定经双方协商一致窝工机械设备索赔按台班单价的65％计算；考虑对窝工人工应合理安排工人从事其他作业后的降效损失，窝工人工费索赔按每工日10元计；保函费计算方式合理；管理费、利润损失不予补偿。试确定经济索赔额。

【解】

1. 承包商提出的工期索赔不正确。

(1)框架柱绑扎钢筋停工14天，应予工期补偿。这是由于业主原因造成的，且该项作业位于关键线路上。

(2)砌砖停工，不予工期补偿。因为该项停工虽属于业主原因造成的，但该项作业不位于关键线路上，且未超过工作总时差。

(3)抹灰停工，不予工期补偿。因为该项停工属于承包商自身原因造成的。

同意工期补偿为：14＋0＋0＝14天

2. 经济索赔审定

(1)窝工机械费

塔吊1台：14×234×65％＝2 129.4元

(按惯例闲置机械只应计取折旧费)

搅拌机 1 台：14×55×65 %＝500.5 元

（按惯例闲置机械只应计取折旧费）

砂浆搅拌机 1 台：3×24×65 %＝46.8 元

（因停电闲置可按折旧计取）

因故障砂浆搅拌机停机 4 天应有承包商自行负责损失，故不给予补偿。

小计：2 129.4＋500.5＋46.8＝2 676.7 元

（2）窝工人工费

绑扎钢筋窝工：30×10×4＝4 900 元

（业主原因造成，只考虑降效费用）

砌砖窝工：30×10×3＝900 元

抹灰窝工：不予补偿，因系承包商责任。

小计：4 900＋900＝5 800 元

（3）保函费补偿：（1 500×10 %×6 %）÷365×14＝0.0345 万元＝345 元

（4）管理费增加，一般不予补偿。

（5）利润补偿：

通常因暂时停工不予补偿利润损失

经济补偿合计为：2 676.7＋5 800＋345＝8 821.7 元

1.7.3 工程价款结算

工程价款结算是指承包商在施工过程中，依据完成的工程量，按照合同规定的程序向发包商（业主）收取工程价款的一项经济活动。

1. 工程价款的主要结算方式

（1）按月结算

即实行旬末或月中，由承包商提出已完成工程月报及其工程款结算单，一并送交业主，办理已完工程款结算。有预支、月终结算、竣工后清算的办法。

（2）分段结算

当年开工跨年度竣工的工程，可按工程施工形象进度将工程划分为几个阶段，工程按进度计划规定的段落完成后进行结算，是一种不定期的结算方式。具体实施时根据建筑工程的特性，将在建的建筑物划分为几个施工阶段。然后测算出每个施工阶段的造价，并按一定比例作为每次预支金额。承包商据此填写“工程价款预支账单”送交工程师（业主）签证同意后办理预支拨款。段落完工后结算，也有按段落分次预支，完工后一次结算的方式。

（3）竣工后一次结算

建设项目或单项工程建设期在一年以内，或承包合同价值在 100 万元以下的，可以实行工程款按月预支，竣工后一次结算。

2. 预付工程备料款

根据工程承包合同规定，由业主在开工前拨付给承包商一定限额的预付工程备料款，用于主要材料和构配件等的储备。

(1)预付备料款的额度

$$预付备料款=(年度施工产值×主要材料所占比重/年度法定施工天数)×材料储备周期(天) \quad (1-91)$$

建筑工程预付备料款一般不超过当年建筑工程量的30 %,在实际工作中,应由合同双方根据具体情况协商。

(2)预付备料款的扣回

预付备料款必须在完工前从工程进度款的支付中分次扣回。从未施工工程尚需的主要材料构件的价值相当于备料款数额时起扣,从每次结算工程价款中按材料比重扣抵工程价款,竣工前全部扣清。备料款起扣点可按下式计算:

$$T=P-M/N \quad (1-92)$$

式中,T——起扣点,即预付备料款开始扣回时的累计完成工作量余额;

M——预付备料款的限额;

N——主要材料所占比重;

P——承包工程价款总额。

一般情况下,工程进度达到65 %时,开始抵扣预付备料款。

3. 工程进度款支付

工程进度款支付由施工企业在月中向业主提交预支工程款账单,月终提出工程款结算账单和已完工程月报表,经过工程师确认和业主批准后,收取当月的工程价款。如图1-56所示。

图1-56　工程进度款结算程序

(1)工程计量

工程进度款支付一般应按照实际完成的工程数量进行计算,工程量计量是中间结算的重要基础工作。一般需对合同文件中规定的项目,工程变更项目和工程索赔项目,按照技术规范中的"计量支付"条款、施工图纸和质量合格证书等进行计量。

(2)工程进度款支付

由施工企业向业主提交工程款结算账单和已完工程月报表,经过工程师确认和业主批准后,收取当月的工程价款。

(3)工程保修金预留

按照有关规定,工程进度款支付过程中必须预留质量保修费用,一般为合同总价的3 %~5 %。

(4)工程价款的动态结算

目前我国常用的动态结算方法有按工程造价指数调整法、按实际价格结算法、按调价文件结算法和调值公式法等形式。根据国际惯例，一般采用的是调值公式法。

【例 1-42】 某建设工程项目，其建筑工程承包合同加为800万元。合同规定，预付备料款额度为18％，竣工结算时应留5％尾款作保证金。该工程主要材料及结构构件金额占工程价款的60％，各完成月工作量表见表1-73。求该工程的预付备料款和起扣点；按月结算该工程进度款；该工程结算总造价及6月份应付款为多少？

表 1-73 各月完成工作量

月份	2	3	4	5	6	合同价调整金额
完成工作金额	100	150	200	200	150	50

【解】

1. 预付备料款为　　800×18％＝144万元

起扣点为　　$T=P-M/N=800-144\div 60\%=560$(万元)

2. 2月份：工程款为100万元

3月份：工程款为150万元，累计完成250万元

4月份：工程款为200万元，累计完成450万元

5月份：工程款为200万元

因为200＋450＝650万元＞560万元，且650－560＝90万元，所以应从5月份的90万元工程款中扣除预付备料款。

因此，5月份应结算工程款为(200－90)＋90×(1－60％)＝146万元，故5月份累计完成596万元。

6月份：工程款＝当月已完成工程量×(1－主材所占比重)

＝150×(1－60％)＝60万元

3. 竣工结算总造价＝预付款＋按月结算工程款累计＋合同调整增加额

＝144＋656＋50＝850万元

6月份应付尾款＝竣工结算总造价－(1至5月份已支付工程款累计金额)－保留金－预付款

＝850－596－850×5％－144＝67.5万元

学习情境1.8 工程计价软件简介

1.8.1 利用软件编制工程量清单

1.8.1.1 工程计价软件的工作流程

计价软件可实现工程量清单计价和施工图预算计价。在工程量清单计价中，有两大功能模块组成：量单编制、量单计价(标底计价、投标报价)，其中量单编制是量单计价的基础。工程量清单计价软件的工作流程如图1-57所示。

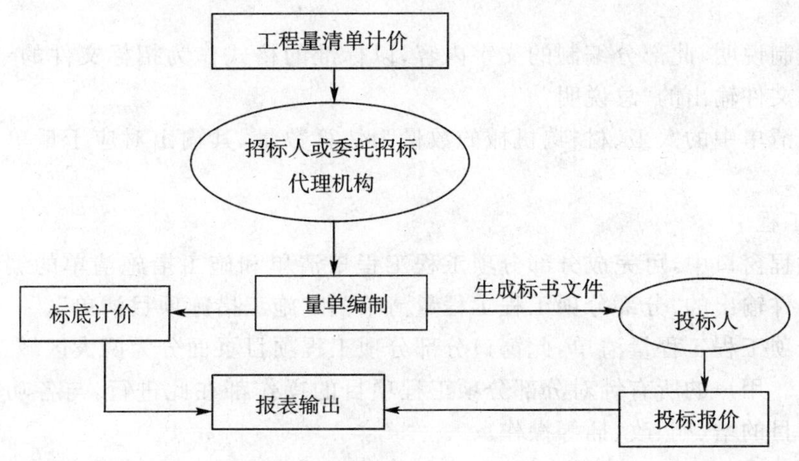

图 1-57　工程量清单计价软件的工作流程图

1.8.1.2　工程量清单编制(量单编制)

编制工程量清单应按以下流程进行:进入系统→新建量单文件→打开文件→量单编制。

1. 新建量单文件

新建文件时,当计价模式选择"工程量清单"时,其文件类型将保存为量单文件(后缀名为.BSL);当计价模式选择"施工图预算"时,其文件类型将保存为预算文件(后缀名为.BSY)。

调用方法:选择"文件"菜单中的"新建"("修改")菜单项或点击工具栏中的"新建"按钮。

"项目信息编制区"内,应按要求输入必要的信息,在这里应注意"密码设置"功能的使用:点击"修改密码"复选框,在"项目密码"文本框中输入密码,按回车,然后再次输入密码,按回车,两次输入的字符必须一致,密码才能生效。在进行诸如对文件的修改及打开等操作时,将会要求用户输入密码,从而起到保护文件的作用。

新建量单文件要根据工程招标范围建立专业工程名称,要建立专业工程名称为"装饰装修工程",其操作步骤为:

第一步:在"专业工程"下拉列表框中选择"装饰装修工程",然后点击"新建专业工程"按钮。

第二步:从右侧窗口中的"类别"下拉列表中,选择"装饰装修工程",这时"工程名称"文本框中,系统将自动给定与类加名同的专业工程名称,我们可在此基础上进行编辑与修改。

第三步:点击"退出"按钮,完成专业工程名称的新建。

2. 量单编制

打开已经建立的量单文件(*.BSL)后,系统首先进入"量单编制",可以看到量单文件有两类窗口显示:"工程项目"窗口和"专业工程"窗口。"工程项目"窗口中可完成工程项目信息、量单编制说明、计日工清单的编制工作。专业工程窗口显示出当前工程项目包含的所有类别的专业工程,在此窗口中可完成分部分项工程工程量清单和施工措施清单的编制。

(1)工程项目

1)工程项目信息,包含所有工程项目文件建立时所收集的工程项目信息,其输出对应于量单文件输出的"封面"即"工程项目概括",可以任意编辑修改包括工程项目名称、专业工程的类别和名称等。

2)量单编制说明,此部分编制的文字内容,以标准的格式作为招标文件的一部分,其输出对应于量单文件输出的“总说明”。

3)计日工清单中的人工、材料、机械的数量为估算数量,其输出对应于量单文件输出的“计日工清单”。

(2)专业工程

在专业工程窗口中,可完成分部分项工程工程量清单和施工措施清单的编制。其输出对应与量单文件输出的“分部分项工程工程量清单”和“施工措施项目清单”。

1)分部分项工程工程量清单,此窗口分部分项工程项目页面分为两大区域:项目列表区和项目编辑区。用户的所有针对分部分项工程项目的操作都在此进行,与各功能按钮配合使用可完成项目的增、删、改、插等操作。

项目列表区中,显示出当前专业工程所属专业类别的所有章节的分部分项工程项目及相应专业类别的补充项目模板。

项目编辑区中增加项目的方法有两种:直接在项目编辑区输入分部分项工程项目编码或从项目列表区中提取选定的项目至项目编制区中。

项目提取的具体方法:在项目列表区中所需分部分项工程项目→在选定的项目上按住左键,将其拖拉至项目编辑区中的目标位置(在选中的项目上按回车键或双击鼠标左键)。

2)施工措施项目清单,施工措施项目清单页面分为两大区域:项目列表区和项目编辑区,用户的所有针对施工措施的操作都将在此进行。操作的方法与分部分项项目相似,在此不再详细叙述。

3)生成标书文件,操作过程:选择“文件”菜单中的“生成标书文件”菜单项或点击工具栏中的“生成标书文件”按钮→系统弹出“另存为”窗口→在“保存在”下拉列表框内选择标书文件的存放位置→在“文件类型”下拉列表框内,选择标书文件格式(本系统中,可生成量单式的标书文件级标准格式〔后缀名为 .BSJ〕压缩格式〔后缀名 .BJ〕)→在“标书文件名”输入区内输入要生成的标书文件名→点击“保存”按钮,标书文件即可生成→将生成的标书文件拷贝到磁盘或刻录到光盘上,提供给投标人。

1.8.2 利用软件进行工程量清单计价

工程量清单计价有标底计价和投标报价,标底计价与投标报价的操作方法及计算原理完全相同,但其操作主体却有着招标人与投标人的不同。本系统中标底计价是在量单文件(*.BSL)中进行,量单编制完成后,点击“功能切换”下拉列表框并选择“量单计价”,这时软件将切换到标底计价。投标报价是在标书文件(*.BSJ)中进行,投标人打开招标人标书文件后,直接进入到投标报价功能。

根据 2004 年计价办法的规定,标底计价(投标报价)包括分部分项工程工程量清单计价、施工措施项目计价,软件中二者的操作是在专业工程窗口中完成的;还包括计日工清单计价,此操作在工程项目窗口完成。以上窗口间的切换,可通过“窗口”菜单中的相应菜单项或“窗口循环”按钮来实现。

1.8.2.1 工程项目

“工程项目”窗口中包含以下页面:工程项目信息、计价汇总、计日工清单价格、标底(投标)编制说明。通过点击“类别选项卡”可切换到相应的编辑页面。

1. 工程项目信息,工程项目文件建立时所收集的所有工程项目信息以及各专业工程的费用、利润、工程项目的税率的确定都在此窗口中完成。

2. 标底计价汇总(投标报价汇总),此表中的计算结果与文件输出的“标底计价汇总表(投标报价汇总表)”保持一致。

3. 计日工清单价格,计日工单价价格窗口分为两大区域:综合单价计算系数编辑区和单价编辑区。

4. 标底编制说明(投标编制说明),页面上的编辑区域可以直接录入文字并支持文本的剪切、复制及拷贝等操作。

1.8.2.2　专业工程

1. 分部分项工程工程量清单计价

在分部分项工程项目窗口中,工程量清单项目的单价及合价不能直接输入,其价格是通过组成项目的合价汇总后折算为该量单项目的综合单价。若确定工程量项目的组成项目,需通过项目编辑来实现,具体操作为:将光标移到欲编辑的工程量清单项目所在行,然后点击编辑按钮。

操作说明:

(1)数据录入表中可以存在以下类型的项目,本专业预算基价项目;本专业补充单位估价表项目(字母“A”～“R”打头,后面可跟1～7位数字或字母)。

(2)补充单位估价表项目的增加有两种方式:一是直接输入法:直接在数据录入表中输入项目编号,此项目编号如果在补充单位估价表项目库中已提前建立,则可直接使用,如果未建立,则可先输入项目编号,然后再到补充单位估价表项目库中进行编辑;二是拖位方式:从本专业补充项目模板或补充单位估价表中选中某一项目并按住左键,将其拖位至数据录入表中的目标位置(也可在选中的项目上按回车键或双击,即可将其提取至目标位置),对于补充项目模板中的项目,则系统将自动给定项目编码,字母+4位随机数字。

(3)数据录入表中项目的增加有两种方式:一是直接输入法:直接在数据录入表中输入项目编号;二是拖位方式:在项目列表中选中某一项目并按住左键,将其拖位至数据录入表的目标位置(也可在选中的项目上按回车键或双击,即可将其提取至目标位置)。

(4)目前状态下,项目列表中除列出当前工程量清单项目及其相应的预算基价项目外,还列出了当前工程量清单项目所属章的所有相关节项目及其相应的预算基价项目。

(5)点击“关闭”按钮或按键盘上的Esc键,可退出综合项目编辑窗口。

2. 施工措施项目清单计价

启动“施工措施项目编辑”窗口后,编辑某一施工措施项目有两种方法:基价项目表示法、计算公式表示法。

(1)基价项目表示法:采用基价项目表示施工措施时,有两种录入方式,即直接在数据录入表中输入基价项目编号和从项目列表中将选定的基价项目拖拉至数据录入表中。具体操作为:数据录入表中,在“类别”列上点击,从弹出的下拉列表中选择“基价”→在“项目章节”下拉列表框中选中“目标章节”→在“项目列表”中选中所需基价项目→在选中的项目上按住左键,将其拖位至数据录入表中的目录位置(或在选中的项目上按回车键,也可将其提取至数据录入表的目标位置)。

(2)计算公式表示法:采用计算公式表示施工措施项目时,有两种录入方式,即直接在数据录入表中输入项目名称、计算公式、人工费比例等信息和从项目列表中将选定的技术措施公示项目拖拉至数据录入表中。具体操作为:数据录入表中,在"类别"列上点击,从弹出的下拉列表中选择"公式"。这时左侧的项目列表中将自动列出"施工措施公式项目系统模板"中的所有项目→在"项目列表"中选中所需公式项目→再选中的项目上按住左键,将其拖位至数据录入表中的目录位置(或在选中的项目上按回车键,也可将其提取至数据录入表中的目标位置)。在这里需要注意:计算公式中 DATA 字符串不能直接使用,必须将其替换为实际数据或系统宏变量。

3. 工料机单价编辑

启动工料机单价编辑窗口,除了可以逐个输入工料机单价外,还可以对逐个工程项目的工料机汇总总量进行单价编辑,方法有:批量调整和读造价信息数据文件。编辑完成后,还需进行配价。

1.8.2.3 统计汇总报表输出

在分部分项工程工程量清单计价和施工措施项目计价窗口均设有随机统计和分部统计,其结果可以显示、预览、打印、导出。在"统计"菜单下有"汇总统计"菜单项,汇总统计有两种:整个工程项目及各专业工程。对统计结果进行输出,即打印预览、打印报表、导出等操作。

【思考题】

一、填空题

1. 建设项目的分类,按建设项目资来源渠道不同可分为(　　)、(　　)、(　　)、银行信用筹资项目等。

2. 一般大中型及限额以上工程项目的建设程序可以分为(　　)、(　　)、(　　)、(　　)、(　　)、(　　)、竣工验收、后评价等八个阶段。

3. 我国存在两种工程造价计价模式:一是传统的(　　)模式;另一种是(　　)计价模式。不论那一种计价模式都是先(　　),再计算工程价格。

4."计价规范"包括(　　)和附录两大部分,两者具有同等效力。正文共五章,包括总则、(　　)、(　　)、(　　)、工程量清单及其计价格式。附录包括:附录 A、附录 B、附录 C、附录 D、附录 E、附录 F 六大不同专业性质工程的(　　)及(　　)。

5. 劳动定额按其表现形式的不同,分为(　　)和(　　)。

6. 定额时间包括(　　)时间、(　　)时间、(　　)时间和工人需要的休息时间等。

7. 直接用于工程的材料数量,称为材料(　　);不可避免的施工废料和材料损耗数量,称为材料(　　)。

8. 机械台班定额以(　　)为单位,每一台班按(　　)计算。其表达形式有(　　)定额和(　　)定额两种。

9. 企业管理费是指建筑安装企业(　　)和(　　)所需费用。

10. 综合单价的组合方法有以下几种方法:(　　)、(　　)、(　　)和重新计算工程量复合组价。

二、简答题

1. 建设项目工程造价可以根据不同的建设阶段可分为几类,各是什么?

2. 建设工程计价的概念?

3."计价规范"的原则、特点是什么?

4. 建筑工程消耗量定额的作用？

5. 建筑工程劳动消耗定额、材料消耗定额、机械台班消耗定额的表现形式？

6. 简述施工措施费指的是什么？包括什么内容？

7. 简述规费指的是什么？包括什么内容？

8. 简述工程价款的主要结算方式？

三、计算题

1. 某工程坑底面积为矩形，尺寸为 32 m×16 m，深为 2.8 m，地下水位距自然地面为 2 m，土为坚土，试计算人工挖土方的综合基价。

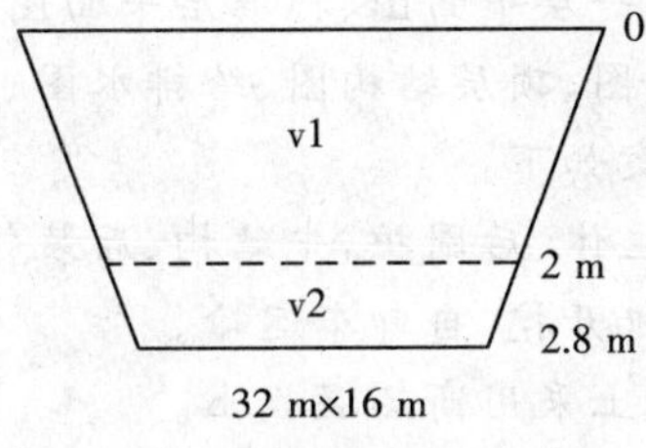

图 1－58

2. 已知基础平面图如图所示，土为三类土，计算人工挖土的定额直接费(砼垫层施工时需支模板)。若本土改为四类土，人工挖土定额直接费又为多少。

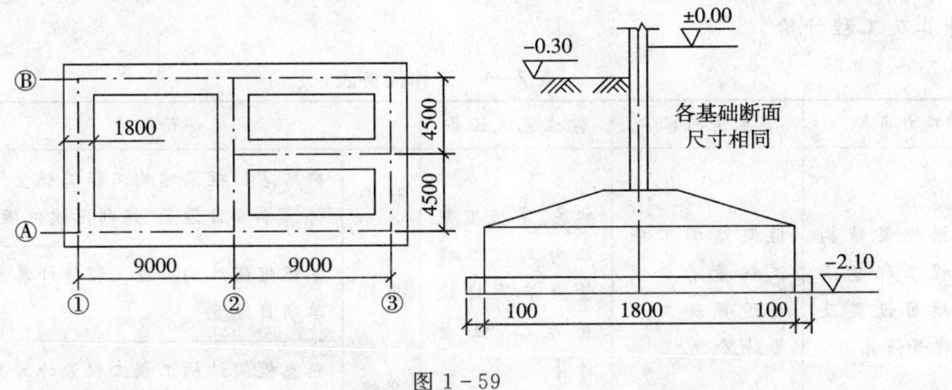

图 1－59

学习项目 2　框架结构工程计量与计价

【项目描述】 某城市沿街新建 11 框架结构办公楼，结构安全等级二级，耐火等级二级，抗震设防烈度为 7 度，一层层高 3.6m，二层及以上层高 3.0 m，建筑总面积为 8642 m^2。施工图主要有建筑说明、总平面图、一层平面图、标准层平面图、顶层平面图、基础平面图、结构说明、一层结构图、其余各层结构图、顶层结构图、给排水图、电气防雷接地等施工图，根据施工现场及施工图纸，采用施工方案如下：

(1)采用先地下、后地上，先主体、后围护，先结构、后装饰的施工顺序。

(2)基础土方开挖采用挖掘机开挖，自卸车运输。

(3)建筑材料就地购买，混凝土采用商品混凝土。

(4)土方工程、墙体砌筑、钢筋混凝土结构及装饰工程均按施工规范执行。

【项目剖析】 本项目涉及框架结构办公楼工程概况描述，工程施工图纸及施工方案，根据《建设工程工程量清单计价规范》(GB50500—2008)、安徽省建筑工程消耗量定额(2005)、安徽省建筑工程计价规范及施工方案和市场行情，进行框架结构办公楼清单项目设置、工程量计算及工程计价。

表 2-1　工作任务表

能力目标	主讲内容	学生完成任务	评价标准	
掌握框架结构工程工程量清单项目设置及工程量计算	框架结构工程工程量清单项目设置及工程量计算	熟悉、掌握框架结构工程工程量清单项目设置及工程量计算	优秀	熟练掌握框架结构工程工程量计算并进行清单项目设置、能利用软件操作
			良好	掌握框架结构工程工程量计算并进行清单项目设置
			合格	熟悉框架结构工程工程量计算并进行清单项目设置
掌握框架结构工程工程量清单计价	城镇框架结构工程量清单计价方法	熟悉、掌握框架结构工程工程量清单计价方法	优秀	熟练掌握框架结构工程工程量清单计价方法、能利用软件进行计价
			良好	掌握框架结构工程工程量清单计价方法
			合格	熟悉框架结构工程工程量清单计价方法

【具体项目】

学习情境 2.1　工程量清单计量

2.1.1　机械土、石方工程

在学习项目 1 第 1.4.1.2 中，我们学习了土石方工程工程量清单项目设置及工程量计算规则，并举例练习了人工土方工程量清单编制。下面举例介绍机械土、石方工程量清单编制。

【例 2－1】 某建筑物的基础平面图、剖面图如图 2－1 所示，计算挖四类土的工程量。

【解】

1. 计算地槽挖土工程量

计算顺序按轴线编号，从左至右，由下而上地进行，但基础宽度相同时应将其工程量合并。

①、⑫轴：室外地面至槽底的深度×槽宽×长＝(0.98－0.3)×0.92×9×2＝11.26 m^3

②、⑪轴：(0.98－0.3)×0.92×(9－0.68)×2＝10.41 m^3

③、④、⑤、⑧、⑨、⑩轴：(0.98－0.3)×0.92×(7－0.68)×6＝23.72 m^3

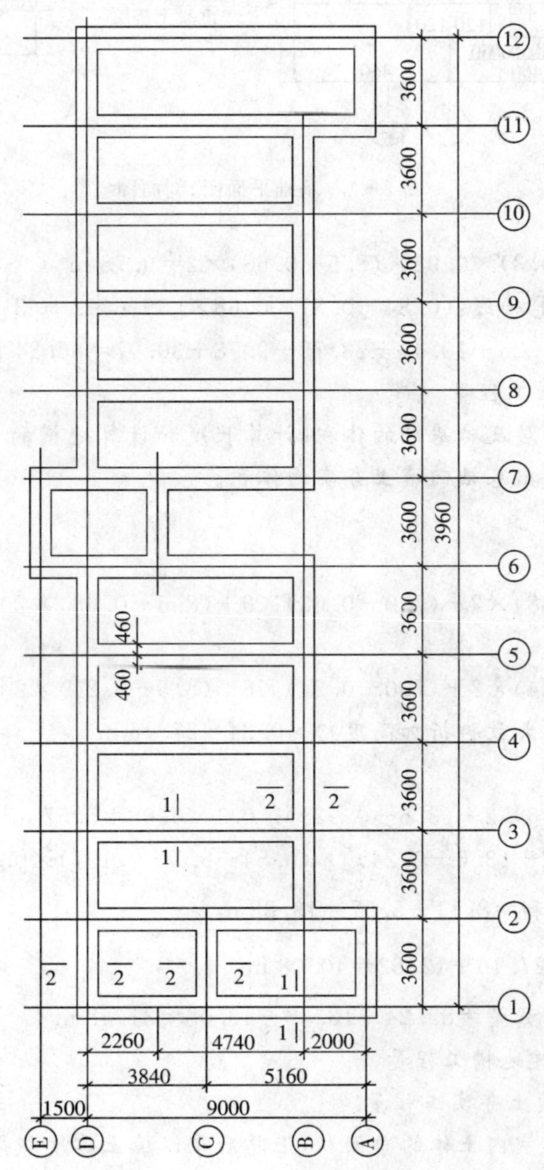

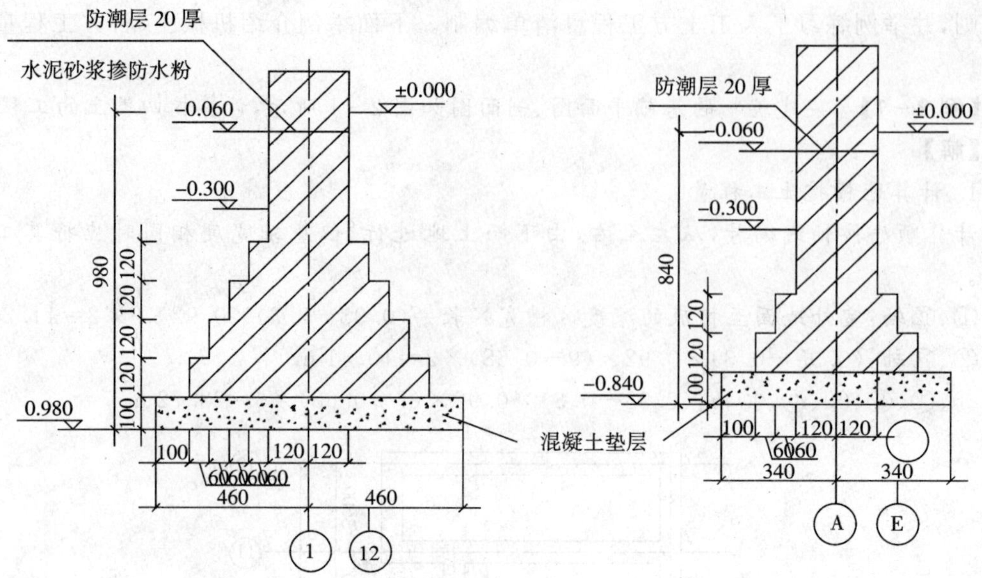

图 2-1 基础平面图、剖面图

⑥、⑦轴：(0.98−0.3)×0.92×(8.5−0.68)×2＝9.78 m^3

Ⓐ、Ⓑ、Ⓒ、Ⓓ、Ⓔ、Ⓕ轴线：(0.84−0.3)×0.68×[39.6×2＋(3.6−0.92)]＝30.07 m^3

挖地槽工程量＝11.26＋10.41＋23.72＋9.78＋30.07＝85.24 m^3

2. 计算基槽回填土工程量

应先计算混凝土垫层及砖基础的体积(计算长度和计算地槽的长度相同)，将挖地槽工程量减去此体积即可得出基础回填土夯实的体积。

剖面 1−1

混凝土垫层

＝[9×2＋(9−0.68)×2＋(7.0−0.68)×6＋(8.5−0.68)×2]×0.1×0.92＝8.11 m^3

砖基础

＝[9×2＋(9−0.24)×2＋(7.0−0.24)×6＋(8.5−0.24)×2]×(0.68−0.10＋0.656(大放脚折加高度))×0.24＝27.46 m^3

剖面 2−2

混凝土垫层＝[39.6×2＋(3.6−0.92)]×0.1×0.68＝5.57 m^3

砖基础＝[39.6×2＋(3.6−0.24)]×(0.54−0.1＋0.197)×0.24＝12.62 m^3

$\sum$ 混凝土垫层总和＝8.11＋5.57＝13.38 m^3

$\sum$ 砖基础总和＝27.46＋12.62＝40.08 m^3

基槽回填土夯实工程量＝85.24−13.68−40.08＝31.48 m^3

其中：85.24 m^3 为挖地槽工程量

3. 计算的室内回填土夯实工程量

根据图示逐间计算室内土体的净面积，汇总后乘以填土厚度即得其工程量。

土体净面积

$=[(5.16-0.24)\times1+(3.84-0.24)\times1+(7.0-0.24)\times8+(3.76-0.24)\times1$
$+4.74+(9.0-0.24)]\times(3.6-0.24)+(32.4-0.24)\times(2.0-0.24)$

(0.24 为走廊外侧挡土墙厚度)＝324.12 m^3

室内地面回填土夯实工程量

＝324.12×(0.3－0.085)(0.085 为地面混凝土层厚度)＝69.69 m^3

4. 计算其他土石方工程量

根据上面对挖地槽、基槽回填土和室内地面回填等工程量的计算，求该工程所需向外部取土的体积(四类土，运距 120 m)。

基槽挖出的土＝85.24 m^3

基槽回填的土＝31.48 m^3

室内地面填土＝69.69 m^3

需向外取土＝31.48＋69.69－85.24＝15.93 m^3

向外取土方应包括挖土与运土两部分。

2.1.2　桩与地基基础工程

工程量清单计价规则中将桩与地基基础工程分为 3 个分项工程清单项目，即混凝土桩(010201)、其他桩(010202)、地基与边坡处理(010203)。

2.1.2.1　混凝土桩清单编制

混凝土桩的工程量清单项目设置及工程量计算规则，应按表 2－2 的规定执行。

表 2－2　混凝土桩(编码:010201)

项目编码	项目名称	项目特征	计量单位	工程量计算规则	工程内容
010201001	预制钢筋混凝土桩	1. 土壤级别 2. 单桩长度、根数 3. 桩截面 4. 板桩面积 5. 管桩填充材料种类 6. 桩倾斜度 7. 混凝土强度等级 8. 防护材料种类	m/根	按设计图示尺寸以桩长(包括桩尖)或根数计算	1. 桩制作、运输 2. 打桩、试验桩、斜桩 3. 送桩 4. 管桩填充材料、刷防护材料 5. 清理、运输
010201002	接桩	1. 桩截面 2. 接头长度 3. 接桩材料	个/m	按设计图示规定以接头数量(板桩按接头长度)计算	1. 桩制作、运输 2. 接桩、材料运输
010201003	混凝土灌注桩	1. 土壤级别 2. 单桩长度、根数 2. 桩截面 3. 成孔方法 4. 混凝土强度等级	m/根	按设计图示尺寸以桩长(包括桩尖)或根数计算	1. 成孔、固壁 2. 混凝土制作、运输、灌注、振捣、养护 3. 泥浆及沟槽砌筑、拆除 4. 泥浆制作、运输 5. 清理、运输

2.1.2.2　其他桩清单编制

其他桩工程量清单项目设置及工程量计算规则,应按表 2－3 的规定执行。

表 2－3　其他桩(编码:010202)

<table>
<tr><th>项目编码</th><th>项目名称</th><th>项目特征</th><th>计量单位</th><th>工程量计算规则</th><th>工程内容</th></tr>
<tr><td>010202001</td><td>砂石灌注桩</td><td>1. 土壤级别
2. 桩长
3. 桩截面
4. 成孔方法
5. 砂石级配</td><td rowspan="4">m</td><td rowspan="4">按设计图示尺寸以桩长(包括桩尖)计算</td><td>1. 成孔
2. 砂石运输
3. 填充
4. 振实</td></tr>
<tr><td>010202002</td><td>灰土挤密桩</td><td>1. 土壤级别
2. 桩长
3. 桩截面
4. 成孔方法
5. 灰土级配</td><td>1. 成孔
2. 灰土拌和、运输
3. 填充
4. 夯实</td></tr>
<tr><td>010202003</td><td>旋喷桩</td><td>1. 桩长
2. 桩截面
3. 水泥强度等级</td><td>1. 成孔
2. 水泥浆制作、运输
3. 水泥浆旋喷</td></tr>
<tr><td>010202004</td><td>喷粉桩</td><td>1. 桩长
2. 桩截面
3. 粉体种类
4. 水泥强度等级
5. 石灰粉要求</td><td>1. 成孔
2. 粉体运输
3. 喷粉固化</td></tr>
</table>

2.1.2.3　地基与边坡处理

地基与边坡处理工程量清单项目设置及工程量计算规则,应按表 2－4 的规定执行。

表 2－4　地基与边坡处理(编码:010203)

<table>
<tr><th>项目编码</th><th>项目名称</th><th>项目特征</th><th>计量单位</th><th>工程量计算规则</th><th>工程内容</th></tr>
<tr><td>010203001</td><td>地下连续墙</td><td>1. 墙体厚度
2. 成槽深度
3. 混凝土强度等级</td><td rowspan="2">m^3</td><td>按设设图示墙中心线长乘以厚度乘以槽深以体积计算</td><td>1. 挖土成槽、余土运输
2. 导墙制作、安装
3. 锁口管吊拔
4. 浇注混凝土连续墙
5. 材料运输</td></tr>
<tr><td>010203002</td><td>振冲灌注碎石</td><td>1. 振冲深度
2. 成孔直径
3. 碎石级配</td><td>按设计图示孔深乘以孔截面积以体积计算</td><td>1. 成孔
2. 碎石运输
3. 灌注、振实</td></tr>
</table>

（续表）

项目编码	项目名称	项目特征	计量单位	工程量计算规则	工程内容
010203003	地基强夯	1. 夯击能量 2. 夯击遍数 3. 地耐力要求 4. 夯填材料种类	m^2	按设计图示尺寸以面积计算	1. 铺夯填材料 2. 强夯 3. 夯填材料运输
010203004	锚杆支护	1. 锚杆直径 2. 锚孔平均深度 3. 锚固方法、浆液种类 4. 支护厚度、材料种类 5. 混凝土强度等级 6. 砂浆强度等级		按设计图示尺寸以支护面积计算	1. 钻孔 2. 浆液制作、运输、压浆 3. 张拉锚固 4. 混凝土制作、运输、喷射、养护 5. 砂浆制作、运输、喷射、养护
010203005	土钉支护	1. 支护厚度、材料种类 2. 混凝土强度等级 3. 砂浆强度等级		按设计图示尺寸以支护面积计算	1. 钉土钉 2. 挂网 3. 混凝土制作、运输、喷射、养护 4. 砂浆制作、运输、喷射、养护

2.1.2.4 其他相关问题应按下列规定处理

1. 土壤级别见表2-5。

表2-5 土质鉴别表

内容		土壤级别	
		一级土	二级土
砂夹层	砂层连续厚度	<1 m	>1 m
	砂层中卵石含量	—	<15 %
物理性能	压缩系数	>0.02	<0.02
	孔隙比	>0.7	<0.7
力学性能	静力触探值	<15	>50
	动力触探系数	<12	>12
每米纯沉桩时间平均值		<2 min	>2 min
说明		桩经外力作用较易沉入的土，土壤中夹有较薄的砂层	桩经外力作用较难沉入的土，土壤中夹有不超过3 m的连续厚度砂层

2. 混凝土灌注桩的钢筋笼、地下连续墙的钢筋网制作、安装，应按A.4中相关项目编码列项。

2.1.2.5 工程量计算规则的应用范围

1.“预制钢筋混凝土桩”项目适用于预制混凝土方桩、管桩和板桩等。应注意：

(1)试桩应按“预制钢筋混凝土桩”项目编码单独列项。

(2)试桩与打桩之间间歇时间，机械在现场的停滞，应包括在打试桩报价内。

(3)打钢筋混凝土预制板桩是指留添置原位(即不拔出)的板桩，板桩应在工程量清单中描述其单桩投影面积。

(4)预制桩刷防护材料应包括在报价内。

2.“接桩”项目适用于预制钢筋混凝土方桩、管桩和板桩的接桩。应注意：

(1)方桩、管桩接桩按接头个数计算；板桩按接头长度计算。

(2)接桩应在工程量清单中描述接头材料。

3.“混凝土灌注桩”项目适用于人工挖孔灌注桩、钻孔灌注桩、爆扩灌注桩、打管灌注桩、振动管灌注桩等。应注意：

(1)人工挖孔时采用的护壁(如：砖砌护壁、预制钢筋混凝土护壁、现浇钢筋混凝土护壁、钢模周转护壁、竹笼护壁等)，应包括在报价内。

(2)钻孔固壁泥浆的搅拌运输，泥浆池及沟槽砌筑、拆除，应包括在报价内。

4.“砂石灌注桩”适用于各种成孔方式(振动沉管、锤击沉管等)的砂石灌注桩。应注意：灌注桩的砂石级配、密实系数均应包括在报价内。

5.“挤密桩”项目适用于各种成孔方式的灰土、石灰、水泥粉、煤灰、碎石等挤密桩。应注意：挤密桩的灰土级本、密实系数均应包括在报价内。

6.“旋喷桩”项目适用于水泥浆旋喷桩。

7.“喷粉桩”项目适用于水泥、生石灰粉等喷粉桩。

8.“地下连续墙”项目适用于各种导墙施工的复合型地下连续墙工程。

9.“锚杆支护”项目适用于岩石高削坡混凝土支护挡墙和风化岩石混凝土、砂浆护坡。

应注意：

(1)钻孔、布筋、锚杆安装、灌浆、张拉等搭设的脚手架，应列入措施项目费内。

(2)锚杆土钉应按混凝土及钢筋混凝土相关项目编码列项。

10.“土钉支护”项目适用于土层的锚固(注意事项同锚杆支护)。

【例 2-2】 某建筑物基础打预制钢筋混凝土方桩 120 根，桩长(桩顶面至桩尖底)9.5 m，断面尺寸为 250 mm×250 mm。(1)求打桩工程量；(2)若将桩送入地下 0.5 m，求送桩工程量。

【解】

预制钢筋混凝土桩的工程数量计算如下：

1. 计算公式：按设计图示尺寸以桩长(包括桩尖)或根数计算

2. 桩长为 9.5 m，断面尺寸为 250 mm×250 mm，数量为 120 根，打预制钢筋混凝土方桩的工程量为 9.5×120＝1 140 m(或 120 根)

3. 单根方桩送桩长度为 0.5＋0.5＝1.0 m

则总工程量为 1.0×120＝120 m

【例 2-3】 某工程为打预制钢筋混凝土方桩，断面为 500 mm×500 mm，用硫磺胶泥接桩，接桩数量 100 个，求其工程量。

【解】

接桩的工程数量计算如下：

计算公式：按设计图示规定以接头数量（板桩按接头长度）计算

则断面为 500 mm×500 mm，用硫磺胶泥接混凝土方桩的工程数量为 100 个

【例 2-4】 某工程为人工挖孔灌注混凝土桩，混凝土强度等级 C20，数量为 60 根，设计桩长 8 m，桩径 1.2 m，已知土壤类别为四类土，求该工程混凝土灌注桩的工程数量。

【解】

混凝土灌注桩的工程数量计算如下：

计算公式：按设计图示尺寸以桩长（包括桩尖）或者说根数计算

则土壤类别为四类土、混凝土强度等级为 C20、数量为 60 根、设计桩长 8 m、桩径 1.2 m、人工挖孔灌注混凝土桩的工程数量：8×60＝480 m（或 60 根）

【例 2-5】 某工程采用标准设计预制钢筋砼方桩 100 根（JZHb－40－12、12A），砼强度等级要求为 C40，桩顶标高－2.5 m，现场自然地坪标高－0.3 m；现场施工场地不能满足桩基堆放，需在离单体工程平均距离 350 m 以外制作、堆放；地基土以中等密实的粘土为主，其中含砂夹层连续厚度 2.2 m，设计要求 5 %的桩位须单独试桩，每根桩一个接头，要求计算工程量及编列项目清单（不含钢筋）。

【解】

根据设计、现场和图集资料，确定该工程设计预制桩工程量及有关工作内容和项目特征如下：

打桩及打试桩土壤级别：二级土（含砂夹层连续厚度 2.2 m＞1 m）

单桩长度：14＋14＝28 m　　　　桩截面：400 mm×400 mm

混凝土强度等级：C40　　　　　　桩现场运输距离：≥350 m

根数：因设计桩基础只有一个规格标准，可以按“根”作为计量单位

打试桩：100×5 %＝5 根　　　　打预制桩：100－5＝95 根

送桩：每只桩要求送桩，桩顶标高－2.5 m，自然地坪标高－0.3 m

焊接接桩：查图集为角钢接桩，每个接头重量 9.391 kg

每根桩一个接头，共 100 个（其中试桩接桩 5 个）

按照以上内容，（不包括钢筋骨架）列出项目清单见表 2-6。

表 2-6　分部分项工程量清单

工程名称：×××工程

序号	项目编码	项目名称	计量单位	工程数量
1	010201001001	预制钢筋混凝土桩：二级土；单桩长度 14 m＋14 m，桩截面 400×400；C40 混凝土制作；现场运输≥350 m；桩顶标高－2.5 m，自然地坪标高－0.3 m	根	95
2	010201001002	预制钢筋混凝土桩：试桩；二级土；单桩长度 14 m＋14 m，桩截面 400×400；C40 混凝土制作；现场运输≥350 m；桩顶标高－2.5 m，自然地坪标高－0.3 m	根	5

（续表）

序号	项目编码	项目名称	计量单位	工程数量
3	010201002001	普通方桩接桩：4L75×6 焊接，长 340 mm（或每个接头角钢 9.4 kg）	个	95
4	010201002002	试桩方桩接桩：4L75×6 焊接，长 340 mm（或每个接头角钢 9.4 kg）	个	5

【例 2－6】 计算如图 2－2 所示的预制混凝土桩，150 根的打桩工程量。

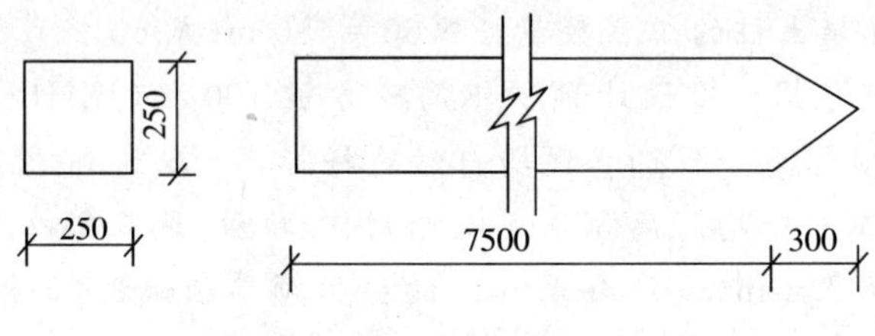

图 2－2　预制混凝土桩

【解】

打桩工程量＝设计桩长×截面面积×根数

＝(7.5＋0.3)×0.25×0.25×150

＝73.13(m^3)

【例 2－7】 计算如图 2－3 所示预制混凝土桩，送桩 250 根的工程量。

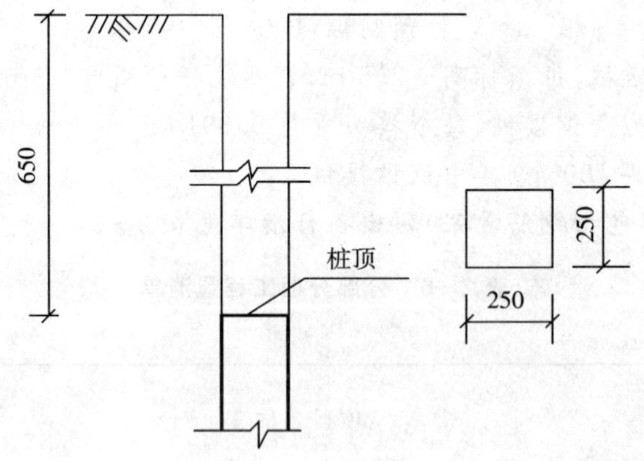

图 2－3　预制混凝土桩

【解】

送桩长度按自桩顶面至自然地坪面另加 0.5 m 的高度计算工程量

工程量＝桩断面积×送桩长度×根数

＝(0.25×0.25)×(6.5＋0.5)×250

＝109.38(m^3)

2.1.3　填充墙体工程

框架填充墙的清单工程量计算规则：框架结构间砌墙，分别内、外墙及不同厚度以框架间的净空面积乘厚度以 m^3 计算。

下面通过例题介绍其工程量计算方法：

【例 2-8】　某单层建筑物如图 2-4、图 2-5 所示，墙身为 M5.0 混合砂浆砌浆，MU7.5 标准粘土砖，内外墙厚均为 240 mm，外墙瓷砖贴面，GZ 从基础圈梁到女儿墙顶，门窗洞口上全部采用预制钢筋混凝土过梁。M1：1 500 mm×2 700 mm；M2：1 000 mm×2 700 mm；C1：1 800 mm×1 800 mm；C2：1 500 mm×1 800 mm。试计算该工程砖砌体的工程量。

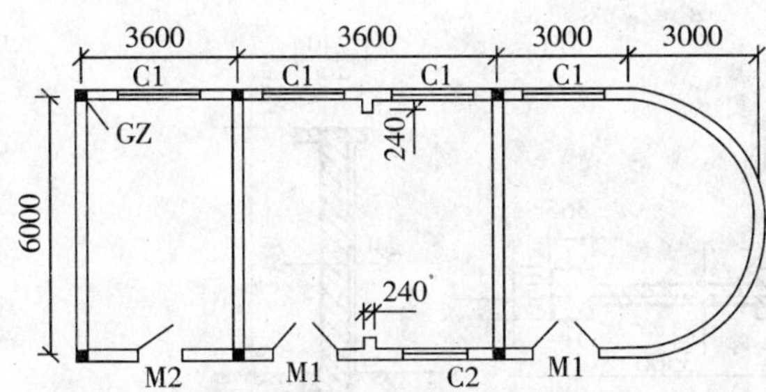

图 2-4　单层建筑物平面图

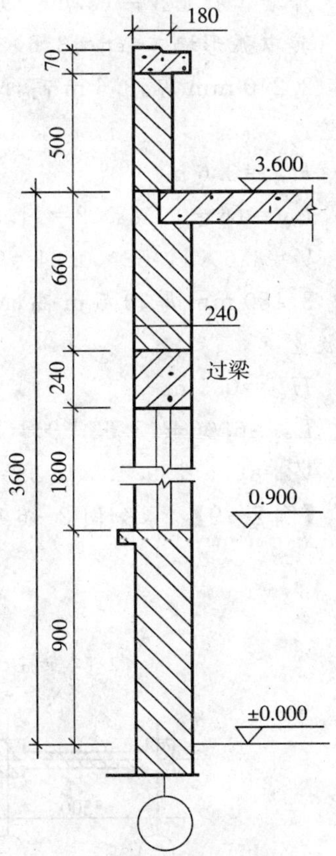

图 2-5　单层建筑物墙体剖面图

【解】

实心砖墙的工程数量计算公式

1. 外　墙：$V_{外}=(H_{外}\times L_{中}-F_{洞})\times b+V_{增减}$

2. 内　墙：$V_{内}=(H_{内}\times L_{净}-F_{洞})\times b+V_{增减}$

3. 女儿墙：$V_{女}=H_{女}\times L_{中}\times b+V_{增减}$

4. 砖围墙：高度算至压顶上表面（如有混凝土压顶时算至压顶下表面），围墙柱并入围墙体积内计算。

则实心砖墙的工程数量计算如下：

1. 240 mm 厚，3.6 m 高，M5.0 混合砂浆砌筑 MU7.5 标准黏土砖，原浆勾缝外墙工程数量：

$H_{外}=3.6\ m$

$L_{中}=6+(3.6+9)\times 2+\pi\times 3-0.24\times 6+0.26\times 2=39.66\ m$

扣门窗洞口：

$F_{洞}=1.5\times 2.7\times 2+1\times 2.7\times 1+1.8\times 1.8\times 4+1.5\times 1.8\times 1=26.46\ m^2$

扣钢筋混凝土过梁体积：

$$V_{减}=[(1.5+0.5)\times 2+(1.0+0.5)\times 1+(1.8+0.5)\times 4+(1.5+0.5)\times 1]\times 0.24\times 0.24=0.96\ m^3$$

外墙工程量 $V=(3.6\times39.66-26.46)\times0.24-0.96=26.96\ m^3$

其中弧形墙工程量：$3.6\times\pi\times3\times0.24=8.14\ m^3$

2. 240 mm 厚，3.6 m 高，M5.0 混合砂浆砌筑 MU7.5 标准黏土砖，原浆勾缝内墙工程数量：

$H_{内}=3.6\ m$

$L_{净}=(6-0.24)\times2=11.52\ m$

$V=3.6\times11.52\times0.24=9.95\ m^3$

3. 180 mm 厚，0.5 m 高，M5.0 混合砂浆砌筑 MU7.5 标准黏土砖，原浆勾缝女儿墙工程数量：

$H_{女}=0.5\ m$

$L_{中}=6.06+(3.63+9)\times2+\pi\times3.03-0.24\times6=39.40\ m$

$V_{女}=0.5\times39.40\times0.18=3.55\ m^3$

【例 2-9】 求如图 2-6 所示的一砖无眼空斗围墙的工程量。

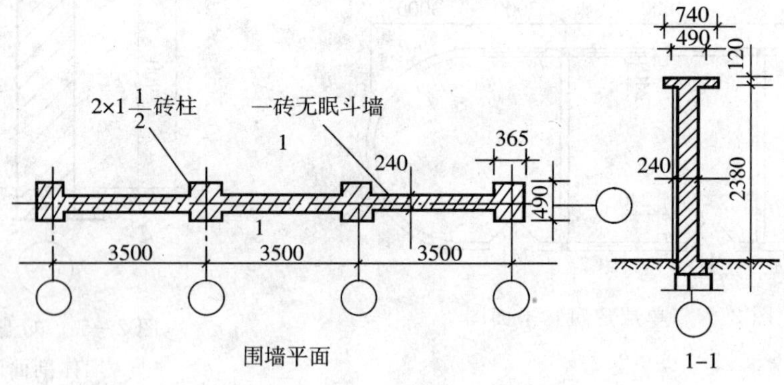

图 2-6 一斗无眠空斗墙示意图

【解】

一砖无眠空斗墙工程量

=墙身工程量+砖压顶工程量

$=(3.50-0.065)\times3\times2.38\times0.24+(3.5-0.365)\times3\times0.12\times0.49$

$=5.37+0.55=5.92\ m^3$

$2\times1\dfrac{1}{2}$砖柱

$=0.49\times0.365\times2.38\times4+0.74\times0.615\times0.12\times4$

$=1.70+0.22=1.92\ m^3$

【例 2-10】 某单层建筑物，框架结构，尺寸如图 2-7 所示，墙身用 M5.0 混合砂浆砌筑加气混凝土砌块，厚度为 240 mm；女儿墙砌筑煤矸石空心砖，混凝土压顶断面 240 mm×60 mm，墙厚均为 240 mm；隔墙为 120 mm 厚实心砖墙。框架柱断面 240 mm×240 mm 到女儿墙顶，框架梁断面 240 mm×500 mm，门窗洞口上均采用现浇钢筋混凝土过梁，断面 240 mm×180 mm。M1，1 560 mm×2 700 mm；M2，1 000 mm×2 700 mm；C1，1 800 mm×1 800 mm；C2，1 560 mm×1 800 mm。试计算墙体工程量。

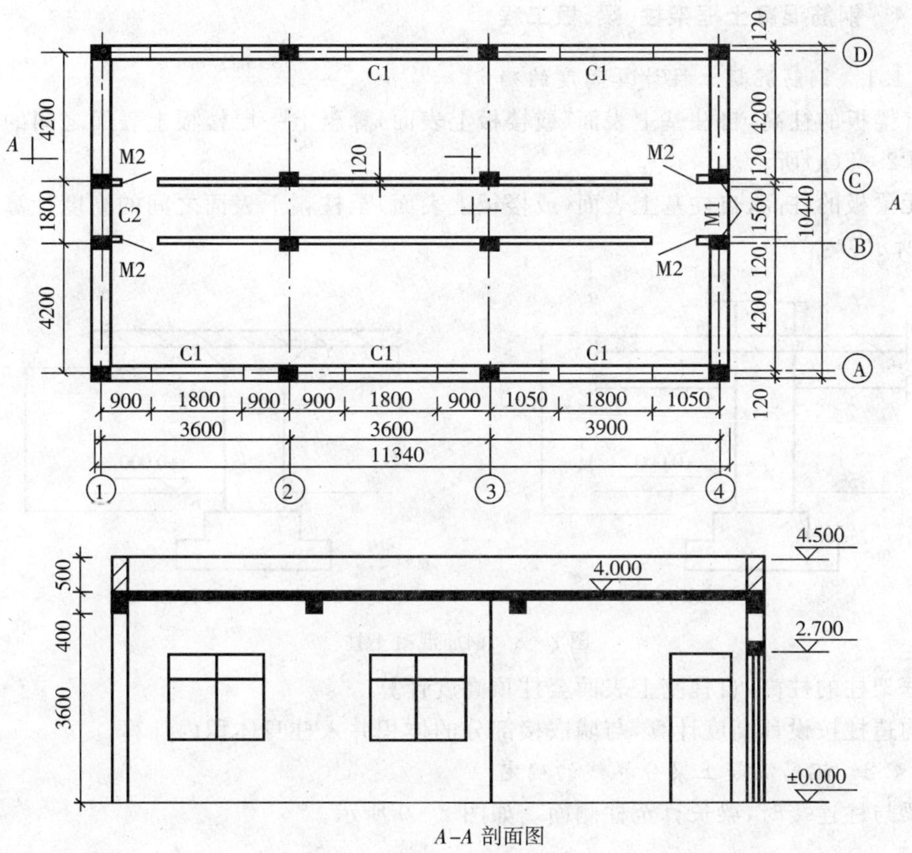

图2-7　单层建筑物框架结构示意图

【解】

1. 砌块墙工程量计算如下

计算公式:砌块墙工程量=(砌块墙中心线长度×高度－门窗洞口面积)×墙厚－构件体积砌块墙工程量

=[(11.34－0.24＋10.44－0.24－0.24×6)×2×3.6－1.56×2.7－1.8×1.8×6－1.56×1.8]×0.24－(1.56×2＋2.3×6)×0.24×0.18=27.24 m^3

2. 空心砖墙工程量计算如下:

计算公式:(空心砖墙中心线长度×高度－门窗洞口面积)×墙厚－构件体积

空心砖墙工程量

=(11.34－0.24＋10.44－0.24－0.24×6)×2×(0.50－0.06)×0.24=4.19 m^3

3. 实心砖墙工程量计算如下:

计算公式:(内墙净长×高度－门窗洞口面积)×墙厚－构件体积

实心砖墙工程量

=[(11.34－0.24－0.24×3)×3.6－1.00×2.70×2]×0.12×2=7.67 m^3

2.1.4　钢筋混凝土框架柱、梁、板工程

2.1.4.1　钢筋混凝土柱计算高度的确定

1. 有梁板的柱高，自柱基上表面（或楼板上表面）算至上一层楼板上表面之间的高度计算。如图 2-8(a)所示。

2. 无梁板的柱高，自柱基上表面（或楼板上表面）至柱帽下表面之间的高度计算。如图 2-8(b)所示。

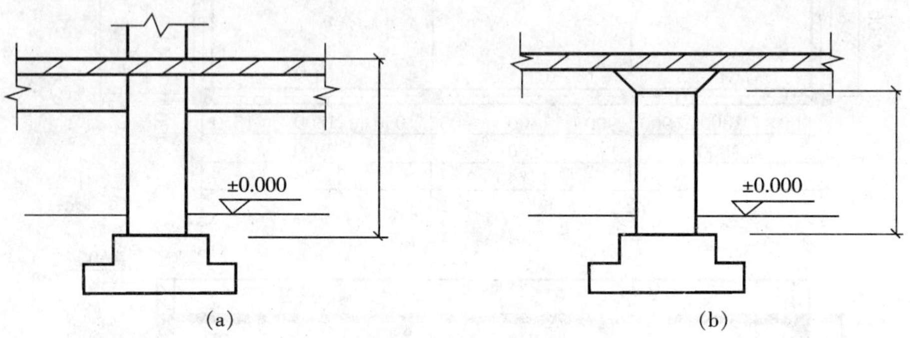

图 2-8　钢筋混凝土柱

3. 框架柱的柱高，自柱基上表面至柱顶高度计算。

4. 构造柱按设计高度计算，与墙嵌接部分的体积并入柱身体积内计算。

2.1.4.2　钢筋混凝土梁分界线的确定

1. 梁与柱连接时，梁长算至柱侧面。如图 2-9 所示。

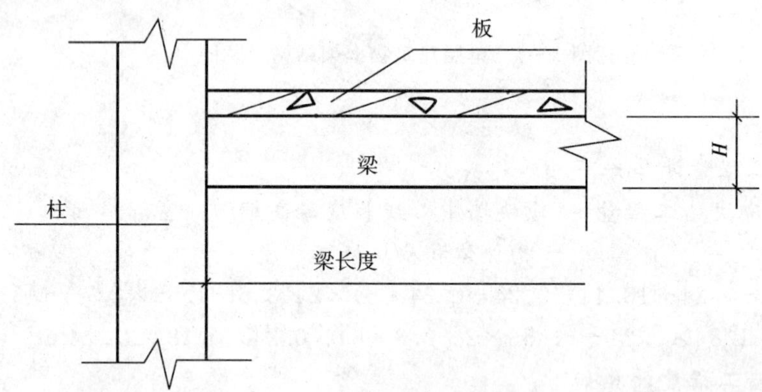

图 2-9　钢筋混凝土梁

2. 主梁与次梁连接时，次梁长度算至主梁侧面。伸入墙体内的梁头、梁垫体积并入梁体积内计算。如图 2-10 所示。

3. 与过梁连接时，分别套用圈梁、过梁定额。过梁长度按设计规定计算，设计无规定时，按门窗洞口宽度，两端各加 250 mm 计算。如图 2-11 所示。

4. 圈梁与梁连接时，圈梁体积应扣除伸入圈梁内的梁体积。如图 2-12 所示。

5. 在圈梁部位挑出外墙的混凝土梁，以外墙外边线为界限，挑出部分按图示尺寸以立方米计算，套用单梁、连续梁项目。如图 2-11 所示。

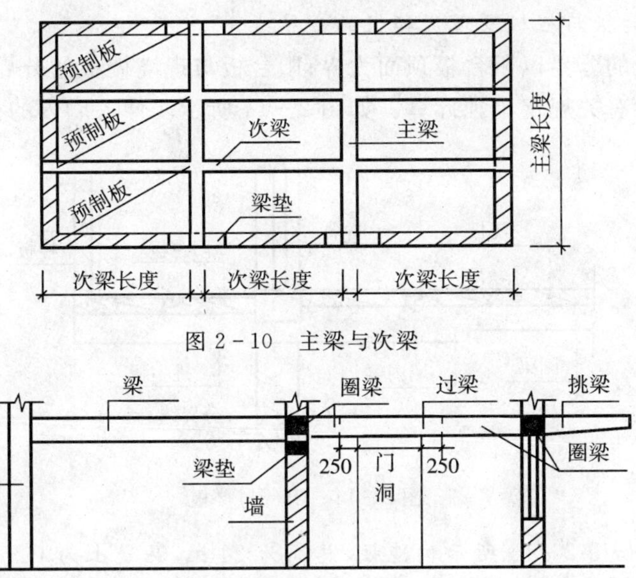

图 2-10　主梁与次梁

图 2-11　过梁示意图

6. 梁(单梁、框架梁、圈梁、过梁)与板整体现浇时,梁高计算至板底。如图 2-9 所示。

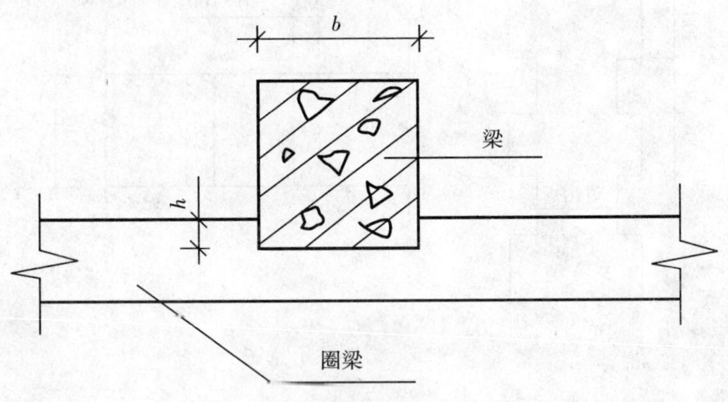

图 2-12　圈梁示意图

2.1.4.3　现浇挑檐与现浇板及圈梁分界线的确定

现浇挑檐与板(包括屋面板)连接时,以外墙外边线为界限。与圈梁(包括其他梁)连接时,以梁外边线为界限。外边线以外为挑檐。如图 2-13 所示。

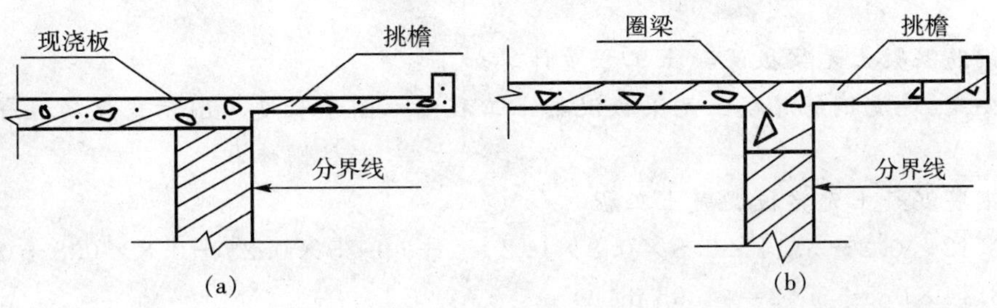

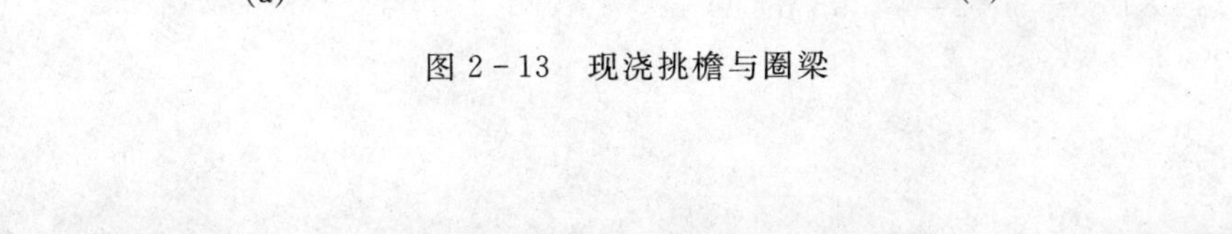

图 2-13　现浇挑檐与圈梁

2.1.4.4　阳台板与栏板及现浇楼板的分界线

阳台板与栏板的分界以阳台板顶面为界；阳台板与现浇楼板的分界以墙外皮为界，其嵌入墙内的梁另按梁有关规定单独计算。如图 2-14 所示。伸入墙内的栏板，合并计算。

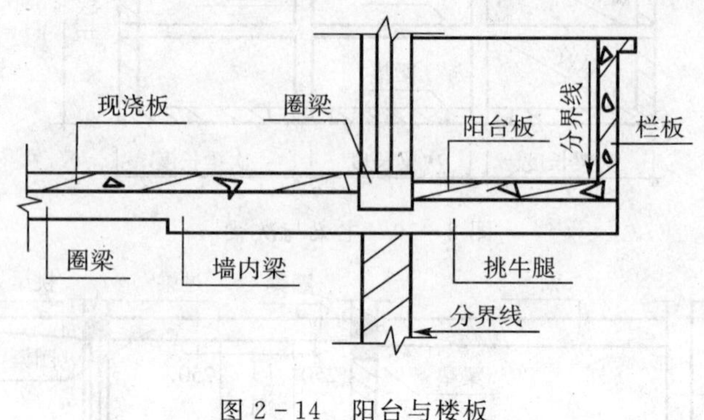

图 2-14　阳台与楼板

【例 2-11】　如图 2-15 所示构造柱，总高为 24 m，混凝土为 C25，计算构造柱现浇混凝土工程量。

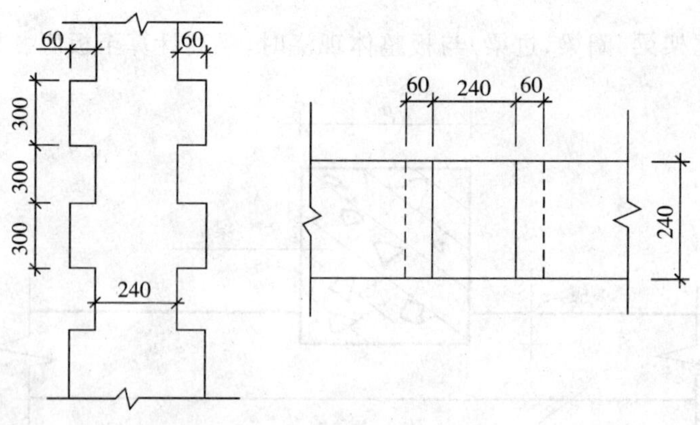

图 2-15　构造柱示意图

【解】　矩形柱工程量计算如下：

计算公式：构造柱工程量＝(图示柱宽度＋咬口宽度)×厚度×图示高度

构造柱(C25)混凝土工程量＝(0.24＋0.06)×0.24×0.24×16＝27.65 m^3

【例 2-12】　某工程现浇混凝土无梁板尺寸如图 2-16 所示，计算现浇钢筋混凝土无梁板混凝土工程量。

【解】

现浇钢筋混凝土无梁板混凝土工程量计算如下：

计算公式：现浇钢筋混凝土无梁板混凝土工程量＝图示长度×图示宽度×板厚＋柱帽体积

现浇钢筋混凝土无梁板混凝土工程

＝18×12×0.2＋3.14×0.8×0.8×0.2×2＋(0.25×0.25＋0.8×0.8＋0.25×8)×3.14×0.5÷3×2＝44.95 m^3

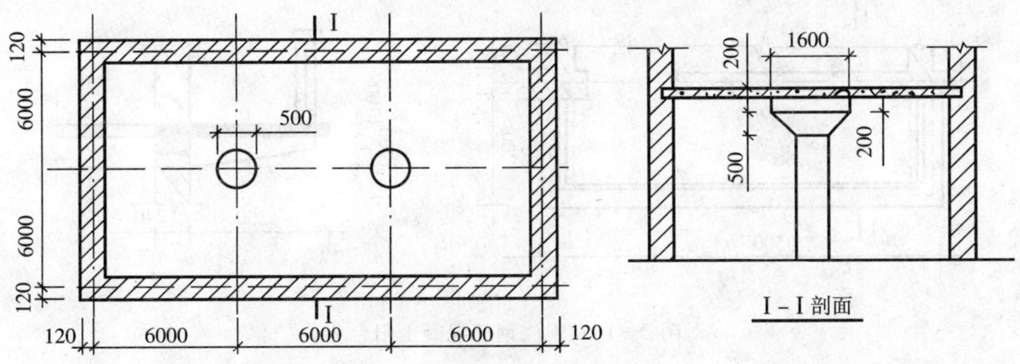

图 2-16　现浇钢筋混凝土无梁板

【例 2-13】　某现浇钢筋混凝土有梁板，如图 2-17 所示，计算有梁板的工程量。

【解】

现浇钢筋混凝土有梁板工程量计算如下：

计算公式：现浇钢筋混凝土有梁板混凝土工程量

＝图示长度×图示宽度×板厚＋主梁及次梁体积

主梁及次梁体积＝主梁长度×主梁宽度×肋高＋次梁长度×次梁宽度×肋高

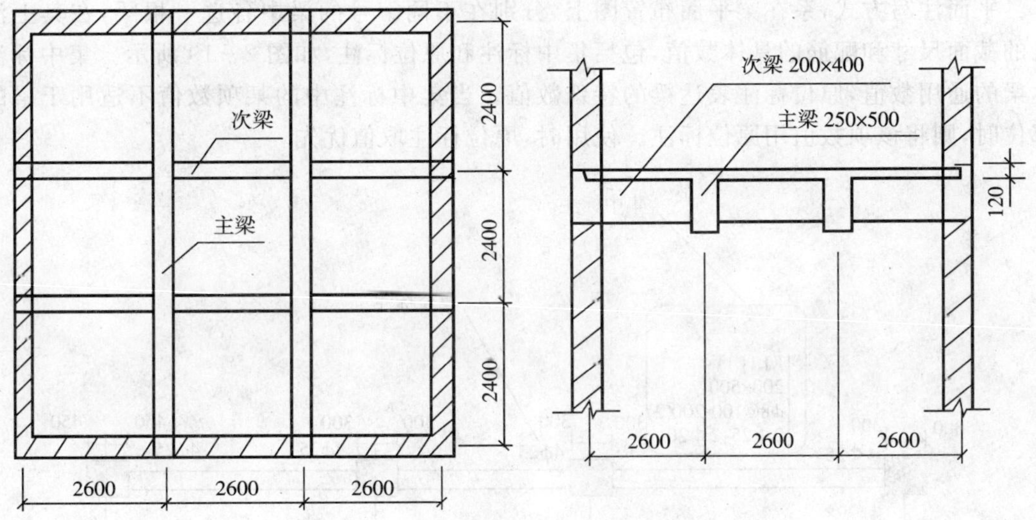

图 2-17　现浇钢筋混凝土有梁板

现浇板工程量＝2.6×3×2.4×3×0.12＝4.49 m^3

板下梁工程量＝0.25×(0.5－0.12)×2.4×3×2＋0.2×(0.4－0.12)×(2.6×3－0.5)×2＋0.25×0.50×0.12×4＋0.20×0.40×0.12×4＝2.28 m^3

有梁板工程量＝4.49＋2.28＝6.77 m^3

【例 2-14】　计算如图 2-18 所示的现浇钢筋混凝土阳台板的混凝土工程量。

【解】

现浇钢筋混凝土阳台板的混凝土工程量计算如下：

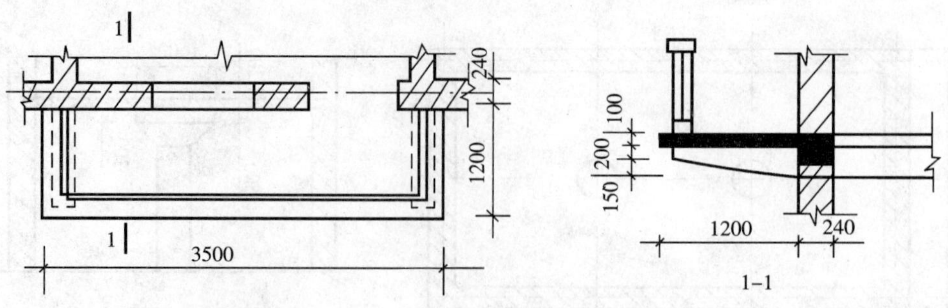

图 2－18　现浇钢筋混凝土阳台

计算公式：现浇钢筋混凝土阳台板混凝土工程量＝水平投影面积×板厚＋牛腿体积

阳台板混凝土工程量＝(3.5＋0.24)×1.2×0.1＋1.2×0.24×(0.2＋0.35)/2×2

$=0.61\ m^3$

2.1.5　钢筋与金属结构工程

2.1.5.1　梁的平法识读

梁平法施工图是在梁的结构平面布置图上，采用平面注写方式或截面注写方式表达的梁配筋图。

平面注写方式，系在梁平面布置图上，分别在不同编号的梁中各选一根梁，在其上注写梁的截面尺寸和配筋的具体数值，包括集中标注和原位标注，如图 2－19 所示。集中标注表达梁的通用数值，原位标注表达梁的特殊数值。当集中标注中的某项数值不适用于梁的某部位时，则将该项数值用原位标注。使用时，原位标注取值优先。

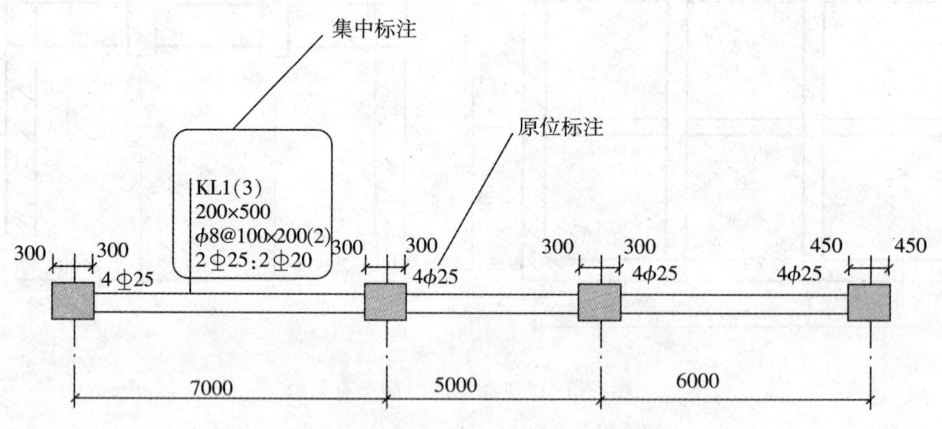

图 2－19　平面注写方式示例图

1. 集中标注

集中标注可从梁的任意一跨引出。集中标注的内容，包括五项必注值和一项选注值。五项必注值包括：梁编号、梁截面尺寸、梁箍筋、梁上部通长筋或架立筋配置、梁侧面纵向构造钢筋或受扭钢筋配置；一项选注值为梁顶面标高高差。

(1)梁编号

梁编号由梁类型、代号、序号、跨数及有无悬挑几项组成，见表 2－7。

表 2-7　梁编号

<table>
<tr><th>序号</th><th>梁类型</th><th>代号</th><th>序号</th><th>跨数及是否带有悬挑</th><th>备注</th></tr>
<tr><td>1</td><td>楼层框架梁</td><td>KL</td><td>××</td><td>(××)、(xxA)或(xxB)</td><td rowspan="6">03G101－1 梁构件制图规则</td></tr>
<tr><td>2</td><td>屋面框架梁</td><td>WKL</td><td>××</td><td>(××)、(xxA)或(xxB)</td></tr>
<tr><td>3</td><td>框支梁</td><td>KZL</td><td>××</td><td>(××)、(xxA)或(xxB)</td></tr>
<tr><td>4</td><td>非框架梁</td><td>L</td><td>××</td><td>(××)、(xxA)或(xxB)</td></tr>
<tr><td>5</td><td>悬挑梁(纯悬挑梁)</td><td>XL</td><td>××</td><td></td></tr>
<tr><td>6</td><td>井字梁</td><td>JZL</td><td>××</td><td>(××)、(xxA)或(xxB)</td></tr>
<tr><td>7</td><td>基础主梁</td><td>JZL</td><td>××</td><td>(××)、(xxA)或(xxB)</td><td rowspan="2">04G101－3 梁构件制图规则</td></tr>
<tr><td>8</td><td>基础次梁</td><td>JCL</td><td>××</td><td>(××)、(xxA)或(xxB)</td></tr>
<tr><td>9</td><td>基础梁</td><td>JL</td><td>××</td><td>(××)、(xxA)或(xxB)</td><td rowspan="4">06G101－6 梁构件制图规则</td></tr>
<tr><td>10</td><td>基础圈梁</td><td>JQL</td><td>××</td><td>(××)、(xxA)或(xxB)</td></tr>
<tr><td>11</td><td>地下框架梁</td><td>DKL</td><td>××</td><td>(××)、(xxA)或(xxB)</td></tr>
<tr><td>12</td><td>承台梁</td><td>CTL</td><td>××</td><td>(××)、(xxA)或(xxB)</td></tr>
<tr><td>13</td><td>基础连梁</td><td>JLL</td><td>××</td><td>(××)、(xxA)或(xxB)</td><td></td></tr>
</table>

注:A 表示一端悬挑,B 表示两端悬挑,悬挑段不计入跨数。

例:KL2(2A)表示第 2 号框架梁,2 跨,一端悬挑;

L9(7B)表示第 9 号非框架梁,7 跨,两端有悬挑;

XL3 表示第 3 号悬挑梁;

CTL4(2)表示第 4 号承台梁,2 跨。

为便于掌握,下面介绍上表中所指各种梁的定义及位置。

1)楼层框架梁(KL):现行《混凝土结构设计规范》(GB50010－2002)定义框架结构系由梁和柱以刚接或铰接相连接而构成承重体系的结构。凡是在这种框架结构中的梁,就是框架梁。处在楼层位置的框架梁,称为楼层框架梁。如图 2-20 所示。

2)屋面框架梁(WKL):处在屋顶位置的框架梁,称为屋面框架梁。如图 2-20 所示。

3)框支梁(KZL):用于高层建筑中支撑上部不落地剪力墙的梁。因为建筑功能的要求,下部需要大空间,上部部分竖向构件不能直接连续贯通落地,而通过水平转换结构与下部竖向构件连接,当布置的转换梁支撑上部的结构为剪力墙的时候,此梁称作框支梁。如图 2-21 所示。

4)非框架梁(L):框架结构中,在框架梁之间设置的将楼板的重量传给框架梁的其他梁就是非框架梁。

5)悬挑梁(XL):只有一端有支撑,另一端悬挑的梁。如图 2-21 所示。

6)井字梁(JZL):在同一矩形平面内,通常由非框架梁相互正交所组成的结构构件。梁的跨距相等或接近,梁的截面尺寸相等。如图 2-22 所示。

7)基础主梁(JZL):梁板式筏形基础中的主梁。如图 2-23 所示。

8)基础次梁(JCL):梁板式筏形基础中的次梁。如图 2-23 所示。

9)基础梁(JL):在 06G101－6 中,将条基分为平板和基础梁两部分,条基中间的梁就是基础梁。如图 2－24 所示。

10)基础圈梁(JQL):在条基中间,但顶标高与条基标高相平的基础梁称为基础圈梁。如图 2－25 所示。

11)地下框架梁(DKL):其实也是框架梁,只是位置在正负零以下。如图 2－27 所示。

12)基础连梁(JLL):系指连接独立基础,条形基础或桩基承台的梁。如图 2－27 所示。

13)承台梁(CTL):指排形布置的桩顶梁。如图 2－26 所示。

图 2－20 梁的类型

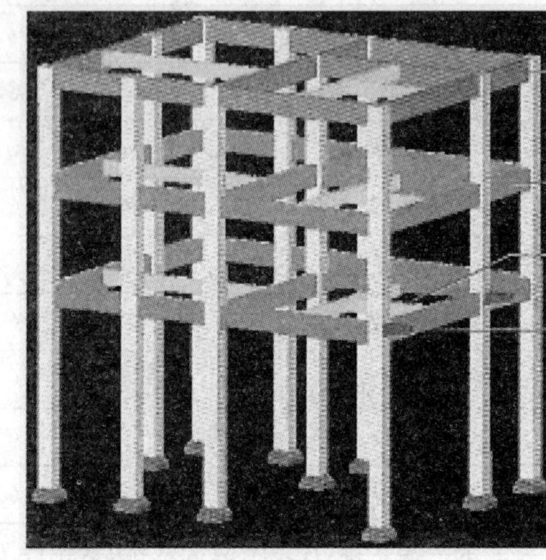

图 2－21 框支梁

图 2－22 井字梁 JZL

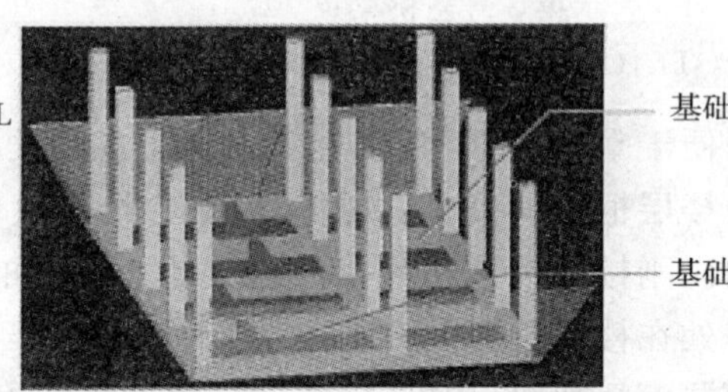

图 2－23 梁板式筏形基础中的梁

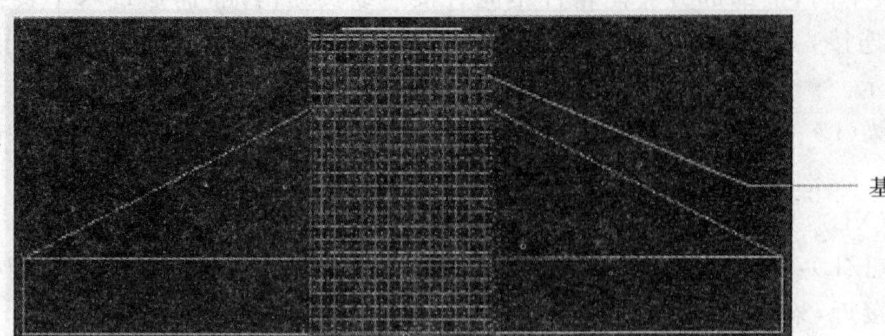

图 2－24 基础梁 JL

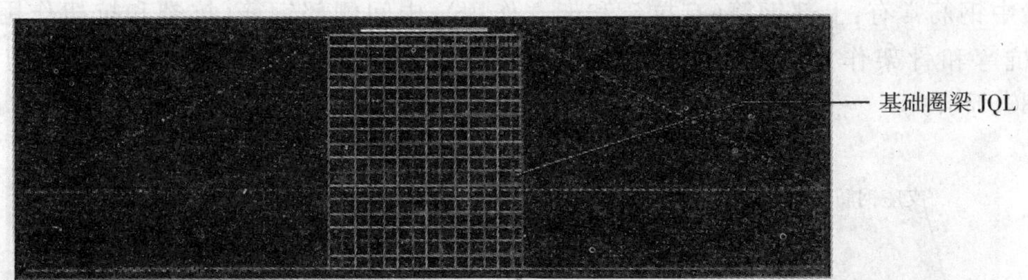

图 2 - 25　基础圈梁 JQL

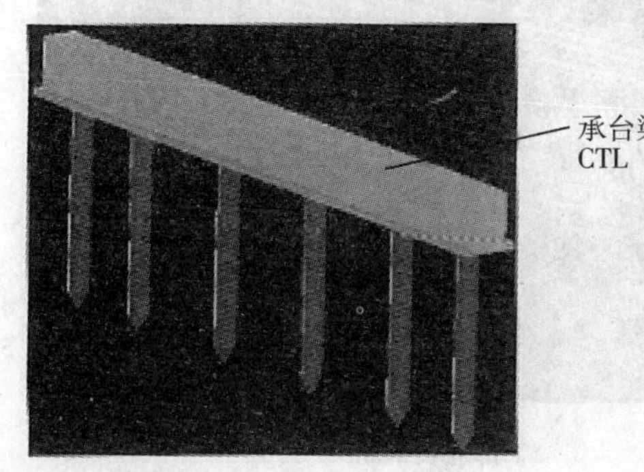

图 2 - 26　承台梁 CTL

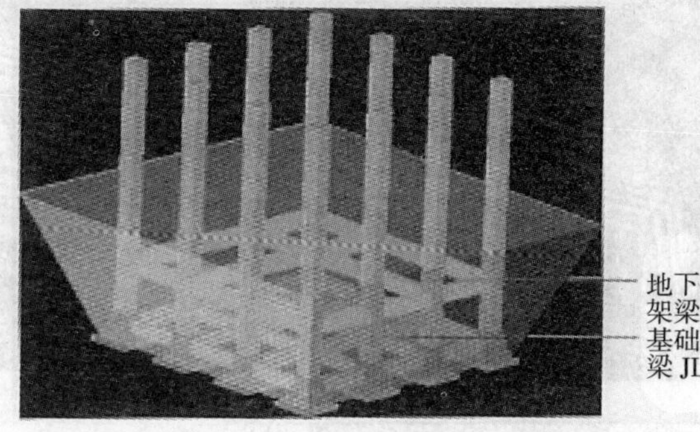

图 2 - 27　基础连梁与地框梁

(2)梁截面尺寸

等截面梁用 $b\times h$ 表示；加腋梁用 $b\times h$、$yc_1\times c_2$ 表示(其中 c_1 为腋长，c_2 为腋高)，如图 2 - 28所示；悬挑梁当根部和端部不同时，同 $b\times h_1/h_2$ 表示(其中 h_1 为根部高，h_2 为端部高)，如图 2 - 29 所示。

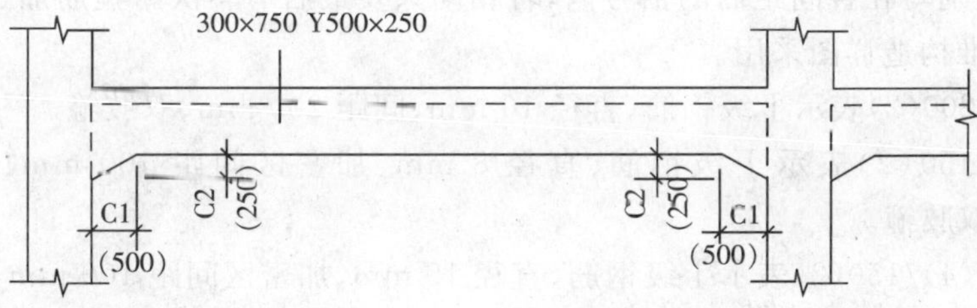

图 2 - 28　加腋梁截面尺寸注写示意

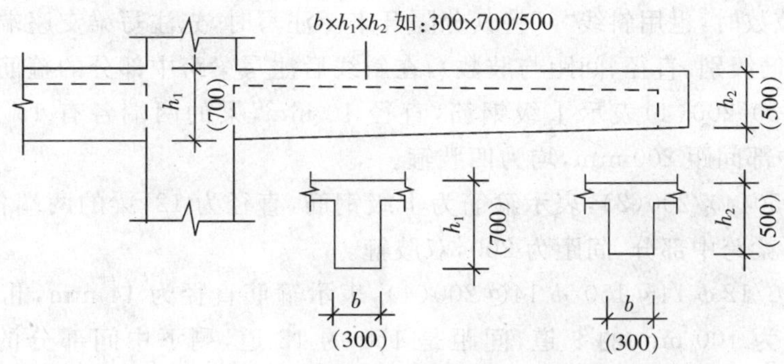

图 2 - 29　悬挑梁不等高截面尺寸注写

梁中钢筋常有：上部钢筋（有抗弯和架立作用）、中间侧部钢筋（抗裂和抗扭作用）、下部钢筋（抗弯和骨架作用）、箍筋（抗剪和骨架作用）及吊筋（抵抗集中力带来的剪力），如图2－30所示。

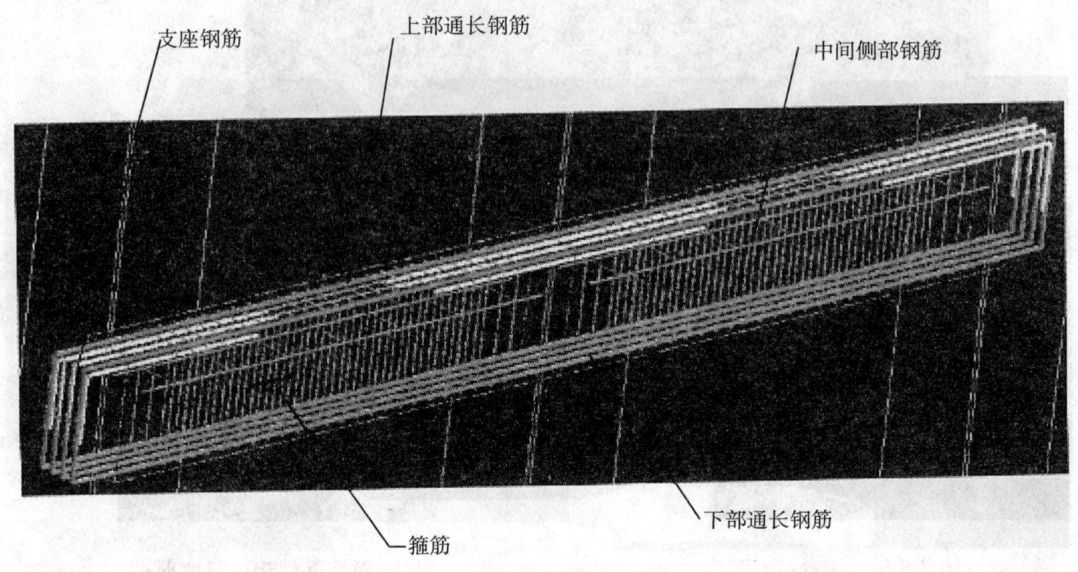

图2－30 梁钢筋骨架

(3)梁箍筋

抗震结构中的框架梁箍筋的表示包括钢筋级别、直径、加密区与非加密区间距及肢数。箍筋加密区与非加密区的不同间距及肢数需用斜线“/”分隔，如果加密区和非加密区的箍筋肢数不同，要分别写在各间距后的括号内，若相同只要最后写一次。箍筋加密区长度按相应抗震等级的标准构造详图采用。

例：ϕ 10@200(2)表示Ⅰ级钢筋、直径 10 mm、间距 200 mm、双肢箍。

ϕ 8@100/150(2)表示Ⅰ级钢筋、直径 8 mm、加密区间距 100 mm、非加密区间距 150 mm，均为双肢箍。

ϕ 10@100(4)/150(2)表示Ⅰ级钢筋、直径 10 mm、加密区间距 100 mm 为四肢箍、非加密区间距 150 mm 为双肢箍。

当抗震结构中的非框架梁、悬挑梁、井字梁、基础梁，及非抗震结构中的各类梁采用不同的箍筋间距及肢数时，也用斜线“/”将其分隔开来。注写时，先注写梁支座端部的箍筋（包括箍筋的箍数、钢筋级别、直径、间距与肢数），在斜线后注写梁跨中部分的箍筋间距及肢数。

15 ϕ 10@150/200(4)表示Ⅰ级钢筋，直径 10 mm，梁的两端各有 15 道四肢箍，间距 150 mm，梁的中部间距 200 mm，均为四肢箍。

18 ϕ 12@150(4)/200(2)，表示箍筋为Ⅰ级钢筋，直径为 12；梁的两端各有 18 道，四肢箍，间距为 150；梁跨中部分，间距为 200，双肢箍。

9 ϕ 14@100/12 ϕ 14@150/ϕ 14@200(4)，表示箍筋直径为 14 mm，Ⅱ级钢筋，从梁两端向跨内，间距为 100 mm 的 9 道，间距是 150 的 12 道，剩下中间部分的箍筋间距皆为 200 mm，均为 4 肢箍。

(4)梁上部通长筋或架立筋配置

上部通长筋即全跨通长，当超过钢筋的定尺长度时，中间用焊接、搭接或机械连接方式接长，是抗震梁的构造要求。架立筋一般与支座负筋连接，只起骨架作用。

所注规格及根数应根据结构受力要求及箍筋肢数等构造要求而定。

1)当同排纵筋中既有通长筋又有架立筋时，应用加号“＋”将通长筋和架立筋相连。注写时须将角部纵筋写在加号的前面，架立筋写在加号后面的括号内，以示不同直径及与通长筋的区别。

例:2⌀20＋(4⌀12)，其中 2⌀20 为通长筋，4⌀12 为架立筋。

2)当梁的上部纵筋和下部纵筋均为全跨相同，且多数跨配筋相同时，可加注下部纵筋的配筋值，用分号“;”将上部与下部纵筋的配筋值分隔。

例:3⌀14;3⌀18 表示梁的上部配置 3⌀14 的通长筋，下部配置 3⌀18 的通长筋。

3)对于基础梁来说，上部贯通纵筋前要加上“T”，底部贯通纵筋前加上“B”。

例:B3⌀16;T3⌀18 表示基础梁底部贯通纵筋为 3⌀16，上部贯通纵筋为 3⌀18。

(5)梁侧面纵向构造钢筋或受扭钢筋配置

1)当梁腹板高度 H_w＞450 mm 时，须配置符合规范规定的纵向构造钢筋。此项注写值以大写字母 G 打头，注写总数，且对称配置。

例:G4⌀12，表示梁的两个侧面共配置 4⌀12 的纵向构造钢筋，两侧各配置 2⌀12。

2)当梁侧面需配置受扭纵向钢筋时，此项注写值以大写字母 N 打头，注写总数，且对称配置。

例:N4⌀18，表示梁的两个侧面共配置 4⌀18 的受扭纵向钢筋，两侧各配置 2⌀18。

当配置受扭纵向钢筋时，不再重复配置纵向构造钢筋，但此时受扭纵向钢筋应满足规范对梁侧面纵向构造钢筋的间距要求。

(6)梁顶面标高高差

此项为选注值。当梁顶面标高不同于结构层楼面标高时，需要将梁顶面标高相对于结构层楼面标高的高差值注写在括号内，无高差时不注。高于楼面为正值，低于楼面为负值。例:(－0.050)，表示该梁顶面标高比该楼层的结构层标高低 0.05m。

2. 原位标注

原位标注的内容包括:梁支座上部纵筋、梁下部纵筋、附加箍筋或吊筋。

(1)梁支座上部纵筋

原位标注的梁支座上部纵筋应为包括集中标注的通长筋在内的所有钢筋。

1)当梁支座上部钢筋多于一排时，用斜线“/”将各排纵筋自上而下分开。

例:6⌀204/2，表示支座上部纵筋共两排，上排 4⌀20，下排 2⌀20。

2)同排纵筋有两种直径时，用加号“＋”将两种直径的纵筋相连，且角部纵筋写在前面。

例:2⌀25＋2⌀22，表示支座上部纵筋共四根一排放置，其中角部 2⌀25，中间 2⌀22。

3)当梁中间支座左右的上部纵筋相同时，仅在支座的一边标注配筋值；否则，须在两边分别标注。

(2)梁下部纵筋

与上部纵筋标注类似，多于一排时，用斜线“/”将各排纵筋自上而下分开。同排纵筋有两种不同直径时，用加号“＋”将两种直径的纵筋相连，且角部纵筋写在前面。

例：6Φ252/4，表示下部纵筋共两排，上排2Φ25，下排4Φ25，全部伸入支座。

当梁下部纵筋不全伸入支座时，将梁支座下部纵筋减少的数量写在括号内。

例：6Φ252(−2)/4，表示上排纵筋2Φ25，不伸入支座，下排纵筋4Φ25，全部伸入支座。

2Φ25＋2Φ22(−2)/5Φ25，表示梁下部纵筋共有两排，上排2Φ25和2Φ22，其中2Φ22不伸入支座，下排是5Φ25，全部伸入支座。

(3)附加箍筋或吊筋

附加箍筋和吊筋直接画在平面图中的主梁上，用线引注总配筋值(附加箍筋的肢数注在括号内)。当多数附加箍筋或吊筋相同时，可在图中统一说明，少数与统一说明不一致者，再原位引注，如图2－31所示，配有吊筋2Φ18，如图2－32所示配有箍筋8ϕ10(两边各4根)，双肢。

图2－31　梁吊筋标注示例

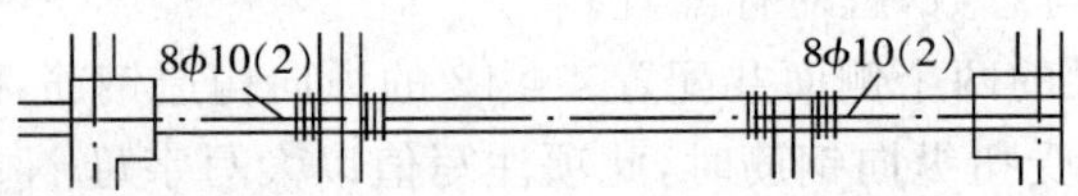

图2－32　梁附加箍筋示例

【例2－15】　如图2－33所示。

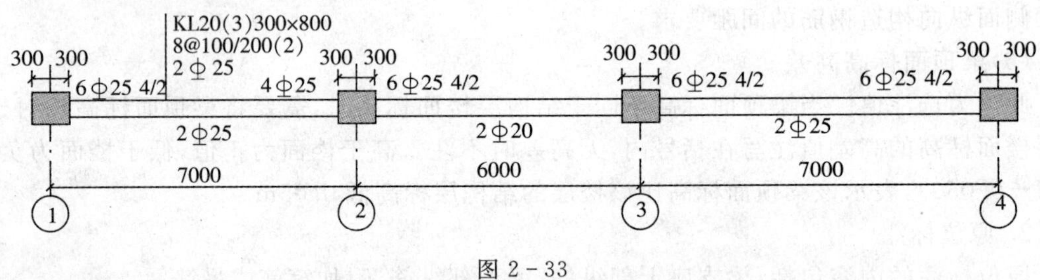

图2－33

【解】

1. 从集中标注中读到：

此梁为框架梁，序号20；3跨；矩形截面尺寸是300×800；箍筋为Ⅰ级钢筋，直径8 mm，加密区间距是100 mm，非加密区间距是200 mm，双肢箍；上部两根通长筋，Ⅱ级钢筋，直径为25 mm。

2. 从原位标注中读到：

从左至右依次称为1跨、2跨、3跨。

(1)1跨左支座上部有6Φ25纵筋(包括2根通长筋)，共两排，上排4Φ25，下排2Φ25；1跨跨中底部有2Φ25纵筋；1跨右支座上部有4Φ25纵筋(包括2根通长筋)。

(2)2跨左支座上部有6Φ25纵筋(包括2根通长筋)，共两排，上排4Φ25，下排2Φ25；2跨跨中底部有2Φ20纵筋；2跨右支座上部和3跨左支座上部配筋相同，配有6Φ25纵筋

(包括2根通长筋),上排4Φ25,下排2Φ25。

(3)3跨跨中底部有2Φ25纵筋;3跨右支座配有6Φ25纵筋(包括2根通长筋),上排4Φ25下排2Φ25。

从以上叙述可知,原位标注的梁支座上部纵筋应为包括集中标注的通长筋在内的所有钢筋。

【例2-16】 如图2-34所示。

【解】

1. 从集中标注中读到:

此梁为框架梁,序号7;3跨;矩形截面尺寸300×700,加腋部分,腋长500,腋高250;箍筋为ϕ10,加密区间距100,非加密区间距200,均为双肢箍;上部通长筋2Φ25;梁中部侧面配有4Φ18的受扭纵筋,即两边各配4Φ18;梁顶面标高比该结构层的楼面标高低0.1m。

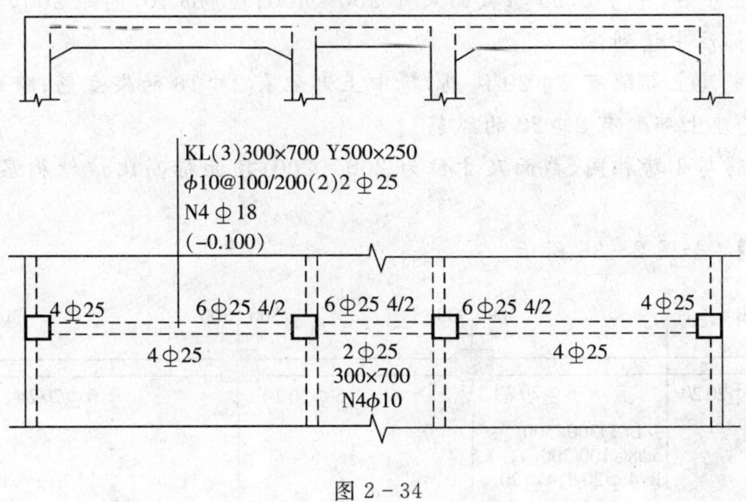

图2-34

2. 从原位标注中读到:

(1)1跨左支座上部配有4Φ25纵筋;跨中底部配有4Φ25纵筋;右支座配有6Φ25纵筋,其中上排4根,下排2根。

(2)2跨全跨上部配筋相同,皆为6Φ25,上排4根,下排2根;侧面配有4ϕ10的受扭;纵筋底部配有2Φ25的纵筋;截面尺寸是300×700(不加腋)。

(3)3跨和1跨配筋对称,不再赘述。

从以上叙述可知,当集中标注不适合某跨时,该跨要以原位标注为准。

【例2-17】 如图2-35所示。

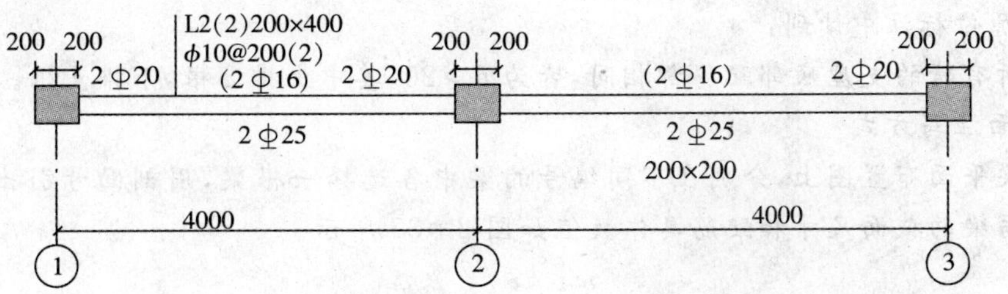

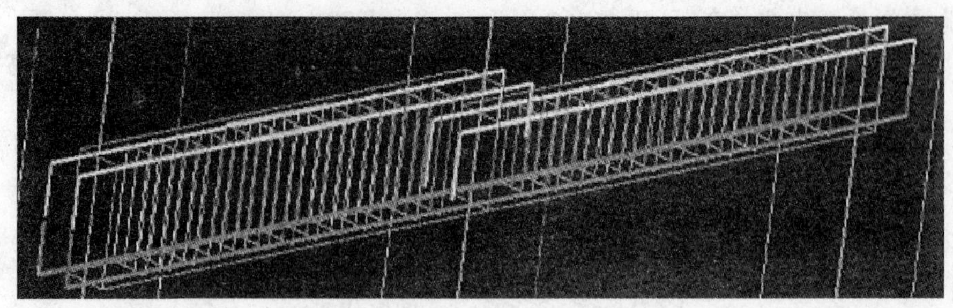

图 2-35

【解】

1. 从集中标注中读到：

此梁为非框架梁，序号 2，2 跨；截面尺寸 200×400；箍筋ϕ10，间距 200，双肢箍。

2. 从原位标注中读到：

(1)1 跨左支座上部配有 2Φ20 纵筋，跨中上部配有 2Φ16 的架立筋；跨中下部配有 2Φ25 的纵筋；右支座上部配有 2Φ20 的纵筋。

(2)2 跨配筋与 1 跨相同，截面尺寸位为 200×200；顶面标高比该结构层的楼面标高低 0.2 m。

【例 2-18】 如图 2-36 所示。

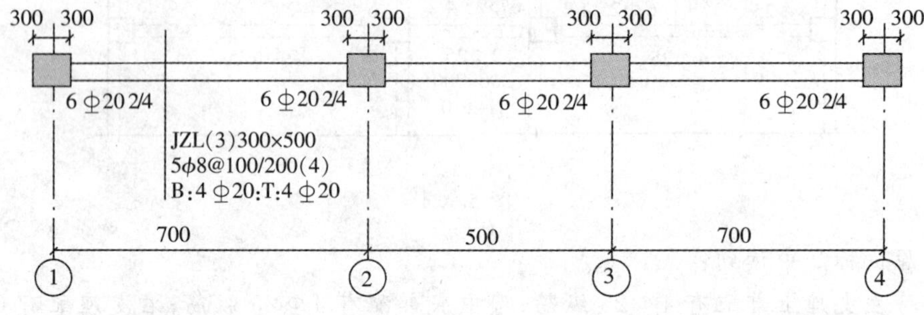

图 2-36

【解】

1. 从集中标注中读到：

此梁是基础主梁，序号 1，3 跨；截面尺寸 300×500；每跨的两端各配有 5ϕ8 间距是 100 的箍筋，跨中配有ϕ8 间距是 200 的箍筋，均为 4 肢箍；梁底部配有 4Φ20 的通长筋；梁上部也配有 4Φ20 的通长筋。

2. 从原位标注中读到：

此梁所有跨的支座底部配筋都相同，皆为 6Φ20，其中上排 2 根，下排 4 根。

3. 截面注写方式

系在梁平面布置图上，分别在不同编号的梁中各选择一根梁，用剖面号引出配筋图，并在其上注写梁的截面尺寸和配筋具体数值如图 2-37 所示。

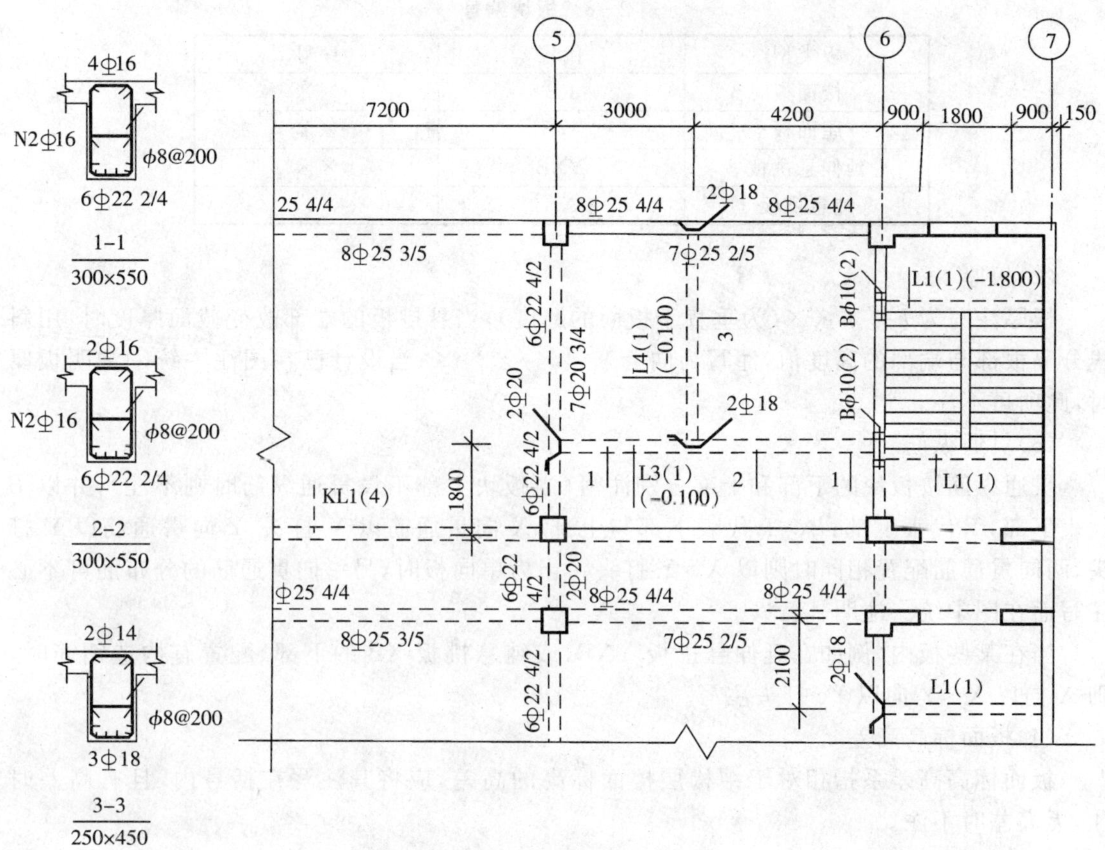

图 2-37　梁截面注写示例图

2.1.5.2　板的平法识读

1. 坐标方向的规定

当两向轴网正交布置时，图面从左至右为 x 方向，从下至上为 y 方向；

当轴网转折时，局部坐标方向顺轴网转折角度做相应转折；

当轴网向心布置时，切向为 x 方向，径向为 y 方向。

2. 板中钢筋类型

(1)根据位置不同：板下部钢筋（板底筋）、板上部钢筋（板面筋）；

(2)根据作用不同：受力筋、分布筋、其他构造筋。

3. 板块集中标注

板块集中标注的内容为：板块编号、板厚、贯通纵筋以及当板面标高不同时的标高高差。

对于普通楼面，两向均以一跨为一块板；对于密肋楼盖，两向主梁（框架梁）均以一跨为块板（非主梁密肋不计）。所有板块应逐一编号，相同编号的板块可择其一做集中标注，其仅注写置于圆圈内的板编号，以及当板面标高不同时的标高高差。

(1)板块编号（见表 2-8）

表 2-8　板块编号

板类型	代号	序号
楼面板	LB	××
屋面板	WB	××
延伸悬挑板	YXB	××
纯悬挑板	XB	××

(2)板厚

板厚注写为 h=×××(为垂直于板面的厚度)；当悬挑板的端部改变截面厚度时，用斜线分隔根部与端部的高度值，注写为向=×××/×××；当设计已在图注中统一注明板厚时，此项可不注。

(3)贯通纵筋

贯通纵筋按板块的下部和上部分别注写(当板块上部不设贯通纵筋时则不注)，并以 B 代表下部，T 代表上部；B&T 代表下部与上部；X 向贯通筋以 X 打头，Y 向贯通筋以 Y 打头，两向贯通筋配置相同时则以 X&Y 打头。当为单向板时，另一向贯通筋的分布筋可不必注写而在图中统一注明。

当在某些板内(例如在延伸悬挑板 YXB，或纯悬挑板 XB 的下部)配置有构造钢筋时，则 X 向以 Xc，Y 向以 Yc 打头注写。

(4)板面标高高差

板面标高高差系指相对于结构层楼面标高的高差，应将其注写在括号内，且有高差时注，无高差时不注。

(5)有关说明

同一编号板块的类型、板厚和贯通纵筋均应相同，但板面标高、跨度、平面形状以及板支座上部的非贯通纵筋可以不同，如同一编号板块的平面形状可为矩形、多边形及其他形状等。

板平法集中标注如图 2-38 所示。

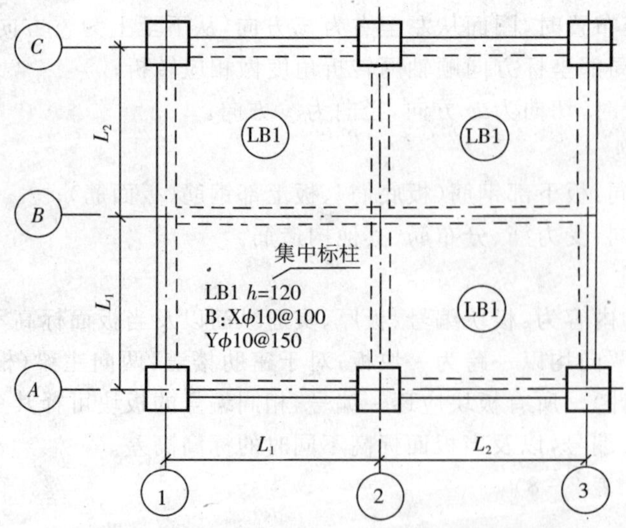

图 2-38　板平法集中标注

LBl 表示 1 号楼板，板厚 120 mm，板下部配置的贯通纵筋 x 向为ϕ 10@150，y 向ϕ为 10@100；板上部未配置贯通纵筋。

延伸悬挑板平法标注如图 2－39 所示。

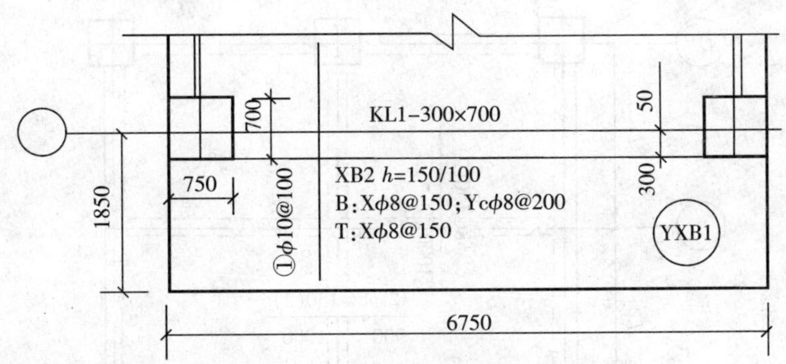

图 2－39　延伸悬挑板平法标法

YXBl 表示延伸悬挑板的编号，h＝150/100 表示板的根部厚度为 150 mm，板的端部厚度为 100 mm，下部构造钢筋 x 方向为ϕ 8@150，y 方向为ϕ 8@200，上部 x 方向为ϕ 8@150，y 方向按①号筋布置。

纯悬挑板平法标注如图 2－40 所示。

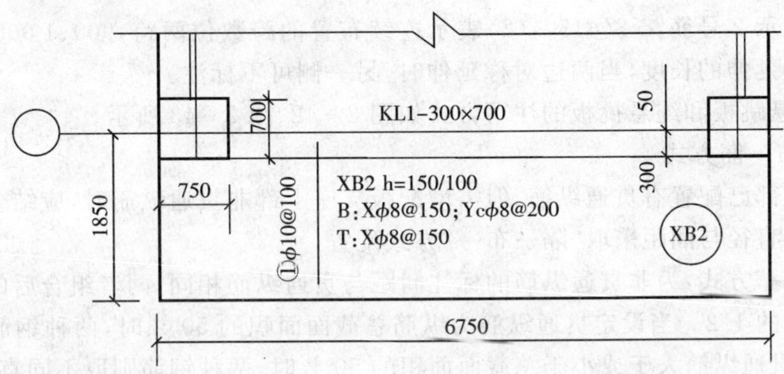

图 2－40　纯悬挑板平法标注

XB2 表示纯悬挑板的编号，h＝150/100 表示板的根部厚度为 150 mm，板的端部厚度为 100 mm，下部构造钢筋 x 方向为ϕ 8@150，y 方向为ϕ 8@200，上部 x 方向为ϕ 8@150，y 方向按①号筋布置。

4. 板支座原位标注

板支座原位标注的内容为：板支座上部非贯通纵筋和纯悬挑板上部受力钢筋。

板支座原位标注的钢筋，应在配置相同跨的第一跨表达（当在梁悬挑部位单独配置时，则在原位表达）。在配置相同跨的第一跨（或梁悬挑部位），垂直于板支座（梁或墙）绘制一段适宜长度的中粗实线（当该筋通长设置在悬挑板或短跨板上部时，实线段应画至对边或贯通短跨），以该线段代表支座上部非贯通纵筋；并在线段上方注写钢筋编号（如①、②等）、配筋值、横向连续布置的跨数（注写在括号内，且当为一跨时可不注），以及是否横向布置到梁的悬挑端。例如:(××)为横向布置的跨数,(××A)为横向布置的跨数及一端的悬挑部位,(××B)为横向布置的跨数及两端的悬挑部位。

(1)非悬挑板的平法原位标注,如图 2-41 所示。

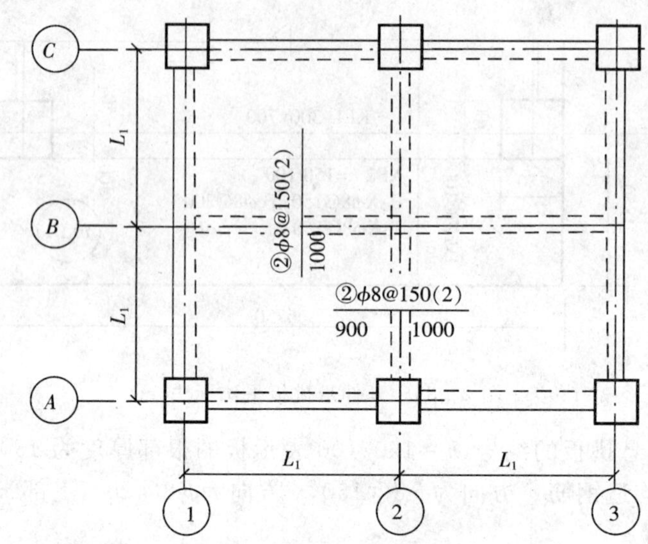

图 2-41 非悬挑板的平法标注

图中②表示 2 号筋,ϕ 8@150,(2)表示连续布置的跨数位两跨,900、1 000 表示自梁支座中线向跨内延伸的长度,当两边对称延伸时,另一侧可不标注。

(2)延伸悬跳板和纯悬挑板的注写方式如图 2-42、图 2-43 所示。

5. 隔一布一筋方式

当板的上部已配置有贯通纵筋,但需增配板支座上部非贯通纵筋时,应结合已配置的同向贯通纵筋的直径与间距采取"隔一布一"方式配置。

"隔一布一"方式,为非贯通纵筋的标注间距与贯通纵筋相同,两者组合后的实际间距为各自标注间距的 1/2。当设定贯通纵筋为纵筋总截面面积的 50 %时,两种钢筋应取相同直径;当与设定贯通纵筋大于或小于总截面面积的 50 %时,两种钢筋则取不同直径。

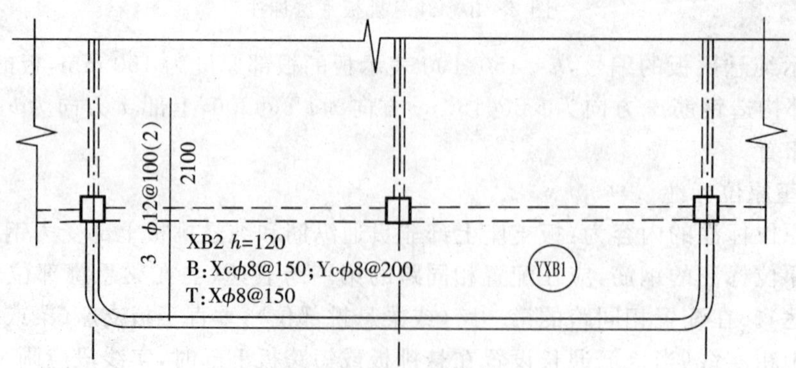

图 2-42 延伸悬挑板的平法表示

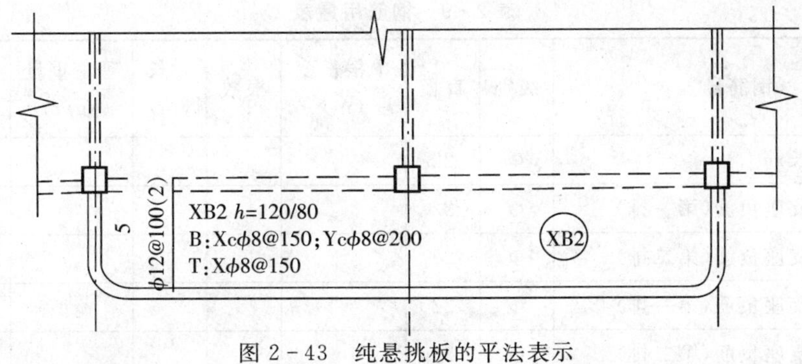

图 2-43　纯悬挑板的平法表示

(1)直径相同情况

例:板上部已配置贯通纵筋ϕ 12@250,该跨同向配置的上部支座非贯通纵筋为⑤ϕ 12@250,表示在该支座上部设置的纵筋实际为ϕ 12@125,其中 1/2 为贯通纵筋,1/2 为⑤非贯通纵筋。

(2)直径不同情况

例:板上部已配置贯通纵筋ϕ 10@250,该跨同向配置的上部支座非贯通纵筋为⑧ϕ 12@250,表示在该支座上部设置的纵筋实际为(1 ϕ 10+1 ϕ 12)/250,实际间距为 125mm。

【例 2-19】 某两跨悬挑框架连续梁平法标注配筋图,如图 2-44 所示,试分析该梁的钢筋用量。

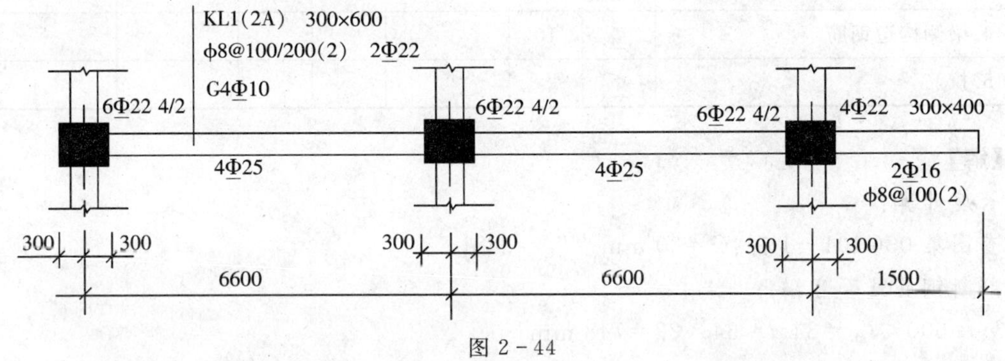

图 2-44

注:1. 抗震等级为二级,环境类别为二(a),采用 C30 混凝土,普通钢筋。

2. 构件保护层按图集 03G101-1 中最小保护层执行;不考虑梁中钢筋搭接。

3. 梁中进入支座的钢筋若为弯锚,认为其锚如支座平直段进入支座尽头(即平直段长度=柱宽-保护层厚度),其他锚固长度按图集 03G101-1 执行。

4. 箍筋长度计算公式:断面周长-8×箍筋保护层厚度+2×弯钩增加值;
拉筋长度计算公式:梁宽-2×箍筋保护层厚度+2×弯钩增加值+2×拉筋直径;
其中,箍筋、拉筋弯钩增加值取 12.89 d。

5. 题中未提及的钢筋构造要求均按图集 03G101-1 执行。

直径(mm)	6	8	10	16	22	25
单根钢筋理论重量(kg/m)	0.222	0.395	0.617	1.58	2.98	3.85

6. 钢筋单根长度值,总长值保留两位小数,总重量值保留三位小数。

7. 钢筋的理论重量。

表 2-9　钢筋用量表

钢筋号	级别	直径	单根长度(m)	根数	总长(m)	理论重量(kg/m)	总重(kg)
1. 上部通长筋	Φ	22					
2. 一跨左支座负筋(第一排)	Φ	22					
3. 一跨左支座负筋(第二排)	Φ	22					
4. 一跨右支座负筋(第一排)	Φ	22					
5. 一跨右支座负筋(第二排)	Φ	22					
6. 一跨下部钢筋	Φ	25					
7. 一跨箍筋	Φ	8					
8. 二跨右支座负筋(第一排)	Φ	22					
9. 二跨右支座负筋(第二排)	Φ	22					
10. 二跨下部钢筋	Φ	25					
11. 二跨箍筋	Φ	8					
12. 三跨下部钢筋	Φ	16					
13. 三跨箍筋	Φ	8					
14. 梁侧构造钢筋	Φ	10					
15. 拉筋	Φ						

【解】

长度计算：

查图集 03G101－1 得：$C=30$ mm　$l_{aE}=34$ d

判断钢筋是否弯锚：

$h_C=600<l_{aE}=34\,d=34\times22=748$ mm

$>0.5\,h_C+5\,d=0.5\times600+5\times22=410$ mm　　需弯锚。

1. 上部通长筋　2Φ22

单根长度 $l=(6\,600+6\,600+1\,500-300-30)+(600-30+15\times22)+12\times22=14\,370+900+264$

$=15534$ mm$=15.53$ m

根数 $n=2$ 根

总长 $Lz=15.26\times2=$ 30.52 m

2. 第一跨

2.1 支座负筋

2.1.1 左支座负筋

1. 第一排钢筋　2Φ22

$l=(6\,600-300\times2)/3+(600-30+15\times22)=2\,900$ mm$=2.9$ m

$n=2$　　$Lz=2.9\times2=$ 5.8 m

2. 第二排钢筋　　2Φ22

$l=(6\,600-300\times2)/4+(600-30+15\times22)=2\,400$ mm $=2.4$ m

$n=2$　　$Lz=2.4\times2=$ 4.8 m

2.1.2 右支座负筋

1. 第一排钢筋　　2Φ22

$l=(6\,600-300\times2)/3+600+(6\,600-300\times2)/3=4\,600$ mm $=4.6$ m

$n=2$　　$Lz=4.6\times2=$ 9.2 m

2. 第二排钢筋　　2Φ22

$l=(6\,600-300\times2)/4++600+(6\,600-300\times2)/4=3\,600$ mm $=3.6$ m

$n=2$　　$Lz=3.6\times2=$ 7.2 m

2.2 下部钢筋　4Φ25

$l=(600-30+15\times25)+(6\,600-300\times2)+(850,425)\max=946+6\,000+850$
$=7\,795$ mm $=7.8$ m

$n=4$

$Lz=7.8\times4=$ 31.2 m

2.3 箍筋　　Φ8@100/200(2)

加密区长 $=1.5\,h_b=1.5\times600=\underline{900\text{ mm}}>500$ mm

$l=$ 断面周长 $-8\times$ 箍筋保护层厚度 $+2\times12.89$ d
$=(300+600)\times2-8\times(30-8)+2\times12.89\times8=1\,830.24$ mm $=1.83$ m

$n=[(900-50)/100+1]\times2+[(6\,600-300\times2-900\times2)/200-1]=10\times2+20=40$

$Lz=1.83\times40=$ 73.2 m

3. 第二跨

3.1 右支座负筋

1. 第一排钢筋　　2Φ22　认为钢筋伸入悬挑段

$l=(6\,600-300\times2)/3+600+(1\,500-300-30)+12\times22$
$=4034$ mm $=4.03$ m

$n=2$

$Lz=4.03\times2=$ 8.06 m

2. 第二排钢筋　　2Φ22

$l=(6\,600-300\times2)/4+(600-30+15\times22)=1\,500+900=2\,400$ mm $=2.4$ m

$n=2$

$Lz=2.4\times2=$ 4.8 m

3.2 下部钢筋　4Φ25

同一跨　　$Lz=7.8\times4=$ 31.2 m

3.3 箍筋　　Φ8@100/200(2)

同一跨　　$Lz=1.83\times40=\boxed{73.2\ \mathrm{m}}$

4. 第三跨(悬挑)

4.1 下部钢筋　　2$\underline{\Phi}$16

$l=(1\,500-300-30)+12\times16=1\,362\ \mathrm{mm}=1.36\ \mathrm{m}$

$n=2$　　　$Lz=1.36\times2=\boxed{2.72\ \mathrm{m}}$

4.2 箍筋　Φ8@100(2)

l＝断面周长－8×箍筋保护层厚度＋2×12.89 d

$=(300+400)\times2-8\times(30-8)+2\times12.89\times8=1430\ \mathrm{mm}=1.43\ \mathrm{m}$

$n=(1\,500-300-50-30)/100+1=13$

$Lz=1.43\times13=\boxed{18.59\ \mathrm{m}}$

5. 梁侧构造钢筋、拉接筋

5.1 梁侧构造钢筋　　G4$\underline{\Phi}$10

$l=(6600+1500+6600-300\times2)+2\times15\times10=12900\ \mathrm{mm}=12.9\ \mathrm{m}$

$n=4$

$Lz=12.9\times4=\boxed{51.6\ \mathrm{m}}$

5.2 拉筋　Φ6@400(梁宽小于 350 mm)

l＝梁宽－2×箍筋保护层厚度＋2×弯钩增加值＋2×拉筋直径

$=300-2\times(30-8)+2\times12.89\times6+2\times6=422.68\ \mathrm{mm}=0.42\ \mathrm{mm}$

$n=[(6600-300\times2-50\times2)/400+1]\times2=16\times4=64$

$Lz=0.42\times64=\boxed{26.88\ \mathrm{m}}$

钢筋重量计算：

表 2-10　钢筋用量表

筋　号	级别	直径	单根长度(m)	根数	总长(m)	理论重量(kg/m)	总重(kg)
1. 上部通长筋	$\underline{\Phi}$	22	15.53	2	31.06	2.98	92.559
2. 一跨左支座负筋(第一排)	$\underline{\Phi}$	22	2.9	2	5.8	2.98	17.284
3. 一跨左支座负筋(第二排)	$\underline{\Phi}$	22	2.4	2	4.8	2.98	14.304
4. 一跨右支座负筋(第一排)	$\underline{\Phi}$	22	4.6	2	9.2	2.98	27.416
5. 一跨右支座负筋(第二排)	$\underline{\Phi}$	22	3.6	2	7.2	2.98	21.456
6. 一跨下部钢筋	$\underline{\Phi}$	25	7.8	4	31.2	3.85	120.12
7. 一跨箍筋	$\underline{\Phi}$	8	1.83	40	73.2	0.395	28.914
8. 二跨右支座负筋(第一排)	$\underline{\Phi}$	22	4.03	2	8.06	2.98	24.019
9. 二跨右支座负筋(第二排)	$\underline{\Phi}$	22	2.4	2	4.8	2.98	14.304
10. 二跨下部钢筋	$\underline{\Phi}$	25	7.8	4	31.2	3.85	120.12
11. 二跨箍筋	$\underline{\Phi}$	8	1.83	40	73.2	0.395	28.914

（续表）

筋　号	级别	直径	单根长度(m)	根数	总长(m)	理论重量(kg/m)	总重(kg)
12. 三跨下部钢筋	Φ	16	1.36	2	2.72	1.58	4.298
13. 三跨箍筋	Φ	8	1.43	13	18.59	0.395	7.343
14. 梁侧构造钢筋	Φ	10	12.9	4	51.6	0.617	31.837
15. 拉筋	Φ	6	0.42	64	26.88	0.222	5.967

学习情境2.2　工程量清单计价

2.2.1　分部分项工程量清单计价

下面以《安徽省建筑工程消耗量定额》为例，介绍框架结构工程分部分项工程量清单计价。

2.2.1.1　土石方工程清单计价

在1.6.2.1中，着重介绍了人工土石方工程计价，下面介绍机械土、石方工程计价。

1. 说明

(1)机械土方定额是按三类土编制的，如土壤不同时，机械台班量按表2-11中系数调整。

表2-11　机械台班用量调整系数

项目	一二类土壤	四类土壤
推土机推土	0.84	1.18
铲运机铲运土方	0.84	1.26
自行铲运机铲运土方	0.86	1.09
挖掘机挖土方	0.84	1.14

(2)机械挖土方工程，人工完成的修边坡、整平的工程内容施工时应同时考虑，不另增加费用。

(3)推土机、铲运机、推铲未经压实的土时，按定额项目乘以系数0.73。

(4)推土机推土、推石渣、铲运机铲运土重车上坡时，如果坡度大于5%，其运距按坡度区段斜长乘以表2-12系数计算。

表2-12　运距系数

坡度(%)	5—10	15以内	20以内	25以内
系　数	1.75	2.0	2.25	2.5

(5)推土机推土或铲运机铲土土层平均厚度小于30 cm时，推土机台班用量乘以系数

1.25;铲运机台班用量乘以系数 1.17。

(6)挖掘机在垫板上进行作业时,人工、机械乘以系数 1.25,定额内不包括垫板铺设所需的工料、机械消耗。

(7)机械土方均以天然含水率为准。如含水率达到或超过 25 %时,定额人工、机械乘以系数 1.15;含水率超过 40 %时,另行计算。

(8)装载机装原状土,需由推土机破土时,另增加推土机推土项目。

(9)场地填土碾压是按三遍计算的,如设计规定或实际碾压遍数与定额不同时,可以换算。

(10)定额中的爆破材料是按炮孔中无地下渗水、积水编制的,炮孔中若出现地下渗水、积水时,处理渗水或积水发生的费用另行计算。定额未计算爆破时所需覆盖的安全网、草袋、架设安全屏障等设施,发生时另行计算。

(11)汽车运土的运输道路是综合确定的,已考虑运输过程中的道路清理人工,如需要铺设材料时,另行计算。

2. 机械土、石方工程量计算规则

机械土、石方工程量计算规则,除执行人工土、石方有关规定外,还应执行下列计算规则:

(1)土、石方运距。

1)推土机推土运距:按挖方区重心至填方区重心之间的直线距离计算。

2)铲运机运距:按挖方区重心至卸土区重心加转向 45m 计算。

3)自卸汽车运距:按挖方区重心至填土区(或堆放地点)重心的最短距离计算。

(2)地基强夯按设计图示强夯面积、夯击能量、夯击遍数,以“m^2”计算。

在【例 1-24】中,机械挖土方 2 257.82−174.46=2 083.36(m^3)

【例 2-20】 已知某基坑开挖深度 $H=10$ m,其中表层土为一、二类土,厚 $h_1=2$ m,中层土为三类土厚 $h_2=5$ m,下层为四类土,厚 $h_3=3$ m,采用正铲挖土机在坑底挖土施工,试确定坡度系数是多少。

【解】 查表知:一、二类土坡度系数 $K_1=0.33$ $h_1=2$ m

三类土坡度系数 $K_2=0.25$ $h_2=5$ m

三类土坡度系数 $K_3=0.10$ $h_3=3$ m

故综合坡度系数为

$$K=(K_1h_1+K_2h_2+K_3h_3)/H$$
$$=(0.33\times2+0.25\times5+0.1\times3)/10$$
$$=0.22$$

【例 2-21】 已知:某地坑采用三面放坡一面支挡土板开挖,放坡部分的坑底边长为 13 m,支挡土板部分的坑底边长为 5 m,总挖土量为 90 m^3。试确定带挡土板和不带挡土板的挖土分项工程量各为多少?

【解】

坑底总边长=13+5=18 m

带挡土板挖土分项工程量＝5/18×90＝25 m^3

不带挡土板挖土分项工程量＝13/18×90＝65 m^3

2.2.1.2　桩与地基基础工程清单计价

1. 消耗量定额说明

(1)本章定额适用于一般工业与民用建筑工程的桩与地基基础工程，不适用水工建筑、公路桥梁工程、室内打桩工程。

(2)本章定额土壤级别的划分，应根据工程地质资料中的土层构造和土壤物理、力学性能的有关指标，参考纯沉桩时间确定。凡遇有砂夹层者，应先按砂层情况确定土壤的级别。无砂层者，按土壤物理力学性能指标并参考每m平均沉桩时间确定。用土壤力学性能指标鉴别土壤级别时，桩长在12 m以内、相当于桩长三分之一的土层厚度应达到所规定的指标；12 m以外，按5 m厚度确定。定额中未区别土壤级别的项目已综合考虑，在执行中不得另行换算。土壤鉴别见表2-13。

表2-13　土壤鉴别表

内容		土壤级别	
		一级土	二级土
砂类层	砂层连续厚度	＜1.00 m	＞1.00 m
物理性能	压缩系数孔隙比	＞0.02 ＞0.70	＜0.02 ＜0.7
力学性能	静力触探值 动力触探击数	＜50 ＜12	＞50 ＞12
每m沉桩时间值		＜2 min	＞2 min
说明		易沉桩，土壤中有较薄砂层	沉桩较难，土壤中夹有不超过3 m的连续厚度砂层

(3)人工挖孔桩、钻孔桩、岩层划分为微风化岩、中风化岩、强风化岩三类。强风化岩不作入岩计算；中风化岩、微风化岩作入岩计算。岩石风化强度划分见表2-14。

表2-14　岩石风化程度划分表

风化程度	特　征
微风化	岩石新鲜，表面稍有风化迹象
中风化	1. 结构和构造层理清晰 2. 岩体被节理，裂隙分割成块状(20～50 cm)，裂隙中填充少量风化物，撞击声脆，且不易击碎 3. 用手镐难挖掘，用风镐可掘进，用岩心钻可钻进
强风化	1. 结构和构造层不甚清晰，矿物成分已显著变化 2. 岩体被节理，裂隙分割成碎石状(2～20 cm)，碎石可用手折断 3. 用手镐可挖掘

(4)单位工程的工程量在表2-15规定数量以内时，其人工、机械按相应定额项目乘系数1.25计算。

表 2-15 小型单位工程的工程量表

项目	单位工程的工程量	项目	单位工程的工程量
预制钢筋混凝土方桩	150 m^3	振冲碎石桩	100 m^3
预应力钢筋混凝土管桩	50 m^3	灰土挤密桩	60 m^3
沉管灌注混凝土桩	60 m^3	旋挖法混凝土桩	100 m^3
沉管灌注砂石(碎石、砂)桩	60 m^3	深层搅拌加固地基	100 m^3
钻孔灌注混凝土桩	100 m^3	旋喷桩	100 m^3
钢板桩	50 t	人工挖孔桩	100 m^3

(5)打实验桩按相应定额项目人工、机械乘系数 2.0 计算。

(6)打桩、沉管、桩间净距小于 4 倍桩径(桩边长)的,按相应定额项目中的人工、机械乘以系数 1.13 计算。

(7)打斜桩、斜度在 1∶6 以内者,按相应定额项目人工、机械乘以系数 1.25;斜度大于 1∶6者,按相应定额项目人工、机械乘以系数 1.43。

(8)在坡度大于 15°地面打桩时,按相应定额项目人工、机械乘以系数 1.15。

(9)在基坑内(基坑深度超过 1.5 m)打桩或在地面上打坑槽内(坑槽深度超过 1 m)桩,按相应定额人工、机械乘以系数 1.11。

(10)各种灌注桩的材料用量中,已包括表 2-16 规定的充盈系数和材料损耗,砂石桩材料用量中还包括了砂石级配密实系数。

表 2-16 灌注桩材料充盈系数、材料损耗表

项目	充盈系数	损耗率(%)	级配密实系数
沉管灌注混凝土桩(单桩)	1.05	2.00	—
沉管灌注混凝土桩(复桩)	1.00	2.00	—
夯扩沉管灌注混凝土桩	1.05	2.00	—
钻孔灌注混凝土桩	1.10	2.00	—
人工挖孔灌注混凝土桩	1.00	2.00	—
沉管灌注砂石桩	1.15	2.00	1.334

(11)因设计修改要在桩间补桩或在强夯后的地基上打桩时,按相应定额项目人工、机械乘以系数 1.15。

(12)金属周转材料中包括桩帽、送桩器、桩帽盖、活瓣桩尖、钢管、料斗、串桶等属于周转使用的材料。

(13)本章定额打桩机的类别、规格,除定额注明外,执行中不予换算。打桩机及为打桩机配套的施工机械的场外运输费和组装、拆卸费,另按实际进场的机械类别、规格计算。

(14)本章定额不包括桩的静荷载试桩、动测费,发生时另行计算。

(15)电焊接桩钢材用量,设计与定额不同时,按设计用量乘系数 1.06 调整,其他不变。

(16)设计的混凝土强度、等级、砂石级配和水泥掺入比与定额不同时,按设计要求调整,其他不变。

(17)地基强夯按 100 m^2、25 个夯点编制,夯点布置不同时按比例换算。强夯施工中需

用外来土(石)填夯坑时,其土(石)回填应按有关定额执行。强夯定额项目不包括强夯前的试夯工作,设计要求试夯,按设计要求另行计算。

2. 桩与地基基础工程工程量计算规则

(1)混凝土桩

1)预制钢筋混凝土桩:

① 打(压)预制钢筋混凝土桩,按设计桩长(包括桩尖,不扣除虚体积)乘以桩截面面积,以"m^3"计算;管桩的空心体积应扣除,管桩的空心部分设计要求灌注混凝土或其他填充材料时,另行计算。

② 送桩:以送桩长度(自桩顶面至自然地坪另加 50 cm)乘以桩截面面积,以"m^3"计算。

2)方桩、管桩接桩:按接头数以"个"计算。

3)灌注混凝土桩:

① 沉管灌注混凝土桩,按设计桩长(包括桩尖,不扣除虚体积)加 50 cm,乘以标准管的外径截面面积,以"m^3"计算。

② 复打沉管灌注混凝土桩,按单打体积乘以复打次数,以"m^3"计算。

③ 夯扩沉管灌注混凝土桩,按设计桩长(包括桩尖,不扣除虚体积)加 50 cm 乘以标准管的外径截面面积,再加投料长度乘以标准管内径截面面积,以"m^3"计算。

④ 长螺旋或旋挖法钻孔灌注混凝土桩,按设计桩长加 50 cm 乘以螺旋外径或设计截面面积以"m^3"计算。

⑤ 钻孔灌注混凝土桩

A. 钻土孔与钻岩孔分别计算,钻土孔以地面至岩石表面之间深度乘以设计桩截面面积以"m^3"计算;钻岩孔以入岩深度乘以设计桩截面面积,以"m^3"计算。

B. 混凝土桩身,按设计桩长加 50 cm 乘设计桩截面面积,以"m^3"计算。

C. 泥浆运输工程量按钻孔体积,以"m^3"计算。

⑥ 人工挖孔桩

A. 挖坑井土方和坑井石方分别计算。挖坑井土方按图示尺寸从井口顶面至岩石表面,以"m^3"计算;挖坑井石方按图示尺寸从岩石表面至桩底,以"m^3"计算。

B. 护壁按图示尺寸以井口顶面至扩大头处(或桩底),以"m^3"计算。

C. 桩身混凝土按图示尺寸从桩项至桩底加 50 cm,以"m^3"计算。

(2)其他桩

1)沉管灌注砂石(碎石、砂)桩,按设计桩长(不包括桩尖)加 15 cm 乘标准管的外径截面面积,以"m^3"计算。

2)灰土挤密桩,按设计桩长(不扣除桩尖虚体积)乘以钢管下端最大外径的截面面积,以"m^3"计算。

3)高压旋喷桩,钻孔按自然地面至桩底的长度,以"m"计算,喷浆按设计桩长乘以桩的截面面积,以"m^3"算。

4)深层水泥搅拌加固地基的喷浆和喷粉,按设计桩长加 50 cm 乘以桩的截面面积,以"m^3"计算。空搅工程量按地面至桩顶减 50 cm 长度乘以桩截面面积,以"m^3"计算。

(3)地基与边坡处理

1)地下连续墙:

① 导墙开挖按设计长度乘开挖宽度及深度，以“m^3”计算。导墙浇注按图示尺寸，以“m^3”计算。

② 连续墙挖槽按设计深度加 50 cm 乘以设计长度及墙厚，以“m^3”计算。泥浆外运量按成槽工程量，以“m^3”计算。

③ 连续墙混凝土浇注按设计深度加 50 cm 乘以设计长度及墙厚，以“m^3”计算。

④ 清底置换、接头管，按分段施工的槽壁单元以“段”计算。

2)振冲碎石桩，按设计桩长加 25 cm，乘以设计截面面积，以“m^3”计算。

3)压密注浆钻孔按设计深度以“m”计算，注浆按下列规定，以“m^3”计算。

① 设计图示明确加固土体体积的，按图注体积计算。

② 设计图示以布点形式图示加固范围的，则以两孔间距作为扩散直径，乘以布点连线长度，加 1 个扩散直径，以“m^3”计算(如是闭合布点，则不需要增加扩散直径)。

③ 设计图示注浆点在钻孔桩或挖孔桩之间，按两孔间距作为扩散直径，以圆柱体体积计算。

4)地基强夯按设计图示强夯面积，区分夯击能量、夯击遍数，以“m^2”计算。

5)锚杆支护，锚杆和土钉的钻孔注浆按设计图示和孔径，以“延长米”计算。

6)土钉支护：

① 土钉锚杆按设计图示以“t”计算。

② 喷射混凝土护坡按设计图示以“m^2”计算。

7)打(拔)钢板桩，按设计长度以“根”计算。

(4)基础垫层

基础垫层按图示尺寸以“m^3”计算；外墙基础垫层长度按外墙中心线长度计算；内墙基础垫层长度按内墙基础垫层净长计算。

【例 2-22】 某建筑物基础打预制钢筋混凝土方桩 120 根，桩长(桩顶面至桩尖底) 9.5 m，断面尺寸为 250 mm×250 mm。(1)求打桩工程量；(2)若将桩送入地下 0.5 m，求送桩工程量。

【解】

预制钢筋混凝土桩的工程数量计算如下：

1. 计算公式：按设计图示尺寸以桩长(包括桩尖)或根数计算。

2. 桩长为 9.5 m，断面尺寸为 250 mm×250 mm，数量为 120 根，打预制钢筋混凝土方桩的工程量为 9.5×120=1 140 m(或 120 根)。

3. 单根方桩送桩长度为 0.5+0.5=1.0 m

则总工程量为 1.0×120=120 m

如果是施工企业编制投标报价，应按建设主管部门规定方法计算工程量。

1. 打桩工程量

$V=F\times L\times N=0.25\times 0.25\times 9.5\times 120=71.25\ m^3$

2. 送桩工程量

送桩长度为：0.5+0.5=1.0 m

则送桩工程量=F×送桩长度×送桩数量=$0.25\times 0.25\times 1\times 120=7.5\ m^3$

【例 2-23】 某工程为人工挖孔灌注混凝土桩，混凝土强度等级 C20，数量为 60 根，设计桩长 8 m，桩径 1.2 m，已知土壤类别为四类土，求该工程混凝土灌注桩的工程数量。

【解】

混凝土灌注桩的工程数量计算如下：

计算公式：按设计图示尺寸以桩长(包括桩尖)或者按根数计算。土壤类别为四类土、混凝土强度等级为 C20、数量为 60 根、设计桩长 8 m、桩径 1.2 m、人工挖孔灌注混凝土桩的工程数量：8×60＝480 m(或 60 根)

如果是施工企业编制投标报价，应按建设主管部门规定方法计算工程量。

单根桩工程量：$V_{桩}=\pi\times\left(\frac{1.2}{2}\right)^2\times8=9.048\ \text{m}^3$

总工程量＝$9.048\times60=542.88\ \text{m}^3$

2.2.1.3　框架填充墙清单计价

1. 说明

(1)砖砌不分平墙及艺术形式，砖过梁、砖平碹、腰线、挑檐、附墙垛、附墙烟囱及房上烟囱等因素，均已综合考虑在定额内，不另列项目计算。

(2)各种砌体的砖、砌块是按我省常用规格(单位：mm)编制的，其规格如下：

普通粘(标准)砖：	240×115×53
粘土多孔砖：	240×240×115
	240×180×115
	240×115×115
	240×115×90
空心砌块：	390×190×190
	190×190×190
	190×190×90
硅酸盐砌块：	880×430×240
	580×430×240
	430×430×240
	280×430×240
加气混凝土块：	600×240×150

砖、砌块的规格不同时，砖、砌块及砂浆可以换算，但人工、机械及其他材料不予调整。

(3)砖墙定额中已包括了先立门窗框的调直、原浆勾缝用工。加浆勾缝时，另按相应定额计算。

(4)砖砌体内的钢筋加固及墙的转角、内外墙搭接钢筋以“t”另行计算，套第四章内“砌体板缝内加固钢筋”定额。

(5)砖砌挡土墙顶面宽在 1.5 砖内执行砖墙定额，顶面宽在 1.5 砖以上执行砖基础定额。

(6)零星砌体系指砖砌小便槽、隔热板砖墩、地板墩等。

(7)定额各项中的砌体砂浆系按常用规格、强度编制，如与设计要求不同时可按设计要求换算。

2. 工程量计算规则详见 1.6.2.1 中 3. 砌体工程

框架间砌体以框架间的净空面积乘以墙厚计算套相应定额。框架外表面镶包砖部分套“贴砌砖”定额。

【例 2-24】 计算如图 2-45 所示框架间墙体工程量(其墙体材料 300 mm 厚为加气混凝土块)及综合基价。

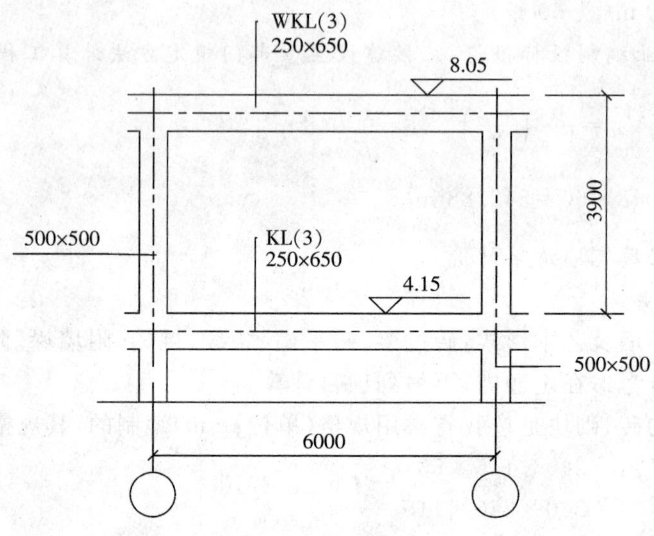

图 2-45 框架结构示意图

【解】

工程量=(6.0-0.5)×(3.9-0.65)×0.3

=53.63 m^3

执行 2006 年《安徽省建筑工程消耗量定额综合单价》A3-31 子目

综合单价=206.98 元/m^3

综合基价合计=53.63×206.98=11 100.34 元

【例 2-25】 根据下列附图及清单工程量,按给定条件编制砌筑工程综合单价、合价。

给定条件:

1. 使用 2005 年《安徽省建筑工程消耗量定额》、《安徽省装饰工程消耗量定额》、2006 年《安徽省建筑工程消耗量定额综合单价》、《安徽省装饰工程消耗量定额综合单价》及其相应参考费用定额。

2. 设计室内外高差 30 cm。

3. ±0.00 以上采用 KP1 承重多孔砖,砖规格 240×115×90,外墙为 M7.5 混合砂浆,内墙为 M5 混合砂浆,±0.00 以下采用机制红砖、M5 水泥砂浆砌筑;图中未注明的墙厚均为 240 mm,120 mm 厚(半砖)墙,无基础;女儿墙无压顶。

4. 现浇砼标号:L-1 梁为 C25 砾石砼(水泥 32.5),L-2 梁为 C20 砾石砼(水泥 32.5),其余均为 C20 砾石砼(水泥 32.5)。钢筋只计算 L-1 梁钢筋,其余不计算。构造柱按图示断面计算,女儿墙部分无构造柱,没有马牙槎,构造柱生根于±0.00,无柱墩。

5. 地面工程做法:地面自上而下为:100 厚 3∶7 灰土,100 厚 C15 砾石砼垫层,素水泥浆(掺建筑胶)一道,20 厚 1∶2.5 水泥砂浆找平,台阶为水泥砂浆台阶,包括砼部分,砼散水 150 mm厚 3∶7 灰土(宽面层 300 mm)、60 mm 厚 C15 砼加浆一次抹光。

6. 屋面工程做法:20 厚水泥砂浆找平,冷底子油一道,石油沥青二道隔气层;现浇1∶6 水泥焦渣找坡(平均厚度 80 mm);200 厚干铺憎水珍珠岩保温层;20 厚水泥砂浆找平,3 mm 厚(热熔法)APP 卷材一遍防水层,上卷 600 mm。

7. 天棚工程做法:素水泥砂浆(掺建筑胶)一道、5 mm 厚 1∶3 水泥砂浆、5 mm 厚 1∶2.5 水泥砂浆、刮腻子、刷乳胶漆三遍。

8. 内墙面工程做法:10 mm 厚 1∶3∶9 水泥石灰砂浆、6 mm 厚 1∶3 石灰砂浆、2 厚纸筋石灰浆罩面,刮腻子、刷乳胶漆三遍。

9. 外墙面工程做法:12 mm 厚 1∶3 水泥砂浆打底、6 mm 厚 1∶2.5 水泥砂浆、4 mm 厚聚合物水泥沙浆、贴 100×200 釉面砖(缝宽 4 mm)。

10. 木门框为现场加工,木门扇为市场购买成品,单价为 150 元/扇。不计算门锁等特殊五金。木门油漆按底油一道、调和漆二道计算。

表 2－17　门窗表

名称	洞口尺寸	类别
CL－1	1 200×1 500	推拉塑钢窗、带纱
CL－2	1 500×1 500	铝合金推拉窗、带纱
M－1	900×2100	无亮双面夹板门(三合板)
M－2	1200×2400	铝合金平开门

钢筋理论重量、公斤/米:Φ20　2.47;Φ141.21;Φ6　0.222,钢筋保护层为 25 mm。

11. 除下表材料外,其余均同《安徽省建筑工程消耗量定额综合单价》、《安徽省装饰工程消耗量定额综合单价》中的价格。

表 2－18

序号	材料名称	材料规格	单位	市场价格	备注
1	钢筋	不分规格	t	4 250	
2	规格材	门窗用	m^3	2 600	
3	规格材	其他用	m^3	1 800	
4	乳胶漆		kg	10	
5	调和漆		kg	12	
6	石油沥青 30＃		t	3 600	
7	APP 卷材		m^2	25	
8	焦渣		m^3	48	

表 2－19　分部分项工程量清单表

工程名称:　　　　　　　　　　　　建筑专业第　页共　页

序号	项目编码	项目名称 项目特征	计量单位	工程数量
1	010301001001	砖基础 300 厚 3∶7 灰土铺设夯实(总方量为 10.58 m^3) M10 水泥砂浆砌机制红砖	m^3	18.99

（续表）

序号	项目编码	项目名称 项目特征	计量单位	工程数量
2	010304001001	多孔砖外墙 240 mm 厚(含女儿墙)KP1 承重多孔砖 M7.5 混合砂浆砌筑	m^3	25.17
3	010304001002	多孔砖内墙 120 mm 厚 KP1 承重多孔砖 M5 混合砂浆砌筑	m^3	2.82
4	010304001003	多孔砖内墙 240 mm 厚 KP1 承重多孔砖 M5 混合砂浆砌筑	m^3	6.78

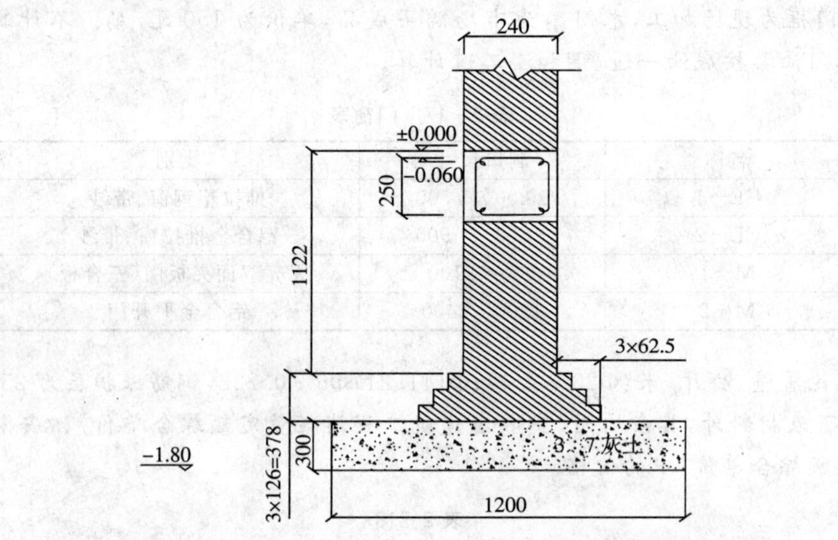

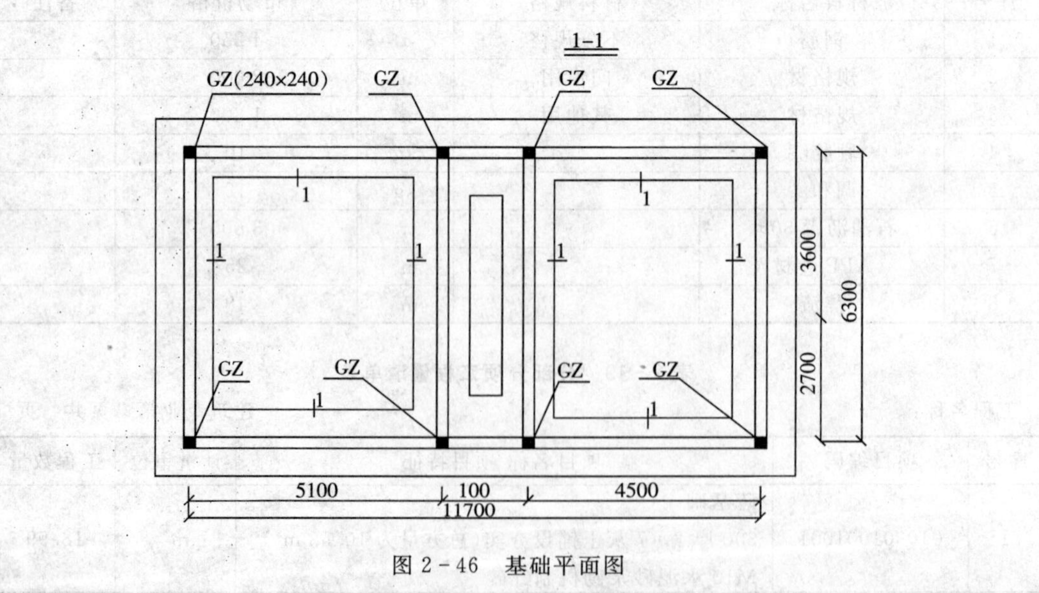

图 2－46　基础平面图

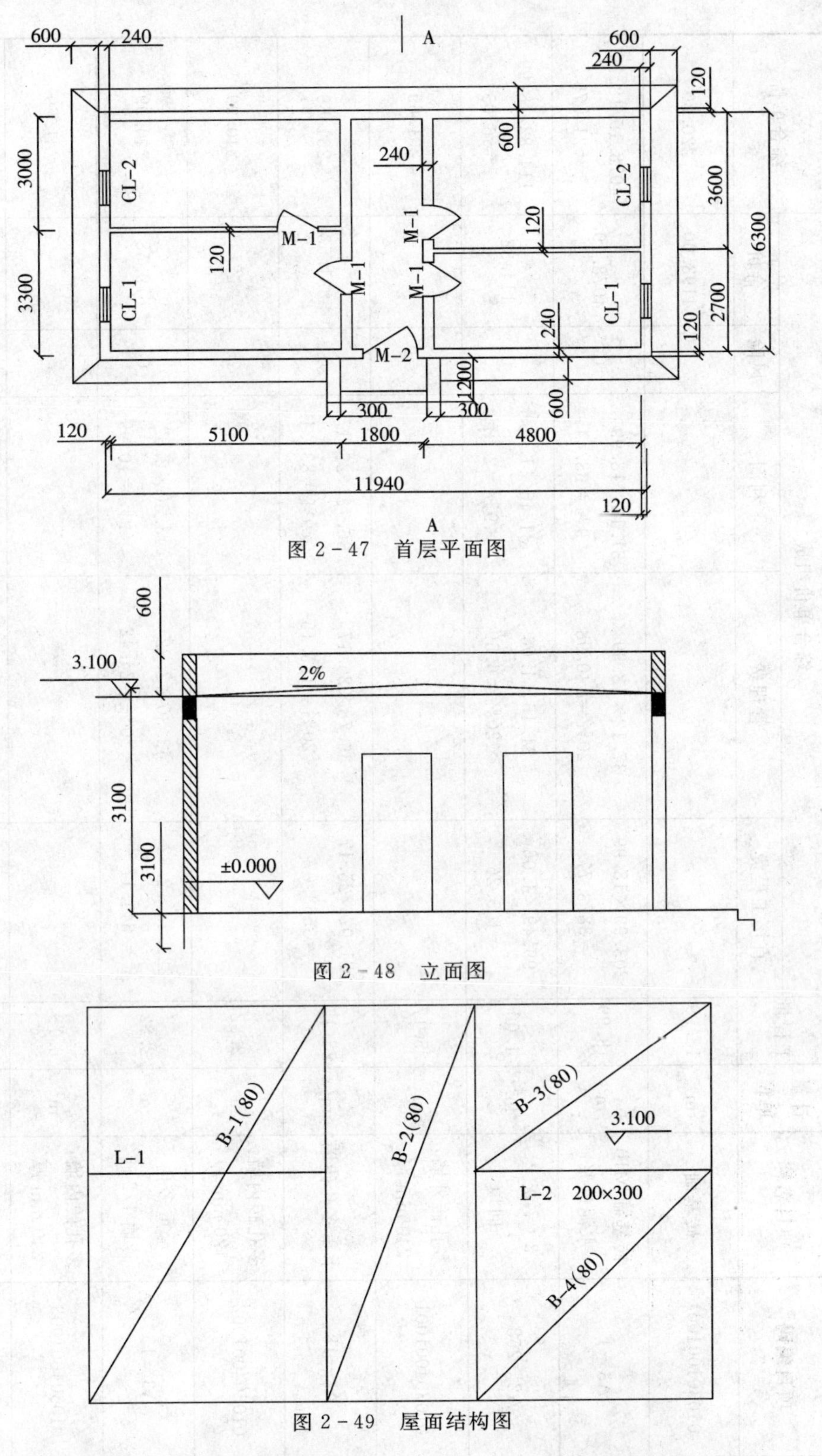

图 2-47　首层平面图

图 2-48　立面图

图 2-49　屋面结构图

【解】 管理费＝(人工费＋机械费)×20％

利　润＝(人工费＋机械费)×7％

表 2-20　分部分项工程量清单综合单价组价表

工程名称：　　　　建筑专业　第 1 页　共 1 页

序号	项目编码	项目名称	计量单位	工程量	综合单价组成					综合单价
					直接工程费	管理费	利润	风险	合价	
1	010301001001	砖基础	m^3	18.99					4193.00	220.80
	A3－1	砖基础 M10 水泥砂浆	m^3	18.99	203.99×18.99 =3873.77	37.12×18.99× 20%=140.98	37.12×18.99× 9%=63.44	0	4078.19	4078.19/18.99 =214.75
	A2－258	3∶7 灰土回填	m^3	1.06	99.49×1.06 =105.26	31.15×1.06 ×20%=6.59	31.15×1.06 ×9%=2.97	0	114.82	114.82/18.99 =6.05
2	010304001001	多孔砖外墙：240 mm 厚	m^3	25.17						231.69
	A3－18	承重多孔砖墙	m^3	25.17	221.02×25.17 =5563.07	36.78×25.17 ×20%=185.15	36.78×25.17 ×9%=83.31	0	5831.53	231.69
3	010304001002	多孔砖内墙：120 mm 厚	m^3	2.82						240.99
	A3－15	承重多孔砖墙 1/2 砖	m^3	2.82	228.43×2.82 =644.17	43.30×2.82 ×20%=24.42	43.30×2.82 ×9%=10.99	0	679.58	240.99
4	010304001003	多孔砖内墙：240 mm 厚	m^3	6.78						231.69
	3－37	承重多孔砖墙	m^3	6.78	221.02×6.78 =1498.52	36.78×6.78 ×20%=49.87	36.78×6.78 ×9%=22.44	0	1570.83	231.69

表 2－21　分部分项工程量清单计价表

工程名称：　　　　　　　　　　　　　　　　建筑专业第　页共　页

<table>
<tr><th rowspan="2">序号</th><th rowspan="2">项目编码</th><th rowspan="2">项目名称</th><th rowspan="2">计量单位</th><th rowspan="2">工程数量</th><th colspan="2">金额(元)</th></tr>
<tr><th>综合单价</th><th>合价</th></tr>
<tr><td>1</td><td>010301001001</td><td>砖基础
300 厚 3：7 灰土铺设夯实(总方量为 10.58 m³)
M10 水泥砂浆砌机制红砖</td><td>m³</td><td>18.99</td><td>220.80</td><td>4192.99</td></tr>
<tr><td>2</td><td>010304001001</td><td>多孔砖外墙：240 mm 厚(含女儿墙)KP1 承重多孔砖
M7.5 混合砂浆砌筑</td><td>m³</td><td>25.17</td><td>231.69</td><td>5831.64</td></tr>
<tr><td>3</td><td>010304001002</td><td>多孔砖内墙：120 mm 厚 KP1 承重多孔砖
M5 混合砂浆砌筑</td><td>m³</td><td>2.82</td><td>240.99</td><td>679.59</td></tr>
<tr><td>4</td><td>010304001003</td><td>多孔砖内墙：240 mm 厚 KP1 承重多孔砖
M5 混合砂浆砌筑</td><td>m³</td><td>6.78</td><td>231.69</td><td>1570.88</td></tr>
</table>

按 GB50500－2008 表格应为：

表 2－22　工程量清单综合单价分析表

工程名称：××工程　　　　　　标段：　　　　　　　　　第　页　共　页

<table>
<tr><td>项目编码</td><td colspan="3"></td><td colspan="2">项目名称</td><td colspan="2"></td><td colspan="2">计量单位</td><td colspan="2"></td></tr>
<tr><td colspan="12">清单综合单价组成明细</td></tr>
<tr><td rowspan="2">定额编号</td><td rowspan="2">定额名称</td><td rowspan="2">定额单位</td><td rowspan="2">数量</td><td colspan="8">单　价</td></tr>
<tr><td>人工费</td><td>材料费</td><td>机械费</td><td>管理费和利润</td><td>人工费</td><td>材料费</td><td>机械费</td><td>管理费和利润</td></tr>
<tr><td></td><td></td><td></td><td></td><td></td><td></td><td></td><td></td><td></td><td></td><td></td><td></td></tr>
<tr><td></td><td></td><td></td><td></td><td></td><td></td><td></td><td></td><td></td><td></td><td></td><td></td></tr>
<tr><td></td><td></td><td></td><td></td><td></td><td></td><td></td><td></td><td></td><td></td><td></td><td></td></tr>
<tr><td>人工单价</td><td colspan="7">小　计</td><td colspan="4"></td></tr>
<tr><td>元/工日</td><td colspan="7">未计价材料费</td><td colspan="4">0</td></tr>
<tr><td colspan="8">清单项目综合单价</td><td colspan="4"></td></tr>
<tr><td rowspan="6">材料费明细表</td><td colspan="5">主要材料名称、规格、型号</td><td>单位</td><td>数量</td><td>单价(元)</td><td>合价(元)</td><td colspan="2"></td></tr>
<tr><td colspan="5"></td><td></td><td></td><td></td><td></td><td colspan="2"></td></tr>
<tr><td colspan="5"></td><td></td><td></td><td></td><td></td><td colspan="2"></td></tr>
<tr><td colspan="5"></td><td></td><td></td><td></td><td></td><td colspan="2"></td></tr>
<tr><td colspan="5">其他材料费</td><td colspan="2"></td><td>×</td><td></td><td colspan="2"></td></tr>
<tr><td colspan="5">材料费小计</td><td colspan="2"></td><td>×</td><td></td><td colspan="2"></td></tr>
</table>

表 2-23　分部分项工程量清单与计价表

工程名称：　　标段：　　第　页共　页

<table>
<tr><td rowspan="2">序号</td><td rowspan="2">项目编码</td><td rowspan="2">项目名称</td><td rowspan="2">项目特征描述</td><td rowspan="2">计量单位</td><td rowspan="2">工程量</td><td colspan="2">金额(元)</td></tr>
<tr><td>综合单价</td><td>合价</td></tr>
<tr><td></td><td></td><td></td><td></td><td></td><td></td><td></td><td></td></tr>
<tr><td colspan="7">本页小计</td><td></td></tr>
<tr><td colspan="7">合计</td><td></td></tr>
</table>

2.2.2　措施项目清单计价　同 1.6.3

2.2.3　其他项目清单计价　同 1.6.4

2.2.4　规费、税金　同 1.6.5

学习情境 2.3　投标报价资料的编制

2.3.1　工程量清单报价编制的一般步骤

2.3.1.1　编制步骤

1. 分析、研究招标文件及工程量清单的要求；
2. 熟悉施工图纸，进行市场调查、图纸答疑；
3. 对招标文件提供的工程量清单结合施工图纸进行工程量计算或复核；
4. 制订进度计划与施工方案；
5. 了解市场价格，对工程主要材料价格进行询价；
6. 结合企业情况，分摊费用计算及分项工程综合单价计算；
7. 工程量表合价计算与汇总；
8. 编制工程总说明(工程概况、招标范围、工程质量要求、工期、编制依据等)；
9. 审校、复核；
10. 签字、盖章、装订。

2.3.1.2　编制清单报价中应注意的问题

在清单报价中，工程量清单计价包括了按招标文件规定完成工程量清单所需的全部费用，即分部分项工程量清单费、措施清单项目费、其他清单费和规费、税金。由于工程量清单计价规范在工程造价的计价程序、项目的划分和具体的计量规则上与传统的计价方式有较大的区别，因此，投标单位应加强学习，及时转变观念，做好有关的准备工作。

1. 投标单位应深入了解清单计价规范的各项规定，明确各清单项目所包含的工作内容和要求、各项费用的组成，投标时仔细研究清单项目的描述，真正把自身的管理优势、技术优势、资源优势等落实到细微的清单项目报价中。

2. 注意建立企业内部定额，提高自主报价能力。企业定额是根据本企业施工技术和管理水平以及有关工程造价资料制定的，供本企业使用的人工、材料和机械台班的消耗量标准。通过制定企业定额，施工企业可以清楚的计算出完成项目所需耗费的成本与工期，从而可以在投标报价时做到心中有数，避免盲目报价导致最终亏损现象的发生。

3. 在投标报价中，没有填写单价和合价的项目将不予支付，因此投标企业应仔细填写每一单项的单价和合价，做到报价时不漏项不缺项。

4. 若需编制技术标及相应报价，应避免技术标报价与商务标报价出现重复，尤其是技术标中已经包括的措施项目，投标时应注意区分。

5. 掌握一定的投标报价策略和技巧，根据各种影响因素和工程具体情况灵活机动的调整报价，提高企业的市场竞争力。

2.3.2 影响报价的因素

影响工程报价的因素有很多，主要有材料价格的准确性、项目特征的描述、工程变更。

2.3.2.1 材料价格的准确性

清单报价的准确性在很大程度上取决于材料价格的准确性。

在新的计价规范每个编码清单列项中，既没有材料消耗量的标准，也没有材料的价格。材料消耗量可以取之于企业定额或地方定额，而材料价格却完全服从于市场。这样一来，在纷繁复杂、瞬息万变的材料价格市场信息中，如何快速广泛地获取材料价格信息，准确判定报出材料价格，无疑成为清单报价中影响报价的因素。

在建筑材料中有普通材料和主要材料之分，主要材料如钢材、水泥、预拌混凝土、构件、门窗、防水材料等。在所有材料费用中，占材料种类20％的主要材料却占了材料总费用的80％。在通常的住宅工程中，建筑工程有各种材料几十类，其中仅钢筋、现场搅拌混凝土两项的费用就占材料总价的百分之七十多；装饰工程，有材料113项，仅门窗(包括人防门窗)水泥、隔户条板和面砖四项材料的费用就占材料总费用的百分之六十多。由此可见，主要材料种类虽少，但所占费用比例很大。

解决此类问题途径：

1. 进行广泛的材料询价

询价的主要途径有二：一是参考地方定额中所编选的材料预算价格和当地造价管理部门按期发布的材料市场信息价格；二是通过有关网站和自我市场询价，取得信息价格。以上所获取的材料信息价格，有的还是不能直接套用的，还要对其进行梳理，使之成为符合报价要求的材料预算价格。

清单报价，首先要明确材料费用的准确概念及其所包含的全部内容。按照建设部、财政部发布的关于印发《〈建筑安装工程费用项目组成〉的通知》原则，材料费是指施工过程中耗费的构成工程实体的原材料、辅助材料、构配件、零件、半成品的费用，其中每单项材料费用的内容包括：材料供应价格、材料运杂费、运输损耗费、采购及保管费、检验试验费。

在材料询价时，一定要弄清楚所得到的信息价格是属于什么性质的价格，是材料出厂价，还是包含运杂费的市场价？还是包括材料费用全部内容的预算价？清单报价时，组价中是否包括了材料的正常损耗和采购保管费？这些都是不可忽视的内容。

2. 重点分析主要材料、预测材料价格走势

在清单报价时，直接费用(清单报价中的分部分项工程费)占主要比例；在直接费用中，材料费用占主要比例；在材料费用中，主要材料费用占主要比例。为保证清单报价的准确性，一定要报准材料特别是主要材料的价格。

在清单报价的材料询价时，要用心进行材料价值排序，筛选主材，用 80 %的精力搞准占材料种类 20 %的主要材料价值，这样才能在询价工作中抓住重点，保证清单报价的准确性。

清单项目大多是国有资金投资的跨年度工程，对施工企业存在着风险因素，其风险就是“市场环境和生产要素价格变化对合同价的影响”。材料是工程建筑重要的生产要素，所以在清单报价时，一定要预测材料价格走势，避免风险。

3. 建立企业自有材料价格库

清单计价的原则是价格由市场生成、消耗量由企业确定。大型企业应根据本企业的施工技术和管理水平来编制人工、材料和机械台班消耗量的企业定额。在编制企业定额的同时应该逐渐建立起企业自有的材料价格动态信息库，它应具备以下功能：

(1)具备一套完整的建筑材料分类编码体系，保障材料归类整理及查询功能的实现。

(2)能够接受、处理多渠道来源的价格信息，如历史工程材料报价、企业真实的采购价格、厂商市场报价、各类市场公开的价格信息。

(3)能够动态地对各种渠道获取的价格信息进行系统的对比分析，生成满足造价人员需要的价格信息。以上功能的实现，必须利用计算机信息技术，并历经长时间的信息积累。一旦形成自有的材料价格信息库，企业在报价时可随时调取动态的信息资料，以充分发挥企业优势，实施成本控制，增强竞争实力。

4. 实施材料预招标

在前三个阶段，我们了解如何及时把握市场动态，根据历史或现时的价格信息，预测将来的预期价格，但市场变动的风险始终是无法完全避免的。在市场化高度发达的西方建筑企业，普遍采用材料预招标的方式，在投标报价前与下游材料供应商、机械租赁商、劳务分包商进行预先招标，提前约定中标后的上限价格，一旦中标，建筑企业会与下游厂商再次谈判压价，取定最终价格，从而实现投标报价时，企业所承担的价格风险转嫁，最大化控制价格变动，为企业赢取利润。相信随着国内建筑市场改革的不断深化，施工企业以及材料供应商的信用体系逐渐完善，实施材料预招标必将成为造价人员控制材料价格市场变动风险的最佳选择。

为了招标人能编制比较准确而又详细的编制工程量清单项目，在“计价规范”附录中列出了项目特征一栏，这一栏表示的项目特征也是影响价格的主要因素，但并非全部。“计价规范”附录中工程内容是指完成清单项目可能包括的工作内容，但并非全部。可供招标人在编制工程量清单确定项目和投标人投标报价时的参考，这一栏的内容也许全部发生，也许部分发生。

2.3.2.2 项目特征的描述

项目特征的描述，是投标人报价的依据之一；是有关信息系统进行项目综合单价分析、研究发布综合单价信息的基础；是工程量清单编制时，以附录中的项目名称为主体，考虑该项目的规格、型号、材质等特征要求，结合拟建工程的实际情况，使其工程量清单项目名称具

体化、细致化，能够反映影响工程造价的主要因素。

2.3.2.3　工程变更

建设单位、设计单位、监理单位、施工单位由于种种原因引起的工程变更。

1. 工程变更

一方面由于勘察设计工作不到位，以致在施工中发现许多招标文件中没有考虑或估算不准的工程量，不得不改变施工项目或增减工程量；另一方面由于发生不可预见事故，如自然或社会原因引起停工和工期拖延等。

变更通常涉及费用变化和施工进度拖延，需调整合同价，施工单位也经常利用变更的契机进行合理或不合理的索赔。

2. 工程变更的内容

(1)施工条件变更。招标文件与现场情况不符；在招标文件上表达不清(包括设计图纸和说明书互相矛盾以及发现设计文件出现遗漏或错误)；施工现场的地质、水文等情况使施工受到限制；招标文件指出的自然或人为的施工条件与实际情况不符；在招标文件中明确指出的施工条件，但却发生了未预料到的实际情况。

(2)工程内容变更。建设单位要求修改、设计变更的工程内容。

(3)延长工期。由于天气等客观条件的影响而使工程被迫暂时停工，需延长工期。

(4)缩短工期。建设单位因某些理由必须缩短工期，要求加快施工进度。

(5)因投资和物价的发生较大变动而改变承包金额。

(6)发生天灾及其他不可抗拒力。如暴风大雨、洪水海潮、地震、沉陷、火灾等自然或人为事件，对已完工程、临时设施、已运进现场的施工材料、施工机械和工具等造成的重大损失。

3. 工程变更的控制原则

无论是建设单位、施工单位或监理工程师提出工程变更，无论变更是何内容，均需书面发出工程变更指令，设计变更要建立严格的审批制度。施工单位按要求进行下列变更：

(1)更改工程有关部分的标高、基线、位置和尺寸；

(2)增减合同中约定的工程量；

(3)改变有关工程的施工时间和顺序；

(4)其他有关工程变更需要的附加工作。

4. 工程变更价款的确定

(1)工程量清单漏项或由于设计变更引起新的工程量清单项目，其相应综合单价由承包方提出，经发包人确认后作为结算的依据。

(2)由于设计变更引起工程量增减部分，属合同约定幅度以内的，应执行原有的综合单价；增减的工程量属合同约定幅度以外的，其综合单价由承包人提出，经发包人确认后作为结算的依据。

(3)由于工程量的变更，且实际发生了除计价规范中工程量清单计价4.0.9条规定以外的费用损失，承包人可提出索赔要求，与发包人协商确认后，给予补偿。

【思考题】

一、判断题

1. 地基是位于建筑物最下部的主要受力构件。　(　　)

2. 施工图预算的主要作用是控制建设项目总投资和主要物资的需用量。　(　　)

3. 设计概算—施工图预算—施工预算，组成我国现阶段建筑工程预算。 （ ）

4. 室内、外楼梯均按房屋自然层计算建筑面积。 （ ）

5. 设计采用的砼强度等级或石子最大粒径与定额不同时，均应作换算。 （ ）

6. 框架砖墙不分内、外墙，其长度均按净长计算，其高度均按净高计算。 （ ）

7. 各类变形缝的工程量均按延长米计算。 （ ）

8. 采用工程量清单报价方式由于价费合一，综合单价和措施项目费等不变，因此计算繁琐，结果复杂。 （ ）

9. 清单算量规则中土石方体积应按挖掘前的天然密实体积计算。 （ ）

10. 建筑物层高≤2.2 m时，均不计算建筑面积。 （ ）

二、计算题

1. 钢筋混凝土基础工程综合计价

试计算图示独立基础(共30个)施工完毕的综合基价。垫层为C10(40)的素混凝土，独立基础为C20(40)的钢筋混凝土，每个独立基础钢筋设计用量为34 kg，土为素土，余土运距100 m(基础双向尺寸相同)。

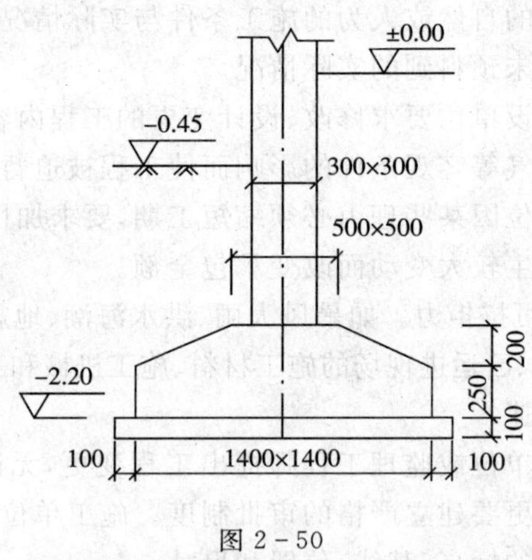

图 2-50

2. 根据下表分部分项工程量清单项目，按本地区预算基价和计价办法进行分部分项工程量清单计价。

表 2-24

序号	项目编码	项目名称	计量单位	工程量
1	010402001001	矩形柱 混凝土强度等级：C30； 柱高：3.00 m； 截面尺寸：400 mm×400 mm	m³	20.00
2	010101003001	挖基础土方 土壤类别：一般土；基础类型： 带型基础；混凝土垫层宽：15.92 m； 底面积 789 m²；挖土深度：1.60 m； 弃土运距：1 km；槽底面积：865 m²	m³	1236.00
3	020406007001	塑钢窗(推拉式) 尺寸 1800 mm×1800 mm	樘	2

3. 钢筋预算量抽筋计算

已知框架梁 KL3(2)，如下图所示，混凝土强度 C30，纵向钢筋 HRB335，抗震等级三级，钢筋保护层 30 mm。A、D 柱靠边主筋直径 18 mm，B 柱靠边主筋直径 20 mm。靠边主筋和边支座钢筋的间距 30 mm。箍筋靠边 50 mm 开始布置，加密区长度 1 000，箍筋每个弯钩长度增加值 80 mm。计算该框架梁上部通常筋、A 支座钢筋、B 支座钢筋、下部钢筋、箍筋的工程量，并将上述钢筋量汇总。

注：上部通常筋、A 支座钢筋、下部钢筋伸入边支座弯钩 15 d；下部钢筋中间支座处外伸出长度 LaE＝31 d。所有钢筋不计搭接，且只计算净用量。

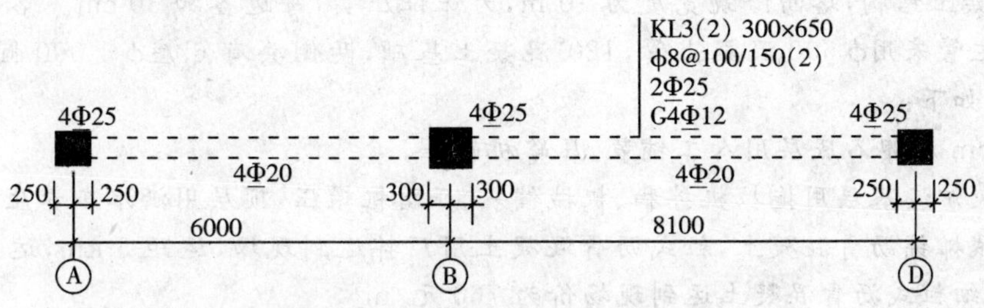

图 2－51　框架梁 KL3(2)结构图

学习项目3 道路工程计量与计价

【项目描述】 某城镇道路工程K0＋000～K0＋100为沥青混凝土结构，K0＋100～K0＋200为混凝土结构，路面修筑宽度为10 m，为保证压实，每边各加30 cm。路面两边铺设缘石，污水主管采用ϕ 600混凝土管，120°混凝土基础，两侧共有6座ϕ 1 000圆形检查井。其施工方案如下：

(1)20 cm厚卵石底层用人工铺装、压路机辗压。

(2)石灰炉渣基层用拖拉机拌和、机械铺装、压路机辗压，顶层用洒水车养生。

(3)机械摊铺沥青混凝土，粒式沥青混凝土用厂拌运到现场，运距5 km，运到现场价为800元/m^3，细粒式沥青混凝土运到现场价为760元/m^3。

(4)水泥混凝土采取现场机械拌和、人工筑铺，用草袋覆盖洒水养护，伸缩缝每6 m 1道，缝深为5 cm，4.5 MPa水泥混凝土组成现场材料价为280元/m^3。

(5)侧缘石长50 cm，每块10元。

(6)切缝机钢锯片，每片30元。

【项目剖析】 本项目涉及城镇道排工程概况描述，道排工程施工方案，根据《建设工程工程量清单计价规范》(GB50500—2008)、安徽省市政工程消耗量定额(2005)、安徽省市政工程计价规范及施工方案和市场行情，进行城镇道路工程清单项目设置、工程量计算及工程计价。

表3-1 工作任务表

能力目标	主讲内容	学生完成任务	评价标准	
掌握城镇道路工程工程量清单项目设置及工程量计算	城镇道路工程工程量清单项目设置及工程量计算	熟悉、掌握城镇道路工程工程量清单项目设置及工程量计算	优秀	熟练掌握城镇道路工程工程量计算并进行清单项目设置、能利用软件操作
			良好	掌握城镇道路工程工程量计算并进行清单项目设置
			合格	熟悉城镇道路工程工程量计算并进行清单项目设置
掌握城镇道路工程工程量清单计价	城镇道路工程工程量清单计价方法	熟悉、掌握城镇道路工程工程量清单计价方法	优秀	熟练掌握城镇道路工程工程量清单计价方法、能利用软件进行计价
			良好	掌握城镇道路工程工程量清单计价方法
			合格	熟悉城镇道路工程工程量清单计价方法

【具体项目】

学习情景3.1　工程量清单计量

3.1.1　土石方工程

3.1.1.1　工程量计算规则

1. 清单计价工程量计算规则

土石方工程清单项目共分三个部分：挖土方、挖石方、填方及土石方运输

(1)挖土方(编码：040101)

挖土方工程量清单项目设置及工程量计算规则见表3-2。

表3-2

<table>
<tr><th>项目编码</th><th>项目名称</th><th>项目特征</th><th>计量单位</th><th>工程量计算规则</th><th>工程内容</th></tr>
<tr><td>40101001</td><td>挖一般土方</td><td rowspan="3">1. 土壤类别
2. 挖土深度</td><td rowspan="6">m^3</td><td>按设计图示开挖线以何种计算</td><td rowspan="3">1. 土壤类别
2. 挖土深度
3. 场内运输
4. 平整、夯实</td></tr>
<tr><td>40101002</td><td>挖沟槽土方</td><td>原地面线以下按构筑物最大水平投影面积乘以挖土深度(原地面平均村高至槽坑底高度)以体积计算</td></tr>
<tr><td>40101003</td><td>挖基坑土方</td><td>原地面线以下按构筑物最大水平投影面积乘以挖土深度(原地面平均村高至坑底高度)以体积计算</td></tr>
<tr><td>40101004</td><td>竖井挖土方</td><td rowspan="2">土壤类别</td><td>按设计图示尺寸以体积计算</td><td>1. 土方开挖
2. 围护、支撑
3. 场内运输</td></tr>
<tr><td>40101005</td><td>暗挖土方</td><td>按设计图示断面每乘以长度以体积计算</td><td>1. 土方开挖
2. 围护、支撑
3. 洞内运输
4. 场内运输</td></tr>
<tr><td>40101006</td><td>挖淤泥</td><td>挖淤泥深度</td><td>按设计图示的位置及界限以体积计算</td><td>1. 挖淤泥
2. 场内运输</td></tr>
</table>

注：1. 挖土方应按天然密实体积计算。
2. 沟槽、基坑、一般土方的划分应符合下列规定。
(1)底宽7 m以内，底长大于底宽3倍以上应按沟槽计算。
(2)底长小于底宽3倍以下，底面积在150 m^2 以内应按基坑计算。
(3)超过上述范围，应按一般土方计算。

(2)挖石方(编码：040102)

挖石方工程量清单项目设置及工程量计算规则见表3-3。

表 3－3　挖石方工程量清单项目设置及工程量计算规则

<table>
<tr><th>项目编码</th><th>项目名称</th><th>项目特征</th><th>计量单位</th><th>工程量计算规则</th><th>工程内容</th></tr>
<tr><td>40102001</td><td>挖一般石方</td><td rowspan="3">1. 岩石类别
2. 单孔深度</td><td rowspan="3">m³</td><td>按设计图示开挖线以体积计算</td><td rowspan="3">1. 石方开凿
2. 围护、支撑
3. 场内运输
4. 修整底、边</td></tr>
<tr><td>40102002</td><td>挖沟槽石方</td><td>原地面线以下按构筑物最大水平投影面积每间以挖石深度(原地面平均标高至槽底高度)以体积计算</td></tr>
<tr><td>40102003</td><td>挖基坑石方</td><td>按设计图示尺寸以体积计算</td></tr>
</table>

注：沟槽、基坑、一般石方的划分应符合下列规定。

1. 底宽 7 m 以内，底长大于底宽 3 倍以上应按沟槽计算。

2. 底长小于底宽 3 倍以下，底面积在 150 m² 以内应按基坑计算。

3. 超过上述范围，应按一般石方计算。

(3)填方及土石方运输(编码：040103)

填方及土石方运输工程量清单项目设置及工程量计算规则见表 3－4。

表 3－4　填方及土石方运输工程量清单项目设置及工程量计算规则

<table>
<tr><th>项目编码</th><th>项目名称</th><th>项目特征</th><th>计量单位</th><th>工程量计算规则</th><th>工程内容</th></tr>
<tr><td rowspan="2">40103001</td><td rowspan="2">填方</td><td>1. 填方材料品种</td><td rowspan="6">m³</td><td>1. 按设计图示尺寸以体积计算</td><td rowspan="2">1. 填方
2. 压实</td></tr>
<tr><td>2. 密实度</td><td>2. 按挖方清单项目工程量减基础、构筑手埋入体积加原地面线至设计要求标高间的体积计算</td></tr>
<tr><td rowspan="2">40103002</td><td rowspan="2">余方弃置</td><td>1. 废弃料品种</td><td rowspan="2">按挖方清单项目工程量减利用回填方体积(正数)计算</td><td rowspan="2">余方点装料运输至弃置点</td></tr>
<tr><td>2. 运距</td></tr>
<tr><td rowspan="2">40103003</td><td rowspan="2">缺方内运</td><td>1. 填方材料品种</td><td rowspan="2">按挖方清单项目工程量减利用回填方体积(负数)计算</td><td rowspan="2">取料点装料运输至缺方点</td></tr>
<tr><td>2. 运距</td></tr>
</table>

2. 定额计价工程量计算规则

(1)土石方工程定额的土、石方体积均以挖掘前的天然密实体积(自然方)计算，回填土按碾压后的体积(实方)计算。土方体积换算见表 3－5。

表 3－5　土方体积换算表

虚方体积	天密实体积	夯实后体积	松填体积
1.00	0.77	0.67	0.83
1.20	0.92	0.80	1.00
1.50	1.15	1.00	1.25

(2)土方工程量按图纸尺寸计算，修建机械上下坡的便道土方量并入土方工程量内。

(3)清理土堤基础按设计规定以水平投影面积计算,清理厚度为 30 cm 以内,废土运距按 30 m 计算。

(4)人工挖土堤台阶工程量,按挖前的堤坡斜面积计算,运土应另行计算。

(5)管道接口作业坑和沿线各种井室所需增加开挖的土方工程量按沟槽全部土方量的 2.0 %计算。

(6)挖土放坡和沟、槽底加宽应按图尺寸计算,如无明确规定,见表 3-6、3-7。

表 3-6 放坡系数

土壤类别	放坡起点深度(m)	机械开挖		人工开挖
		坑内作业	坑上作业	
一、二类土	1.20	1∶0.33	1∶0.75	1∶0.50
三类土	1.50	1∶0.25	1∶0.67	1∶0.33
四类土	2.00	1∶0.10	1∶0.33	1∶0.25

表 3-7 管沟底部每侧工作面宽度

管道结构宽(cm)	混凝土管道基础 90°	混凝土管道基础>90°	金属管道	新型塑料管	构筑物	
					无防潮层	有防潮层
50 以内	40	40	30	20	40	60
100 以内	50	50	40	30		
250 以内	60	50	40	30		

挖土交接处产生的重复工程量不扣除。如在同一断面内遇有数类土壤,其放坡系数可按各类土占全部深度的百分比加权计算。

管道结构宽:无管座按管道外径计算,有管座按管道基础外缘计算,构筑物按基础外缘计算,如设挡土板则每侧增加 10 cm。

(7)沟槽、基坑、平整场地和一般土方的划分:底宽 7 m 以内,底长大于底宽 3 倍以上按沟槽计算;底长小于底宽 3 倍以内或底面积在 150 m² 以内按基坑计算。厚度在 30 cm 内就地挖填土方按平整场地计算。超过上述范围的土方按挖土方计算。

(8)推土机推土、铲运机铲运土的土方施工中,其运距及重机上坡时需增加的斜道运距、拖式铲运机需增加的转向距离,按相关规定计算。

(9)工作坑土方区分挖土深度,以挖方体积计算。管沟回填土应扣除管径在 200 mm 以上的管道、基础、垫层和各种构筑物所占的体积。

3.1.1.2 工程量计算编制示例

【例 3-1】 某市政工程埋设一排水管道,管道为混凝土管,管外半径 500 mm,管长 200 m,管道断面图如图 3-1 所示,采用人工开挖,平均开挖深度为 1 500 mm,土质为三类土,试计算其挖土方工程量。

【解】

1. 清单工程量：

$$V=B\times L\times H=1.5\times200\times1.5=450\ \mathrm{m}^3$$

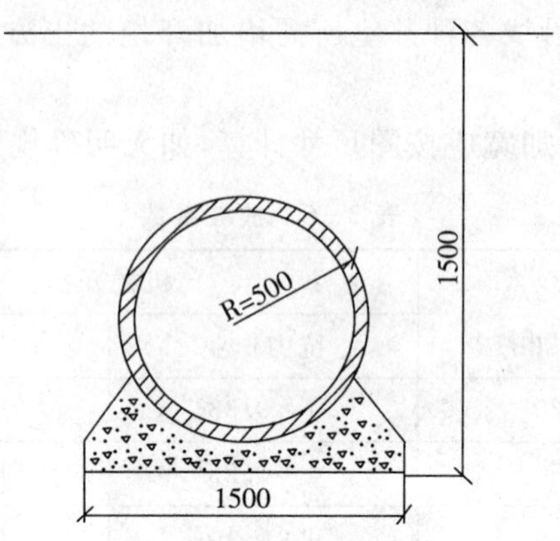

图 3-1 管道断面图(单位：mm)

工程量清单编制见表 3-8。

表 3-8 清单工程量计算表

项目编码	项目名称	项目特征描述	计量单位	工程量
040101002001	挖沟槽土方	三类土，深 1.5m	m^3	450

2. 定额工程量：

查定额知：放坡系数 $K=0.33$，工作面宽度 $b=0.5$ m，则

$$\begin{aligned}V&=(B+2b+HK)\times H\times L\\&=(1.5+2\times0.5+1.5\times0.33)\times1.5\times200\\&=898.5\ \mathrm{m}^3\end{aligned}$$

【例 3-2】 某市政工程场地平整方格网如图 3-2 所示，方格边长 $a=20$ m，括号内为设计标高，其余为地面实测标高，单位为米，计算土方量。

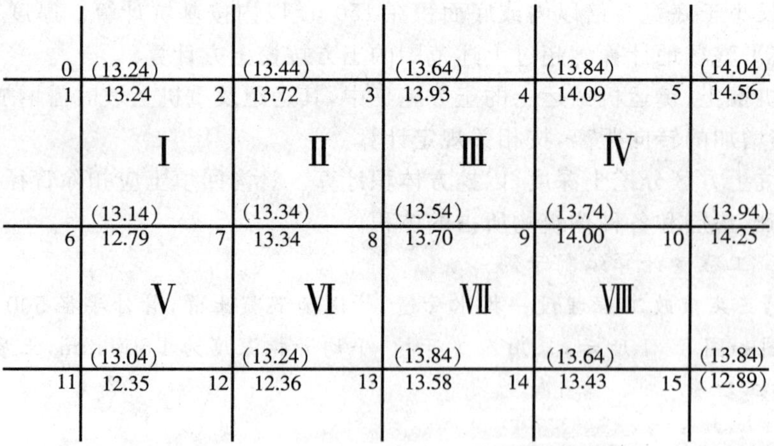

0 (13.24) (13.44) (13.64) (13.84) (14.04)
1 13.24 2 13.72 3 13.93 4 14.09 5 14.56
Ⅰ Ⅱ Ⅲ Ⅳ
(13.14) (13.34) (13.54) (13.74) (13.94)
6 12.79 7 13.34 8 13.70 9 14.00 10 14.25
Ⅴ Ⅵ Ⅶ Ⅷ
(13.04) (13.24) (13.84) (13.64) (13.84)
11 12.35 12 12.36 13 13.58 14 13.43 15 (12.89)

图 3-2 场地方格网坐标图

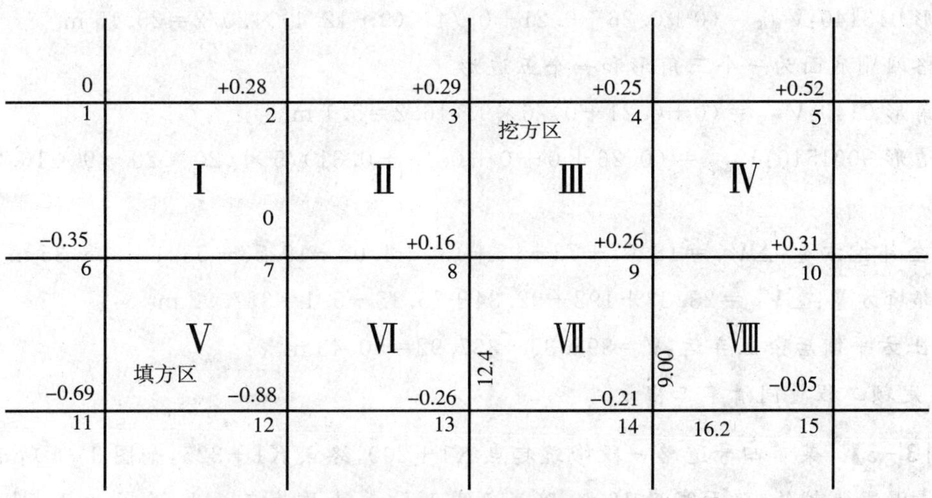

图 3－3　施工高程计算图

【解】

1. 求施工高程，如图 3－3 所示，施工高程＝地面实测标高－设计标高。

2. 求零线

据图可知 1 和 7 为零点，8～13 线上的零点为：

$\chi1=ah1/(h1+h2)=(20\times0.16)/(0.16+0.26)=7.6$ m

另一段为 $a-x1=20-7.6=12.4$ m。

同理可求得：9～14 线上零点为：$x2=11$ m

14～15 线上零点为：$x3=16.2$ m

求出零点后，连接各零点即为零线。

3. 计算土方工程量

方格网Ⅰ底面为两个三角形

三角形 127：$V_{Ⅰ挖}=(0+0.28+0)/6\times20\times20=18.67$ m^3。

三角形 167：$V_{Ⅰ填}=(0+0.35+0)/6\times20\times20=23.33$ m^3。

方格网Ⅱ、Ⅲ、Ⅳ、Ⅴ底面为正方形

正方形 2378：$V_{Ⅱ挖}=(0.28+0.29+0.16+0)/4\times20\times20=73$ m^3

正方形 3489：$V_{Ⅲ挖}=(0.29+0.25+0.26+0.16/4\times20\times20)=96$ m^3

正方形 45910：$V_{Ⅳ挖}=(0.25+0.52+0.31+0.26)/4\times20\times20=134$ m^3

正方形 671112：$V_{Ⅴ填}=(0.35+0+0.88+0.69)/4\times20\times20=192$ m^3

方格网Ⅵ底面为一个三角形、一个梯形

三角形 780：$V_{Ⅵ挖}=(0+0.16+0)/6\times7.6\times20=4.05$ m^3

梯形 712130：$V_{Ⅵ填}=(0+0.88+0.26+0)/4\times(12.4+20)\times20/2=92.34$ m^3

方格网Ⅶ底面为两个梯形

梯形 8900：$V_{Ⅶ挖}=(0+0.16+0.26+0)/4\times(7.6+11)\times20/2=19.53$ m^3

梯形 013140：$V_{Ⅶ填}=(0+0.26+0.21+0)/4\times(9+12.4)\times20/2=25.15\ m^3$

方格网Ⅷ底面为一个三角形和一个五边形

三角形 0140：$V_{Ⅷ填}=(0+0.21+0)/6\times9\times16.2=5.1\ m^3$

五边形 9001510：$V_{Ⅷ挖}=(0.26+0+0+0.15+0.31)/5\times(20\times20-9\times16.2/2)=53.1\ m^3$

4. 全部挖方量：$\sum V_{挖}=18.67+73+96+134+4.05+19.53+53.1=398.35\ m^3$

全部填方量：$\sum V_{填}=23.33+192+92.34+25.15+5.1=337.92\ m^3$

5. 土方平衡后余土弃运：$V=398.35-337.92=60.43\ m^3$

注：定额工程量同清单工程量。

【例 3-3】 某市四号道路一段修筑起点 $K1+200$，终点 $K1+325$，如图 3-4 所示，路面采用沥青混凝土铺筑，路面宽度 16 m，路肩各宽 1.5 m，土质为三类土，余方运至 5 km 处弃置，填方要求密实度达到 95 %，试用横断面法计算该段道路的土方量。

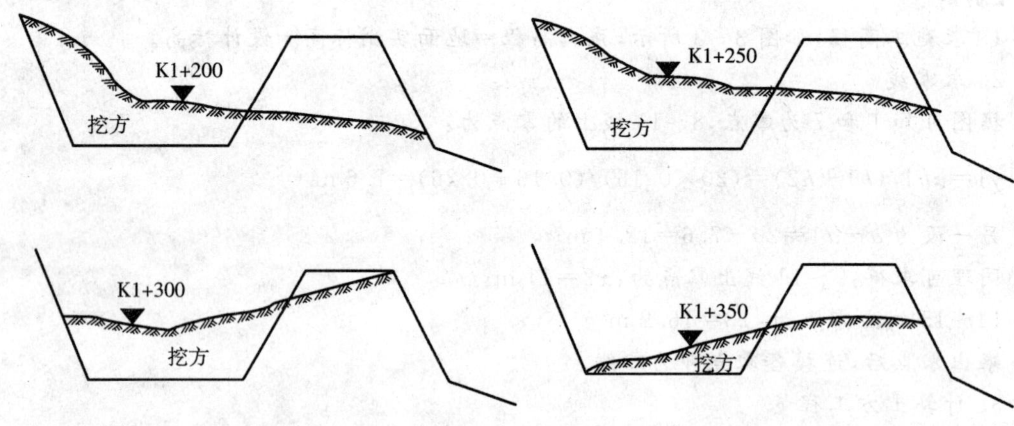

图 3-4 道路横断面示意图

【解】

1. 清单工程量：

各个截面面积可套用公式计算，如图 3-5 所示：

$F=h[b+h(m+n)/2]$

设各桩号的填(挖)方横断面积见表 3-9。

可根据公式 $V=1/2(F_1+F_2)\times L$ 计算土方量，例如：$K1+200$ 挖方 16.2 m^2，填方 7.4 m^2，$K1+250$ 挖方 8.8 m^2，填方 6.8 m^2，$L=50$ m。

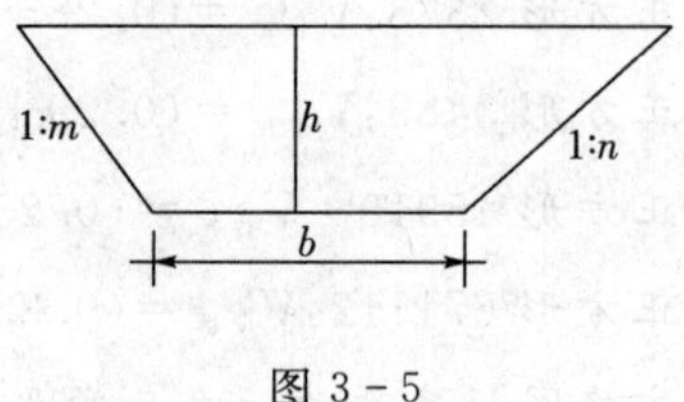

图 3-5

则 $V_{挖方}=1/2\times(16.2+8.8)\times50=625\ m^3$

$V_{填方}=1/2\times(7.4+6.8)\times50=355\ m^3$

表3－9　土方量计算表

桩　号	土方面积(m^2)		平均面积(m^2)		距离(m)	土方量(m^3)	
	挖方	填方	挖方	填方		挖方	填方
K1＋200	16.2	7.4	12.5	7.1	50	625	355
K1＋250	8.8	6.8	9.2	3.4	50	460	170
K1＋300	9.6						
K1＋325		3.2	4.8	1.6	25	120	40

工程量清单编制见表3－10。

表3－10　清单工程量计算表

项目编码	项目名称	项目特征描述	计量单位	工程量
040101001001	挖一般土方	三类土	m^3	1205
040103001001	填方	密实度95％	m^3	565

2. 定额工程量同清单工程量

3.1.2　道路工程

3.1.2.1　工程量计算规则

1. 清单计价工程量计算规则：

道路工程清单项目共分五个部分：路基处理、道路基层、道路面层、人行道及其他交通管理设施。

(1)路基处理(编码：040201)

路基处理工程量清单项目设置及工程量计算规则见表3－11。

表3－11　路基处理工程量清单项目设置及工程量计算规则

项目编码	项目名称	项目特征	计量单位	工程量计算规则	工程内容
040201001	强夯土方	密实度	m^2	按设计图示尺寸以面积计算	土方强夯
040201002	掺石灰	含灰量	m^3	按设计图示尺寸以体积计算	掺石灰
040201003	掺干土	1. 密实度 2. 掺土率			掺干土
040201004	掺石	1. 材料 2. 规格 3. 掺石率			掺石
040201005	抛石挤淤	规格			抛石挤淤

（续表）

项目编码	项目名称	项目特征	计量单位	工程量计算规则	工程内容
040201006	袋装砂井	1. 直径 2. 填充料品种	m	按设计图示以长度计算	成孔、装袋砂
040201007	塑料排水板	1. 材料 2. 规格			成孔、打塑料排水板
040201008	石灰砂桩	1. 材料配合比 2. 桩径			成孔、石灰、砂填充
040201009	碎石桩	1. 材料规格 2. 桩径			1. 振冲器安装、拆除 2. 碎石填充、振实
040201010	喷粉桩	1. 桩径 2. 水泥含量			成孔、喷粉固化
040201011	深层搅拌桩				1. 成孔 2. 水泥浆搅拌 3. 压浆、搅拌
040201012	土工布	1. 材料品种 2. 规格	m^2	按设计图示尺寸以面积计算	土工布铺设
040201013	排水沟、截水沟	1. 材料品种 2. 断面 3. 混凝土强度等级 4. 砂浆强度等级	m	按设计图示以长度计算	1. 垫层铺筑 2. 混凝土浇筑 3. 砌筑 4. 勾缝 5. 抹面 6. 盖板
040201014	盲沟	1. 材料品种 2. 断面 3. 材料规格			盲沟铺筑

(2)道路基层(编码:040202)

道路基层工程量清单项目设置及工程量计算规则见表 3－12。

表 3-12　道路基层工程量清单项目设置及工程量计算规则

项目编码	项目名称	项目特征	计量单位	工程量计算规则	工程内容
040202001	垫层	1. 厚度 2. 材料品种	m^2	按设计图示尺寸以面积计算，不扣除各种井所占面积	1. 拌和 2. 铺筑 3. 找平 4. 碾压 5. 养护
040202002	石灰稳定土	1. 厚度 2. 含灰量			
040202003	水泥稳定土	1. 水泥含量 2. 厚度			
040202004	石灰、粉煤灰、土	1. 厚度 2. 配合比			
040202005	石灰、碎石、土	1. 厚度 2. 配合比 3. 碎石规格			
040202006	石灰、粉煤灰、碎(砾)石	1. 材料品种 2. 厚度 3. 碎（砾）石规格 4. 配合比			
040202007	粉煤灰	厚度			
040202008	砂砾石				
040202009	卵石				
040202010	碎石				
040202011	块石				
040202012	炉渣				
040202013	粉煤灰三渣	1. 厚度 2. 配合比 3. 石料规格			
040202014	水泥稳定碎(砾)石	1. 厚度 2. 沥青品种 3. 石料规格			
040202015	沥青稳定碎石	1. 厚度 2. 沥青品种 3. 石料粒径			

(3)道路面层(编码:040203)

道路面层工程量清单项目设置及工程量计算规则见表3-13。

表3-13 道路面层工程量清单项目设置及工程量计算规则

项目编码	项目名称	项目特征	计量单位	工程量计算规则	工程内容
040203001	沥青表面处治	1. 沥青品种 2. 层数	m^2	按设计图示尺寸以面积计算,不扣除各种井所占面积	1. 洒油 2. 碾压
040203002	沥青贯入式	1. 沥青品种 2. 厚度			
040203003	黑色碎石	1. 水泥含量 2. 厚度			1. 洒铺底油 2. 铺筑 3. 碾压
040203004	沥青混凝土	1. 水泥含量 2. 厚度 3. 石料最大粒径			
040203005	水泥混凝土	1. 混凝土强度等级、石料最大粒径 2. 厚度 3. 掺和料 4. 配合比			1. 传力杆及套筒制作、安装 2. 混凝土浇筑 3. 拉毛或压痕 4. 伸缝 5. 缩缝 6. 锯缝 7. 嵌缝 8. 路面养生
040203006	块料面层	1. 材质 2. 规格 3. 垫层厚度 4. 强度			1. 铺筑垫层 2. 铺砌块料 3. 嵌缝、勾缝
040203007	橡胶、塑料弹性面层	1. 材料名称 2. 厚度			1. 配料 2. 铺贴

(4)人行道及其他(编码:040204)

道路面层工程量清单项目设置及工程量计算规则见表3-14。

表3-14　道路面层工程量清单项目设置及工程量计算规则

项目编码	项目名称	项目特征	计量单位	工程量计算规则	工程内容
040204001	人行道块料铺设	1. 材质 2. 尺寸 3. 垫层材料品种、厚度、强度 4. 图形	m^2	按设计图示尺寸以面积计算,不扣除各种井所占面积	1. 整形碾压 2. 垫层、基础铺筑 3. 块料铺设
040204002	现浇混凝土人行道及进口坡	1. 混凝土强度等级、石料最大粒径 2. 厚度 3. 垫层、基础材料品种、厚度强度			1. 整形碾压 2. 垫层、基础铺筑 3. 混凝土浇筑 4. 养生
040204003	安砌侧(平缘)石	1. 材料 2. 尺寸 3. 形状 4. 垫层、基础;材料品种、厚度、强度	m	按设计图示中心线长度计算	1. 垫层、基础铺筑 2. 侧(平、缘)石安砌
040204004	现浇侧(平缘)石	1. 材料品种 2. 尺寸 3. 形状 4. 混凝土强度等级、石料最大粒径垫层、基础;材料品种、厚度、强度			1. 垫层铺筑 2. 混凝土浇筑 3. 养生
040204005	检查井升降	1. 材料品种 2. 规格 3. 平均升降高度	座	按设计图示路面标高与原有的检查井发生正负高差的检查井的数量计算	升降检查井
040204006	树池砌筑	1. 材料品种、规格 2. 树池尺寸 3. 树池盖材料品种	个	按设计图示数量计算	1. 树池砌筑 2. 树池盖制作、安装

2. 定额计价工程量计算规则

(1)路基处理

1)强夯区分满夯、点夯以及不同夯击能量,按设计图示尺寸以强夯波及面积计算。

如图 3-6 所示:面积=$(L+a)\times(ML+a)$

2)掺石灰、干土、片石按设计图示尺寸以"m^3"计算。

3)砂、碎石桩、石灰砂桩按设计图示尺寸以"m^3"计算。

4)粉喷桩按设计桩长乘以设计断面面积以"m^3"计算。

(2)道路基础计算规则

1)道路基层按设计图示尺寸以"m^2"计算,不扣除各类井所占面积。

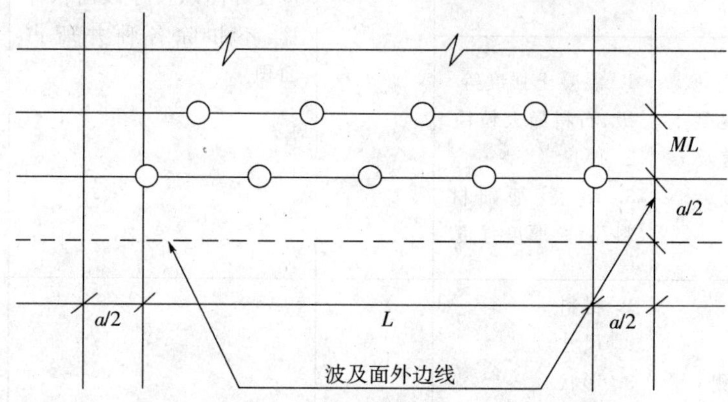

图 3-6

2)道路基层宽度按设计车行道宽度另计两侧加宽值,其加宽值每侧按 0.3 m 计算。

3)道路工程石灰土、多合土养生面积,按设计摊铺的基层、顶层面积计算。

(3)路面计算面层规则

1)水泥混凝土面层以平口为准,如设计为企口时,其用工量按本章定额相应项目乘以系数 1.01。木材摊销量按"D.9 施工技术措施消耗"中相应项目定额乘以系数 1.05。

2)道路工程沥青混凝土、水泥混凝土及其他类型面层工程量以设计长度乘以设计宽度以"m^2"计算,包括转弯面积,不扣除各类井所占面积。

3)伸缩缝按面积为计量单位。此面积为缝的断面积,即设计宽×设计厚。

4)道路面层按设计图示尺寸以"m^2"计算,带平石的面层应扣除平石面积。

(4)人行道及其他

1)人行道整形按设计图示尺寸以面积计算,不扣除各类井所占面积,其宽度应按人行道设计宽度外侧加 0.3 m 计算。

2)人行道板、异型彩色花砖安砌按实铺面积以"m^2"计算。应扣除树池所占面积,不扣除各种井所占面积。

3)道路工程侧缘石、树池按设计长度以延长米计算。

4)侧缘石垫层按设计图示尺寸以"m^2"计算。

3.1.2.2 工程量计算编制示例

【例 3-4】 某道路 K0+000~K0+200 为沥青混凝土结构,道路结构图如图 3-7 所示，道路平面图如图 3-8 所示，道路宽为 12m，路面两边铺侧缘石，路肩各宽 1 m。根据上述情况，进行道路工程工程量的编制。

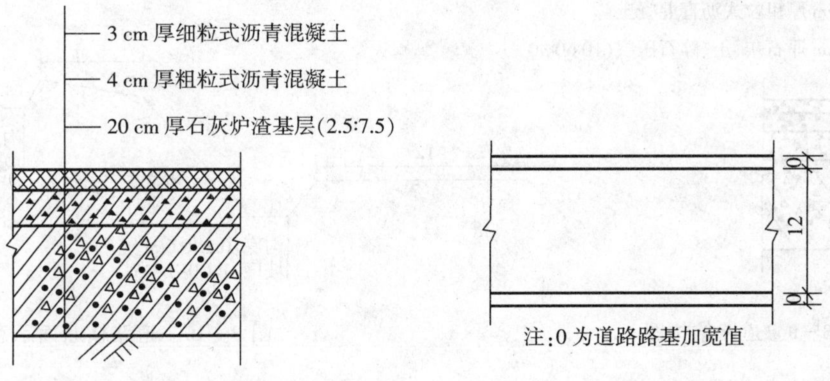

图 3-7　道路结构示意图　　图 3-8　道路平面图(单位:m)

【解】

1. 清单工程量：

石灰炉渣基层面积 12×200＝2 400 m^2

沥青混凝土面层面积 12×200＝2 400 m^2

侧缘石长度 200×2＝400 m

清单工程量计算见表 3-15。

表 3-15　清单工程量计算表

序号	项目编码	项目名称	项目特征描述	计量单位	工程量
1	040202004001	石灰、粉煤灰、土	石灰炉渣(2.5∶7.5)基层 20 cm 厚	m^2	2400
2	040203004001	沥青混凝土	4 cm 厚粗粒式，石料最大粒径 30 mm	m^2	2400
3	040203004002	沥青混凝土	3 cm 厚细粒式，石料最大粒径 20 mm	m^2	2400
4	040204003001	安砌侧(平)缘石	C30 混凝土缘石安砌，砂垫层	m	400

2. 定额工程量：

石灰炉渣基层面积 $(12+1\times2+2a)\times200=(12+1\times2+2\times0.3)\times200=2\ 920$ m^2

沥青混凝土面层面积 12×200＝2 400 m^2

侧缘石长度 200×2＝400 m

说明：定额工程量计算时，路基应按设计车行道宽度另计两侧加宽值，加宽值由各省、自治区、直辖市自行确定，安徽省取 $a=0.3$ m。路面以设计长乘以设计宽(包括转弯面积)，侧缘石项目以延长米计算。

【例 3-5】　某道路 K0＋000～K0＋500 为沥青混凝土结构，道路结构图如图 3-9 所示，道路修筑宽度为 12 m，路肩各宽 1.5 m，为保证压实，两边各加宽 40 cm，由于该路段雨水量较大，需设置截水沟与边沟，道路横断面示意图如图 3-10 所示，计算道路工程量。

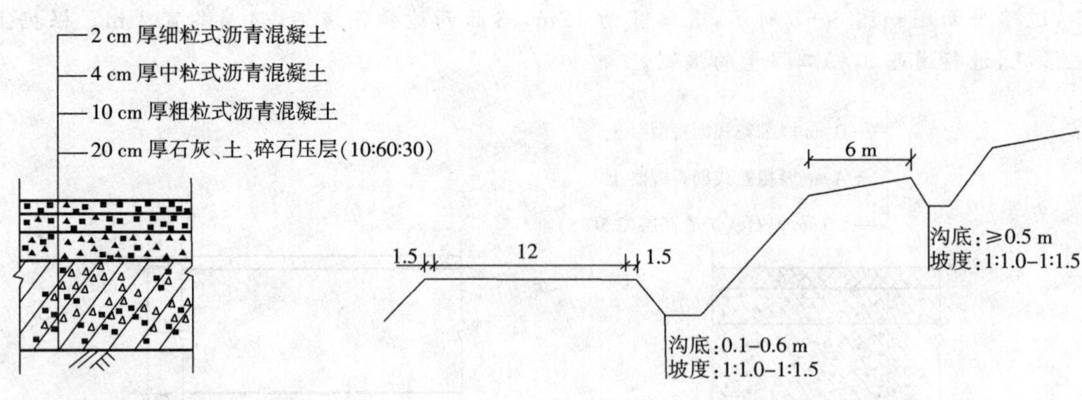

图 3-9　道路结构图　　　　图 3-10　道路横断面示意图

【解】

1. 清单工程量：

石灰、土、碎石基层面积　$12\times500=6\ 000\ m^2$

沥青混凝土面层面积　$12\times500=6\ 000\ m^2$

边沟长度　$500\times2=1\ 000\ m$

截水沟长度　$500\times2=1\ 000\ m$

清单工程量计算见表 3-16。

表 3-16　清单工程量计算表

序号	项目编码	项目名称	项目特征描述	计量单位	工程量
1	040202005001	石灰、碎石、土	20 cm 厚石灰、土碎石基层 10：60：30	m^2	6000
2	040203004001	沥青混凝土	10 cm 厚粗粒式，石料最大粒径 40 mm	m^2	6000
3	040203004002	沥青混凝土	4 cm 厚中粒式，石料最大粒径 40 mm	m^2	6000
4	040203004003	沥青混凝土	2 cm 厚细粒式，石料最大粒径 20 mm	m^2	6000
5	040204003002	排水沟	排水沟	m	1000
6	040204003002	截水沟	截水沟	m	1000

2. 定额工程量：

石灰、土、碎石基层面积　$(12+2\times1.5+2\times0.4)\times500=7\ 900\ m^2$

沥青混凝土面层面积　$12\times500=6\ 000\ m^2$

边沟长度　$500\times2=1\ 000\ m$

截水沟长度 $500\times2=1\ 000\ m$

【例 3-6】　某道路 K0＋000～K0＋300 为沥青混凝土结构，K0＋300～K0＋725 为水泥混凝土结构，道路结构如图 3-11 所示，路面宽度为 16 m，路肩宽度为 1.5 m，为保证压实，两侧各加宽 30 cm，路面两边铺路缘石，试计算道路工程量。

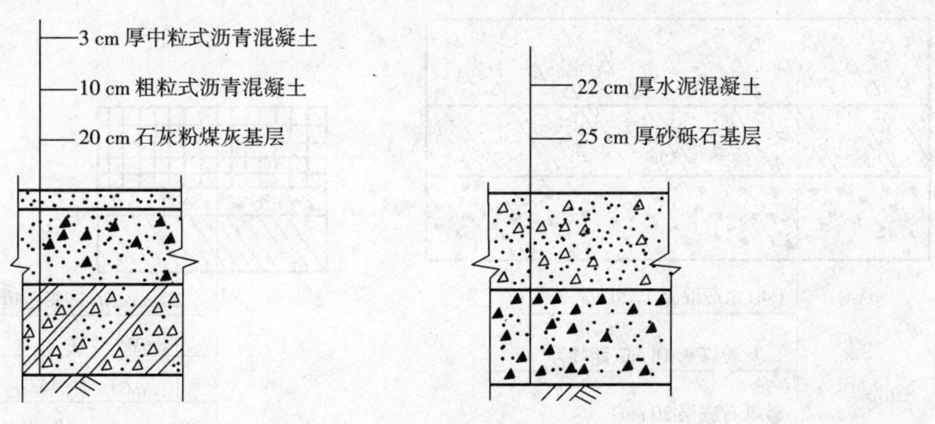

图3-11　道路结构图

【解】

1. 清单工程量：

石灰粉煤灰基层面积：300×16＝4 800 m^2

砂砾石基层面积：425×16＝6 800 m^2

沥青混凝土面层面积：1300×16＝4 800 m^2

水泥混凝土面层面积：425×16＝6 800 m^2

路缘石长度：725×2＝1 450 m

清单工程量计算见表3-17。

表3-17　清单工程量计算表

序号	项目编码	项目名称	项目特征描述	计量单位	工程量
1	040202004001	石灰、粉煤灰、土	20 cm厚石灰、粉煤灰基层	m^2	4800
2	040202008001	砂砾石	25 cm厚砂砾石基层	m^2	6800
3	040203004001	沥青混凝土	10 cm厚粗粒式，石料最大粒径40 mm	m^2	4800
4	040203004002	沥青混凝土	3 cm厚中粒式，石料最大粒径20 mm	m^2	4800
5	040203005001	水泥混凝土	22 cm厚水泥混凝土	m^2	6800
6	040204003001	安砌侧(平)缘石	C30混凝土缘石安砌	m	1450

2. 定额工程量：

石灰粉煤灰基层面积：(16＋1.5×2＋0.3×2)×300＝5 880 m^2

砂砾石基层面积：(16＋1.5×2＋0.3×2)×425＝8 330 m^2

沥青混凝土面层面积：1300×16＝4 800 m^2

水泥混凝土面层面积：425×16＝6 800 m^2

路缘石长度：725×2＝1 450 m

【例3-7】　某道路工程长1 000 m，混合车道宽20 m，两侧人行道宽各为5 m，路面结构如图3-12所示，人行道结构示意图如图3-13所示，计算混合车道及人行道工程量。

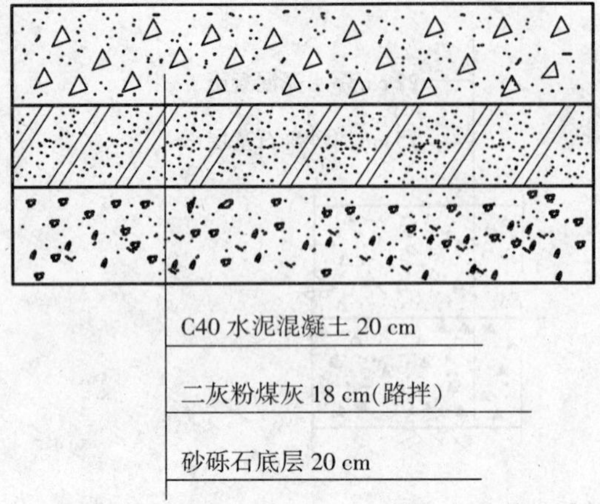

图 3－12　道路结构图

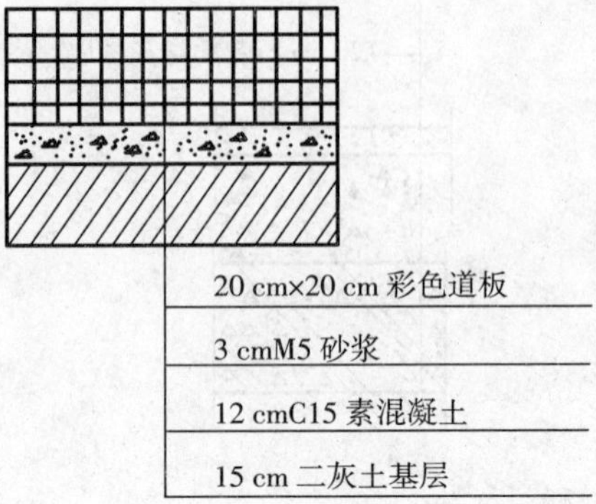

20 cm×20 cm 彩色道板

3 cmM5 砂浆

12 cmC15 素混凝土

15 cm 二灰土基层

图 3－13　人行道结构示意图

【解】

1. 清单工程量：

二灰、粉煤灰基层面积：1 000×20＝20 000 m^2

砂砾石底层面积：1 000×20＝20 000 m^2

水泥混凝土面层面积：1 000×20＝20 000 m^2

二灰土基层面积：1 000×10＝10 000 m^2

素混凝土面积：1 000×20＝20 000 m^2

素混凝土体积：10 000×0.12＝1 200 m^3

砂浆面层面积：1 000×10＝10 000 m^2

砂浆体积：10 000×0.03＝300 m^3

彩色道板路面面积：2×5×1 000＝10 000 m^2

清单工程量计算见表 3－18。

表 3－18　清单工程量计算表

序号	项目编码	项目名称	项目特征描述	计量单位	工程量
1	040202007001	粉煤灰	二灰、粉煤灰 18 cm 厚，路拌	m^2	20000
2	040202008001	砂砾石	砂砾石底层 20 cm 厚	m^2	20000
3	040203005001	水泥混凝土	C40 水泥混凝土面层 20 cm 厚	m^2	20000
4	040202004001	石灰、粉煤灰、土	15 cm 二灰土基层	m^2	10000
5	040202001001	垫层	12 cm 厚 C15 素混凝土	m^2	10000
6	040203006001	块料面层	3 cm 厚 M5 砂浆	m^2	10000
7	040204001001	人行道块料铺设	20×20 cm 彩色道板	m^2	10000

2. 定额工程量：

二灰、粉煤灰基层面积：(20＋2×0.3)×1 000＝20 600 m^2

砂砾石底层面积：(20＋2×0.3)×1 000＝20 600 m^2

水泥混凝土面层面积：20×1 000＝20 000 m^2

二灰土基层面积：(5×2＋2×0.3)×1 000＝10 600 m^2

素混凝土面积：(5×2＋2×0.3)×1 000＝10 600 m^2

素混凝土体积：:10 600×0.12＝1 272 m^3

砂浆面层面积：1 000×10＝10 000 m^2

砂浆体积：10 000×0.03＝300 m^3

彩色道板路面面积：2×5×1 000＝10 000 m^2

注：路基一侧加宽值取 0.3 m。

【例 3-8】 某城市道路工程 K0＋000～K0＋600 为水泥混凝土路面，路面宽度为 21.4 m，其中人行道各宽 3 m，行车道宽为 15 m，在两个快车道中央设有一条伸缩缝，在慢车道与人行道之间设有缘石，如图 3-14～图 3-17 所示，试计算道路工程量。

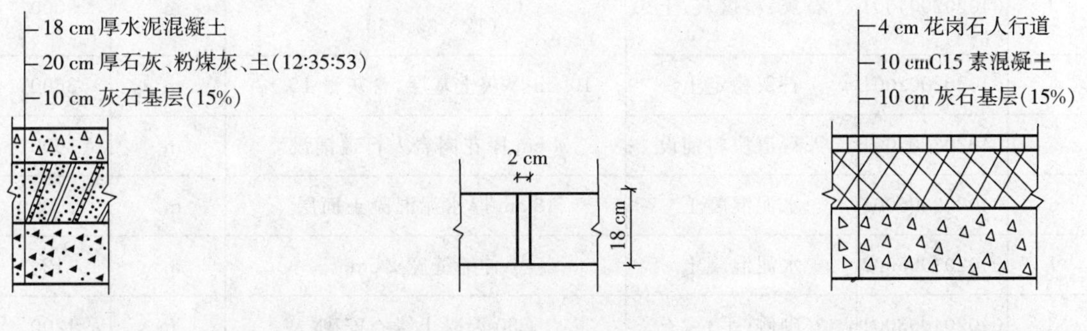

图 3-14　行车道路面结构图　　图 3-15　伸缩缝断面图　　图 3-16　人行道路面结构图

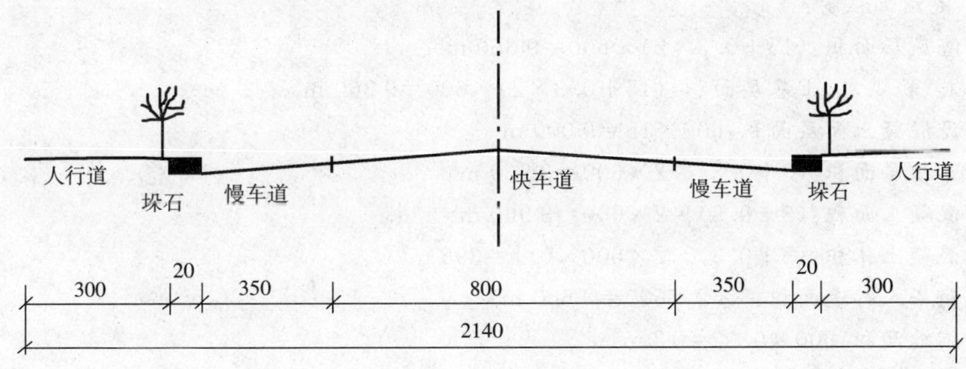

图 3-17　道路横断面图(单位：cm)

【解】

1. 清单工程量：

炉渣底层面积：600×15＝9 000 m^2

石灰、粉煤灰、土基层面积：600×15＝9 000 m^2

水泥混凝土面层面积：600×15＝9 000 m^2

灰土基层面积：3×2×600＝3 600 m^2

素混凝土面积：3×2×600＝3 600 m^2

素混凝土体积：3×2×600×0.1＝360 m³

花岗石人行道面积：:3×2×600＝3 600 m²

伸缩缝面积：600×0.02＝12 m²

缘石长度：600×2＝1 200 m

清单工程量计算见表 3－19。

表 3－19　清单工程量计算表

序号	项目编码	项目名称	项目特征描述	计量单位	工程量
1	040202001001	垫层	10 cm 厚 C15 素混凝土	m²	3600
2	040202012001	炉渣	25 cm 厚炉渣底层	m²	9000
3	040202004001	石灰、粉煤灰、土	20 cm 厚石灰、粉煤灰、土基层（12∶35∶53）	m²	9000
4	040202002001	石灰稳定土	10 cm 厚灰土基层，含灰量 15 %	m²	3600
5	040203005001	人行道块料铺设	4 cm 厚花岗岩人行道铺设	m²	3600
6	040203005001	水泥混凝土	18 cm 厚水泥混凝土面层	m²	9000
7	040203005002	水泥混凝土	伸缩缝宽 2 cm	m²	12
8	040204003001	安砌侧（平）缘石	C30 混凝土缘石安砌	m	1200

2. 定额工程量：

炉渣底层面积：(15＋0.3×2)×600＝9 360 m²

石灰、粉煤灰、土基层面积：(15＋0.3×2)×600＝9 360 m²

水泥混凝土面层面积：600×15＝9 000 m²

灰土基层面积：(3＋0.3)×2×600＝3 960 m²

素混凝土面积：(3＋0.3)×2×600＝3 960 m²

素混凝土体积：(3＋0.3)×2×600×0.1＝396 m³

花岗石人行道面积：3×2×600＝3 600 m²

伸缩缝面积：600×0.02＝12 m²

缘石长度：600×2＝1 200 m

注：路基一侧加宽值取 0.3 m。

3.1.3　排水工程

3.1.3.1　工程量计算规则

1. 清单计价工程量计算规则

(1)管道铺设(编码：040501)

工程量清单项目设置及工程量计算规则见表 3－20。

表3-20　管道铺设工程量清单项目设置及工程量计算规则

项目编码	项目名称	项目特征	计量单位	工程量计算规则	工程内容
040501001	陶土管铺设	1. 管材规格 2. 埋设深度 3. 垫层厚度、材料品种、强度 4. 基础断面形式、混凝土强度等级、石料最大粒径	m	按设计图示中心线长度以延长米计算，不扣除井所占的长度	1. 垫层铺筑 2. 混凝土基础浇筑 3. 管道防腐 4. 管道铺设 5. 管道接口 6. 混凝土管座浇筑 7. 预制管枕安装 8. 井壁(墙)凿洞 9. 检测及试验
040501002	混凝土管道铺设	1. 管有筋无筋 2. 规格 3. 埋设深度 4. 接口形式 5. 垫层厚度、材料品种、强度 6. 基础断面形式、混凝土强度等级、石料最大粒径		按设计图示管道中心线长度以延长米计算，不扣除中间井及管件、阀门所占的长度	1. 垫层铺筑 2. 混凝土基础浇筑 3. 管道防腐 4. 管道铺设 5. 管道接口 6. 混凝土管座安装 7. 预制管枕安装 8. 井壁(墙)凿洞 9. 检测及试验 10. 冲洗消毒或吹扫
040501003	镀锌钢管铺设	1. 公称直径 2. 接口形式 3. 防腐、保温要求 4. 埋设深度 5. 基础材料品种、厚度		按设计图示管道中心线长度以延长米计算，不扣除管件、阀门、法兰所占的长度	1. 基础铺筑 2. 管道防腐、保温 3. 管道铺设 4. 接口 5. 检测及试验 6. 冲洗消毒或吹扫
040501004	铸铁管铺设	1. 管材材质 2. 管材规格 3. 埋设深度 4. 接口形式 5. 防腐、保温要求 6. 垫层厚度、材料品种、强度 7. 基础断面形式、混凝土强度、石料最大粒径		按设计图示管道中心线长度以延长米计算，不扣除中间井及管件、阀门所占的长度	1. 垫层铺筑 2. 混凝土基础浇筑 3. 管道防腐 4. 管道铺设 5. 管道接口 6. 混凝土管座浇筑 7. 井壁(墙)凿洞 8. 检测及试验 9. 冲洗消毒或吹扫

（续表）

项目编码	项目名称	项目特征	计量单位	工程量计算规则	工程内容
040501005	钢管铺设	1. 管材材质 2. 管材规格 3. 埋设深度 4. 防腐、保温要求 5. 压力等级 6. 垫层厚度、材料品种、强度 7. 基础断面形式、混凝土强度、石料最大粒径	m	按设计图示管道中心线长度以延长米计算（支管长度从主管中心到支管末端交接处的中心），不扣除中间井及管件、阀门所占的长度新旧管连接时，计算到碰头的阀门中心处	1. 垫层铺筑 2. 混凝土基础浇筑 3. 混凝土管座浇筑 4. 管道防腐、保温铺设 5. 管道铺设 6. 管道接口 7. 检测及试验 8. 冲洗消毒或吹扫
040501006	塑料管道铺设	1. 管道材料名称 2. 管材规格 3. 埋设深度 4. 接口形式 5. 垫层厚度、材料品种、强度 6. 基础断面形式、混凝土强度等级、石料最大粒径 7. 探测线要求			1. 垫层铺筑 2. 混凝土基础浇筑 3. 管道防腐 4. 管道铺设 5. 探测线铺设 6. 管道接口 7. 混凝土管座浇筑 8. 井壁(墙)凿洞 9. 检测及试验 10. 冲洗消毒或吹扫

（续表）

项目编码	项目名称	项目特征	计量单位	工程量计算规则	工程内容
040501007	砌筑渠道	1. 渠道断面 2. 渠道材料 3. 砂浆强度等级 4. 埋设深度 5. 垫层厚度、材料品种、强度 6. 基础断面形式、混凝土强度等级、石料最大粒径	m	按设计图示尺寸以长度计算	1. 垫层铺筑 2. 渠道基础 3. 墙身砌筑 4. 止水带安装 5. 拱盖砌筑或盖板预制、安装 6. 勾缝 7. 抹面 8. 防腐 9. 渠道渗漏试验
040501008	混凝土渠道	1. 渠道断面 2. 埋设深度 3. 垫层厚度、材料品种、强度 4. 基础断面形式、混凝土强度、石料最大粒径			1. 垫层铺筑 2. 渠道基础 3. 墙身砌筑 4. 止水带安装 5. 拱盖砌筑或盖板预制、安装 6. 抹面 7. 防腐 8. 渠道渗漏试验
040501009	套管内铺设管道	1. 管材材质 2. 管径、壁厚 3. 接口形式 4. 防腐要求 5. 保温要求 6. 压力等级	m	按设计图示管道中心线长度计算	1. 基础铺筑（支架制作、安装） 2. 管道防腐 3. 穿管铺设 4. 接口 5. 检测及试验 6. 冲洗消毒或吹扫 7. 管道保温 8. 防护

（续表）

项目编码	项目名称	项目特征	计量单位	工程量计算规则	工程内容
040501010	管道架空跨越	1. 管材材质 2. 管径、壁厚 3. 跨越跨度 4. 支承形式 5. 防腐、保温要求 6. 压力等级	m	按设计图示管道中心线长度计算，不扣除管件、阀门、法兰所占的长度	1. 支承结构制作、安装 2. 防腐 3. 管道铺设 4. 接口 5. 检测及试验 6. 冲洗消毒或吹扫 7. 管道保温 8. 防护
040501011	管道沉管跨越	1. 管材材质 2. 管径、壁厚 3. 跨越跨度 4. 支承形式 5. 防腐要求 6. 压力等级 7. 标志牌灯要求 8. 基础厚度、材料品种、规格			1. 管沟开挖 2. 管沟基础铺筑 3. 防腐 4. 跨越拖管头制作 5. 沉管铺设 6. 检测及试验 7. 冲洗消毒或吹扫 8. 标志牌灯制作、安装
040501012	管道焊口无损探伤	1. 管材外径、壁厚 2. 探伤要求	口	按设计图示要求探伤的数量计算	1. 焊口无损探伤 2. 编写报告

(2)管件、钢支架制安及新旧管连接(编码:040502)

管件、钢支架制安及新旧管连接工程量清单项目设置及工程量计算规则见表3-21。

表 3-21　管件、钢支架制安及新旧管连接工程量清单项目设置及工程量计算规则

<table>
<tr><th>项目编码</th><th>项目名称</th><th>项目特征</th><th>计量单位</th><th>工程量计算规则</th><th>工程内容</th></tr>
<tr><td>040502001</td><td>预应力
混凝土管
转换件安装</td><td>转换件规格</td><td rowspan="5">个</td><td rowspan="10">按设计图示数量计算</td><td rowspan="2">安装</td></tr>
<tr><td>040502002</td><td>铸铁管件
安装</td><td>1. 类型
2. 材质
3. 规格
4. 接口形式</td></tr>
<tr><td>040502003</td><td>钢管件安装</td><td rowspan="2">1. 管件类型
2. 管径、壁厚
3. 压力等级</td><td>1. 制作
2. 安装</td></tr>
<tr><td>040502004</td><td>法兰钢管件
安装</td><td>1. 法兰片焊接
2. 法兰管件安装</td></tr>
<tr><td>040502005</td><td>塑料管件
安装</td><td>1. 管件类型
2. 材质
3. 管径、壁厚
4. 接口
5. 探测线要求</td><td>1. 塑料管件安装
2. 探测线敷设</td></tr>
<tr><td>040502006</td><td>钢塑转件
安装</td><td>转换件规格</td><td></td><td>安装</td></tr>
<tr><td>040502007</td><td>钢管道间
法兰连接</td><td>1. 平焊法兰
2. 对焊法兰
3. 绝缘法兰
4. 公称直径
5. 压力等级</td><td>处</td><td>1. 法兰片焊接
2. 法兰连接</td></tr>
<tr><td>040502008</td><td>分水栓安装</td><td>1. 材质
2. 规格</td><td rowspan="3">个</td><td>1. 法兰片焊接
2. 安装</td></tr>
<tr><td>040502009</td><td>盲(堵)板
安装</td><td>1. 盲板规格
2. 盲板材料</td><td>1. 法兰片焊接
2. 安装</td></tr>
<tr><td>040502010</td><td>防水套管
制作、安装</td><td>1. 钢性套管
2. 柔性套管
3. 规格</td><td>1. 制作
2. 安装</td></tr>
</table>

（续表）

项目编码	项目名称	项目特征	计量单位	工程量计算规则	工程内容
040502011	除污器安装	1. 压力要求 2. 公称直径 3. 接口形式	个	按设计图示数量计算	1. 除污器组成安装 2. 除污器安装
040502012	补偿器安装				1. 焊接钢套筒补偿器安装 2. 焊接法兰、法兰式 纹补偿器安装
040502013	钢支架制作、安装	类型	kg	按设计图示尺寸以质量计算	1. 制作 2. 安装
040502014	新旧管连接（碰头）	1. 管材材质 2. 管材管径 3. 管材接口	处	按设计图示数量计算	1. 新旧管连接 2. 马鞍卡子安装 3. 接管挖眼 4. 钻眼攻丝
040502015	气体置换	管材内径	m	按设计图示管道中心线长度计算	气体置换

(3)阀门、水表、消火栓安装(编码:040503)

阀门、水表、消火栓安装工程量清单项目设置及工程量计算规则见表 3-22。

表 3-22　阀门、水表、消火栓安装工程量清单项目设置及工程量计算规则

项目编码	项目名称	项目特征	计量单位	工程量计算规则	工程内容
040503001	阀门安装	1. 公称直径 2. 压力要求 3. 阀门类型	个	按设计图示数量计算	1. 阀门解体、检查、清洗、研磨 2. 法兰片焊接 3. 操纵装置安装 4. 阀门安装 5. 阀门压力试验
040503002	水表安装	公称直径			1. 丝扣水表安装 2. 法兰片焊接、法兰水表安装
040503003	消火栓安装	1. 部位 2. 型号 3. 规格			1. 法兰片焊接 2. 安装

2. 定额计价工程量计算规则

(1)管道铺设

1)各种角度的混凝土基础、混凝土管、陶土管铺设,均按井中至井中的中心长度以“m”计算,扣除检查井所占长度。具体扣除长度见表3-23。

表3-23

检查井规格(mm)	扣除长度(m)	检查井规格	扣除长度(m)
Φ700	0.40	各种矩形井	1.00
Φ1 000	0.70	各种交汇井	1.20
Φ1 250	0.95	各种扇形井	1.00
Φ1 500	1.20	圆形跌水井	1.60
Φ2 000	1.70	矩形跌水井	1.70
Φ2 500	2.20	阶梯式跌水井	按实扣

2)各种金属管道、塑料管道均按施工图中心线长度计算(支管长度从主管中心开始计算到支管末端交接处的中心),管件、阀门所占长度已在管道施工损耗中综合考虑,计算时均不扣除其所占长度。

3)埋地钢管使用套管时(不包括顶进的套管),按套管管径套用安装子目。套管封堵的材料消耗量另行计算。

4)排水及给水中的预应力,铸铁管道接口区分管径和做法,以实际接口的个数计算。

5)管道安装均不包括管件(指三道、弯头、异径管)、阀门的安装。管件安装执行相关章节的相应项目。

6)遇有新旧管连接时,管道安装工程量计算到碰头的阀门处,但阀门及与阀门相连的承(插)盘短管、法兰盘的安装均包括在新旧管连接定额内,不再另计。

7)穿越管段拖管过河的宽度,应根据设计或施工组织设计确定的穿越管段长度计算。

8)穿越管段的拖管质量,指管段总质量,包括管段本身质量及保护层质量。

(2)管件安装

1)管件、分水栓、马鞍卡子、二合三通的安装按施工图数量以“个”计算。

2)钢管道间法兰连接、新旧管连接以“处”计算。

3)盲(堵)板、除污器安装以“组”计算。

4)气体置换按设计图示管道中心线长度以“m”计算。

(3)阀门、水表、消火栓安装

1)阀门安装以“个”计算。

2)水表的安装按设计图示数量以“组”为单位计算。

3)消火栓安装以“套”计算。

4)各种标准雨、污检查井、直线井、交汇井、扇形井、跌水井、雨水口按不同井深、井径以“座”计算。

5)其他标准井,按设计图示数量以“座”计算。

6)各类井的井深按井底基础以上至井盖顶计算。

7)管道支墩按设计图示尺寸以“m^3”计算,不扣除钢筋、铁件所占的体积。

8)大口井内套管、辐射井管安装按设计图中心线长度以“m”计算。

3.1.3.2 工程量计算编制示例

【例 3-9】 某城市中市政排水工程主干管长 610 m,采用φ600 混凝土管,135°混凝土基础,在主干管上设置雨水检查井 8 座,规格为φ1500,单室雨水井 20 座,雨水口接入管φ225UPVC加筋管,共 8 道,每道长 8 m。求混凝土管基础及铺设长度和检查井座数,闭水试验长度,如图 3-18 所示。

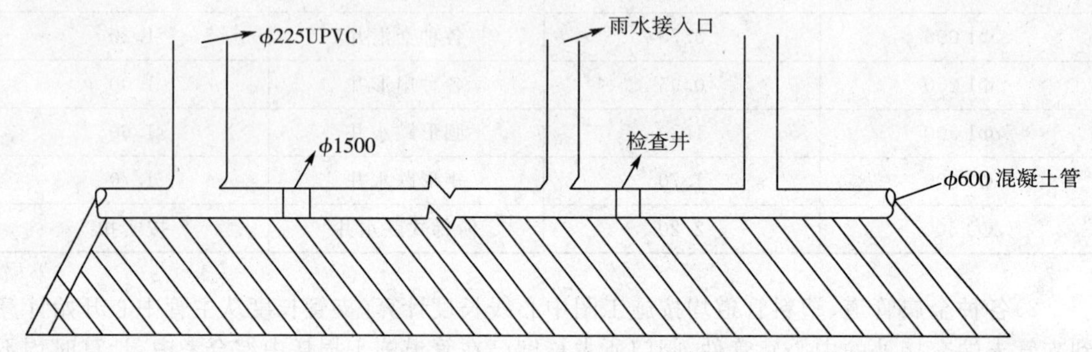

图 3-18 主管道示意图

【解】

1. 清单工程量:

φ600 混凝土管基础及铺设:$L_1=610$ m

φ225UPVC 加筋管铺设:$L_2=8\times8\text{m}=64\text{m}$

φ1500 雨水检查井:8 座

单室雨水井:20 座

φ600 以内管道闭水试验:610 m

清单工程量计算见表 3-24。

表 3-24 清单工程量计算表

序号	项目编码	项目名称	项目特征	计量单位	工程量
1	040501002001	混凝土管道铺设	135°混凝土基础,φ600	M	610
2	040501006001	塑料管道铺设	φ225UPVC 加筋管	M	64
3	040504001001	砌筑检查井	φ1500	座	8
4	040504003001	雨水进水井	单室	座	20

2. 定额工程量:

φ600 混凝土管基础及铺设:$l_1=(610-8\times1.2)/100=6.004(100\text{ m})$

φ225UPVC 加筋管铺设:$l_2=(8\times8)/100=0.64(100\text{ m})$

φ1500 雨水检查井:8 座

单室雨水井:20 座

ϕ 600 以内管道闭水试验：610 m/100＝6.1(100 m)

列项见表 3－25。

表 3－25　定额工程量表

序号	定额编码	项目名称	计量单位	工程量
1	D5－95	混凝土管道铺设	100 m	6.004
2	D5－449	UPVC 加筋管铺设	100 m	0.64
3	D5－1545	砖砌圆形雨水检查井	座	8
4	D5－1736	砖砌雨水进水井	座	20
5	D5－2636	管道闭水试验	100 m	6.1

注：清单中管道铺设，其计算规则是以设计图示管道中心线长度以延长米计算，不扣除中间井及管件、阀门所占长度；定额中在定型混凝土管道基础及铺设时，各种角度的混凝土基础、混凝土管、金属管道、塑料管道铺设按井中至井中的中心扣除检查井长度，以延长米计算工程量，ϕ 1500 检查井扣除长度为 1.2 m，闭水试验以实际闭水长度计算不扣除各种井所占长度，定额采用安徽省市政工程消耗量定额(2005)。

【例 3－10】 某城市市政排水工程中，污水主管长 600 m，采用ϕ 400 玻璃钢管，ϕ 1 000 污水检查井 10 座，其污水支管为ϕ 300UPVC 加筋管，一共 8 道，每道 10 m，如图 3－19 所示，求管道的基础及铺设长度和检查井座数，闭水试验长度。

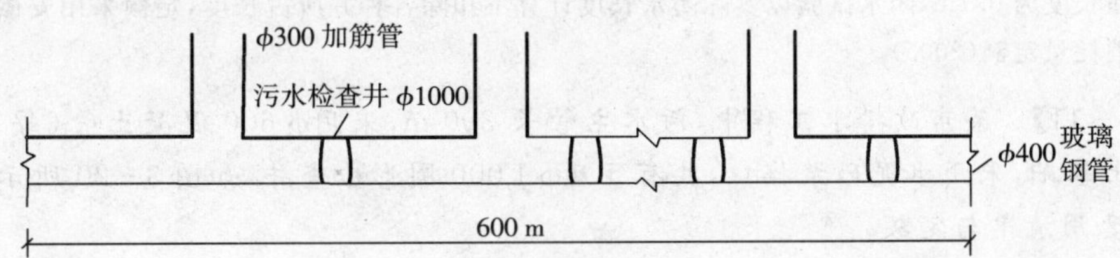

图 3－19　污水主干管示意图

【解】

1. 清单工程量：

ϕ 400 玻璃钢管铺设：L_1＝600 m

ϕ 300UPVC 加筋管铺设：L_2＝8×10 m＝80 m

ϕ 1 000 污水检查井：10 座

ϕ 400 以内管道闭水试验：600 m

清单工程量计算见表 3－26。

表 3－26　清单工程量计算表

序号	项目编码	项目名称	项目特征	计量单位	工程量
1	040501005001	钢管铺设	玻璃钢管ϕ 400	m	600
2	040501006001	塑料管铺设	ϕ 300UPVC 加筋管	m	80
3	040504001001	砌筑检查井	污水检查井ϕ 1 000	座	10

2. 定额工程量：

ϕ 400 玻璃钢管铺设：l_1=(600－10×0.7)/10=59.3(10 m)

ϕ 300UPVC 加筋管铺设：l_2=(8×10)/100=0.8(100 m)

ϕ 1 000 污水检查井：10 座

ϕ 400 以内管道闭水试验：600 m/100=6(100 m)

列项见表 3－27。

表 3－27　定额工程量计算表

序号	定额编码	项目名称	计量单位	工程量
1	D5－2075	玻璃钢管铺设	10 m	59.3
2	D5－450	UPVC 加筋管铺设	100 m	0.73
3	D5－1549	砖砌圆形污水检查井	座	10
4	D5－2635	管道闭水试验	100 m	6

注：清单中管道铺设，其计算规则是以设计图示管道中心线长度以延长米计算，不扣除中间井及管件、阀门所占长度；定额中在定型混凝土管道基础及铺设时，各种角度的混凝土基础、混凝土管、金属管道、塑料管道铺设按井中至井中的中心扣除检查井长度，以延长米计算工程量，ϕ 1 000 检查井扣除长度为 0.7m，闭水试验以实际闭水长度计算不扣除各种井所占长度，定额采用安徽省市政工程消耗量定额(2005)。

【例 3－11】　某市政排水工程中，污水主管长 300 m，采用 ϕ 600 混凝土管(每节 2 m)，120°混凝土基础，采用水泥砂浆接口，共有 5 座 ϕ 1 000 圆形检查井，如图 3－20 所示，求主要工程量及套用清单与定额。

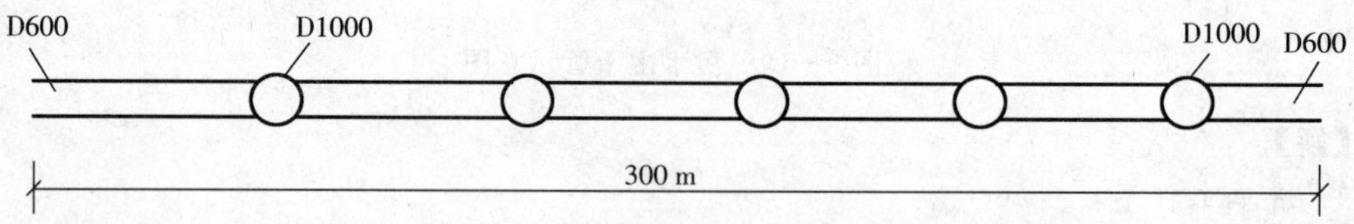

图 3－20　某排水管线示意图

【解】

1. 清单工程量：

混凝土管道基础及铺设：L_1=300 m

管道接口：(300/2－1)=149 个

闭水试验：L_2=300 m

圆形检查井：5 座

清单工程量计算见表 3－28。

表 3-28　清单工程量计算表

序号	项目编码	项目名称	项目特征	计量单位	工程量
1	040501002001	混凝土管道铺设	120°混凝土基础，ϕ 600	m	600
2	040504001001	砌筑检查井	圆形ϕ 1 000	座	5

2. 定额工程量：

混凝土管道基础及铺设：L_1＝(300－0.7×5)＝296.5m＝2.965(100 m)

管道接口：(300/2－1)＝149 个口＝14.9(10 个口)

闭水试验：L_2＝300 m＝3(100 m)

圆形检查井：5 座

列项见表 3-29。

表 3-29　定额工程量计算表

序号	定额编码	项目名称	计量单位	工程量
1	D5－95	混凝土管道铺设	100 m	2.965
2	D5－161	水泥砂浆接口	10 个口	14.9
3	D5－1549	砖砌圆形污水检查井	座	5
4	D5－2636	管道闭水试验	100 m	3

注：清单中管道铺设，其计算规则是以设计图示管道中心线长度以延长米计算，不扣除中间井及管件、阀门所占长度；定额中在定型混凝土管道基础及铺设时，各种角度的混凝土基础、混凝土管、金属管道、塑料管道铺设按井中至井中的中心扣除检查井长度，以延长米计算工程量，ϕ 1 000 检查井扣除长度为 0.7m，管道接口区分管径和作法，以实际接口个数计算，闭水试验以实际闭水长度计算不扣除各种井所占长度，定额采用安徽省市政工程消耗量定额(2005)。

【例 3-12】　排水工程污水管线的工程量计算。

某排水工程管线长 300 m，有 DN500 和 DN600 两种管道，管子采用混凝上污水管(每节长 2m)，180°混凝土基础，水泥砂浆接口(180°管基)，3 座圆形，直径为 1 000 mm 的检查井，求主要工程量，管线示意图如图 3-21 所示。

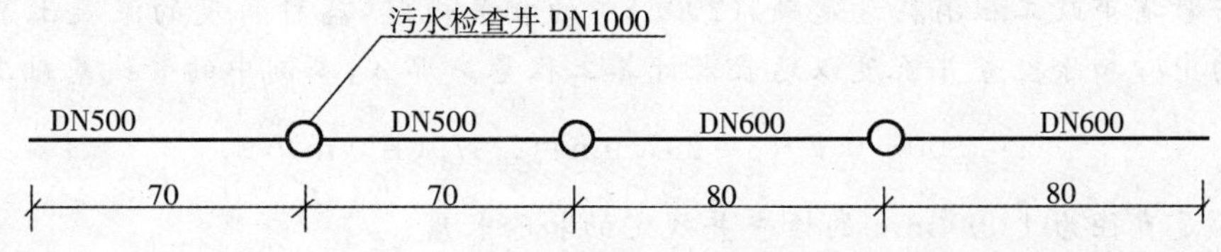

图 3-21　管线示意图

【解】

如图 3-21 所示，能够计算的工程量有：管线基础、管道铺设、管道接口、闭水试验、圆形检查井。以下是各自的工程量计算：

1. 清单工程量:

根据《建设工程工程量清单计价规范》(GB50500—2008)中D.5市政管网工程中管道铺设(D.5.1)中的设置项目和计算规则,本例题中混凝土管的铺设项目编码为040501002,包括可以计算的工程内容有混凝土基础浇筑、管道铺设、管道接口、检测及试验四项。

(1)基础浇筑:根据清单中的工程量计算规则,按设计图示管道中心线长度以延长米计算,不扣除中间井及管件、阀门所占的长度,故本例中的工程量为300 m。

(2)管道铺设:同基础浇筑也为300 m。

(3)管道接口:计算方法与定额有所差异。

DN500,(140/2－1)＝69个

DN600,(160/2－1)＝79个

(4)闭水试验,计算方法与定额相同,结果为300 m。

检查井根据"D.5.4井类,设备基础及出水口。"本例属于"040504001"该项目编码,砌筑检查井的计量单位为座,这与定额一致。但包括了"垫层铺筑"、"混凝土浇筑"、"养生"、"砌筑"、"爬梯制作安装"、"勾缝"、"抹面"、"盖板"、"过梁制作、安装"、"井盖井座制作、安装"几个工程内容,限于本例题所提供的条件,不能求出各工程内容的工程量。

清单工程量计算见表3－30。

表3－30 清单工程量计算表

序号	项目编码	项目名称	项目特征	计量单位	工程量
1	040501002001	混凝土管道铺设	180°混凝土管道铺设,水泥砂浆接口,DN500	m	140
2	040501002002	混凝土管道铺设	180°混凝土管道铺设,水泥砂浆接口,DN500	m	160
3	040504001001	砌筑检查井	圆形ϕ1 000	座	3

2. 定额工程量:

(1)管线基础:根据《全国统一市政工程预算定额》第六册《排水工程》(GYD－306－1999)及《安徽省市政工程消耗量定额》(2005)中的相关规定,各种角度的混凝土基础,按井中至井中的中心扣除检查井长度以延长米计算工程量。那么,本例中的管线基础工程量为:

$$300-0.7\times3=297.9\text{m}=2.979(100\ \text{m})$$

式中,"0.7"是直径为1 000 mm的检查井规定的扣除长度。

(2)管道铺设:根据《全国统一市政工程预算定额》(GYD－306－1999)及《安徽省市政工程消耗量定额》(2005)中的相关规定,混凝土管、缸瓦管铺设也是按井中至井中的中心扣除检查井长度后以延长米计算工程量。那么本例中管道铺设的工程量应与管线基础相同,为2.979(100 m)。

(3)管道接口:根据《全国统一市政工程预算定额》(GYD－306－1999)及《安徽省市政

工程消耗量定额》(2005)的相关计算规则，管道接口区分管径和作法，以实际接口个数计算。本例中采用平(企)接口，工程计量单位是：10 个口，管径有 500、600 两种，水泥砂浆接口。

对于 DN500 的混凝土管：其长为 140 m，扣除检查井为[140－(0.7＋0.35)]＝138.95m

单根管长 2m，则需要接口为：(138.95/2－1)＝68.475 个≈68 个，定额中规定接口按"10 个"为单位，则 DN500 的接口为 6.8。

DN600 的混凝土管：管长为 160 m，扣除检查井后为：[160－(0.7＋0.35)]＝158.95m，则需要接口为：(158.95/2－1)＝78.475 个≈78 个＝7.8(10 个)

(4)闭水试验，根据《全国统一市政工程预算定额》(GYD－306－1999)及《安徽省市政工程消耗量定额》(2005)中的相关规定，管道闭水试验，以实际闭水长度计算，不扣除各种井所占长度。故本例中闭水试验的工程量为：300 m＝3(100 m)

(5)检查井，定额中检查井的计量单位为"座"，本例中检查井的工程量为 3 座。

学习情境 3.2　工程量清单计价

3.2.1　分部分项工程量清单计价

工程量清单计价的基本过程可以描述为：在统一的工程量计算规则的基础上，设置工程量清单项目名称，根据具体工程的施工图纸计算出各个清单项目的工程量，再将根据各种渠道所获得的工程造价信息和经验数据进行计算得到工程造价。

3.2.1.1　土石方工程

1. 道路工程造价的构成

工程量清单计价模式的费用构成包括分部分项工程费、措施项目费、其他项目费，以及规费和税金。

(1)分部分项工程费

分部分项工程费是指完成在工程量清单列出的各分部分项清单工程量所需的费用，包括人工费、材料费(消耗的材料费总和)、机械使用费、管理费、利润以及风险费。

(2)措施项目费

措施项目费是由"措施项目一览表"确定的工程措施项目金额的总和，包括人工费、材料费、机械使用费、管理费、利润以及风险费。

(3)其他项目费

其他项目费是指预留金、材料购置费(仅指由招标人购置的材料费)、总承包服务费、零星工作项目费的估算金额等的总和。

(4)规费

规费是指政府和有关部门规定必须缴纳的费用的总和。

(5)税金

税金是指国家税法规定的应计入建筑安装工程造价内的营业税、城市维护建设税及教育费附加费用等的总和。

工程量清单计价应采用综合单价计价形式。

综合单价是指完成工程量清单中一个规定的计量单位项目所需的人工费、材料费、机械使用费、管理费和利润，并考虑风险因素。

综合单价计价应包括完成规定计量单位、合格产品所需的全部费用。考虑我国的现实情况，综合单价包括除规费、税金以外的全部费用，它不但适用于分部分项工程量清单，也适用于措施项目清单、其他项目清单等。这不同于现行定额工料单价计价形式，从而达到简化计价程序，实现与国际接轨的目的。

2. 土石方工程综合单价的确定

(1)综合单价的确定

综合单价是指完成工程量清单中一个规定计量单位项目所需的人工费、材料费、机械使用费、企业管理费和利润，并考虑风险因素。

分部分项工程清单项目综合单价是指给定的清单项目综合单价，即基本单位的清单项目所包括的各个分项工程内容的工程量乘以相应综合单价的小计。

分部分项工程量清单项目综合单价＝∑(清单项目所含分项工程内容的综合单价×其工程量)÷清单项目工程量

规定计量单位项目人工费＝∑(人工消耗量×单价)

规定计量单位项目材料费＝∑(材料消耗量×单价)

规定计量单位项目机械使用费＝∑(机械台班消耗量×单价)

人工、材料、机械台班的消耗量，可按企业定额或“定额消耗量”并结合工程情况分析确定。

人工、材料、机械台班单价，可根据自行采集的市场价格或省、市工程造价管理机构发布的市场价格信息，并结合工程情况确定。

以《安徽省建设工程工程量清单计价依据》为例，人工费市场单价为31元/工日。企业管理费和利润，按确定的建筑工程消耗量定额综合单价中人工费、机械费为计算基数，即：

企业管理费＝(人工费＋机械费)×管理费费率

利润＝(人工费＋机械费)×利润率

(2)综合单价的组合方法

由于《计价规范》与定额中的工程量计算规则、计价单位、项目内容不尽相同，所以综合单价的确定时，必须弄清单项目的工程内容，用《计价规范》规定的内容与相应定额项目的内容作比较，看清单项目应该用哪几个定额项目来组合单价。

例：“土石方”清单项目，《计价规范》规定的工程内容是：①土方开挖；②场地找平；③场内运输；④围护、支撑；⑤平整、夯实。定额包括的工程内容与《计价规范》规定的工程内容一致，清单项目直接套定额组价。

【例3-13】 某市四号道路一段修筑起点K1＋200，终点K1＋325，如图3-22、图3-23所示，路面采用沥青混凝土铺筑，路面宽度16 m，路肩各宽1.5 m，土质为三类土，余方运至200 m处弃置，填方要求密实度达到95 %，土方量计算见表3-31，工程量清单见表3-32，招标文件要求：1. 弃土采用翻斗车运输，运至200 m，挖、填土方计算按天然密实土；2. 土建单位工程投标报价，按清单计价基础上让利3 %报价。承包商根据本企业的管理水平确定管理费率为12 %，利润率和风险系数为4.5 %。

问题:1. 施工方案确定:基础土方为人工放坡开挖,依据《全国统一建筑工程基础定额》规定,工作面每边300 mm;自垫层上表面开始放坡,坡度系数0.33;根据企业定额的消耗量表3-33和资源价格表3-34,计算挖基础土方工程量清单的综合单价?

问题:2. 根据《全国统一建筑工程基础定额》,编制该工程的部分工程的部分工程量清单综合单价分析表和分部分项工程量清单计价表?

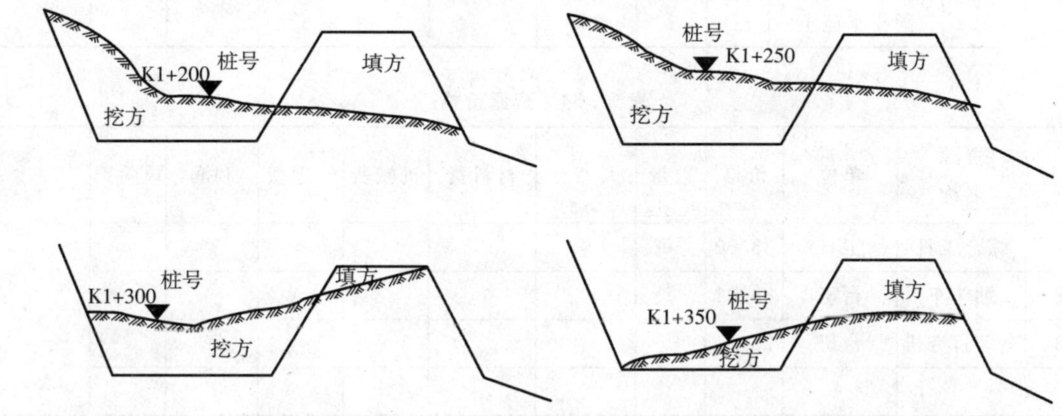

图3-22　道路横断面示意图

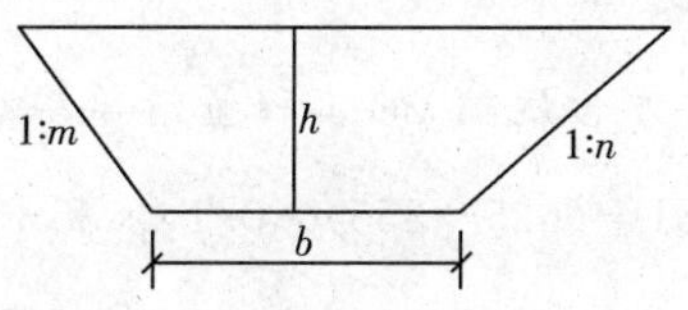

图3-23　土方断面图

表3-31　土方量计算表

桩　号	土方面积(m²)		平均面积(m²)		距离(m)	土方量(m³)	
	挖方	填方	挖方	填方		挖方	填方
Kl+200	16.2	7.4	12.5	7.1	50	625	355
K1+250	8.8	6.8	9.2	3.4	50	460	170
Kl+300	9.6		4.8	1.6	25	120	40
K1+325		3.2					

工程量清单编制见表3-32。

表3-32　清单工程量计算表

项目编码	项目名称	项目特征描述	计量单位	工程量
040101001001	挖一般土方	三类土	m³	1205
040103001001	填方	密实度95 %	m³	565

表 3-33 企业定额消耗量(部分)

序号	定额编号	工程内容	单位	数量	人工费	材料费	机械费	管理费	利润	风险费	小计
1	1—9	人工挖三类土	m^3		0.661						
2	1—46	回填夯实土	m^3		0.294		0.008				
3	1—54	翻斗车运土	m^3		0.1		0.069				

表 3-34 资源价格

序号	资源名称	单位	价格	数量	人工费	材料费	机械费	管理费	利润	风险费	小计
1	综合工日	工日	35.00								
2	翻斗车	台班	83.31								
3	电动打夯机	台班	25.61								

【解】

问题 1:

1. 计算人工挖基础土方(土方含运输)的工程量清单综合单价:

人才机费合计＝[625×0.661＋(625－355)×0.1]×35＋(625－355)×0.069×83.31

＋[460×0.661＋(460－170)×0.1]×35＋(460－170)×0.069×83.31

＋[120×0.661＋(120－40)×0.1]×35＋(120－40)×0.069×83.31

＝38 425.53 元

综合单价＝38 425.53×(1＋12 %)×(1＋4.5 %)÷1 205＝37.32 元/m^3

2. 计算基础夯实回填的工程量清单综合单价:

人才机费合计＝355×0.294×35＋355×0.008×25.61＋170×0.294×35

＋170×0.008×25.61＋40×0.294×35＋40×0.008×25.61

＝6 971.42 元

综合单价＝6 971.42×(1＋12 %)×(1＋4.5 %)÷565＝14.44 元/m^3

问题 2:

编制该工程的部分工程量清单综合单价分析表和分部分项工程量清单计价表,见表 3-35、表3-36。

1. 分部分项工程量清单综合单价分析表

2. 工程名称:某市四号道路　　　　计量单位:m^3

3. 项目编码:0101010030010101030010 01　　　　工程数量:1 205、565

4. 项目名称:道路土方　　　　综合单价:37.32、14.44

表 3-35　分部分项工程量清单综合单价分析表

序号	项目编码	工程内容	工程内容	综合单价组成						综合单价(元/m^3)
				人工费	材料费	机械费	管理费	利润	风险费	
1	010101003001	挖基础土方三类4米以内,弃土200米	挖土、翻斗车运土	31.00	0.00	2.03	2.13	1.84	0.00	37.32
2	010103001001	基础填土夯实	填土	10.61	0.00	0.41	1.06	2.36	0.00	14.44

分部分项工程量清单表见表3-36。

表 3-36　分部分项工程量清单表

序号	项目编码	项目名称	单位	数量	金额(元)	
					综合单价	合价
1	010101003001	挖基础土方三类4米以内,弃土200米	m^3	1205	37.32	38425.53
2	010103001001	基础填土夯实	m^3	565	14.44	6971.42

3.2.1.2　道路工程

1. 道路工程分部分项工程综合单价

综合单价是指完成工程量清单中一个规定计量单位项目所需的人工费、材料费、机械使用费、管理费和利润,并考虑风险因素。

人工费=综合工日定额×人工工日单价

材料费=材料消耗定额×材料单价

机械使用费=机械台班定额×机械台班单价

管理费=(人工费+材料费+机械使用费)×相应管理费费率

利润=(人工费+材料费+机械使用费)×相应利润率

综合工日定额、材料消耗定额及机械台班定额,对于市政工程从《全国统一市政工程预算定额》(GYD—301～309—1999、GYD—301～309—2001)中查取。

人工工日单价由当地当时物价管理部门、建设工程管理部门等制定。现时人工工日单价为20～40元。

材料单价可从《地区建筑材料预算价格表》中查取,或按照当地当时的材料零售价格。

机械台班单价可从《全国统一施工机械台班费用编制规则》(2001)中查取。

在《全国统一市政工程预算定额》中可以直接查取人工费、材料费及机械使用费,但必须注意以下几点:

(1)该预算定额中人工工日单价为31元。

(2)该预算定额中有关涉及混凝土等有配比组合材料的(材料数量带括号),没有计入该材料的费用,为此在计取该分项的材料费时,应另外加入该组合材料的费用。

(3)该预算定额中,各种材料单价是按照1999年北京市的材料单价确定的(地铁工程是以2001年北京市材料单价确定的)。

(4)该预算定额中,各种机械台班单价执行《全国统一施工机械台班费用定额》(1998)。

(5)该预算定额中,有些分部分项工程的计量单位与分部分项工程量清单的计量单位不一致,套用时应换算成工程量清单的计量单位。

各分部分项工程综合单价的计算,应填入分部分项工程量清单综合单价分析表内。

2. 分部分项工程量清单计价

各分部分项工程合价按下式计算:

合价=工程量×综合单价

各个分部分项工程合价相加的总和即成为分部分项工程量清单计价合计。

各个分部分项工程合价计算及合计应填入分部分项工程量清单计价表内。

3. 道路工程分部分项定额计价清单项目工程

道路工程划分为路床(槽)整形、道路基层、道路面层、人行道侧缘石及其他7个分部工程。

(1)路床(槽)整形分部工程

路床(槽)整形分部工程划分为5个分项工程:①路床(槽)整形;②路基盲沟;③弹软土基处理;④砂底层;⑤铺筑垫层料。

(2)道路基层分部工程

道路基层分部工程划分为18个分项工程:①石灰土基层;②石灰炉渣土基层;③石灰粉煤灰土基层;④石灰炉渣基层;⑤石灰粉煤灰碎石基层(拌和机拌合);⑥石灰粉煤灰砂砾基层(拖拉机拌和带梨耙);⑦石灰土碎石基层;⑧路拌粉煤灰三渣基层;⑨厂拌粉煤灰三渣基层;⑩顶层多合土养生;⑪砂砾石底层(天然级配);⑫卵石底层;⑬碎石底层;⑭块石底层;⑮炉渣底层;⑯矿渣底层;⑰山皮石底层;⑱沥青稳定碎石。

(3)道路面层分部工程

道路面层分部工程划分为12个分项工程:①简易路面(磨耗层);②沥青表面处治;③沥青贯入式路面;④喷洒沥青油料;⑤黑色碎石路面;⑥粗粒式沥青混凝土路面;⑦中粒式沥青混凝土路面;⑧细粒式沥青混凝土路面;⑨水泥混凝土盛面;⑩位缩EMPTY;⑪水泥混凝土路面养护;⑫水泥凝土路面钢筋。

(4)人行道侧缘石及其他分部工程

人行道侧缘石及其他分部工程划为7个分项工程:①人行道板安砌;②异型彩色花砖安砌;③侧缘石垫层;④侧缘石安砌;⑤侧平台安砌;⑥砌筑树池;⑦消解石灰。

定额《计价规范》规定的工程内容是:①路基处理;②道路基层;③道路面层;④人行道及其他。

【例3-14】 某道路工程长1 000 m,混合车道宽20 m,两侧人行道宽各为5 m,路面结构如图3-24所示,人行道结构示意图如图3-25所示,工程量表见表3-37,承包商根据本企业的管理水平确定管理费率为15%,利润率和风险系数为5.0%。根据定额综合单价表计算混合车道及人行道分部分项工程量工程量清单计价表。

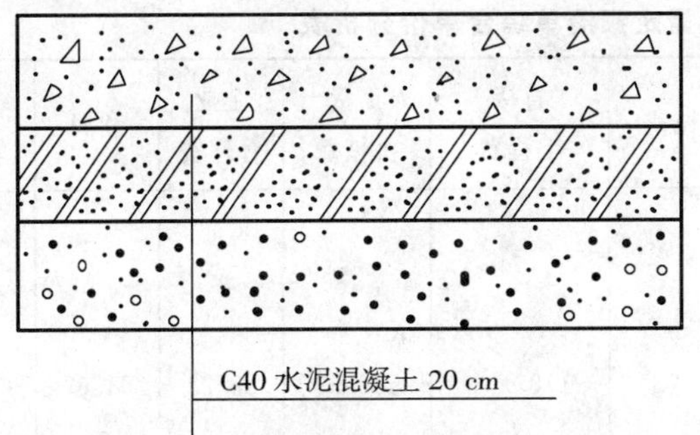

图 3 - 24　道路结构图

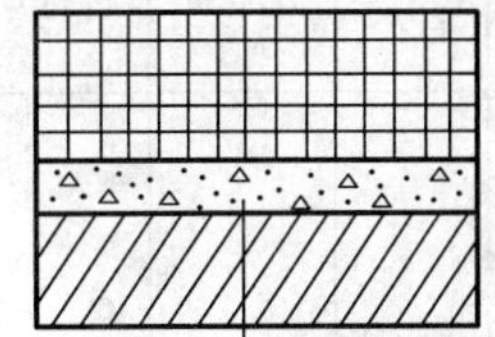

图 3 - 25　人行道结构示意图

表 3 - 37　清单工程量计算表

序号	项目编码	项目名称	项目特征描述	计量单位	工程量
1	040202007001	粉煤灰	二灰、粉煤灰 18 cm 厚，路拌	m^2	20000
2	040202008001	砂砾石	砂砾石底层 20 cm 厚	m^2	20000
3	040203005001	水泥混凝土	C40 水泥混凝土面层 20 cm 厚	m^2	20000
4	040202004001	石灰、粉煤灰、土(人行道)	15 cm 二灰土基层	m^2	10000
5	040202001001	中层(人行道)	12 cm 厚 C15 素混凝土	m^2	10000
6	040203006001	块料面层(人行道)	3 cm 厚 M5 砂浆	m^2	10000
7	040204001001	人行道块料铺设(人行道)	20×20 cm 彩色道板	m^2	10000

【解】

由表 3 - 37 清单工程量计算表和定额综合单价表可知：

1. 定额工程量：

二灰、粉煤灰基层面积：(20＋2×0.3)×1 000＝20 600 m^2

砂砾石底层面积：(20＋2×0.3)×1 000＝20 600 m^2

水泥混凝土面层面积：20×1 000＝20 000 m^2

素混凝土面积：(5×2＋2×0.3)×1 000＝10 600 m^2

素混凝土体积：:10 600×0.12＝1 272 m^3

砂浆面层面积：1 000×10＝10 000 m^2

砂浆体积：10 000×0.03＝300 m^3

彩色道板路面面积：2×5×1 000＝10 000 m^2

注：路基一侧加宽值取 0.3 m。

2. 根据安徽省市政工程消耗量定额综合单价查表得综合单价分析见表 3 - 38：

表 3－38　分部分项工程量定额清单综合单价分析表

定额编号	定额名称	计量单位	人工费	材料费	机械费	直接工程费	人工费＋机械费	企业管理费	利润	综合单价
D2－108 减 D2－109	人工拌和石灰:粉煤灰(12：35：53)基层厚20 cm 换厚每增减1 cm	100 m^3	498.85	1244.08	40.08	1783.01	538.93	86.23	64.67	1933.91
D2－134	人工摊铺沙砾石底层(天然级配)厚20 cm	100 m^3	210.58	1374.81	95.45	1680.84	306.03	48.96	36.72	1766.52
D2－345	水泥混凝土路面层厚20 cm	100 m^3	911.49	4196.86	102.01	5210.36	1013.50	162.16	121.62	5494.14
D2－107	人工拌和石灰:粉煤灰(12：35：53)基层厚15 cm	100 m^3	429.66	1036.92	37.47	1504.05	467.13	74.74	56.06	1634.85
D2－343 减 D2－349	水泥混凝土路厚15 cm 换厚每增减1 cm	100m^3	645.97	2523.73	60.34	3230.04	706.22	113.00	84.75	3427.79
D2－392	异形彩色花砖安砌普通型砖水泥砂浆1∶3	10 m^3	39.18	56.59	—	95.77	39.18	6.27	4.70	106.74

3. 由定额综合单价分析表得分部分项工程量清单计价表(表 3－40)：

由定额综合单价换算清单综合单价见表 3－39。

表 3－39　定额综合单价换算清单综合单价表

序号	项目编码	定额综合单价(元)	清单综合单价(元)
1	040202007001	1933.91	1991.92
2	040202008001	1766.52	1819.51
3	040203005001	5494.14	5494.14

（续表）

序号	项目编码	定额综合单价(元)	清单综合单价(元)
4	040202004001	1634.85	1732.94
5	040202001001	3427.79	3633.46
6	040203006001040204001001	106.74	106.74

表3-40　分部分项工程量清单表

序号	项目编码	项目名称	单位	数量	金额(元)	
					综合单价	合价
1	040202007001	粉煤灰	100 m^3	200	1991.92	398384.00
2	040202008001	砂砾石	100 m^3	200	1819.51	363902.00
3	040203005001	水泥混凝土	100 m^3	200	5494.14	1098828.00
4	040202004001	石灰、粉煤灰、土(人行道)	100 m^3	100	1732.94	173294.00
5	040202001001	中层(人行道)	100 m^3	100	3633.46	363346.00
6	040203006001 040204001001	块料面人行道块料铺设 (人行道)层、	10 m^3	1000	106.74	106740.00

3.2.1.3　排水工程

排水工程分部分项划分为定型混凝土管道基础及铺设、定型井、非定型井、渠、管道基础及砌筑、顶管工程、给排水构筑物、给排水机械设备安装及模板、钢筋、井字架工程7个分部工程。

1. 定型混凝土管道基础及铺设分部工程

定型混凝土管道基础及铺设分部工程划分为5个分项工程:①定型混凝土管道基础;②混凝土管铺设;③排水管道接口;④管道闭水试验;⑤排水管道出水口。

2. 定型井分部工程

定型井分部工程划分为22个分项工程:①砖砌圆形雨水检查井;②砖砌圆形污水检查井;③砖砌跌水检查井;④砖砌竖槽式跌水井;⑤砖砌阶梯式跌水井;⑥砖砌污水闸槽井;⑦砖砌矩形直线雨水检查井;⑧砖砌矩形直线污水检查井;⑨砖砌矩形一侧交汇雨水检查井;⑩砖砌矩形一侧交汇污水检查井;⑪砖砌矩形两侧交汇雨水检查井;⑫砖砌矩形两侧交汇污水检查井;⑬砖砌30度扇形雨水检查井;⑭砖砌30度扇形污水检查井;⑮砖砌45度扇形雨水检查井;⑯砖砌45度扇形污水检查井;⑰砖砌60度扇形雨水检查井;⑱砖砌60度扇形污水检查井;⑲砖砌90度扇形雨水检查井;⑳砖砌90度扇形污水检查井;㉑砖砌雨水进水井;㉒砖砌连接井。

3. 非定型井、渠、管道基础及砌筑分部工程

非定型井、渠、管道基础及砌筑分部工程划分为11个分项工程:①非定型井垫层;②非定型井砌筑及抹灰;③非定型井盖(箅)制作、安装;④非定型渠(管)道垫层及基础;⑤非定型渠道砌筑;⑥非定型渠道抹灰与勾缝;⑦渠道沉降缝;⑧钢筋混凝土盖板、过梁的预制安装;

⑨混凝土管截断；⑩检查井筒砌筑；⑪方沟闭水试验。

4. 顶管工程分部工程

顶管工程分部工程划分为15个分项工程：①工作坑、交汇坑土方及支撑安拆；②顶进后座及坑内平台安拆；③泥水切削机械及附属设施安拆；④中继间安拆；⑤顶进触变泥浆减阻；⑥封闭式顶进；⑦挤压顶进；⑧钢管顶进；⑨挤压顶进；⑩方(拱)涵顶进；⑪混凝土管顶管企口管接口；⑫混凝土管顶管企口管接口；⑬顶管接口外套环；⑭顶管接口内套环；⑮顶管钢板套环制作。

5. 给排水构筑物分部工程

给排水构筑物分部工程划分为8个分项工程：①沉井；②现浇钢筋混凝土池；③预制混凝土构件；④折板、壁板制作安装；⑤滤料铺设；⑥防水工程；⑦施工缝；⑧井、池渗漏试验。

6. 给排水机械设备安装分部工程

给排水机械设备安装分部工程划分为7个分项工程：①拦污及提水设备；②投药、消毒处理设备；③水处理设备；④排泥、撇渣和除砂机械；⑤污泥脱水机械；⑥闸门及驱动装置；⑦其他。

7. 模板、钢筋、井字架工程分部工程

模板、钢筋、井字架分部工程划分为4个分项工程：①现浇混凝土模板工程；②预制混凝土模板工程；③钢筋(铁件)；④井字架。

【例3-15】 某城市中市政排水工程主干管长610 m，采用ϕ600混凝土管，135°混凝土基础，在主干管上设置雨水检查井8座，规格为ϕ1500，单室雨水井20座，雨水口接入管ϕ225UPVC加筋管，共8道。而混凝土管基础及铺设长度和检查井座数见清单工程量表3-41(如图3-26所示)。求分部分项工程量清单计价？

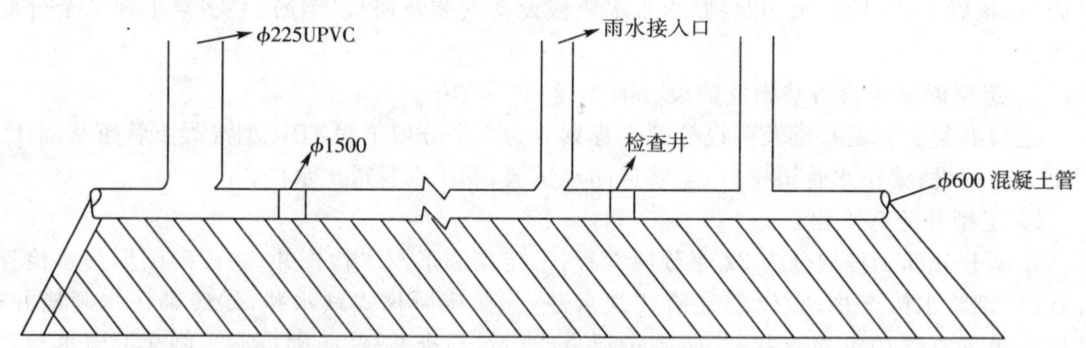

图3-26 主管道示意图

表3-41 清单工程量计算表

序号	项目编码	项目名称	项目特征描述	计量单位	工程量
1	040501002001	混凝土管道铺设	135°混凝土基础，ϕ600	M	610
2	040501006001	塑料管道铺设	ϕ225UPVC加筋管	M	64
3	040504001001	砌筑检查井	ϕ1500	座	8
4	040504003001	雨水进水井	单室	座	20

【解】

由表3-41清单工程量计算表和定额综合单价表可知：

1. 定额工程量：

ϕ600混凝土管基础及铺设：l_1＝(610－8×1.2)/100＝6.004(100 m)

ϕ225UPVC加筋管铺设：l_2＝(8×8－8×1.2)/100＝0.544(100 m)

ϕ1500雨水检查井：8座

单室雨水井：20座

ϕ600以内管道闭水试验：610 m/100＝6.1(100 m)

列项见表3-42。

表3-42　定额工程量

序号	定额编码	项目名称	计量单位	工程量	
1	D5－95	混凝土管道铺设	100 m	6.004	
2	D5－449	UPVC加筋管铺设	100 m	0.544	
3	D5－1545	砖砌圆形雨水检查井	座	8	
4	D5－1736	砖砌雨水进水井	座	20	
5	D5－2636	管道闭水试验	100 m	6.1	

2. 根据安徽省市政工程消耗量定额综合单价查表得综合单价分析表见表3-43。

表3-43　分部分项工程量定额清单综合单价分析表

定额编号	定额名称	计量单位	人工费	材料费	机械费	直接工程费	人工费机械费合计	企业管理费	利润	综合单价
DG－95	平接（企口）式人工下管管径600 mm以内	100 m	721.77	—	—	721.77	721.77	86.61	64.96	873.34
D5－449	UPVC加筋管铺设DN225mm以内(胶圈接口)	100 m	124.00	115.69	—	239.69	124.00	14.88	11.36	265.73

（续表）

定额编号	定额名称	计量单位	人工费	材料费	机械费	直接工程费	人工费机械费合计	企业管理费	利润	综合单价
D5－1545	圆形雨水检查井径1 500 mm适用管径800 mm－1 000 mm井深 3.5m以内	座	351.79	985.36	14.23	1351.38	366.02	43.92	32.91	1428.24
D5－1736	砖砌雨水进水井单平界（680×380）井深1.0 m	座	91.26	156.64	2.50	250.40	93.76	11.25	8.44	270.09
D5－2636	管道闭水试验管径400 mm以内	100 m	54.50	77.75	—	132.25	54.50	6.54	4.91	143.70

3．由定额综合单价分析表得定额分部分项工程量清单计价表见表3－44。

表3－44　定额分项工程量清单计价表

序号	定额编码	项目名称	计量单位	工程量	金额（元）	
					综合单价	合价
1	D5－95	混凝土管道铺设	100 m	6.004	873.34	5243.53
2	D5－449	UPVC加筋管铺设	100 m	0.544	265.73	147.21
3	D5－1545	砖砌圆形雨水检查井	座	8	1428.24	11665.92
4	D5－1736	砖砌雨水进水井	座	20	270.09	5401.18
5	D5－2636	管道闭水试验	100 m	6.1	143.70	876.57

3.2.2　措施项目清单计价

措施项目是指为完成工程项目施工，发生于该工程施工前和施工过程中技术、生活、安全等方面的非工程实体项目，一般包括通用措施项目和专用措施项目。

1. 道路工程通用措施项目

道路工程通用的措施项目有：环境保护、文明施工、安全施工、临时设施、夜间施工、二次搬运、大型机械设备进出场及安拆、混凝土及钢筋混凝土模板及支架、脚手架、已完工程及设备保护、施工排水与降水。

(1)环境保护计价

环境保护计价是指工程项目在施工过程中，为保护周围环境，而采取防噪声、防污染等措施而发生的费用。环境保护计价一般是先估算，待竣工结算时，再按实际支出费用结算。

(2)文明施工计价

文明施工计价是指工程项目在施工过程中，为达到上级管理部门所颁布的文明施工条例的要求而发生的费用。文明施工计价一般是估算的，占分部分项工程的人工费、材料费、机械使用费总和的0.8％左右。

(3)安全施工计价

安全施工计价是指工程项目在施工过程中，为保障施工人员的人身安全而采取的劳保措施而发生的费用。安全施工计价一般是根据以往施工经验、施工人员数、施工工期等因素估算的，占分部分项工程的人工费、材料费、机械使用费总和的0.1％～0.8％。

(4)临时设施计价

临时设施计价是指施工企业为满足工程项目施工所必需而用于建造生活和生产用临时建筑物、构筑物等发生的费用，包括临时设施的搭设、维修、拆除费或摊销费。

临时设施计价一般取分部分项工程的人工费、材料费、机械使用费总和的3.28％。若使用业主的房屋作为临时设施，则该临时设施计价应酌情降低。

(5)夜间施工计价

夜间施工计价是指工程项目在夜间进行施工而增加的人工费。夜间施工的人工费不应超过白天施工的人工费的两倍，并计取管理费和利润。若需要夜间施工计价时，可预先估算，待竣工时，凭签证按实结算。

夜间施工是指当日晚上十时至次日早晨六时这一期间内施工。

(6)二次搬运计价

二次搬运计价是指材料、半成品等一次搬运没有到位，需要二次搬运到位而产生的运输费用，包括人工费及机械使用费。

若需要二次搬运计价时，可预先估算，待竣工时，凭签证按实结算。

(7)大型机械设备进出场及安拆计价

大型机械设备进出场(场外运输)计价包括人工费、材料费、机械费、架线费、回程费，这五项费用之和称为台次单价。

大型机械设备进出场计价的台次单价及费用组成可参照表3－45。

大型机械设备安拆计价包括人工费、材料费、机械费，这三项费用之和称为台次单价。

大型机械设备安拆计价的台次单价及费用组成可参照表3－46。

塔式起重机基础费包括人工费、材料费、机械费，这三项费用之和称为单价。塔式起重机基础的单价及费用组成可参照表3－47计算大型机械设备进出场及安拆计价、塔式起重机基础费，应计取管理费和利润。

表 3-45　大型机械设备进出场计价

编号	项目	台班单价	费用组成					
			人工费	机械费	材料费	架线费	回程费	
		元	元	元	元	元	元	
3001	履带挖掘机 $1\,m^3$ 以内	3663.14	287.76	1715.17	132.58	315.00	612.63	
3002	履带推土机 90 kW 以内	2426.90	143.88	1613.58	184.06	0.00	485.38	
3003	履带起重机 30 t 以内	4551.20	287.76	2875.62	162.58	315.00	910.24	
3004	强夯机械	6436.02	143.88	3975.70	162.58	315.00	1838.86	
3005	压路机	2676.68	119.90	1587.36	119.08	315.00	535.34	
3006	塔式起重机 150 kN·m	12859.70	734.38	9092.88	136.50	315.00	2571.94	
3007	潜水钻孔机	2544.76	119.90	24.00	1389.09	0.00	508.95	
3008	转盘钻孔机	1916.24	119.90	1389.09	24.00		383.25	

表 3-46　大型机械设备安拆计价

编号	项目	台次单价	费用组成		
			人工费	材料费	机械费
		元	元	元	元
2001	塔式起重机 60 kN·m 以内	7862.69	2153.20	53.4	5651.09
2002	自升式塔式起重机	13878.19	2877.60	244.20	10756.39
2003	柴油打桩机	4295.70	959.20	37.50	3299.00
2004	静力压桩机 1600 kN	5675.95	1151.04	18.91	4506.00
2005	潜水钻孔机	1741.00	719.40	6.00	1015.60
2006	混凝土搅拌站	6804.57	2158.20	0.00	4646.37

注：摘自《全国统一施工机械台班费用编制规则》。

表 3-47　塔式起重机基础费

编号	项目	单位	单价	费用组成		
				人工费	材料费	机械费
			元	元	元	元
1001	国定基础(带配重)	座	4169.87	647.46	3367.82	154.59
1002	轨道式基础	m(双规)	134.10	35.97	95.11	3.02

注：摘自《全国统一施工机械台班费用编制规则》。

(8)混凝土、钢筋混凝土模板及支架计价

混凝土、钢筋混凝土模板及支架计价可按下式计算：

模板及支架计价＝模板工程量×综合单价

模板工程量计算方法：

1)现浇混凝土结构按模板与混凝土的接触面积计算，计量单位：以“m^2”计算。

2)预制混凝土构件按混凝土构件的实际体积计算，计量单位：以“m^3”计算。

综合单价中的人工费、材料费、机械使用费，可从《全国统一市政工程预算定额》及《全国建筑工程基础定额》中查取其综合工日定额、材料消耗定额、机械台班定额，再按人工工日单价、材料单价、机械台班单价，计算出相应的人工费、材料费、机械使用费。

综合单价＝(人工费＋材料费＋机械使用费)×(1＋管理费率＋利润率)

鉴于模板及支架计算较复杂，如施工企业有经验，可按施工现场模板量，估算一个计价。

(9)脚手架计价

市政与园林工程用的脚手架有竹脚手架、钢管脚手架、浇混凝土用仓面脚手架等。

脚手架计价按下式计算：

脚手架计价＝脚手架工程量×综合单价

脚手架工程量计算方法：

1)墙体的竹脚手架、钢管脚手架，按墙面的面积计算，即墙面水平边线长度乘以墙面砌筑高度，计量单位：以 m^2 计算。

2)柱体的竹脚手架、钢管脚手架，按柱体外围周长另加 3.6 m，乘以柱体砌筑高度计算。计量单位：以 m^2 计算。

3)浇混凝土用脚手架，按仓面的水平面积计算，计量单位：以 m^2 计算。

综合单价中的人工费、材料费见表 3－48，也可按实际情况加以调整，公式如下：

综合单价＝(人工费＋材料费)×(1＋管理费率＋利润率)

表 3－48　脚手架　(计量单位：100 m^2)

定额编号	1—625	1—626	1—627	1—628	1—629	1—630
项目	竹脚手架		钢脚手架			
	双排		单排		双排	
	4 m 内	8 m 内	4 m 内	8 m 内	4 m 内	8 m 内
人工费	172.57	188.30	138.19	142.91	188.30	189.87
材料费	812.26	1325.92	238.36	290.34	285.61	382.50
机械使用费	—	—	—	—	—	

注：摘自《全国统一市政工程预算定额》。

(10)已完工程及设备保护计价

已完工程及设备保护计价是指对已完工程及设备加以成品保护所耗用的人工费及材料费。

已完工程及设备保护计价可按下式计算：

保护计价＝被保护工程量×综合单价

被保护工程量按具体保护对象不同有不同的计算方法，例如墙面装饰抹灰保护，则按被保护的装饰抹灰面积计算。

综合单价中的人工费、材料费，可从《全国统一建筑装饰装修工程消耗量定额》中查取综合工日定额、材料消耗定额，再按人工工日单价、材料单价，计算出相应的人工费、材料费。

综合单价＝(人工费＋材料费)×(1＋管理费率＋利润率)

(11)施工排水、降水计价

市政工程施工降水可采用井点降水，分为轻型井点降水、喷射井点降水、大口径井点降水。井点降水计价按下式计算：

井点降水计价＝井点降水工程量×综合单价

井点降水工程量应按安装、拆除、使用分别计算。

井点降水安装工程量，按井点数量计算，计量单位：10 根。

井点降水拆除工程量，按井点数量计算，计量单位：10 根。

井点降水使用工程量，按井点数量与使用天数的乘积计算，以“套天”计算。轻型井点 50 根为一套，喷射井点 30 根为一套，大口径井点 10 根为一套，累计根数不足一套者按一套计算，一天按 24 h 计算。

综合单价中的人工费、材料费、机械使用费见表 3－49。

综合单价＝(人工费＋材料费＋机械使用费)×(1＋管理费率＋利润率)

表 3－49　轻型井点降水

定额编号	1－653	1－654	1－655
项目	安装	拆除	使用
	10 根	10 根	50 根
人工费/元	272.79	97.30	67.41
材料费/元	268.70	5.47	99.92
机械使用费/元	177.04	—	383.70

注：摘自《全国统一市政工程预算定额》。

2. 市政工程专用措施项目

市政工程专用措施项目有：围堰、筑岛、现场施工围栏、便道、便桥、洞内施工的通风、供水、供气、供电、照明及通风设施、驳岸块石清理。

(1)围堰计价

市政工程施工中所采用的围堰有土草围堰、土石混合围堰、圆木桩围堰、钢桩围堰、钢板桩围堰、双层竹笼围堰等。

围堰计价按下式计算：

围堰计价＝围堰工程量×综合单价

围堰工程量计算方法：

1)土草围堰、土石混合围堰，按围堰的体积计算，即围墙的施工断面乘以围堰中心线长度，计量单位：100 m^3。

2)圆木桩围堰、钢桩围堰、钢板桩围堰、双层竹笼围堰，按围堰中心线的长度计算，计量单位：10 m。

3)围堰高度按施工期内的最高临水面加0.5 m算。

综合单价中的人工费、材料费、机械使用费见表3－50和表3－51。

表3－50　土草围堰　(计量单位：100 m^2)

定额编号	1－509	1－510
项目	筑土围堰	草袋围堰
人工费/元	2433.73	3901.24
材料费/元	—	4770.65
机械使用费/元	354.36	354.36

注：1. 土草围堰的堰顶宽为1～2 m，堰高为4 m以内。
2. 摘自《全国统一市政工程预算定额》。

表3－51　土石混合围堰　(计量单位：100 m^2)

定额编号	1－511	1－512
项目	过水土石围堰	不过水土石围堰
人工费/元	2662.25	3745.75
材料费/元	2695.59	3791.12
机械使用费/元	351.08	298.88

注：1. 土石混合围堰的堰顶宽为2 m，堰高为6 m以内。
2. 摘自《全国统一市政工程预算定额》。

(2)筑岛计价

筑岛(筑岛填心)是指在围堰围成的区域内填土、砂及砂砾石。

筑岛计价按下式计算：

筑岛计价＝筑岛填心工程量×综合单价

筑岛填心工程量，按所填土、填砂、填砂砾石的体积计算，计量单位：100 m^3。

综合单价中的人工费、材料费、机械使用费见表3－52。

综合单价＝(人工费＋材料费＋机械使用费)×(1＋管理费率＋利润率)

表 3-52　筑岛填心　(计量单位:100 m^2)

定额编号	1—525	1—526	1—527	1—528	1—529	1—530
项目	填土		填砂		填砂砾石	
	夯填	松填	夯填	松填	夯填	松填
人工费/元	2144.76	1824.34	1307.53	1024.18	1914.89	1382.28
材料费/元	—	—	5926.82	4599.92	5617.21	4511.46
机械使用费/元	390.36	286.50	474.36	337.50	457.86	337.50

注:摘自《全国统一市政工程预算定额》。

(3)现场施工围栏计价

现场施工围栏可采用纤维布施工围栏、玻璃钢施工围栏等。

现场施工围栏计价按下式计算:

施工围栏计价=围栏工程量×综合单价

围栏工程量,按围栏的长度计算,计量单位:100 m。移动式围栏按使用天数计算,计量单位:10 天。

综合单价中的人工费、材料费、机械使用费见表 3-53。

表 3-53　纤维布施工围栏　(计量单位:100 m^2)

定额编号	1—657
项目	纤维布施工围栏
人工费/元	19.77
材料费/元	98.51
机械使用费/元	41.11

注:1. 纤维布施工围栏高度为 2.5 m。材料费中未包括 0.09 m^3 C25 混凝土支墩费。

2. 摘自《全国统一市政工程预算定额》。

(4)便道计价

便道计价是指工程项目在施工过程中,为运输需要而修建的临时道路所发生的费用包括人工费、材料费和机械使用费等。

便道计价应根据便道施工面积、使用材料等因素,按实际情况估算。

(5)便桥计价

便桥计价是指工程项目在施工过程中,为交通需要而修建的临时桥梁所发生的费用,包括人工费、材料费、机械使用费等。

便桥计价应根据便桥施工的长度及宽度、使用材料等因素,按实际情况估算。

(6)洞内施工的通风、供水、供气、供电、照明及通信设施计价

洞内施工的通风、供水、供气、供电、照明及通信设施计价是指隧道硐内施工所用的通风、供水、供气、供电、照明及通信设施的安装拆除年摊销费用。一年内不足一年按一年计算,超过一年按每增一季定额增加,不足一季按一季计算(不分月)。

洞内设施计价按下式计算：

$$洞内设施计价=设施工程量\times综合单价$$

设施工程量计算方法(计量单位:100 m)

1)粘胶布通风筒、薄钢板风筒,按每一硐口施工长度减30 m计算。

2)风、水钢管,按硐长加100 m计算。

3)照明线路,按硐长计算;安双排照明时,应按实际双线部分增加。

4)动力线路,按硐长加50 m计算。

5)轻便轨道,按设计布置的轻便轨道长度计算,双线应加倍计算,每处道岔折合30 m计算。综合单价中的人工费、材料费、机械使用费见表3-54和表3-55。

$$综合单价=(人工费+材料费+机械使用费)\times(1+管理费率+利润率)$$

各种设施计价只算一次。

表3-54　洞内通风洞安、拆平摊销

定额编号	4—60	4—61	4—62	4—63	4—64	4—65	4—66	4—67
项目	管径500 mm通风筒以内				管径1000 mm通风筒以内			
	粘胶布轻便软管		2mm厚薄钢板风筒		粘胶布轻便软管		2mm厚薄钢板风筒	
	一年内	每增一季	一年内	每增一季	一年内	每增一季	一年内	每增一季
人工费/元	1887.48	359.52	2283.85	359.52	2831.22	539.28	3425.78	539.28
材料费/元	558.43	93.08	1619.95	290.99	683.57	91.71	3219.42	577.94
机械使用费/元	—	—	118.17	24.16	—	—	236.35	48.31

注:摘自《全国统一市政工程预算定额》。

表3-55　洞内电路架设、拆除年摊销　(计量单位:100 m)

定额编号	4—60	4—61	4—62	4—63
项目	照明动力			
	一年内	每增一季	一年内	每增一季
人工费/元	1568.41	269.64	1633.79	269.64
材料费/元	4763.78	1067.82	4091.58	768.02
机械使用费/元	—	—	—	—

注:摘自《全国统一市政工程预算定额》。

(7)驳岸块石清理计价

驳岸块石清理计价是指清理驳岸块石所需人工费、机械使用费等。

驳岸块石清理计价应根据清理块石的工程量、运距等因素,按实际发生的费用计算,并计取管理费和利润。

3. 措施项目填表

各个措施项目名称应填入措施项目清单表内。

各个措施项目计价应填入措施项目清单计价表内，将各个措施项目的金额相加之总和即成为措施项目清单计价合计。

各个措施项目的各种费用分析应填入措施项目费分析表内，表中小计是人工费、材料费、机械使用费、管理费和利润之总和，即该措施项目的费用。

3.2.3 其他项目清单计价

其他项目费是指预留金、材料购置费（仅指由招标人购置的材料费）、总承包服务费、零星工作项目费等估算金额的总和，包括人工费、材料费、机械使用费、管理费、利润以及风险费。

其他项目清单由招标人部分、投标人部分两部分内容组成。

1. 招标人部分

(1)预留金，主要考虑可能发生的工程量变化和费用增加而预留的金额。引起工程量变化和费用增加的原因很多，一般主要有以下几方面：

1)清单编制人员在统计工程量及变更工程量清单时发生的漏算、错算等引起的工程量增加。

2)设计深度不够、设计质量低造成的设计变更引起的工程量增加。

3)在现场施工过程中，应业主要求，并由设计或监理工程师出具的工程变更增加的工程量。

4)其他原因引起的，且应由业主承担的费用增加，如风险费用及索赔费用。

此处提出的工程量变更主要是指工程量清单漏项或有误引起的工程量增加和施工中设计变更引起标准提高或工程量增加等。

预留金由清单编制人根据业主意图和拟建工程实况计算出金额填制表格。其计算，应根据设计文件的深度、设计质量的高低、拟建工程的成熟程度及工程风险的性质来确定其额度。设计深度深，设计质量高，已经成熟的工程设计，一般预留工程总造价的 3 ％～5 ％即可。在初步设计阶段，工程设计不成熟的，要预留工程总造价的 10 ％～15 ％。

预留金作为工程造价费用的组成部分计入工程造价，但预留金的支付与否、支付额度以及用途，都必须通过（监理）工程师的批准。

(2)材料购置费，是指业主出于特殊目的或要求，对工程消耗的某类或某几类材料，在招标文件中规定，由招标人采购的拟建工程材料费。

(3)其他，系指招标人部分可增加的新列项。例如，指定分包工程费，由于某分项工程或单位工程专业性较强，必须由专业队伍施工，即可增加这项费用，费用金额应通过向专业队伍询价（或招标）取得。

2. 投标人部分

计价规范中列举了总承包服务费、零星工作项目费两项内容。如果招标文件对承包商的工作范围还有其他要求，也应对其要求列项，例如设备的厂外运输，设备的接、保、检，为业主代培技术工人等。

投标人部分的清单内容设置，除总承包服务费仅需简单列项外，其余内容应该量化的必须量化描述。如设备厂外运输，需要标明设备的台数、每台的规格重量、运距等。零星工作项目表要标明各类人工、材料、机械的消耗量。

零星工作项目中的工料机计量，要根据工程的复杂程度、工程设计质量的优劣，以及工程项目设计的成熟程度等因素来确定其数量。一般工程以人工计量为基础，按人工消耗总量的1％取值即可。材料消耗主要是辅助材料消耗，按不同专业工人消耗材料类别列项，按工人日消耗量计入。机械列项和计量，除了考虑人工因素外，还要参考各单位工程机械消耗的种类，可按机械消耗总量的1％取值。

3.2.4 规费、税金

规费是指政府和有关部门规定必须缴纳的费用，简称规费。

1. 规费内容

(1)工程排污费：是指施工现场按规定缴纳的排污费用。

(2)工程定额测定费：是指按规定支付工程造价(定额)管理部门的定额测定费。

(3)养老保险统筹基金：是指企业按规定向社会保障主管部门缴纳的职工基本养老保险(社会统筹部分)。

(4)待业保险费：是指按国家规定缴纳的待业保险金。

(5)医疗保险费：是指企业按规定向社会保障主管部门缴纳的职工基本医疗保险费。

规费的计算比较简单，一般按下列步骤进行：

2. 计算规费费率

(1)根据本地区典型工程发承包价的分析资料综合取定规费计算中所需数据。

1)每万元发承包价中人工费含量和机械费含量。

2)人工费占直接工程费的比例。

3)每万元发承包价中所含规费缴纳标准的各项基数。

(2)规费费率的计算公式：

1)以直接工程费为计算基础：

$$规费费率(\%)=\frac{\sum 规费缴纳标准\times 每万元发承包价计算基数}{每万元承发包价中的人工费含量}\times 人工费占直接工程费比例\%$$

2)以人工费为计算基础：

$$规费费率(\%)=\frac{\sum 规费缴纳标准\times 每万元发承包价计算基数}{每万元承发包价中的人工费含量}\times 100\%$$

3)以人工费和机械费合计为计算基础：

$$规费费率(\%)=\frac{\sum 规费缴纳标准\times 每万元发承包价计算基数}{每万元承发包价中的人工费和机械费含量}\times 100\%$$

规费费率一般以当地政府或有关部门制定的费率标准执行。

3. 规费计算

规费计算：

$$规费=计算基数\times规费税率(\%)$$

投标人在投标报价时，规费的计算，一般按国家及有关部门规定的计算公式及费率标准计算。

4. 税金

税金是指国家税法规定的应计入建筑安装工程造价内的营业税、城市维护建设税及教育费附加。

税金计算公式为

$$税金=(税前造价+利润)\times税率(\%)$$

税率，按现行税法规定：

(1)纳税地点在市区的企业：

$$税率(\%)=\frac{1}{1-3\%-(3\%\times7\%)-(3\%\times3\%)}-1$$

(2)纳税地点在县城、镇的企业：

$$税率(\%)=\frac{1}{1-3\%-(3\%\times5\%)-(3\%\times3\%)}-1$$

(3)纳税地点不在市区、县城、镇的企业：

$$税率(\%)=\frac{1}{1-3\%-(3\%\times1\%)-(3\%\times3\%)}-1$$

投标人在投标报价时，税金的计算，一般按国家及有关部门规定的计算公式及税率标准计算。

【思考题】

一、填空题

1. 工程量清单的项目编码以__________级编码设置，用______位阿拉伯数字表示。第一级编码 04 表示__________工程。

2. 道路工程中土方开挖按沟槽时，底宽应在__________ m 以内，底长应大于底宽__________倍以上。

3. 某沥青混凝土道路，路面宽 20 m，道路长 500 m，其中隔离带面积 200 m^2，各种井所占面积为 20 m^2，若沥青砼路面综合单价为 80 元/m^2，则沥青混凝土路面清单工程量应为__________ m^2，该项清单造价为__________元。

4. 某水泥混凝土道路，路面宽 20 m，道路长 200 m，则石灰炉渣基层施工工程量为 m^2。

二、选择题

1. 土方开挖工程中，底宽 8 m，底长 31 m，挖深 2.3 m，应套用的土方开挖形式为(　　)。

A. 一般土方开挖　　B. 沟槽土方开挖　　C. 基坑土方开挖　　D. 平整场地

2. DN1 000 钢筋混凝土排水管道土方开挖，管座采用 120°基础，则管沟底部每侧工作面宽度为(　　)m。

A. 0.3　　B. 0.4　　C. 0.5　　D. 0.6

3. 道路工程分部分项工程量清单采用综合单价计价时，它不同于全费用综合单价。它的单价中不含(　　)，因而更能体现企业自身的报价水平。

A. 管理费和税金　　B. 管理费和规费　　C. 规费和风险费　　D. 规费和税金

4. 某道路检查井基坑土方开挖工程，清单量为100 m^3，投标时由于考虑放坡，计算工程量为300 m^3，投标综合单价为10元/m^3，则该项报价应为(　　)元。

A. 1 000　　B. 2 000　　C. 3 000　　D. 4 000

三、简答题

1. 简述道路工程分部分项工程划分。
2. 简述道路工程工程量清单造价构成。
3. 简述水泥混凝土路面清单项目设置及工程量计算规则。
4. 定额计价模式下与清单计价模式下，道路工程的计量有何区别？
5.《计价规范》中，道路工程主要列了哪些清单项目？

四、案例题

某道路工程K0＋000～K0＋200为水泥混凝土结构，K0＋200～K0＋400为沥青混凝土结构，道路结构如下图所示，路面修筑宽度为10 m，路面两边铺设缘石，污水主管采用ϕ500混凝土管，120°混凝土基础，道路两侧从K0＋005开始每10 m设置1座检查井，采用ϕ800圆形检查井。试进行工程量清单项目设置。

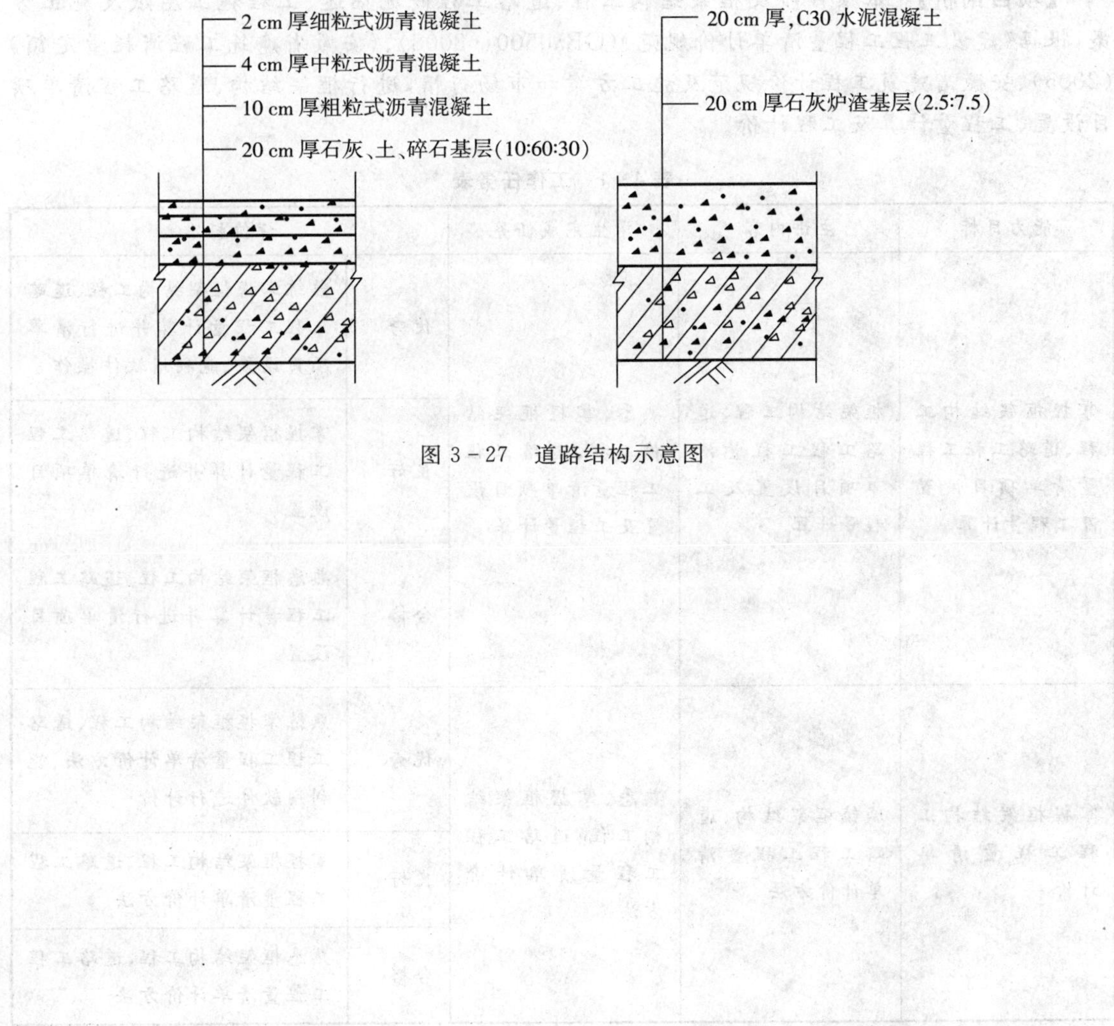

图3－27　道路结构示意图

学习项目4　综合实训

【项目描述】 1. 工程概况：本工程建筑面积为2 252.5m^2。本工程共三层，一层设有两个活动单元、音体活动室、厨房等。二、三层有两个活动单元及部分办公用房。三层顶及音体室顶为室外活动平台。音体活动室结构形式为框架结构，其余部分结构形式为砖混结构。

2. 某市二号道路K0＋000～K0＋100为沥青混凝土结构，K0＋100～K0＋135为混凝土结构，道路结构如图4－1、图4－2所示，路面修筑宽度为10 m，为保证压实，每边各加30 cm。路面两边铺设缘石，污水主管采用ϕ600混凝土管，120°混凝土基础，两侧共有4座ϕ1 000圆形检查井。

【项目剖析】 本项目涉及框架结构工程、道路工程概况描述、工程施工图纸及施工方案，根据《建设工程工程量清单计价规范》(GB50500—2008)、《安徽省建筑工程消耗量定额》(2005)、安徽省建筑工程计价规范及施工方案和市场行情，进行框架结构、道路工程清单项目设置、工程量计算及工程计价。

表4－1　工作任务表

能力目标	主讲内容	学生完成任务	评价标准	
掌握框架结构工程、道路工程工程量清单项目设置及工程量计算	框架结构工程、道路工程工程量清单项目设置及工程量计算	熟悉、掌握框架结构工程、道路工程工程量清单项目设置及工程量计算	优秀	熟练掌握框架结构工程、道路工程工程量计算并进行清单项目设置、能利用软件操作
			良好	掌握框架结构工程、道路工程工程量计算并进行清单项目设置
			合格	熟悉框架结构工程、道路工程工程量计算并进行清单项目设置
掌握框架结构工程工程量清单计价	城镇框架结构、道路工程工程量清单计价方法	熟悉、掌握框架结构工程、道路工程工程量清单计价方法	优秀	熟练掌握框架结构工程、道路工程工程量清单计价方法、能利用软件进行计价
			良好	掌握框架结构工程、道路工程工程量清单计价方法
			合格	熟悉框架结构工程、道路工程工程量清单计价方法

【具体项目】

工程量清单及报价编制实例一

×××土建工程　　工程

工程量清单

招　标　人：　　（略）　　（单位盖章）

法定代表人：　　（略）　　（签字盖章）

造价工程师
及注册证号：　　（略）　　（签字盖执业专用章）

编 制 时 间：　　×年×月×日

填表须知

1. 工程量清单及其计价格式中所有要求签字、盖章的地方，必须由规定的单位和人员签字、盖章。

2. 工程量清单及其计价格式中的任何内容不得随意删除或涂改。

3. 工程量清单计价格式中列明的所有需要填报的单价和合价，投标人均应填报，未填报的单价和合价，视为此项费用已包含在工程量清单的其他单价和合价中。

4. 金额（价格）均应以人民币表示。

5. 投标报价必须与工程项目总价一致。

6. 投标报价文件一式三份。

总 说 明

工程名称：×××土建工程　　　　　　　　第　页　共　页

1. 工程概况：本工程建筑面积为 2 252.5m^2。本工程共三层，一层设有两个活动单元、音体活动室、厨房等。二、三层有两个活动单元及部分办公用房。三层顶及音体室顶为室外活动平台。音体活动室结构形式为框架结构，其余部分结构形式为砖混结构。

2. 招标范围：全部建筑工程。

3. 清单编制依据：建设工程工程量清单计价规范、施工设计图文件、施工组织设计等。

4. 工程质量应达优良标准。

5. 考虑施工中可能发生的设计变更或清单有误，预留金额 10 万元。

分部分项工程量清单

工程名称：×××土建工程　　　　　　　　第 1 页　共 20 页

<table>
<tr><th>序号</th><th>项目编码</th><th>项目名称</th><th>计量单位</th><th>工程数量</th></tr>
<tr><td>1</td><td>010101001001</td><td>平整场地；
土壤类别：三类土；
弃土运距：400 m 以内</td><td>m^2</td><td>872.82</td></tr>
<tr><td rowspan="4">2</td><td rowspan="4">010101003001</td><td rowspan="4">J－1 挖基础土方；
土壤类别：三类土；
基础类型：独立；
挖土深度：2 m 内 $N=6$</td><td rowspan="2">m^3</td><td>99.87</td></tr>
<tr><td>44.93</td></tr>
<tr><td rowspan="2">m^3</td><td>11.60</td></tr>
<tr><td>4.21</td></tr>
<tr><td rowspan="4">3</td><td rowspan="4">010101003002</td><td rowspan="4">J－2 挖基础土方；
土壤类别：三类土；
基础类型：独立；
挖土深度：2 m 内 $N=1$</td><td rowspan="2">m^3</td><td>40.51</td></tr>
<tr><td>13.31</td></tr>
<tr><td rowspan="2">m^3</td><td>30.38</td></tr>
<tr><td>9.98</td></tr>
<tr><td rowspan="4">4</td><td rowspan="4">010101003003</td><td rowspan="4">J－3 挖基础土方；
土壤类别：三类土；
基础类型：独立；
挖土深度：2 m 内 $N=4$</td><td rowspan="2">m^3</td><td>526.39</td></tr>
<tr><td>389.10</td></tr>
<tr><td rowspan="2">m^3</td><td>220.15</td></tr>
<tr><td>170.88</td></tr>
</table>

（续表）

<table>
<tr><th>序号</th><th>项目编码</th><th>项目名称</th><th>计量单位</th><th>工程数量</th></tr>
<tr><td rowspan="4">5</td><td rowspan="4">010101003004</td><td rowspan="4">J—4 挖基础土方；
土壤类别：三类土；
基础类型：独立；
挖土深度：2 m 内 $N=3$</td><td rowspan="2">m^3</td><td>88.25</td></tr>
<tr><td>62.73</td></tr>
<tr><td rowspan="2">m^3</td><td>51.84</td></tr>
<tr><td>32.60</td></tr>
<tr><td rowspan="4">6</td><td rowspan="4">010101003005</td><td rowspan="4">1-1 挖基础土方；
土壤类别：三类土
基础类型：条形；
挖土深度：2 m 内；
弃土运距：400 m 以内 $L=90.71$ m</td><td rowspan="2">m^3</td><td>23.77</td></tr>
<tr><td>16.15</td></tr>
<tr><td rowspan="2">m^3</td><td>47.17</td></tr>
<tr><td>41.65</td></tr>
<tr><td rowspan="4">7</td><td rowspan="4">010101003006</td><td rowspan="4">2-2 挖基础土方；
土壤类别：三类土；
基础类型：条形；
挖土深度：2 m 内；
弃土运距：400 m$L=32.06$ m</td><td rowspan="2">m^3</td><td>49.98</td></tr>
<tr><td>44.46</td></tr>
<tr><td rowspan="2">m^3</td><td>180.82</td></tr>
<tr><td>157.74</td></tr>
<tr><td rowspan="4">8</td><td rowspan="4">010101003007</td><td rowspan="4">3-3 挖基础土方；
土壤类别：三类土；
基础类型：条形；
挖土深度：2 m 内；
弃土运距：400 m 以内 $L=16.64$ m</td><td rowspan="2">m^3</td><td>69.89</td></tr>
<tr><td>57.91</td></tr>
<tr><td rowspan="2">m^3</td><td>69.89</td></tr>
<tr><td>57.91</td></tr>
<tr><td rowspan="4">9</td><td rowspan="4">010101003008</td><td rowspan="4">4-4 挖基础土方；
土壤类别：三类土；
基础类型：条形；
挖土深度：2 m 内；
弃土运距：400 m 以内 $L=12.54$ m</td><td rowspan="2">m^3</td><td>39.12</td></tr>
<tr><td>30.10</td></tr>
<tr><td rowspan="2">m^3</td><td>39.12</td></tr>
<tr><td>30.10</td></tr>
<tr><td rowspan="4">10</td><td rowspan="4">010101003009</td><td rowspan="4">5-5 挖基础土方；
土壤类别：三类土；
基础类型：条形；
挖土深度：2 m 内；
弃土运距：400 m 以内 $L=4.97$ m</td><td rowspan="2">m^3</td><td>18.5</td></tr>
<tr><td>14.91</td></tr>
<tr><td rowspan="2">m^3</td><td>18.5</td></tr>
<tr><td>14.91</td></tr>
<tr><td rowspan="4">11</td><td rowspan="4">010101003010</td><td rowspan="4">6-6 挖基础土方；
土壤类别：三类土；
基础类型：条形；
挖土深度：2 m</td><td rowspan="2">m^3</td><td>215.14</td></tr>
<tr><td>199.59</td></tr>
<tr><td rowspan="2">m^3</td><td>215.14</td></tr>
<tr><td>199.59</td></tr>
</table>

（续表）

序号	项目编码	项目名称	计量单位	工程数量
12	010101003011	7-7挖基础土方； 土壤类别：三类土； 基础类型：条形； 挖土深度：2 m内； 弃土运距：400 m以内 $L=3.6$ m	m^3 m^3	41.04 38.45 41.04 38.45
13	010101003012	挖基础土方； 土壤类别：三类土； 基础类型：条形； 挖土深度：2 m内； 弃土运距：400 m以内 $L=3.6$ m	m^3 m^3	43.63 41.04 43.63 41.04
14	010103001001	土(石)方回填	m^3	1156.92 751.46
15	010301001001	1-1砖基础； 砖品种、规格、强度等级：烧结多孔砖； 基础类型：条形； 基础深度：1500 mm； 水泥砂浆强度等级：M10 $L=90.71$ m	m^3	30.14
16	010301001002	2-2砖基础； 砖品种、规格、强度等级：烧结多孔砖； 基础类型：条形； 基础深度：1500 mm； 水泥砂浆强度等级：M10 $L=32.06$ m	m^3	8.88
17	010301001003	3-3砖基础； 砖品种、规格、强度等级：烧结多孔砖； 基础类型：条形； 基础深度：1500 mm； 水泥砂浆强度等级：M10 $L=16.64$ m	m^3	4.47
18	010301001004	4-4砖基础； 砖品种、规格、强度等级：烧结多孔砖； 基础类型：条形； 基础深度：1500 mm； 水泥砂浆强度等级：M10 $L=12.54$ m	m^3	4.75

（续表）

序号	项目编码	项目名称	计量单位	工程数量
19	010301001005	5-5砖基础； 砖品种、规格、强度等级：烧结多孔砖； 基础类型：条形； 基础深度：1500 mm； 水泥砂浆强度等级：M10 $L=4.97$ m	m^3	3.10
20	010301001006	6-6砖基础； 砖品种、规格、强度等级：烧结多孔砖； 基础类型：条形； 基础深度：1500 mm； 水泥砂浆强度等级：M10 $L=21.60$ m	m^3	16.17
21	010301001007	7-7砖基础； 砖品种、规格、强度等级：烧结多孔砖； 基础类型：条形； 基础深度：1500 mm； 水泥砂浆强度等级：M10 $L=3.60$ m	m^3	13.03
22	010301001008	砖基础； 砖品种、规格、强度等级：烧结多孔砖； 基础类型：条形； 基础深度：1500 mm； 水泥砂浆强度等级：M10 $L=3.60$ m	m^3	25.97
23	010302006001	零星砌砖； 零星砌体名称、部位：卫生间蹲台； 砂浆强度等级、配合比：混合 M5.0	m^3	1.30
24	010302006002	零星砌砖； 零星砌体名称、部位：池槽腿； 砂浆强度等级、配合比：混合 M5.0	m^3	4.03
25	010302006004	零星砌砖； 零星砌体名称、部位：砖墩； 砂浆强度等级、配合比：混合 M5.0	m^3	0.21
26	010304001001	空心砖墙； 墙体类型：首层及二层外墙；490； 空心砖强度等级：MU10； 砂浆强度等级：混合 M10	m^3	19.44

（续表）

序号	项目编码	项目名称	计量单位	工程数量
27	010304001002	空心砖墙； 墙体类型：首层及二层外墙；365； 空心砖、砌块品种、规格、强度等级：MU10； 砂浆强度等级：混合 M10	m^3	201.66
28	010304001003	空心砖墙； 墙体类型：首层及二层外墙；240；空心砖、砌块品种、规格、强度等级：MU10；砂浆强度等级：混合 M10	m^3	7.84
29	010304001004	加气混凝土砌块墙； 墙体类型：首层外墙；250； 砌块强度等级：MU3	m^3	283.46
30	010304001006	空心砖墙； 墙体类型：三层及四层外墙；365； 空心砖、砌块品种、规格、强度等级：MU10； 砂浆强度等级：混合 M7.5	m^3	258.35
31	010304001007	空心砖墙； 墙体类型：三层及四层外墙；240； 空心砖、砌块品种、规格、强度等级：MU10； 砂浆强度等级：混合 M7.5	m^3	39.26
32	010304001008	空心砖墙； 墙体类型：首层及二层内墙；240； 空心砖、砌块品种、规格、强度等级：MU10； 砂浆强度等级：混合 M10	m^3	1181.72 1223.43
		首层 240 配筋砖墙	m^3	4.38 4.54
33	010304001009	空心砖墙； 墙体类型：三层及四层内墙；240； 空心砖、砌块品种、规格、强度等级：MU10； 砂浆强度等级：混合 M7.5	m^3	130.88 135.86
34	010304001010	空心砖墙； 墙体类型：三层及四层女儿墙；240； 空心砖、砌块品种、规格、强度等级：MU10； 砂浆强度等级：混合 M7.5	m^3	39.33

（续表）

序号	项目编码	项目名称	计量单位	工程数量
35	010401001001	1－1 带形基础； 垫层混凝土强度等级：C10； 带形基础混凝土强度等级：C20； 骨料：细砂 L＝90.71 m	m^3	113.96
36	010401001002	2－2 带形基础； 垫层材料种类、厚度：混凝土； 混凝土强度等级：C10； 混凝土拌和料要求：细砂 L＝32.06 m	m^3	55.64
37	010401001003	3－3 带形基础； 垫层材料种类、厚度：混凝土； 混凝土强度等级：C10； 混凝土拌和料要求：细砂 L＝16.64 m	m^3	151.05
38	010401001004	4－4 带形基础； 垫层材料种类、厚度：混凝土； 混凝土强度等级：C10； 混凝土拌和料要求：细砂 L＝12.54 m	m^3	7.50
39	010401001005	5－5 带形基础； 垫层材料种类、厚度：混凝土； 混凝土强度等级：C10； 混凝土拌和料要求：细砂 L＝4.97 m	m^3	5.83
40	010401001006	6－6 带形基础； 垫层材料种类、厚度：混凝土； 混凝土强度等级：C10； 混凝土拌和料要求：细砂 L＝21.60 m	m^3	57.17
41	010401001007	7－7 带形基础； 垫层材料种类、厚度：混凝土； 混凝土强度等级：C10； 混凝土拌和料要求：细砂 L＝3.60 m	m^3	5.24

（续表）

序号	项目编码	项目名称	计量单位	工程数量
42	010401001008	带形基础； 垫层材料种类、厚度：混凝土； 混凝土强度等级：C10； 混凝土拌和料要求：细砂 $L=3.60$ m	m^3	11.17
43	010401002001	J－1 独立基础； 混凝土强度等级：C25； 混凝土拌和料要求：碎石 $N=6$	m^3	12.42
44	010401002002	J－2 独立基础； 混凝土强度等级：C25； 混凝土拌和料要求：碎石 $N=1$	m^3	1.13
45	010401002003	J－3 独立基础； 混凝土强度等级：C25； 混凝土拌和料要求：碎石 $N=4$	m^3	5.46
46	010401002004	J－4 独立基础； 混凝土强度等级：C25； 混凝土拌和料要求：碎石 $N=3$	m^3	2.31
47	010402001001	矩形柱； 首层 490 外墙上 GZ3； 柱截面：370×490； 混凝土强度等级：C25； 混凝土拌和料要求：中砂碎石 $N=3$	m^3	3.00
48	010402001002	矩形柱； 首层 365 外墙上 GZ6； 柱截面：200×370； 混凝土强度等级：C25； 混凝土拌和料要求：中砂碎石 $N=16$	m^3	4.85
49	010402001003	矩形柱； 首层 365 外墙上 GZ2； 柱截面：370×370； 混凝土强度等级：C25； 混凝土拌和料要求：中砂碎石 $N=7$	m^3	4.21

（续表）

序号	项目编码	项目名称	计量单位	工程数量
50	010402001004	矩形柱； 首层365外墙上GZ5； 柱截面：240×370； 混凝土强度等级：C25； 混凝土拌和料要求：中砂碎石	m^3	0.84
51	010402001005	矩形柱； 首层365外墙上GZ7； 柱截面：300×300； 混凝土强度等级：C25； 混凝土拌和料要求：中砂碎石	m^3	0.78
52	010402001006	矩形柱； 首层365外墙上GZ1带马牙茬； 柱截面：240×240； 混凝土强度等级：C25； 混凝土拌和料要求：中砂碎石	m^3	2.46
53	010402001007	矩形柱； 首层240内墙上GZ1； 柱截面：240×240带马牙茬； 混凝土强度等级：C25； 混凝土拌和料要求：中砂碎石	m^3	8.26
54	010402001008	矩形柱； 首层框架外墙上Z1； 柱截面：350×370； 混凝土强度等级：C25； 混凝土拌和料要求：中砂碎石	m^3	1.17
55	010402001009	矩形柱； 首层框架外墙上Z2； 柱截面：350×370； 混凝土强度等级：C25； 混凝土拌和料要求：中砂碎石	m^3	1.17

（续表）

序号	项目编码	项目名称	计量单位	工程数量
56	010402001010	矩形柱； 首层框架外墙上 Z3； 柱截面：350×370； 混凝土强度等级：C25； 混凝土拌和料要求：中砂碎石	m^3	1.17
57	010402001011	矩形柱； 首层框架外墙上 Z4； 柱截面：350×370； 混凝土强度等级：C25； 混凝土拌和料要求：中砂碎石	m^3	2.91
58	010402001012	矩形柱； 2 层 490 外墙上 GZ3； 柱截面：370×490； 混凝土强度等级：C25； 混凝土拌和料要求：中砂碎石	m^3	3.00
59	010402001013	矩形柱； 2 层 365 外墙上 GZ6； 柱截面：200×370； 混凝土强度等级：C25； 混凝土拌和料要求：中砂碎石	m^3	4.85
60	010402001014	矩形柱； 2 层 365 外墙上 GZ2； 柱截面：370×370； 混凝土强度等级：C25； 混凝土拌和料要求：中砂碎石	m^3	4.16
61	010402001015	矩形柱； 2 层 365 外墙上 GZ5； 柱截面：240×370； 混凝土强度等级：C25； 混凝土拌和料要求：中砂碎石	m^3	0.86

（续表）

序号	项目编码	项目名称	计量单位	工程数量
62	010402001016	矩形柱； 2层365外墙上GZ7； 柱截面：300×300； 混凝土强度等级：C25； 混凝土拌和料要求：中砂碎石	m^3	0.78
63	010402001017	矩形柱； 2层365外墙上GZ1带马牙茬； 柱截面：240×240； 混凝土强度等级：C25； 混凝土拌和料要求：中砂碎石	m^3	2.46
64	010402001018	矩形柱； 2层240内墙上GZ1； 柱截面：240×240带马牙茬； 混凝土强度等级：C25； 混凝土拌和料要求：中砂碎石	m^3	8.26
65	010402001019	矩形柱； 3层240外墙上GZ3； 柱截面：370×490； 混凝土强度等级：C25； 混凝土拌和料要求：中砂碎石	m^3	2.87
66	010402001020	矩形柱； 3层365外墙上GZ6； 柱截面：200×370； 混凝土强度等级：C25； 混凝土拌和料要求：中砂碎石	m^3	4.85
67	010402001021	矩形柱； 3层365外墙上GZ2； 柱截面：370×370； 混凝土强度等级：C25； 混凝土拌和料要求：中砂碎石	m^3	8.52

（续表）

序号	项目编码	项目名称	计量单位	工程数量
68	010402001022	矩形柱； 3 层 365 外墙上 GZ5； 柱截面：240×370； 混凝土强度等级：C25； 混凝土拌和料要求：中砂碎石	m^3	0.80
69	010402001023	矩形柱； 3 层 365 外墙上 GZ7； 柱截面：300×300； 混凝土强度等级：C25； 混凝土拌和料要求：中砂碎石	m^3	0.78
70	010402001024	矩形柱； 3 层 365 外墙上 GZ1 带马牙茬； 柱截面：240×240； 混凝土强度等级：C25； 混凝土拌和料要求：中砂碎石	m^3	2.46
71	010402001025	矩形柱； 3 层 240 内墙上 GZ1； 柱截面：240×240 带马牙茬； 混凝土强度等级：C25； 混凝土拌和料要求：中砂碎石	m^3	8.26
72	010402001026	矩形柱； 4 层 490 外墙上 GZ3； 柱截面：370×490； 混凝土强度等级：C25； 混凝土拌和料要求：中砂碎石	m^3	0.80
73	010402001027	矩形柱； 4 层外墙上 GZ； 柱截面：250×250； 混凝土强度等级：C25； 混凝土拌和料要求：中砂碎石	m^3	4.06

（续表）

序号	项目编码	项目名称	计量单位	工程数量
74	010402001028	矩形柱； 屋顶走廊柱 Z；柱截面：300×300； 混凝土强度等级：C25； 混凝土拌和料要求：中砂碎石	m^3	2.27
75	010402001029	矩形柱； 3 层女儿墙上 GZ； 柱截面：250×250； 混凝土强度等级：C25； 混凝土拌和料要求：中砂碎石	m^3	3.35
76	010402001030	矩形柱； 4 层女儿墙上 GZ； 柱截面：250×250； 混凝土强度等级：C25； 混凝土拌和料要求：中砂碎石	m^3	1.67
77	010403002001	矩形梁首层 L－1； 混凝土强度等级：C25； 梁截面：240×450	m^3	0.79
78	010403002002	矩形梁首层 L－2； 混凝土强度等级：C25； 梁截面：240×250	m^3	0.30
79	010403002003	矩形梁首层 L－3； 混凝土强度等级：C25； 梁截面：240×450	m^3	0.36
80	010403002004	矩形梁首层 L－4； 混凝土强度等级：C25； 梁截面：250×600	m^3	1.65
81	010403002005	矩形梁首层 L－5； 混凝土强度等级：C25； 梁截面：240×450	m^3	0.35

（续表）

序号	项目编码	项目名称	计量单位	工程数量
82	010403002006	矩形梁首层 LL—1； 混凝土强度等级：C25； 梁截面：240×600	m^3	0.82
83	010403002007	矩形梁首层 LL； 混凝土强度等级：C25； 梁截面：240×450	m^3	0.89
84	010403002008	矩形梁首层 LL； 混凝土强度等级：C25； 梁截面：240×450	m^3	1.24
85	010403002009	矩形梁首层 L； 混凝土强度等级：C25； 梁截面：240×450	m^3	0.36
86	010403002010	矩形梁首层框架 WL(1)； 混凝土强度等级：C25； 梁截面：250×(700—130)	m^3	4.69
87	010403002011	矩形梁首层框架 WL(4)； 混凝土强度等级：C25； 梁截面：250×(450—130)	m^3	1.10
88	010403002012	矩形梁首层框架 KL(6)； 混凝土强度等级：C25； 梁截面：370×(450—130)	m^3	8.68
89	010403002013	矩形梁首层框架 KL(1)； 混凝土强度等级 C25； 梁截面：370×(450—130)	m^3	0.91
90	010403002014	矩形梁首层框架 KL(2)； 混凝土强度等级：C25； 梁截面：370×(600—130)	m^3	3.09
91	010403002015	矩形梁 2 层 L—1； 混凝土强度等级：C25； 梁截面：240×(450—110)	m^3	1.19

（续表）

序号	项目编码	项目名称	计量单位	工程数量
92	01040302016	矩形梁 2 层 L－2； 混凝土强度等级：C25； 梁截面：240×（250－80）	m^3	0.30
93	010403002017	矩形梁 2 层 L－3； 混凝土强度等级：C25； 梁截面：240×（450－150）	m^3	0.36
94	010403002018	矩形梁 2 层 L－4； 混凝土强度等级：C25； 梁截面：250×（600－110）	m^3	1.65
95	010403002019	矩形梁 2 层 L－5； 混凝土强度等级：C25； 梁截面：240×（450－150）	m^3	0.17
96	010403002020	矩形梁 2 层 YL1； 混凝土强度等级：C25；	m^3	0.2
97	010403002021	矩形梁 2 层 LL－1； 混凝土强度等级：C25； 梁截面：240×600	m^3	3.27
98	010403002022	矩形梁 3 层 WL－1； 混凝土强度等级：C25； 梁截面：240×450	m^3	1.21
99	010403002023	矩形梁 3 层 L－2； 混凝土强度等级：C25； 梁截面：240×250	m^3	0.36
100	010403002024	矩形梁 3 层 WL4； 混凝土强度等级：C25； 梁截面：250×600	m^3	1.65
101	010403002025	矩形梁 3 层 WLL1； 混凝土强度等级：C25； 梁截面：250×600	m^3	3.27

（续表）

序号	项目编码	项目名称	计量单位	工程数量
102	010403002026	矩形梁 4 层 YL1； 混凝土强度等级:C25； 梁截面:240×120	m^3	4.72
103	010403004002	首层 365 外墙圈梁 QL2； 混凝土强度等级:C25； 梁截面:240×120	m^3	6.37
104	010403004003	首层 240 内墙圈梁 QL1； 混凝土强度等级:C25； 混凝土拌和料要求:中砂碎石； 梁截面:240×180	m^3	6.64
105	010403004005	2 层 365 外墙圈梁 QL2； 混凝土强度等级:C25； 混凝土拌和料要求:中砂碎石； 梁截面:370×180	m^3	7.36
106	010403004006	2 层 240 内墙圈梁 QL1； 混凝土强度等级:C25； 混凝土拌和料要求:中砂碎石； 梁截面:240×180	m^3	6.64
107	010403004008	3 层 365 外墙圈梁 QL2； 混凝土强度等级:C25； 混凝土拌和料要求:中砂碎石； 梁截面:370×180	m^3	7.36
108	010403004009	3 层 240 内墙圈梁 QL1； 混凝土强度等级:C25； 混凝土拌和料要求:中砂碎石； 梁截面:240×180	m^3	6.80
109	010403005001	过梁； 首层 365 外墙过梁 GL—1； 单件体积:2 m^3 内； 安装高度:3.6 m 内； 混凝土强度等级:C25； 梁截面:370×500	m^3	2.40

（续表）

序号	项目编码	项目名称	计量单位	工程数量
110	010403005002	过梁； 首层365外墙过梁GL－2； 单件体积：2 m^3 内； 安装高度：3.6 m内； 混凝土强度等级：C25； 梁截面：370×450	m^3	0.96
111	010403005003	首层365外墙过梁GL－3； 单件体积：2 m^3 内； 安装高度：3.6 m内； 混凝土强度等级：C25； 梁截面：370×350	m^3	0.81
112	010403005004	首层365外墙过梁GL－4； 单件体积：2 m^3 内； 安装高度：3.6 m内； 混凝土强度等级：C25； 梁截面：370×300	m^3	0.39
113	010403005005	首层240外墙过梁GL－5； 单件体积：2 m^3 内； 安装高度：3.6 m内； 混凝土强度等级：C25； 梁截面：240×300	m^3	0.23
114	010403005006	首层365外墙过梁GL－6； 单件体积：2 m^3 内； 安装高度：3.6 m内； 混凝土强度等级：C25； 梁截面：370×350	m^3	1.06
115	010403005007	2层365外墙过梁GL－1； 单件体积：2 m^3 内； 安装高度：3.6 m内； 混凝土强度等级：C25； 梁截面：370×500	m^3	2.40

（续表）

序号	项目编码	项目名称	计量单位	工程数量
116	010403005008	2 层 365 外墙过梁 GL－2； 单件体积：2 m^3 内； 安装高度：3.6 m 内； 混凝土强度等级：C25； 梁截面：370×450	m^3	0.98
117	010403005009	2 层 365 外墙过梁 GL－3； 单件体积：2 m^3 内； 安装高度：3.6 m 内； 混凝土强度等级：C25； 梁截面：370×350	m^3	0.57
118	010403005010	2 层 365 外墙过梁 GL－4； 单件体积：2 m^3 内； 安装高度：3.6 m 内； 混凝土强度等级：C25； 梁截面：370×300	m^3	0.39
119	010403005011	2 层 240 外墙过梁 GL－5； 单件体积：2 m^3 内； 安装高度：3.6 m 内； 混凝土强度等级：C25； 梁截面：240×300	m^3	0.23
120	010403005012	2 层 365 外墙过梁 GL－6； 单件体积：2 m^3 内； 安装高度：3.6 m 内； 混凝土强度等级：C25； 梁截面：370×350	m^3	1.06
121	010403005013	3 层 365 外墙过梁 GL－1； 单件体积：2 m^3 内； 安装高度：3.6 m 内； 混凝土强度等级：C25； 梁截面：370×500	m^3	2.40

（续表）

序号	项目编码	项目名称	计量单位	工程数量
122	010403005014	3 层 365 外墙过梁 GL－2； 单件体积：2 m^3 内； 安装高度：3.6 m 内； 混凝土强度等级：C25；	m^3	0.98
123	010403005015	3 层 365 外墙过梁 GL－3； 单件体积：2 m^3 内； 安装高度：3.6 m 内； 混凝土强度等级：C25； 梁截面：370×350	m^3	0.57
124	010403005016	3 层 365 外墙过梁 GL－4； 单件体积：2 m^3 内； 安装高度：3.6 m 内； 混凝土强度等级：C25； 梁截面：370×300	m^3	0.39
125	010403005017	3 层 240 外墙过梁 WL－5； 单件体积：2 m^3 内； 安装高度：3.6 m 内； 混凝土强度等级：C25； 梁截面：240×450	m^3	0.60
126	010403005018	3 层 365 外墙过梁 SGL－1； 单件体积：2 m^3 内； 安装高度：3.6 m 内； 混凝土强度等级：C25； 梁截面：370×500	m^3	1.96
127	010403005019	3 层 365 外墙过梁 SGL－2； 单件体积：2 m^3 内； 安装高度：3.6 m 内； 混凝土强度等级：C25； 梁截面：370×450	m^3	2.69

（续表）

序号	项目编码	项目名称	计量单位	工程数量
128	010405003001	平板首层现浇楼板 混凝土强度等级：C25	m^3	7.00
129	010405003002	平板首层现浇楼板 混凝土强度等级：C25； 板厚 80	m^3	4.84
130	010405003003	平板首层现浇楼板 混凝土强度等级：C25； 板厚 80	m^3	1.31
131	010405003004	平板首层现浇楼板 混凝土强度等级：C25； 板厚 110	m^3	5.65
132	010405003005	平板首层现浇楼板 混凝土强度等级：C25； 板厚 110	m^3	22.23
133	010405003006	平板首层现浇楼板 混凝土强度等级：C25； 板厚 110	m^3	3.90
134	010405003007	平板首层现浇楼板 混凝土强度等级：C25； 板厚 150	m^3	13.10
135	010405003008	平板首层现浇楼板 混凝土强度等级：C25； 板厚 130	m^3	10.86
136	010405003009	平板首层现浇楼板 混凝土强度等级：C25； 板厚 130	m^3	3.86
137	010405003010	平板首层现浇楼板 混凝土强度等级：C25； 板厚 110； 板厚 90	m^3	5.39

（续表）

序号	项目编码	项目名称	计量单位	工程数量
138	010405003011	平板2层现浇楼板 混凝土强度等级：C25； 板厚90	m^3	61.64
139	010405003012	平板2层现浇楼板 混凝土强度等级：C25； 板厚80	m^3	4.29
140	010405003013	平板2层现浇楼板 混凝土强度等级：C25； 板厚80	m^3	1.31
141	010405003014	平板2层现浇楼板 混凝土强度等级：C25； 板厚110	m^3	5.65
142	010405003015	平板2层现浇楼板 混凝土强度等级：C25； 板厚110	m^3	22.23
143	010405003016	平板2层现浇楼板 混凝土强度等级：C25； 板厚110	m^3	3.90
144	010405003017	平板2层现浇楼板 混凝土强度等级：C25； 板厚150	m^3	13.10
145	010405003018	平板2层现浇楼板 混凝土强度等级：C25；	m^3	5.52
146	010405003019	平板3层现浇楼板 混凝土强度等级：C25； 板厚150	m^3	9.17
147	010405003020	平板3层现浇楼板 混凝土强度等级：C25； 板厚110	m^3	5.52

（续表）

序号	项目编码	项目名称	计量单位	工程数量
148	010405003021	平板3层现浇楼板 混凝土强度等级：C25； 板厚90	m^3	1.65
149	010405003022	平板3层现浇楼板 混凝土强度等级：C25； 板厚110	m^3	6.06
150	010405003023	平板3层现浇楼板 混凝土强度等级：C25； 板厚90	m^3	7.00
151	010405003024	平板3层现浇楼板 混凝土强度等级：C25； 板厚110	m^3	22.77
152	010405003025	平板3层现浇楼板 混凝土强度等级：C25； 板厚110	m^3	2.09
153	010405003026	平板4层现浇楼板 混凝土强度等级：C25； 板厚100	m^3	3.02
154	010405003027	平板4层现浇楼板 混凝土强度等级：C25； 板厚100	m^3	16.21
155	010405008001	雨篷；混凝土强度等级：C25	m^3	1.19
156	010406001001	1#直形楼梯； 混凝土强度等级：C25	m^2	58.32
157	010406001002	2#直形楼梯； 混凝土强度等级：C25	m^2	58.32
158	010407002001	散水、坡道	m^2	158.12
159	010410003001	首层240内墙预制过梁GL； 单件体积：2 m^3内； 安装高度：3.6 m内； 混凝土强度等级：C30	m^3 m^3 m^3	0.34 0.35 0.35

（续表）

序号	项目编码	项目名称	计量单位	工程数量
160	010410003002	首层240内墙预制过梁GL；单件体积：2 m^3 内；安装高度：3.6 m内；混凝土强度等级：C30	m^3	0.35
			m^3	0.36
			m^3	0.36
161	010410003003	首层240内墙预制过梁GL；单件体积：2 m^3 内；安装高度：3.6 m内；混凝土强度等级：C30	m^3	0.22
			m^3	0.22
			m^3	0.22
162	010410003004	首层240内墙预制过梁GL；单件体积：2 m^3 内；安装高度：3.6 m内；混凝土强度等级：C30	m^3	0.10
			m^3	0.10
			m^3	0.10
163	010410003005	2层240内墙预制过梁GL；单件体积：2 m^3 内；安装高度：3.6 m内；混凝土强度等级：C30	m^3	0.52
			m^3	0.53
			m^3	0.53
164	010410003006	2层240内墙预制过梁GL；单件体积：2 m^3 内；安装高度：3.6 m内；混凝土强度等级：C30	m^3	0.40
			m^3	0.41
			m^3	0.41
165	010410003007	2层240内墙预制过梁GL；单件体积：2 m^3 内；安装高度：3.6 m内；混凝土强度等级：C30	m^3	0.22
			m^3	0.22
			m^3	0.22
166	010410003008	2层240内墙预制过梁GL；单件体积：2 m^3 内；安装高度：3.6 m内；混凝土强度等级：C30	m^3	0.10
			m^3	0.10
			m^3	0.10

（续表）

序号	项目编码	项目名称	计量单位	工程数量
167	010410003009	3 层 240 内墙预制过梁 GL； 单件体积：2 m^3 内； 安装高度：3.6 m 内； 混凝土强度等级：C30	m^3	0.52
			m^3	0.53
			m^3	0.53
168	010410003010	3 层 240 内墙预制过梁 GL； 单件体积：2 m^3 内； 安装高度：3.6 m 内； 混凝土强度等级：C30	m^3	0.40
			m^3	0.41
			m^3	0.41
169	010410003011	3 层 240 内墙预制过梁 GL； 单件体积：2 m^3 内； 安装高度：3.6 m 内； 混凝土强度等级：C30	m^3	0.2
			m^3	0.20
			m^3	0.20
170	010410003012	3 层 240 内墙预制过梁 GL； 单件体积：2 m^3 内； 安装高度：3.6 m 内； 混凝土强度等级：C30	m^3	0.12
			m^3	0.12
			m^3	0.12
171	010410003013	4 层 240 外墙预制过梁 GL； 单件体积：2 m^3 内； 安装高度：3.6 m 内； 混凝土强度等级：C30	m^3	0.38
			m^3	0.38
			m^3	0.36
172	010410003014	4 层 240 外墙预制过梁 GL； 单件体积：2 m^3 内； 安装高度：3.6 m 内； 混凝土强度等级：C30	m^3	0.10
			m^3	0.10
			m^3	0.10

（续表）

序号	项目编码	项目名称	计量单位	工程数量
173	010416001001	现浇混凝土钢筋	t	31.160
				30.500
			t	22.560
				21.900
			t	3.450
				3.350
174	010416002001	预制过梁钢筋	t	1.570
				1.540
175	010417002001	预埋铁件	t	0.160
176	010702001001	屋面卷材防水	m^3	123.38
			m^3	20.56
			m^2	13.71
			m^2	720.32
177	010702004001	屋面排水管	m	41.20
178	010803003002	保温隔热墙； 保温隔热部位:靠外墙的圈梁外侧； 保温隔热方式:外保温； 保温材料品种、规格:30厚苯板	m^3	55.27
179	010803003003	保温隔热墙； 保温隔热部位:靠外墙的过梁外侧； 保温隔热方式:外保温； 保温材料品种、规格:30厚苯板	m^3	1.60
180	010803005001	隔热楼地面:首层地面周边2m宽铺设炉渣保温	m^3	7.07

措施项目清单

工程名称：×幼儿园　　　　第　页　共　页

序号	项目名称
1	临时设施
2	大型机械设备进出场及安拆
3	垂直运输机械
4	脚手架
5	砼、钢筋砼模板及支架
6	环境保护
7	（其他略）

其他项目清单

工程名称：×幼儿园　　　　第　页　共　页

序号	项目名称	
1	招标人部分 预留金	100000
	小　计	100000
2	投标人部分 零星工作项目费	
	小　计	
	合　计	

零星工作项目清单

工程名称：×幼儿园　　　　第　页　共　页

序　号	名　称	计量单位	数量
1	人工 (1)木工 (2)搬运工 (3)(以下略)	 工日 工日	 20 30

（续表）

序　号	名　称	计量单位	数量
	小　计		
2	材料 镀锌铁皮20号 （以下略）	m^2	10
	小　计		
3	机械 (1)载重汽车4T (2)点焊机100kv·A (3)（以下略）	台班 台班	10 5
	小计		
	合计		

×××工程

工程量清单报价表

投　标　人：××市××房地产开发公司（单位签字盖章）

法定代表人：王××（签字盖章）

造价工程师
及注册证号：张××（签字盖执业专用章）
编 制 时 间：

投　标　总　价

建设单位：　　××市××房地产开发公司

工程名称：　　×××

投标总价(小写)：¥2,510,411 元整

　　(大写)：贰佰伍拾壹万零肆佰壹拾壹元整

投　标　人：　　　　　　　　　　　　　(单位签字盖章)

法定代表人：　　　　　　　　　　　　　(签字盖章)

编 制 时 间：

总　说　明

工程名称：×××工程　　　　第　页　共　页

1. 工程概况：
2. 招标范围：土建工程
3. 工程质量要求：优良工程
4. 工期：
5. 编制依据：

(1)××市××建筑设计研究院有限公司设计的×××工程施工图1套。

(2)××市××房地产开发公司编制的《×××工程招标书》；×××工程招标答疑纪要。

(3)工程量清单计价依据国标《建筑工程工程量清单计价规范》。

(4)工程量清单计价中的工、料、机数量参考当地建筑工程定额，其中工、料、机的价格参考省、市建筑工程造价管理部门有关部门文件或近期发布的工程造价信息，并通过调查市场价格后取定。

(5)工程量清单计费按照省、市建筑工程造价管理部门有关部门文件执行。

(6)税金按照3.413％计取。

(7)人工工资按照34元/工日计。

(8)脚手架采用钢制脚手架。

工程项目总价表

工程名称：×××　　　　第1页　共1页

序号	单项工程名称	金额(元)
a	×××	2510410.87
	合计	2510410.87

单项工程费汇总表

工程名称：×××　　　　第1页　共1页

序号	单位工程名称	金额(元)
01	建筑工程	2510410.87
	合计	2510410.87

单位工程费汇总表

工程名称：×××建筑工程　　　　第1页　共1页

序号	项目名称	金额(元)
1	分部分项工程量清单计价合计	2288304.21
2	措施项目清单计价合计	135167.24
3	其他项目清单计价合计	
4	规费	5331.64
5	税金	81607.78
	合计	2510410.87

分部分项工程量清单计价表

工程名称:×××建筑工程　　　　第1页　共13页

序号	项目编码	项目名称	计量单位	工程数量	金额(元)	
					综合单价	合价
	A.1	土石方工程				
1	010101001001	平整场地土壤类别:三类土; 弃土运距:400 m以内	m^2	872.82	3.25	2836.67
2	010101003001	J-1挖基础土方;土壤类别:三类土; 基础类型:独立;挖土深度:2 m内 $N=6$	m^3	160.61	13.83	2221.24
3	010101003002	J-2挖基础土方;土壤类别:三类土; 基础类型:独立;挖土深度:2 m内 $N=1$	m^3	94.18	13.74	1294.03
4	010101003003	J-4挖基础土方;土壤类别:三类土; 基础类型:独立;挖土深度:2 m内 $N=3$	m^3	235.42	13.78	3244.09
5	010101003004	1-1挖基础土方;土壤类别:三类土 基础类型:条形;挖土深度:2 m内; 弃土运距:400 m以内 $L=90.71$ m	m^3	128.74	24.17	3111.65
6	010101003005	2-2挖基础土方;土壤类别:三类土; 基础类型:条形;挖土深度:2 m内; 弃土运距:400 m $L=32.06$m	m^3	433.00	24.20	10478.60
7	010101003006	3-3挖基础土方;土壤类别:三类土; 基础类型:条形;挖土深度:2 m内; 弃土运距:400 m以内 $L=16.64$m	m^3	255.60	24.23	6193.19
8	010101003007	4-4挖基础土方;土壤类别:三类土; 基础类型:条形;挖土深度:2 m内; 弃土运距:400 m以内 $L=12.54$m	m^3	138.44	24.17	3346.09
9	010101003008	5-5挖基础土方;土壤类别:三类土; 基础类型:条形;挖土深度:2 m内; 弃土运距:400 m以内 $L=4.97$m	m^3	66.82	22.01	1470.71
10	010101003009	6-6挖基础土方;土壤类别:三类土; 基础类型:条形;挖土深度:2 m内	m^3	829.46	24.21	20081.23

（续表）

序号	项目编码	项目名称	计量单位	工程数量	金额(元)	
					综合单价	合价
11	010101003010	7－7 挖基础土方；土壤类别：三类土； 基础类型：条形；挖土深度：2 m 内； 弃土运距：400 m 以内 $L=3.6$ m	m^3	158.98	25.88	4114.40
12	010101003011	7－7 挖基础土方；土壤类别：三类土； 基础类型：条形；挖土深度：2 m 内； 弃土运距：400 m 以内 $L=3.6$ m	m^3	169.34	24.25	4106.50
13	010103001001	土(石)方回填	m^3	1908.36	9.88	18854.60
	A.3	砌筑工程				
14	010301001001	1－1 砖基础； 砖品种、强度：烧结多孔砖； 基础类型：条形；基础深度：1500 mm； 水泥砂浆强度等级：M10 $L=90.71$ m	m^3	30.14	361.49	10895.31
15	010301001002	2－2 砖基础； 砖品种、强度：烧结多孔砖； 基础类型：条形；基础深度：1500 mm； 水泥砂浆强度等级：M10 $L=32.06$ m	m^3	8.88	328.31	2915.39
16	010301001003	3－3 砖基础； 砖品种、强度：烧结多孔砖； 基础类型：条形；基础深度：1500 mm； 水泥砂浆强度等级：M10 $L=16.64$ m	m^3	4.47	332.17	1484.80
17	010301001004	4－4 砖基础； 砖品种、强度：烧结多孔砖； 基础类型：条形；基础深度：1500 mm； 水泥砂浆强度等级：M10 $L=12.54$ m	m^3	4.75	294.43	1398.54
18	010301001005	5－5 砖基础； 砖品种、强度：烧结多孔砖； 基础类型：条形；基础深度：1500 mm； 水泥砂浆强度等级：M10 $L=4.97$ m	m^3	3.10	257.84	799.30

（续表）

序号	项目编码	项目名称	计量单位	工程数量	金额(元)	
					综合单价	合价
19	010301001006	6-6砖基础； 砖品种、强度：烧结多孔砖； 基础类型：条形；基础深度：1500 mm； 水泥砂浆强度等级：M10 $L=21.60$ m	m^3	16.17	249.60	4036.03
20	010301001007	7-7砖基础； 砖品种、强度：烧结多孔砖； 基础类型：条形；基础深度：1500 mm； 水泥砂浆强度等级：M10 $L=3.60$ m	m^3	13.03	213.38	2780.34
21	010302006001	零星砌体名称、部位：卫生间蹲台； 砂浆强度等级、配合比：混合 M5.0	m^3	1.30	246.89	320.96
22	010302006002	零星砌体名称、部位：池槽腿； 砂浆强度等级、配合比：混合 M5.0	m^3	4.03	1170.62	4717.60
23	010302006003	零星砌体名称、部位：砖墩； 砂浆强度等级、配合比：混合 M5.0	m^3	0.21	451.43	94.80
24	010304001001	空心砖墙； 墙体类型：首层及二层外墙；365； 空心砖强度等级：MU10； 砂浆强度等级：混合 M10	m^3	201.66	295.50	59590.53
25	010304001002	空心砖墙； 墙体类型：一、二层外墙；240； 空心砖、强度等级：MU10； 砂浆强度等级：混合 M10	m^3	7.84	337.62	2646.94
26	010304001003	加气混凝土砌块墙； 墙体类型：首层外墙；250； 砌块强度等级：MU3	m^3	283.46	324.18	91892.06
27	010304001004	空心砖墙； 墙体类型：三、四层外墙；365； 空心砖、强度等级：MU10； 砂浆强度等级：混合 M7.5	m^3	258.35	298.24	77050.30
28	010304001005	空心砖墙； 墙体类型：三、四层外墙；240； 空心砖、强度等级：MU10； 砂浆强度等级：混合 M7.5	m^3	39.26	382.83	15029.91

（续表）

序号	项目编码	项目名称	计量单位	工程数量	金额（元）	
					综合单价	合价
29	010304001006	空心砖墙； 墙体类型：一、二层内墙；240； 空心砖、强度等级：MU10； 砂浆强度等级：混合 M10	m^3	2405.15	352.07	846781.16
30	010304001007	首层 240 配筋砖墙	m^3	8.92	606.20	5407.30
31	010304001008	空心砖墙； 墙体类型：三、四层内墙；240； 空心砖、强度等级：MU10； 砂浆强度等级：混合 M7.5	m^3	266.74	306.25	81689.13
32	010304001009	空心砖墙； 墙体类型：三、四层女儿墙；240； 空心砖、强度等级：MU10； 砂浆强度等级：混合 M7.5	m^3	39.33	261.10	10269.06
	A.4	混凝土及钢筋混凝土工程				
33	010401001001	1－1 带形基础；垫层混凝土强度：C10； 带形基础混凝土强度等级：C20； 骨料：细砂 $L=90.71$ m	m^3	113.96	541.13	61667.17
34	010401001002	2－2 带形基础；垫层混凝土； 强度：C10； 混凝土拌和料要求：细砂 $L=32.06$ m	m^3	55.64	666.02	37057.35
35	010401001003	3－3 带形基础；垫层混凝土； 强度：C10； 混凝土拌和料要求：细砂 $L=16.64$ m	m^3	151.05	554.31	83728.53
36	010401001004	4－4 带形基础； 垫层混凝土强度等级：C10 混凝土拌和料要求：细砂 $L=12.54$ m	m^3	7.50	554.73	4160.48
		本页小计				1317379.39
37	010401001005	5－5 带形基础；垫层混凝土强度：C10； 混凝土拌和料要求：细砂 $L=4.97$ m	m^3	5.83	734.87	4284.29
38	010401001006	6－6 带形基础；垫层混凝土强度：C10； 混凝土拌和料要求：细砂 $L=21.60$ m	m^3	57.17	803.20	45918.94

（续表）

序号	项目编码	项目名称	计量单位	工程数量	金额(元)	
					综合单价	合价
39	010401002001	J－1 独立基础;混凝土强度:C25; 混凝土拌和料要求:碎石 $N=6$	m^3	12.42	634.07	7875.15
40	010401002002	J－2 独立基础;混凝土强度等级:C25; 混凝土拌和料要求:碎石 $N=1$	m^3	1.13	1957.02	2211.43
41	010401002003	J－3 独立基础;混凝土强度等级:C25; 混凝土拌和料要求:碎石 $N=4$	m^3	5.46	485.01	2648.15
42	010401002004	J－4 独立基础;混凝土强度等级:C25; 混凝土拌和料要求:碎石 $N=3$	m^3	2.31	486.24	1123.21
43	010402001001	矩形柱;首层 490 外墙上 GZ3; 柱截面:370×490;混凝土强度:C25; 混凝土拌和料要求:中砂碎石 $N=3$	m^3	3.00	972.95	2918.85
44	010402001002	矩形柱;首层 365 外墙上 GZ6; 柱截面:200×370;混凝土强度:C25; 混凝土拌和料要求:中砂碎石 $N=16$	m^3	4.85	972.95	4718.81
45	010402001003	矩形柱;首层 365 外墙上 GZ2; 柱截面:370×370;混凝土强度:C25; 混凝土拌和料要求:中砂碎石 $N=7$	m^3	4.21	972.95	4096.12
46	010402001004	矩形柱;首层 365 外墙上 GZ5; 柱截面:240×370;混凝土强度:C25; 混凝土拌和料要求:中砂碎石	m^3	0.84	972.95	817.28
47	010402001005	矩形柱;首层 365 外墙上 GZ7; 柱截面:300×300;混凝土强度:C25; 混凝土拌和料要求:中砂碎石	m^3	0.78	972.95	758.90
48	010402001006	矩形柱;首层 365 外墙上 GZ1 带马牙茬; 柱截面:240×240;混凝土强度:C25; 混凝土拌和料要求:中砂碎石	m^3	2.46	972.95	2393.46

（续表）

序号	项目编码	项目名称	计量单位	工程数量	金额（元）	
					综合单价	合价
49	010402001007	矩形柱；首层 240 内墙上 GZ1； 柱截面：240×240 带马牙茬； 混凝土强度：C25； 混凝土拌和料要求：中砂碎石	m^3	8.26	972.95	8036.57
50	010402001008	矩形柱；首层框架外墙上 Z1； 柱截面：350×370；混凝土强度：C25； 混凝土拌和料要求：中砂碎石	m^3	1.17	1243.75	1455.19
51	010402001009	矩形柱；首层框架外墙上 Z2； 柱截面：350×370；混凝土强度：C25； 混凝土拌和料要求：中砂碎石	m^3	1.17	1243.75	1455.19
52	010402001010	矩形柱；首层框架外墙上 Z3； 柱截面：350×370；混凝土强度：C25； 混凝土拌和料要求：中砂碎石	m^3	1.17	1243.75	1455.19
53	010402001011	矩形柱；首层框架外墙上 Z4； 柱截面：350×370；混凝土强度：C25； 混凝土拌和料要求：中砂碎石	m^3	2.91	500.06	1455.17
54	010402001012	矩形柱；二层 490 外墙上 GZ3； 柱截面：370×490；混凝土强度：C25； 混凝土拌和料要求：中砂碎石	m^3	3.00	972.95	2918.85
55	010402001013	矩形柱；二层 365 外墙上 GZ6； 柱截面：200×370；凝土强度：C25； 混凝土拌和料要求：中砂碎石	m^3	4.85	972.95	4718.81
56	010402001014	矩形柱；二层 365 外墙上 GZ2； 柱截面：370×370；混凝土强度：C25； 混凝土拌和料要求：中砂碎石	m^3	4.16	972.95	4047.47
57	010402001015	矩形柱；二层 365 外墙上 GZ5； 柱截面：240×370；混凝土强度：C25； 混凝土拌和料要求：中砂碎石	m^3	0.86	972.95	836.74
58	010402001016	矩形柱；二层 365 外墙上 GZ7； 柱截面：300×300；混凝土强度：C25； 混凝土拌和料要求：中砂碎石	m^3	0.78	972.95	758.90

（续表）

序号	项目编码	项目名称	计量单位	工程数量	金额(元)	
					综合单价	合价
59	010402001017	矩形柱；二层365外墙上GZ1带马牙茬；柱截面：240×240； 混凝土强度：C25； 混凝土拌和料要求：中砂碎石	m^3	2.46	972.95	2393.46
60	010402001018	矩形柱；二层240内墙上GZ1； 柱截面：240×240带马牙茬； 混凝土强度：C25； 混凝土拌和料要求：中砂碎石	m^3	8.26	972.95	8036.57
61	010402001019	矩形柱；三层240外墙上GZ3； 柱截面：370×490；混凝土强度：C25； 混凝土拌和料要求：中砂碎石	m^3	2.87	972.95	2792.37
62	010402001020	矩形柱；三层365外墙上GZ6； 柱截面：200×370；混凝土强度：C25； 混凝土拌和料要求：中砂碎石	m^3	4.85	972.95	4718.81
63	010402001021	矩形柱；三层365外墙上GZ2； 柱截面：370×370；混凝土强度：C25； 混凝土拌和料要求：中砂碎石	m^3	8.52	972.95	8289.53
64	010402001022	矩形柱；三层365外墙上GZ5； 柱截面：240×370；混凝土强度：C25； 混凝土拌和料要求：中砂碎石	m^3	0.80		
65	010402001023	矩形柱；三层365外墙上GZ7； 柱截面：300×300；混凝土强度：C25； 混凝土拌和料要求：中砂碎	m^3	0.78	972.95	758.90
66	010402001024	矩形柱；三层365外墙上GZ1带马牙茬； 柱截面：240×240；混凝土强度：C25； 混凝土拌和料要求：中砂碎石	m^3	2.46	972.95	2393.46
67	010402001025	矩形柱：三层240内墙上GZ1； 柱截面：240×240带马牙茬； 混凝土等级：C25； 混凝土拌和料要求：中砂碎石	m^3	8.26	972.95	8036.57

（续表）

序号	项目编码	项目名称	计量单位	工程数量	金额(元)	
					综合单价	合价
68	010402001026	矩形柱;四层 490 外墙上 GZ3; 柱截面:370×490;混凝土强度:C25; 混凝土拌和料要求:中砂碎石	m^3	0.80	972.95	778.36
69	010402001027	矩形柱;四层外墙上 GZ; 柱截面:250×250;混凝土强度:C25; 混凝土拌和料要求:中砂碎石	m^3	4.06	972.95	3950.18
70	010402001028	矩形柱;屋顶走廊柱 Z; 柱截面:300×300;混凝土强度:C25; 混凝土拌和料要求:中砂碎石	m^3	2.27	972.95	2208.60
71	010402001029	矩形柱;三层女儿墙上 GZ; 柱截面:250×250;混凝土强度:C25; 混凝土拌和料要求:中砂碎石	m^3	3.35	972.95	3259.38
72	010402001030	矩形柱;四层女儿墙上 GZ; 柱截面:250×250;混凝土强度:C25; 混凝土拌和料要求:中砂碎石	m^3	1.67	972.95	1624.83
73	010403002001	矩形梁首层 L—1;混凝土强度:C25; 梁截面:240×450	m^3	0.79	1050.15	829.62
74	010403002002	矩形梁首层 L—2;混凝土强度:C25; 梁截面:240×250	m^3	0.30	1040.37	312.11
75	010403002003	矩形梁首层 L—3;混凝土强度:C25; 梁截面:240×450	m^3	0.36	1040.39	374.54
76	010403002004	矩形梁首层 L—4;混凝土强度:C25; 梁截面:250×600	m^3	1.65	1040.38	1716.63
77	010403002005	矩形梁首层 L—5;混凝土强度:C25; 梁截面:240×450	m^3	0.35	1040.37	364.13
78	010403002006	矩形梁首层 LL—1;混凝土强度:C25; 梁截面:240×600	m^3	0.82	1040.38	853.11
79	010403002007	矩形梁首层 LL;混凝土强度:C25; 梁截面:240×450	m^3	0.89	1040.38	925.94

（续表）

序号	项目编码	项目名称	计量单位	工程数量	金额(元)	
					综合单价	合价
80	010403002008	矩形梁首层 LL;混凝土强度:C25;梁截面:240×450	m^3	1.24	1040.38	1290.07
81	010403002009	矩形梁首层 L;混凝土强度:C25;梁截面:240×450	m^3	0.36	1040.39	374.54
82	010403002010	矩形梁首层框架 WL(1);混凝土强度:C25;梁截面:250×(700－130)	m^3	4.69	1040.38	4879.38
83	010403002011	矩形梁首层框架 WL(4);混凝土强度:C25;梁截面:250×(450－130)	m^3	1.10	1040.38	1144.42
84	010403002012	矩形梁首层框架 KL(6);混凝土强度:C25;梁截面:370×(450－130)	m^3	8.68	1040.38	9030.50
85	010403002013	矩形梁首层框架 KL(1);混凝土强度 C25;梁截面:370×(450－130)	m^3	0.91	1040.38	946.75
86	010403002014	矩形梁首层框架 KL(2);混凝土强度:C25;梁截面:370×(600－130)	m^3	3.09	1040.38	3214.77
87	010403002015	矩形梁 2 层 L－1;混凝土强度:C25;梁截面:240×(450－110)	m^3	1.19	1040.38	1238.05
88	010403002016	矩形梁 2 层 L－2;混凝土强度:C25;梁截面:240×(250－80)	m^3	0.30	1040.37	312.11
89	010403002017	矩形梁二层 L－3;混凝土强度:C25;梁截面:240×(450－150)	m^3	0.36	1040.39	374.54
90	010403002018	矩形梁二层 L－4;混凝土强度:C25;梁截面:250×(600－110)	m^3	1.65	1040.38	1716.63
91	010403002019	矩形梁二层 L－5;混凝土强度:C25;梁截面:240×(450－150)	m^3	0.17	1040.35	176.86

（续表）

序号	项目编码	项目名称	计量单位	工程数量	金额(元)	
					综合单价	合价
92	010403002020	矩形梁二层 YL1；混凝土强度：C25；梁截面：240×600	m^3	0.20	1040.40	208.08
93	010403002021	矩形梁二层 LL－1；混凝土强度：C25；梁截面：240×600	m^3	3.27	1040.38	3402.04
94	010403002022	矩形梁三层 WL－1；混凝土强度：C25；梁截面：240×450	m^3	1.21	1040.38	1258.86
95	010403002023	矩形梁三层 L－2；混凝土强度：C25；梁截面：240×250	m^3	0.36	1040.39	374.54
96	010403002024	矩形梁三层 WL4；混凝土强度：C25；梁截面：250×600	m^3	1.65	1040.38	1716.63
97	010403002025	矩形梁三层 WLL1；混凝土强度级：C25；梁截面：250×600	m^3	3.27	1040.38	3402.04
98	010403002026	矩形梁四层 YL1；混凝土强度：C25；梁截面：240×120	m^3	4.72	1040.38	4910.59
99	010403004001	首层 365 外墙圈梁 QL2；混凝土强度：C25；梁截面：240×120	m^3	6.37	729.46	4646.66
100	010403004002	首层 240 内墙圈梁 QL1；混凝土强度：C25；混凝土拌和料要求：中砂碎石；梁截面：240×180	m^3	6.64	729.46	4843.61
101	010403004003	二层 365 外墙圈梁 QL2；混凝土强度：C25；混凝土拌和料要求：中砂碎石；梁截面：370×180	m^3	7.36	729.46	5368.83
102	010403004004	二层 240 内墙圈梁 QL1；混凝土强度：C25；混凝土拌和料要求：中砂碎石；梁截面：240×180	m^3	6.64	729.46	4843.61
103	010403004005	三层 365 外墙圈梁 QL2；混凝土强度：C25；砼拌和料要求：中砂碎石；梁截面：370×180	m^3	7.36	729.46	5368.83

（续表）

序号	项目编码	项目名称	计量单位	工程数量	金额(元)	
					综合单价	合价
104	010403004006	三层240内墙圈梁QL1;砼强度:C25; 混凝土拌和料要求:中砂碎石; 梁截面:240×180	m^3	6.80	729.46	4960.33
105	010403005001	过梁;首层365外墙过梁GL－1; 单件体积:2 m^3 内;安装高度:3.6 m内; 混凝土强度:C25;梁截面:370×500	m^3	2.40	1137.77	2730.65
106	010403005002	过梁;首层365外墙过梁GL－2; 单件体积:2 m^3 内;安装高度:3.6 m内; 混凝土强度:C25;梁截面:370×450	m^3	0.96	1137.77	1092.26
107	010403005003	首层365外墙过梁GL－3;单件体积: 2 m^3 内;安装高度:3.6 m内; 混凝土强度:C25;梁截面:370×350	m^3	0.81	1137.77	921.59
108	010403005004	首层365外墙过梁GL－4;单件体积: 2 m^3 内;安装高度:3.6 m内; 混凝土强度:C25;梁截面:370×300	m^3	0.39	1137.77	443.73
109	010403005005	首层240外墙过梁GL－5单件体积: 2 m^3 内;安装高度:3.6 m内; 混凝土强度:C25;梁截面:240×300	m^3	0.23	1137.78	261.69
110	010403005006	首层365外墙过梁GL－6;单件体积: 2 m^3 内;安装高度:3.6 m内; 混凝土强度:C25;梁截面:370×350	m^3	1.06	1137.77	1206.04
111	010403005007	2层365外墙过梁GL－1;单件体积: 2 m^3 内;安装高度:3.6 m内; 混凝土强度:C25; 梁截面:370×500	m^3	2.40	1137.77	2730.65
112	010403005008	2层365外墙过梁GL－2;单件体积: 2 m^3 内;安装高度:3.6 m内; 混凝土强度:C25; 梁截面:370×450	m^3	0.98	1137.77	1115.01

（续表）

序号	项目编码	项目名称	计量单位	工程数量	金额（元）	
					综合单价	合价
113	010403005009	2层365外墙过梁GL－3；单件体积：2 m^3内；安装高度：3.6 m内；混凝土强度：C25；梁截面：370×350	m^3	0.57	1137.77	648.53
114	010403005010	2层365外墙过梁GL－4；单件体积：2 m^3内；安装高度：3.6 m内；混凝土强度：C25；梁截面：370×300	m^3	0.39	1137.77	443.73
115	010403005011	二层240外墙过梁GL－5；单件体积：2 m^3内；安装高度：3.6 m内；混凝土强度：C25；梁截面：240×300	m^3	0.23	1137.78	261.69
116	010403005012	二层365外墙过梁GL－6；单件体积：2 m^3内；安装高度：3.6 m内；混凝土强度：C25；梁截面：370×350	m^3	1.06	1137.77	1206.04
117	010403005013	三层365外墙过梁GL－1；单件体积：2 m^3内；安装高度：3.6 m内；混凝土强度：C25；梁截面：370×500	m^3	2.40	1137.77	2730.65
118	010403005014	三层365外墙过梁GL－2；单件体积：2 m^3内；安装高度：3.6 m内；混凝土强度：C25	m^3	0.98	1137.77	1115.01
119	010403005015	三层365外墙过梁GL－3；单件体积：2 m^3内；安装高度：3.6 m内；混凝土强度：C25；梁截面：370×350	m^3	0.57	1137.77	648.53
120	010403005016	三层365外墙过梁GL－4；单件体积：2 m^3内；安装高度：3.6 m内；混凝土强度：C25；梁截面：370×300	m^3	0.39	1137.77	443.73
121	010403005017	三层240外墙过梁WL－5定；单件体积：2 m^3内；安装高度：3.6 m内；混凝土强度：C25；梁截面：240×450	m^3	0.60	784.33	470.60

（续表）

序号	项目编码	项目名称	计量单位	工程数量	金额(元)	
					综合单价	合价
122	010403005018	三层365外墙过梁SGL－1；单件体积：2 m^3内；安装高度：3.6 m内；混凝土强度：C25；梁截面：370×500	m^3	1.96	1137.77	2230.03
123	010403005019	3层365外墙过梁SGL－2；单件体积：2 m^3内；安装高度：3.6 m内；混凝土强度：C25；梁截面：370×450	m^3	2.69	784.34	2109.87
124	010405003001	平板首层现浇楼板 混凝土强度等级：C25	m^3	7.00	582.77	4079.39
125	010405003002	平板首层现浇楼板 混凝土强度等级：C25；板厚80	m^3	4.84	850.44	4116.13
126	010405003003	平板首层现浇楼板 混凝土强度：C25；板厚80	m^3	1.31	584.39	765.55
127	010405003004	平板首层现浇楼板 混凝土强度等级：C25；板厚110	m^3	5.65	707.00	3994.55
128	010405003005	平板首层现浇楼板 混凝土强度等级：C25；板厚110	m^3	22.23	529.76	11776.56
129	010405003006	平板首层现浇楼板 混凝土强度等级：C25；板厚110	m^3	3.90	707.00	2757.30
130	010405003007	平板首层现浇楼板 混凝土强度等级：C25；板厚150	m^3	13.10	707.00	9261.70
131	010405003008	平板首层现浇楼板 混凝土强度等级：C25；板厚130	m^3	10.86	707.00	7678.02
132	010405003009	平板首层现浇楼板 混凝土强度等级：C25；板厚130	m^3	3.86	707.00	2729.02
133	010405003010	平板首层现浇楼板 混凝土强度等级：C25；板厚110	m^3	5.39	850.44	4583.87

（续表）

序号	项目编码	项目名称	计量单位	工程数量	金额(元)	
					综合单价	合价
134	010405003011	平板 2 层现浇楼板 混凝土强度等级:C25;板厚 90	m^3	61.64	850.44	52421.12
135	010405003012	平板 2 层现浇楼板 混凝土强度等级:C25;板厚 80	m^3	4.29	850.44	3648.39
136	010405003013	平板 2 层现浇楼板 混凝土强度等级:C25;板厚 80	m^3	1.31	850.44	1114.08
137	010405003014	平板 2 层现浇楼板 混凝土强度等级:C25;板厚 110	m^3	5.65	529.76	2993.14
138	010405003015	平板 2 层现浇楼板 混凝土强度等级:C25;板厚 110	m^3	22.23	707.00	15716.61
139	010405003016	平板 2 层现浇楼板 混凝土强度等级:C25;板厚 110	m^3	3.90	707.00	2757.30
140	010405003017	平板 2 层现浇楼板 混凝土强度等级:C25;板厚 150	m^3	13.10	707.00	9261.70
141	010405003018	平板 2 层现浇楼板 混凝土强度等级:C25	m^3	5.52	850.44	4694.43
142	010405003019	平板 3 层现浇楼板 混凝土强度等级:C25;板厚 150	m^3	9.17	707.00	6483.19
143	010405003020	平板 3 层现浇楼板 混凝土强度等级:C25;板厚 110	m^3	5.52	707.00	3902.64
144	010405003021	平板 3 层现浇楼板 混凝土强度等级:C25;板厚 90	m^3	1.65	850.44	1403.23
145	010405003022	平板 3 层现浇楼板 混凝土强度等级:C25;板厚 110	m^3	6.06	707.00	4284.42
146	010405003023	平板 3 层现浇楼板 混凝土强度等级:C25;板厚 90	m^3	7.00	850.44	5953.08
147	010405003024	平板 3 层现浇楼板 混凝土强度等级:C25;板厚 110	m^3	22.77	707.00	16098.39

（续表）

序号	项目编码	项目名称	计量单位	工程数量	金额(元)	
					综合单价	合价
148	010405003025	平板3层现浇楼板 混凝土强度等级:C25;板厚110	m^3	2.09	850.44	1777.42
149	010405003026	平板4层现浇楼板 混凝土强度等级:C25;板厚100	m^3	3.02	850.44	2568.33
150	010405003027	平板4层现浇楼板 混凝土强度等级:C25;板厚100	m^3	16.21	850.44	13785.63
151	010405008001	雨篷;混凝土强度等级:C25	m^3	1.19	1492.70	1776.31
152	010406001001	1#直形楼梯;混凝土强度等级:C25	m^2	58.32	189.62	11058.64
153	010406001002	2#直形楼梯;混凝土强度等级:C25	m^2	58.32	189.62	11058.64
154	010407002001	散水、坡道	m^2	158.12	56.84	8987.54
155	010410003001	首层240内墙预制过梁GL; 单件体积:2 m^3 内;安装高度:3.6 m内; 混凝土强度等级:C30	m^3	1.04	1186.70	1234.17
156	010410003002	首层240内墙预制过梁GL; 单件体积:2 m^3 内;安装高度:3.6 m内; 混凝土强度等级:C30	m^3	1.07	1186.78	1269.85
157	010410003003	首层240内墙预制过梁GL; 单件体积:2 m^3 内;安装高度:3.6 m内; 混凝土强度等级:C30	m^3	0.67	1187.40	790.81
158	010410003004	首层240内墙预制过梁GL; 单件体积:2 m^3 内;安装高度:3.6 m内; 混凝土强度等级:C30	m^3	0.30	1187.70	361.06
159	010410003005	二层240内墙预制过梁GL; 单件体积:2 m^3 内;安装高度:3.6 m内; 混凝土强度等级:C30	m^3	1.58	1187.77	1876.68
160	010410003006	二层240内墙预制过梁GL; 单件体积:2 m^3 内;安装高度:3.6 m内; 混凝土强度等级:C30	m^3	1.22	1187.17	1448.35

（续表）

序号	项目编码	项目名称	计量单位	工程数量	金额（元）	
					综合单价	合价
161	010410003007	二层240内墙预制过梁GL； 单件体积：2 m^3 内；安装高度：3.6 m内； 混凝土强度等级：C30	m^3	0.67	1187.40	790.81
162	010410003008	二层240内墙预制过梁GL； 单件体积：2 m^3 内；安装高度：3.6 m内； 混凝土强度等级：C30	m^3	0.30	1187.70	361.06
163	010410003009	三层240内墙预制过梁GL； 单件体积：2 m^3 内；安装高度：3.6 m内； 混凝土强度等级：C30	m^3	1.58	1187.77	1876.68
164	010410003010	三层240内墙预制过梁GL； 单件体积：2 m^3 内；安装高度：3.6 m内； 混凝土强度等级：C30	m^3	1.22	1187.17	1448.35
165	010410003011	三层240内墙预制过梁GL； 单件体积：2 m^3 内；安装高度：3.6 m内； 混凝土强度等级：C30	m^3	0.61	1203.47	729.30
166	010410003012	三层240内墙预制过梁GL； 单件体积：2 m^3 内；安装高度：3.6 m内； 混凝土强度等级：C30	m^3	0.36	1187.58	432.28
167	010410003013	四层240外墙预制过梁GL； 单件体积：2 m^3 内；安装高度：3.6 m内； 混凝土强度等级：C30	m^3	1.12	1189.85	1332.63
168	010410003014	四层240外墙预制过梁GL； 单件体积：2 m^3 内；安装高度：3.6 m内； 混凝土强度等级：C30	m^3	0.30	1189.84	361.71
169	010416001001	现浇混凝土钢筋	t	57.170	4134.92	236393.38
170	010416002001	预制构件钢筋	t	1.570	5870.04	9215.96
171	010417002001	预埋铁件	t	0.160		
	A.7	屋面及防水工程				
172	010702001001	屋面卷材防水	m^2	877.97	58.30	51185.65
173	010702004001	屋面排水管	m	41.20	39.08	1610.10
合计				2288304.21		

措施项目清单计价表

工程名称：×××建筑工程　　　　　　　　　　　　　　　　　　　　　　第 1 页　共 1 页

序号	单项名称	金额(元)
1	大型机械设备进出场及安拆	3470.40
2	混凝土、钢筋混凝土模板及支架	128359.13
3	脚手架	1064.49
4	垂直运输机械	2273.22
	合　计	135167.24

其他项目清单计价表

工程名称：×××　　　　第 1 页　共 1 页

序号	项目名称	金额(元)
1	招标人部分	
	小计	
2	投标人部分	
	小计	
	合　计	

零星工作项目计价表

工程名称：×××　　　　第1页　共1页

序号	名称	计量单位	数量	金额（元）	
				综合单价	合价
1	【人工】				
	小计				
2	【材料】				
	小计				
3	【机械】				
	小计				
	合计				

分部分项工程量清单综合单价计算表(部分)

工程名称:×××建筑工程

序号	编号	名称	单位	数量	综合单价组成(元)					
					人工费	材料费	机械使用费	管理费	利润	合价
1	010101001001	平整场地土壤类别:三类土; 弃土运距:400 m 以内	m^2	872.82	1492.52			1012.47	331.67	2836.67
	1－56	场地平整	100 m^2	8.74	1488.20					1488.20
2	010101003001	J－1 挖基础土方; 土壤类别:三类土; 基础类型:独立; 挖土深度:2 m 内 $N=6$	m^3	160.61	1206.18		8.03	740.41	266.61	2221.24
	1－42	人工挖地坑　普通土 $h\leqslant 2$m	100 m^3	1.61	1175.12					1175.12
	1－55	原土打夯	100 m^2	1.15	30.01		7.48			37.49
3	010101003002	J－2 挖基础土方; 土壤类别:三类土; 基础类型:独立; 挖土深度:2 m 内 $N=1$	m^3	94.18	703.52		3.77	431.34	155.40	1294.03
	1－55	原土打夯	100 m^2	0.56	14.60		3.64			18.24
	1－42	人工挖地坑　普通土 $h\leqslant 2$m	100 m^3	0.94	689.08					689.08
4	010101003003	J－4 挖基础土方; 土壤类别:三类土; 基础类型:独立; 挖土深度:2 m 内 $N=3$	m^3	235.42	1763.30		9.42	1080.58	390.80	3244.09
	1－55	原土打夯	100 m^2	1.57	41.06		10.23			51.29

分部分项工程量清单综合单价计算表(部分)

工程名称:×××建筑工程

序号	编号	名称	单位	数量	综合单价组成(元)						综合单价
					人工费	材料费	机械使用费	管理费	利润	合价	
	1—42	人工挖地坑　普通土 $h\leqslant2$m	100 m^3	2.35	1722.47					1722.47	7.32
5	010101003004	1—1挖基础土方; 土壤类别:三类土; 基础类型:条形; 挖土深度:2 m内; 弃土运距:400 m以内 L=90.71 m	m^3	128.74	1687.78	14.16	5.15	1032.49	372.06	3111.65	24.17
	1—30	人工挖地槽　普通土 $h\leqslant2$m	100 m^3	1.29	847.57					847.57	6.58
	1—57	运土　50 m以内	100 m^3	0.64	450.98	8.23				459.21	3.57
	1—58＊7	运土400 m以内每增加50 m	100 m^3	0.64	368.53	6.99				375.52	2.92
	1—55	原土打夯	100 m^2	0.86	22.45		5.60			28.05	0.22
6	010101003005	2—2挖基础土方; 土壤类别:三类土; 基础类型:条形; 挖土深度:2 m内; 弃土运距:400 m L=32.06 m	m^3	433.00	5680.96	47.63	17.32	3476.99	1255.70	10478.60	24.20
	1—30	人工挖地槽　普通土 $h\leqslant2$m	100 m^3	4.33	2850.70					2850.70	6.58
	1—57	运土　50 m以内	100 m^3	2.17	1516.80	27.69				1544.49	3.57
	1—58＊7	运土400 m以内每增加50 m	100 m^3	2.17	1238.92	23.49				1262.41	2.92
	1—55	原土打夯	100 m^2	2.95	77.17		19.23			96.41	0.22
7	010101003006	3—3挖基础土方; 土壤类别:三类土; 基础类型:条形; 挖土深度:2 m内; 弃土运距:400 m以内 L=16.64 m	m^3	255.60	3356.03	28.12	12.78	2055.02	741.24	6193.19	24.23
	1—30	人工挖地槽　普通土 $h\leqslant2$m	100 m^3	2.56	1682.77					1682.77	6.58
	1—57	运土　50 m以内	100 m^3	1.28	895.37	16.35				911.71	3.57
	1—58＊7	运土400 m以内每增加50 m	100 m^3	1.28	731.34	13.87				745.20	2.92
	1—55	原土打夯	100 m^2	1.85	48.40		12.06			60.46	0.24

（续表）

序号	编号	名称	单位	数量	综合单价组成(元)						综合单价
					人工费	材料费	机械使用费	管理费	利润	合价	
8	010101003007	4－4 挖基础土方； 土壤类别:三类土； 基础类型:条形； 挖土深度:2 m 内； 弃土运距:400 m 以内 L=12.54 m	m³	138.44	1814.95	15.23	5.54	1110.29	400.09	3346.09	24.17
	1－30	人工挖地槽　普通土 h≤2m	100 m³	1.38	911.43					911.43	6.58
	1－57	运土　50 m 以内	100 m³	0.69	484.96	8.85				493.81	3.57
	1－58＊7	运土 400 m 以内每增加 50 m	100 m³	0.69	396.00	7.51				403.51	2.91
	1－55	原土打夯	100 m²	0.92	23.94		5.97			29.90	0.22
18	010301001005	5－5 砖基础；砖品种、强度等级:烧结多孔砖； 基础类型:条形； 基础深度:1500 mm； 水泥砂浆强度等级:M10 L=4.97 m	m³	3.10	125.21	553.38	9.18	81.96	29.57	799.30	257.84
	3－1 换	砖基础 M5 水泥砂浆	10 m³	0.31	99.37	442.62	3.87			545.85	176.08
	3－4	墙基防潮层 1∶2 防水砂浆 (5 %防水粉)	100 m²	0.01	2.68	6.24	0.13			9.05	2.92
	5－30－2 换	现浇钢筋砼圈梁(无模板)现 C20 碎 4032.5	10 m³	0.03	23.12	104.53	5.17			132.83	42.85
19	010301001006	6－6 砖基础； 砖品种、规格、强度等级:烧结多孔砖；基础类型:条形；基础深度:1500 mm； 水泥砂浆强度等级:M10 L=21.60 m	m³	16.17	632.41	2798.87	43.66	412.34	148.76	4036.03	249.60
	3－1 换	砖基础 M5 水泥砂浆	10 m³	1.62	518.33	2308.75	20.16			2847.25	176.08
	3－4	墙基防潮层 1∶2 防水砂浆 (5 %防水粉)	100 m²	0.05	11.68	27.16	0.57			39.40	2.44
	5－30－2 换	现浇钢筋砼圈梁(无模板)现 C20 碎 4032.5	10 m³	0.12	102.39	462.94	22.91			588.24	36.38
171	010417002001	预埋铁件	t	0.16							
	5－223	铁件调整	1 吨								
172	010702001001	屋面卷材、防水	m²	877.97	7831.49	36497.21	193.15	4899.07	1764.72	51185.65	58.30
	8－94 换	1∶3 水泥砂浆找平层在填充料上 2 cm 厚	100 m²	8.78	1795.19	4272.64	109.48			6177.31	7.04

（续表）

序号	编号	名称	单位	数量	综合单价组成(元)						综合单价
					人工费	材料费	机械使用费	管理费	利润	合价	
	8－95换	1∶3水泥砂浆找平层在砼或硬基层上2 cm厚	100 m^2	8.78	1556.90	3424.52	85.60			5067.03	5.77
	9－5	1∶8水泥炉(矿)渣屋面保温层	10 m^3	10.54	3180.83	5991.57				9172.40	10.45
	9－47	高聚物改性沥青卷材屋面(热熔)3 m厚	100 m^2	8.78	1306.33	22811.86				24118.19	27.47
173	010702004001	屋面排水管	m	41.20	259.97	1134.24		158.62	57.27	1610.10	39.08
	9－123	塑料落水口Φ100	10个	0.60	52.81	109.13				161.94	3.93
	9－119	硬聚氯乙烯水斗矩形3″	10个	0.60	21.91	96.42				118.33	2.87
	9－121	塑料水落管Φ100	10 m	4.12	185.24	928.61				1113.84	27.03

措施项目费分析表

工程名称：×××建筑工程　　　　第1页　共1页

序号	项目名称	单位	数量	金额(元)					
				人工费	材料费	机械使用费	管理费	利润	小计
1	大型机械设备进出场及安拆	项	1.00	735.75	1775.60	154.59	429.23	375.23	3470.40
2	混凝土、钢筋混凝土模板及支架	项	1.00	38162.86	43236.04	3032.54	24464.63	19463.06	128359.10
3	脚手架	项	1.00	371.27	299.62	103.15	101.10	189.35	1064.49
4	垂直运输机械	项	1.00	99.26		1844.54	278.80	50.62	2273.22

主要材料价格表及费用

工程名称：×××　　　　第1页　共2页

序号	材料编码	材料名称	规格、型号等特殊要求	单位	数量	单价(元)	合价(元)
1	c00166	铁件		t	0.010	4200.00	25.20
2	TJ_c00134	钢筋Ⅰ级钢ϕ10以内		t	31.690	3750.00	118822.50
3	TJ_c00135	钢筋Ⅰ级钢ϕ10以上		t	25.020	3500.00	87566.50
4	TJ_c00137	钢筋ⅡⅢ级钢ϕ10以上		t	72.110	3600.00	259603.20
5	TJ_c00138	冷拔丝		t	0.250	3950.00	995.40
6	TJ_c00139	预应力钢筋ϕ10内		t	1.570	3950.00	6201.50
7	TJ_c00157	钢管脚手ϕ48×3.5		t	0.030	3150.00	103.95
8	TJ_c00158	钢管扣件直角		个	3.08	4.00	12.32
9	TJ_c00159	钢管扣件对接		个	0.36	5.00	1.80
10	TJ_c00160	钢管扣件迴转		个	0.17	4.30	0.73
11	TJ_c00161	钢管底座		个	0.38	4.00	1.52
12	TJ_c00162	钢模板		t	6.560	4200.00	27534.36
13	TJ_c00175	钢支撑		kg	3994.850	3.00	11984.54
14	TJ_c00188	钢轨38kg/m		kg	0.400	3.90	1.54
15	TJ_c00206	钢丝绳ϕ8		kg	0.530	4.60	2.44
16	TJ_c00198	铅丝8＃镀锌铁丝		kg	1.350	4.30	5.78
17	TJ_c00200	铅丝12＃镀锌铁丝		kg	35.630	4.30	153.23
18	TJ_c00203	铅丝22＃镀锌铁丝		kg	621.960	5.60	3482.96
19	TJ_c0032	白水泥		kg	11.560	0.43	4.97
20	TJ_c0065	加气混凝土块		m^3	286.86	145.00	41594.99
21	TJ_c00120	模板料		m^3	9.51	1757.31	16703.23
22	TJ_c00120.1	模板料		m^3	10.04	1500.00	15064.50
23	TJ_c00131	竹脚手板3000×330×50		m^2	6.41	16.00	102.56
24	TJ_c001	机砖240×115×53		千块	44.26	210.00	9295.02
25	TJ_c002	多孔砖240×115×90		千块	1073.38	330.00	354216.72
26	TJ_c00275	防水粉		kg	33.620	1.50	50.43
27	TJ_c0033	生石灰		t	1.84	74.00	136.16
28	TJ_c0034	中粗砂		m^3	5.82	70.00	407.12

（续表）

序号	材料编码	材料名称	规格、型号等特殊要求	单位	数量	单价(元)	合价(元)
29	TJ_c00391	石膏粉		kg	464.85	0.58	269.61
30	TJ_c0042	碎石 2～4 cm		m^3	9.20	43.00	395.60
31	TJ_c0050	滑石粉		kg	3140.58	0.38	1193.42
32	TJ_c007	瓷砖 150×150×5 白色		千块	3.10	300.00	929.40
33	TJ_c00258	电焊条		kg	179.76	4.70	844.88
34	TJ_c00348	乳胶漆室内		kg	6306.10	10.70	67475.26
35	TJ_c001107	改性沥青基层处理剂		kg	351.19	4.20	1474.99
36	TJ_c00376	107 胶		kg	44.44	1.27	56.44
37	TJ_c00378	聚醋酸乙烯乳胶白乳胶		kg	385.49	5.81	2239.67
38	TJ_c00397	羧甲基纤维素化学浆糊		kg	77.10	5.50	424.03
39	TJ_c001104	高聚物改性沥青卷材 2mm		m^2	96.58	16.50	1593.52
40	TJ_c00568	高聚物改性沥青卷材 3mm		m^2	978.94	18.50	18110.33
41	TJ_c001073	硬聚氯乙烯水落管		m	43.26	19.00	821.94
42	TJ_c001077	硬聚氯乙烯落水口 Φ100		个	6.06	15.83	95.93
43	TJ_c00323	硬聚氯乙烯水斗 3″		个	6.06	8.10	49.09

建筑设计总说明

一、工程概况：1: 本工程为纵横幼儿园，幼儿园位于住宅小区主入口南侧，物业综合楼东侧，具体位置详见总平面图所示，建筑高度为12.70 M.

2: 本工程共三层，一层设有两个活动单元、音体活动室、厨房等。二、三层有两个活动单元及部分办公用房。三层顶及音体室顶为室外活动平台

3: 本工程音体活动室结构形式为框架结构，其余部分结构形式为砖混结构。

4: 本工程建筑面积为2252.5m²，

本工程建筑耐火等级为二级。

建筑耐久年限为二级，50年。

屋面防水等级为Ⅲ级，防水层耐用年限为10年，一道防水设防。

5: 本工程抗震设防烈度为7度。

二、设计依据：1: 规划部门批准的规划及建筑单体设计方案，勘探部门提供的地质资料，及甲方提供的条件和要求

2: 邯郸市城市规划管理条例实施细则

3: 邯郸市水文气象资料

4: 现行的建筑，结构，设备设计规范，规程及施工验收规范，规程等

5: 选用图集：河北省工程建设标准设计《98系列建设标准设计图集》98J1~9812，

《住宅厨房卫生间变压式排风道》J03J101

三、设计总则：1: 所注尺寸均以毫米为单位，标高以米为单位

2: 凡施工及验收规范（如屋面，墙体，楼地面，顶棚，铝合金门窗等）已对建筑的所用材料规格，施工方式及验收规则等有规定者，本说明不再重复，均按有关现行规范执行

3: 设计中采用标准图，通用图或重复利用图者，不论采用其局部节点或全部详图，均应按照该图集和各图纸要求，全面配合施工

4: 所有与给排水，强弱电，暖通，煤气等有关的预埋件，预留孔洞，施工时必须与相关的图纸密切配合施工

5: 凡本说明所规定各项在设计图中另有说明时，均按具体设计图要求施工

四、建筑物位置及设计标高

1: 本建筑所在位置按总平面图内相对位置确定。

2: 本工程室内地坪标高±0.00相当于绝对标高由甲方与设计现场定，室内外高差300mm.

3: 本图纸所注地面，楼面，楼梯平台均为建筑完成面标高，屋面标高为结构板面标高。

4: 门窗洞口标高为结构留洞标高。

五、墙体说明 1: 砖混部分砌体材料采用粘土空心砖，除特殊要求外，内外墙均为240厚 外墙均为37厚，另详结施图总说明。

2: 框架部分砌体材料采用加气混凝土砌块，除特殊要求外，内外墙均为250厚，另详结施图总说明。

六、建筑热工设计节能措施

1: 体形系数为0.281，小于0.30

2: 围护结构设计：

(1): 外墙 音体部分 填充墙为250mm厚加气混凝土砌块墙体。（其外墙构造做法参照河北省工程建设标准《民用建筑节能设计规程》DB13(J)24-2000中表F.4.1）

外墙 活动单元部分 外墙为370mm厚粘土空心砖墙体。（其外墙构造做法参照河北省工程建设标准《民用建筑节能设计规程》DB13(J)24-2000中表F.4.2-1.）

(2): 屋顶 现浇钢筋混凝土屋面板内刷20mm厚混合砂浆，外铺180mm厚水泥蛭石板保温层，再其上为找坡层，防水层，面层。（其屋面构造做法参照河北省工程建设标准《民用建筑节能设计规程》DB13(J)24-2000中表F.2.2-7.）

(3): 外窗所有外窗均为塑钢单框双玻推拉窗，空气层厚度为12mm，其传热系数为$K=2.7W/m^2*K$ 小于邯郸$4.00W/m^2*K$的限值。

门窗气密性等级不应不低于现行国家标准GB7107规定的Ⅲ级水平。

不同朝向的窗墙面积比分别为 北0.252（<0.25） 南0.301（<0.35） 东0.136（<0.30） 西0.248（<0.30）

(4): 地面 幼儿园周边地面（其地面构造做法参照河北省工程建设标准《民用建筑节能设计规程》DB13(J)24-2000中表F.3.2-3.

七、建筑防火设计说明

1: 本工程为一幢为住宅小区服务的幼儿园，工程概况及功能如前所述，建筑高度为12.70m.

2: 本工程建筑耐火等级为二级。

3: 防火间距：位置详见总平面图所示。

4: 本工程采用消火栓系统工程防火，一层3个消火栓，二层3个消火栓，三层3个消火栓。以市政给水为水源，室内消防水量为10L/S。同时一层设有10天火器，二、三层设有8个灭火器。

采暖为集中供热，制冷均采用柜机，预留电量，由甲方自理。

工程做法表（选用BJ1）

项目	做法名称	编号	适用范围	备注
立面装修	彩面砖墙面	外22-24-14-15		颜色及部位详立面图
屋面	高聚物改性沥青卷材防水屋面	屋12C-14C	屋面	
台阶	铺地砖台阶	台3-C		
坡道	水泥防滑坡道	坡4-C		
散水	混凝土散水	散3-C		宽900
地面	铺地砖地面	地13-C	厕所、盥洗、淋浴间、厨房以外各处	
	铺地砖地面	地14-C	厕所、盥洗、淋浴间、厨房	
楼面	铺地砖楼面	楼12	厕所、盥洗、淋浴间以外各处	
	铺地砖楼面	楼14	厕所、盥洗、淋浴间	
顶棚	板底抹灰顶棚	棚5		[illegible]
内墙面	纸筋（麻刀）灰墙面	内7 内10		
墙裙	釉面砖墙裙	裙7 裙8	厕所、盥洗、淋浴间、厨房	
踢脚	地砖踢脚	踢8-B		
油漆	调和漆(二)（木材面）	油6	所有木门	内外均为乳白色
	调和漆（金属面）	油22		

说明：1: 本设计装修做法及材料甲方可以根据自己要求作适当调整。

2: 室内墙、柱、门洞侧阳角均做20厚1:2水泥砂浆护角线，其高度不低于2M，每侧宽度不少50mm，内窗台均做1:2水泥砂浆抹面。

八、幕墙工程：1: 本工程正立面设计有玻璃幕墙，玻璃幕墙为明框幕墙，幕墙框料由幕墙承建公司计算确定。玻璃采用茶色钢化玻璃

2: 本设计有关幕墙的分格和节点详图均为示意，幕墙结构的施工图设计，制作和安装均由幕墙承建公司负责，铝合金型材的选型，玻璃厚度的确定及密封胶，五金件等的选用均应由施工详图认定。

3: 幕墙的材料，设计，制作，安装施工及验收应符合《玻璃幕墙工程技术规范》(JGJ102-96)及与幕墙玻璃使用的密切相关的国家现行有关标准，规范的规定。

4: 在土建结构施工中，应由幕墙承建公司对幕墙所需预埋件的大小及位置予以确定，土建结构施工不得遗漏。

5: 玻璃幕墙与每层楼板，隔墙处的缝隙，应采用不燃烧材料严密填实。

九、其它工程做法

1: 雨水管做法 98J5 (7/9)，雨水管采用乳白色UPVC雨水管D=110

2: 窗台做法参照 98J3(二) (2/19)，98J3(一) (4/10)，外窗台与外墙平。

腰气楼做法参照 98J3(一) (2a/13)

3: 楼梯扶手做法参照 98J8 (2/38)，踏步 98J8 (9/49)

4: 排风道做法参照 J03J101PWRZI 排风道出屋面做法 J03J101 (—/34)

5: 屋面变形缝做法参照 98J5 (1/21) 外墙变形缝做法参照 98J3(一) (3/15)

6: 屋顶女儿墙做法参照 98J3(一) (1/8)，98J3(四) (2/14)，

女儿墙泛水口做法参照 98J3(四) (—/15)，女儿墙面水口做法参照 98J5 (2/10)

7: 外墙雨篷、压顶和突出的线脚等除具体设计有要求外，均在上面做流水坡度，下面做滴水线。滴水线的宽度和深度不小于100mm且整齐平滑。

8: 厕所，厨房楼面防水做法参照 98J3(四) (1/21)，设置地漏，地面均做1%泛水，坡向地漏。

9: 三层屋面平台设置铁爬梯至四层面，做法参照 98J8 (1/73)

11: 与加气混凝土砌块相关构造做法请参照98J3(四) 中相应做法。

砌块质量应符合《蒸压加气混凝土砌块》GB1968-89

门窗统计表

类别	设计编号	洞口尺寸(mm) 宽	高	数量 首层	二层	三层	四层	合计	详图索引 图集代号	页次	编号	备注
门	M1	3900	3000	1				1				半玻平开塑钢门或甲方自定
	M2	1200	2400	1				1	98J4(一)	49	1PM₁-48	半玻平开塑钢门或甲方自定
	M3	1500	2400	1				1	98J4(一)	49	1PM₁-58	半玻平开塑钢门或甲方自定
	M4	3300	3000	1				1				半玻平开塑钢门或甲方自定
	M5	1200	2400	8	8	8		24	98J4(二)	7	1M₁48	木夹板门
	M6	1200	2400	2				2	98J4(二)	7	1M48	木夹板门
	M7	900	2400	4	7	7		18	98J4(二)	6	1M38	木夹板门
	M8	900	2400	6	6	6		18	98J4(二)	6	1M38	木夹板门
	M9	750	2400	1				1	98J4(二)	6	1M18	木夹板门
	M10	1500	2400				2	2				铁质防盗门
	M11	2700	3000	1				1				半玻平开塑钢门或甲方自定
窗	C1	6000	2100	2	2	2		6				单框双玻带纱扇塑钢平开窗下为固定扇
	C2	3600	2100	2	2	2		6				单框双玻带纱扇塑钢推拉窗下为固定扇
	C3	1800	1800	7	7	7		21	98J4(一)	39	1TC-66	单框双玻带纱扇塑钢推拉窗
	C4	5400	2100	1	1	1		3				详窗大样
	C5	3000	1800	1	1	1		3				详窗大样
	C6	1500	600	1	1	1		3	98J4(一)	38	1TC-53改	单框双玻带纱扇塑钢推拉窗
	C7	1200	600	5	5	5		15	98J4(一)	38	1TC-43改	单玻带纱扇塑钢推拉窗
	C8	1500	600	2	2	2		6	98J4(一)	38	1TC-53改	单玻带纱扇塑钢推拉窗
	C9	900	600	2	1	1		4	98J4(一)	38	1TC-33改	单玻带纱扇塑钢推拉窗
	C10	1800	2100	3				3	98J4(一)	39	1TC-66改	单框双玻带纱扇塑钢推拉窗下为固定扇
	C11	1500	2100	2				2	98J4(一)	39	1TC-56改	单框双玻带纱扇塑钢推拉窗下为固定扇
	C12	1978	2100	6				6	98J4(一)	31	1PC₁-66改	单框双玻带纱扇塑钢平开窗下为固定扇
	C13	1800	9000		1			1				详窗大样
	C14	1200	1800		1	1		2	98J4(一)	39	1TC-46改	单框双玻带纱扇塑钢推拉窗下为固定扇
	C15	3900	1800		1	1		2				单框双玻带纱扇塑钢推拉窗下为固定扇
	C16	2700	2100		1			1				单框双玻带纱扇塑钢推拉窗下为固定扇
	C17	1800	1800		1	1	1	3	98J4(一)	39	1TC-66	单玻带纱扇塑钢推拉窗

说明：1: 木门油漆颜色内外均为乳白色

2: 塑钢门窗构造做法及分格参照98J4(一) 中1TC塑钢推拉窗系列。

3: 门窗表中所示洞口尺寸为结构尺寸。门窗框与洞口间隙应满足安装固定的实际需要，由门窗制作单位确定，同时应考虑墙体饰面层厚度，当采用块材饰面时，应复核门窗的净尺寸与洞口尺寸的相互关系，确保配合无误。

4: 门窗及玻璃幕墙的分格参照立面所示。

十、关于托幼建筑构造做法的说明

（一）幼儿活动室，寝室及音体活动室宜为暖性，弹性地面。幼儿经常出入的通道应为防滑地面。卫生间应为易清洗，不渗水并防滑的地面。

（二）幼儿经常出入的门应符合下列规定：

1: 在距地0.60m~1.20m不应装易碎玻璃。 2: 在距地0.70m处，宜加设幼儿专用拉手。

3: 门的双面均宜平滑，无棱角。 4: 不应设置门坎和弹簧门。 5: 外门宜设纱门。

（三）外窗应符合下列要求：

1: 距地面1.30m内不应设平开窗，楼层应设护栏。

2: 所有外窗均应加设纱窗，活动室，寝室，音体活动室及隔离室的窗应有遮光设施。

（四）幼儿经常接触的1.30m以下的室外墙面不应粗糙，室内墙面宜采用光滑易清洁的材料，墙角，窗台，暖气罩，窗口竖边等棱角部位必须做成小圆角。

××幼儿园	建筑设计说明	建施-1

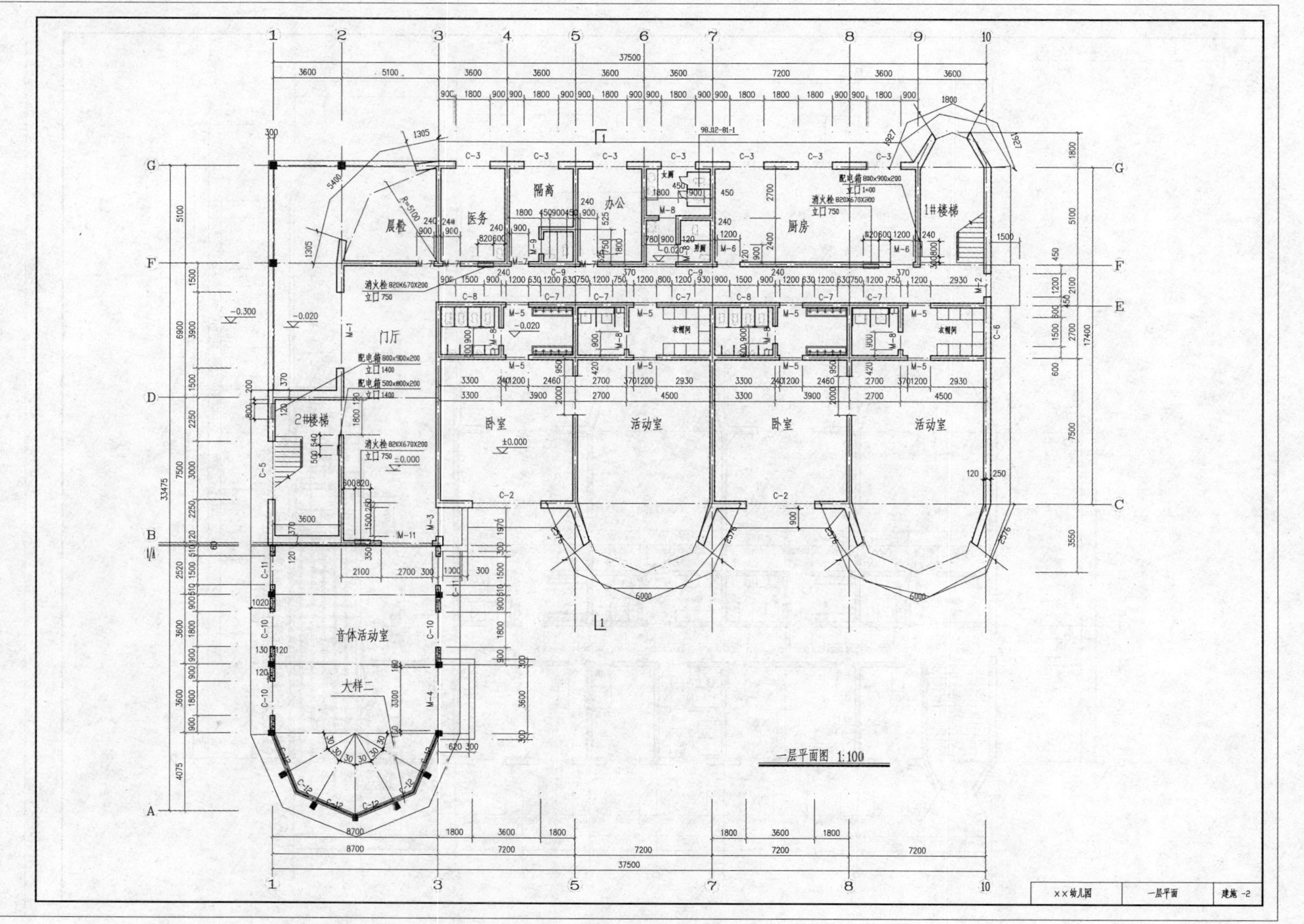
晨检
医务
隔离
办公
厨房
1#楼梯
门厅
2#楼梯
卧室
活动室
卧室
活动室
音体活动室
大样二
一层平面图 1:100
××幼儿园
一层平面
建施 -2

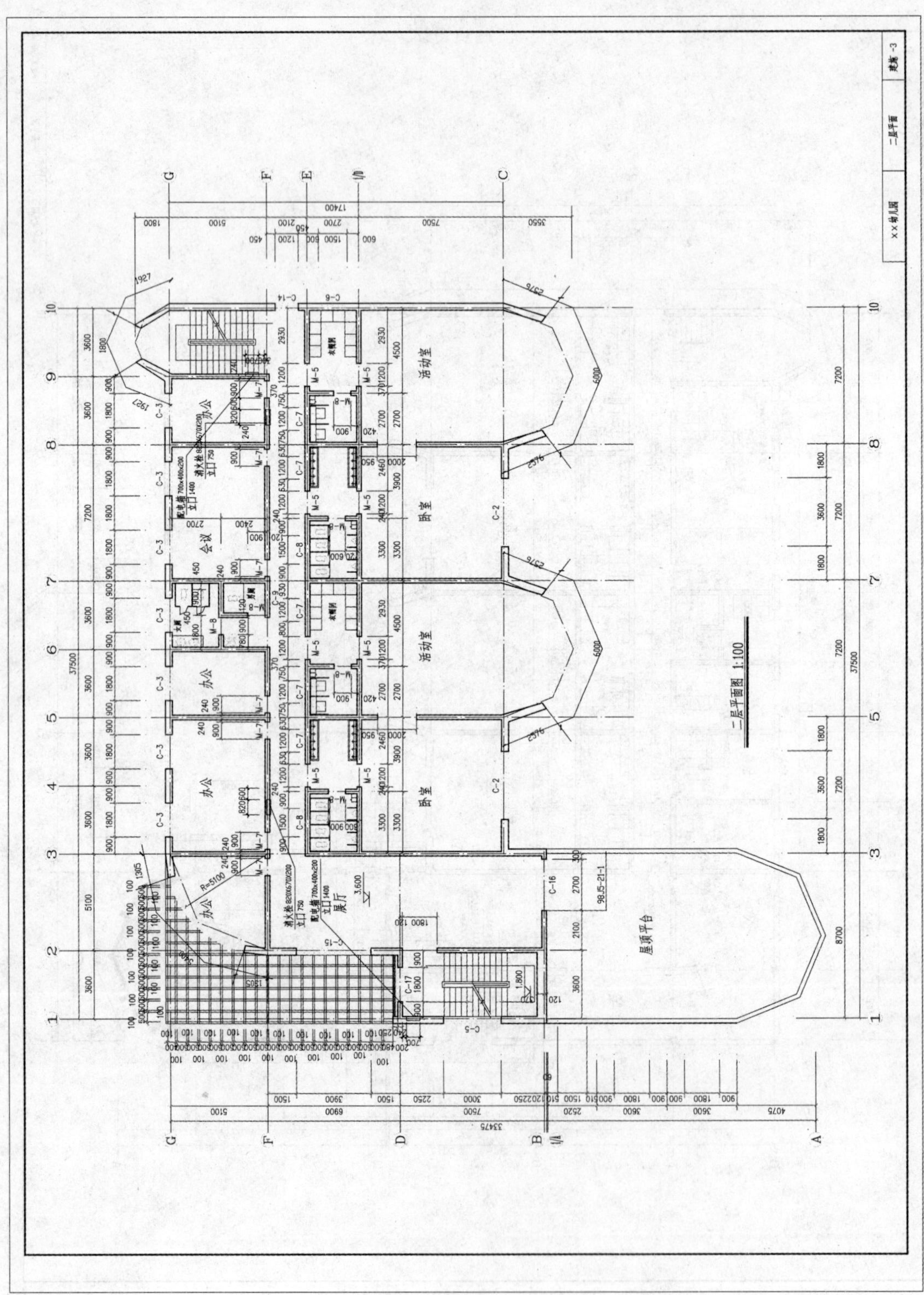
二层平面图 1:100
××幼儿园
二层平面
建施-3
活动室
卧室
办公
会议
展厅
屋顶平台

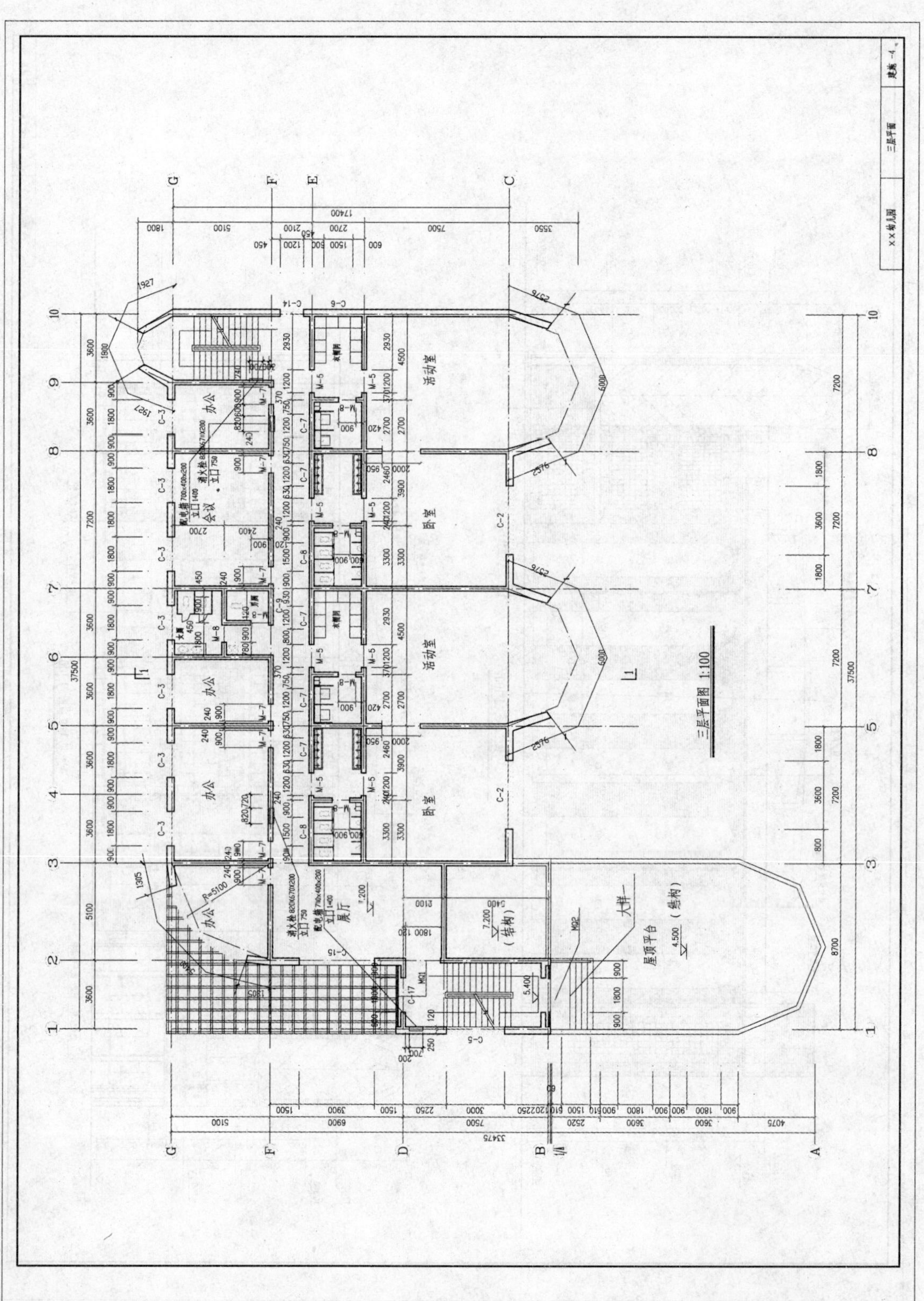
三层平面图 1:100
办公
会议
展厅
卧室
活动室
屋顶平台（结构）
××幼儿园
三层平面
建施-4

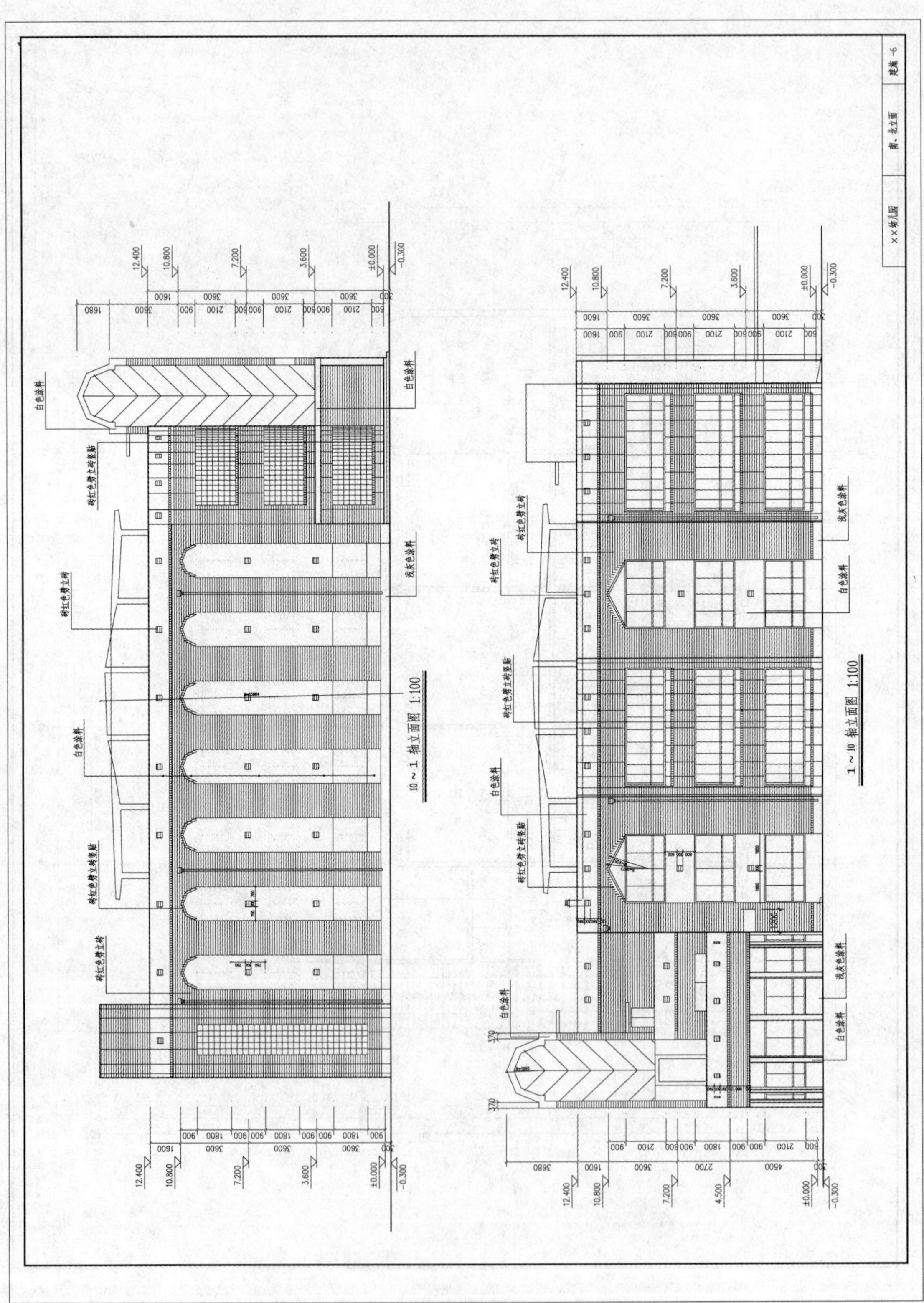
10～1 轴立面图 1:100
1～10 轴立面图 1:100
××幼儿园
南、北立面
建施-6

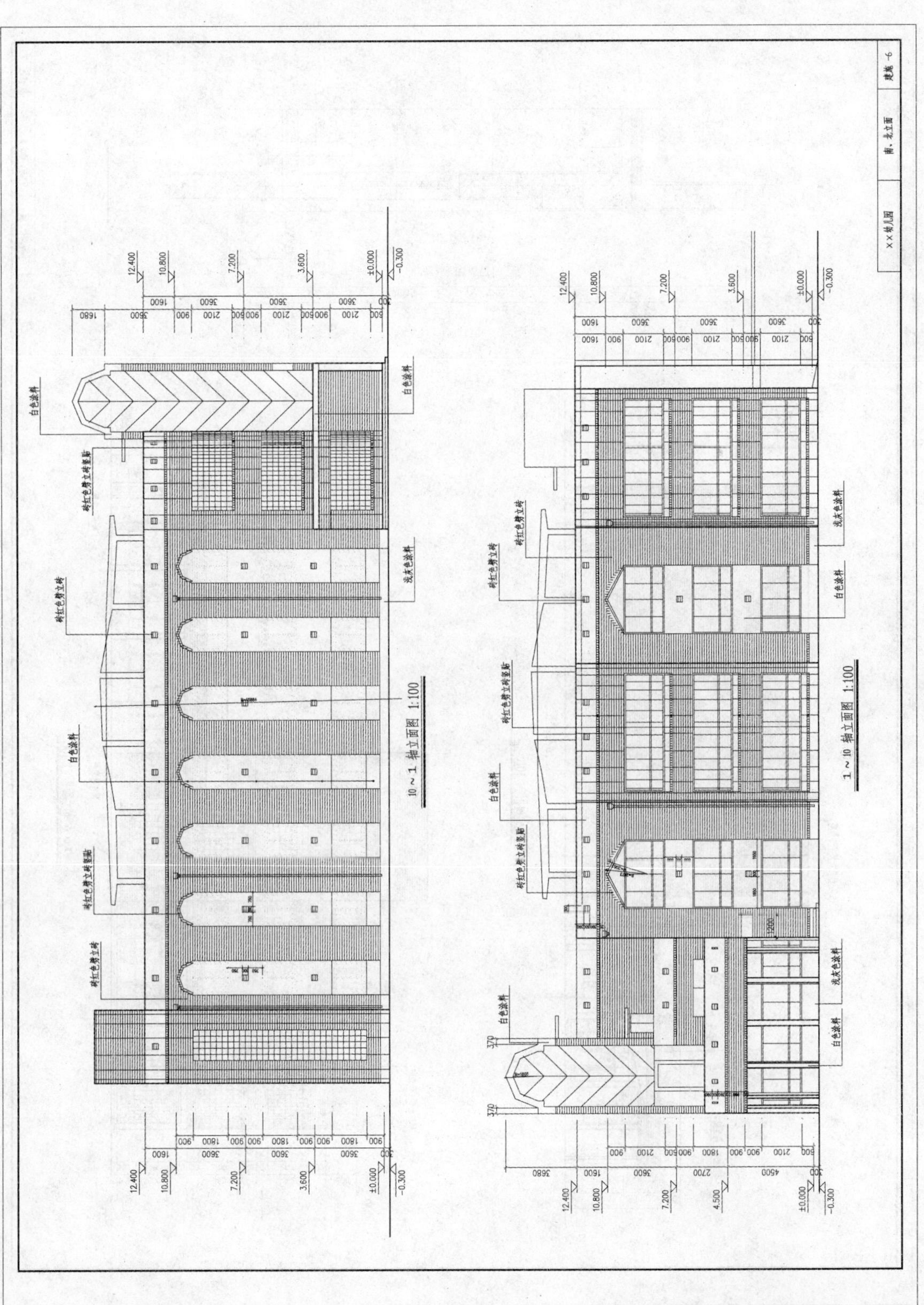
10～1 轴立面图 1:100
1～10 轴立面图 1:100
××幼儿园
南、北立面
建施-6

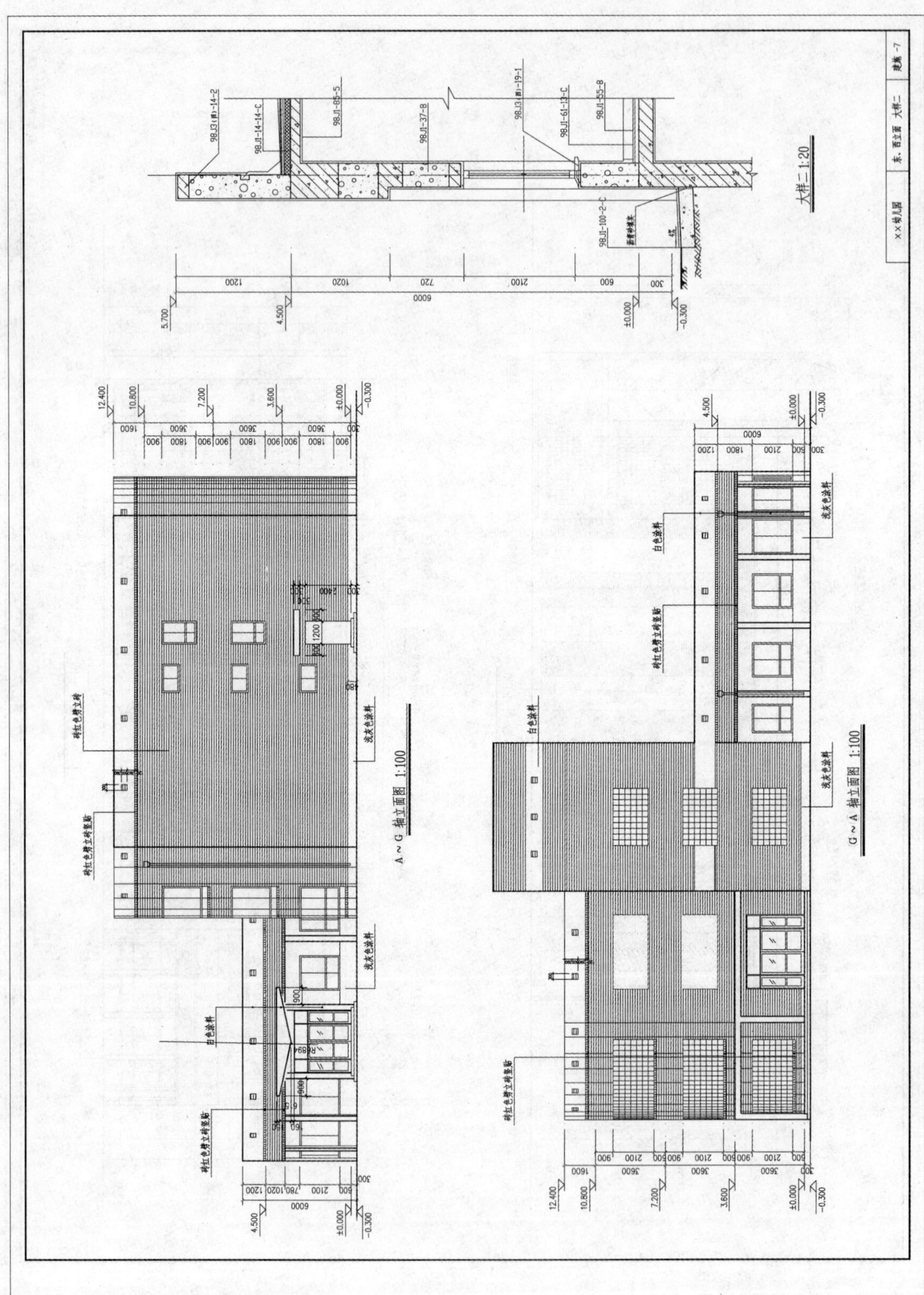
A～G 轴立面图 1:100
G～A 轴立面图 1:100
大样二 1:20

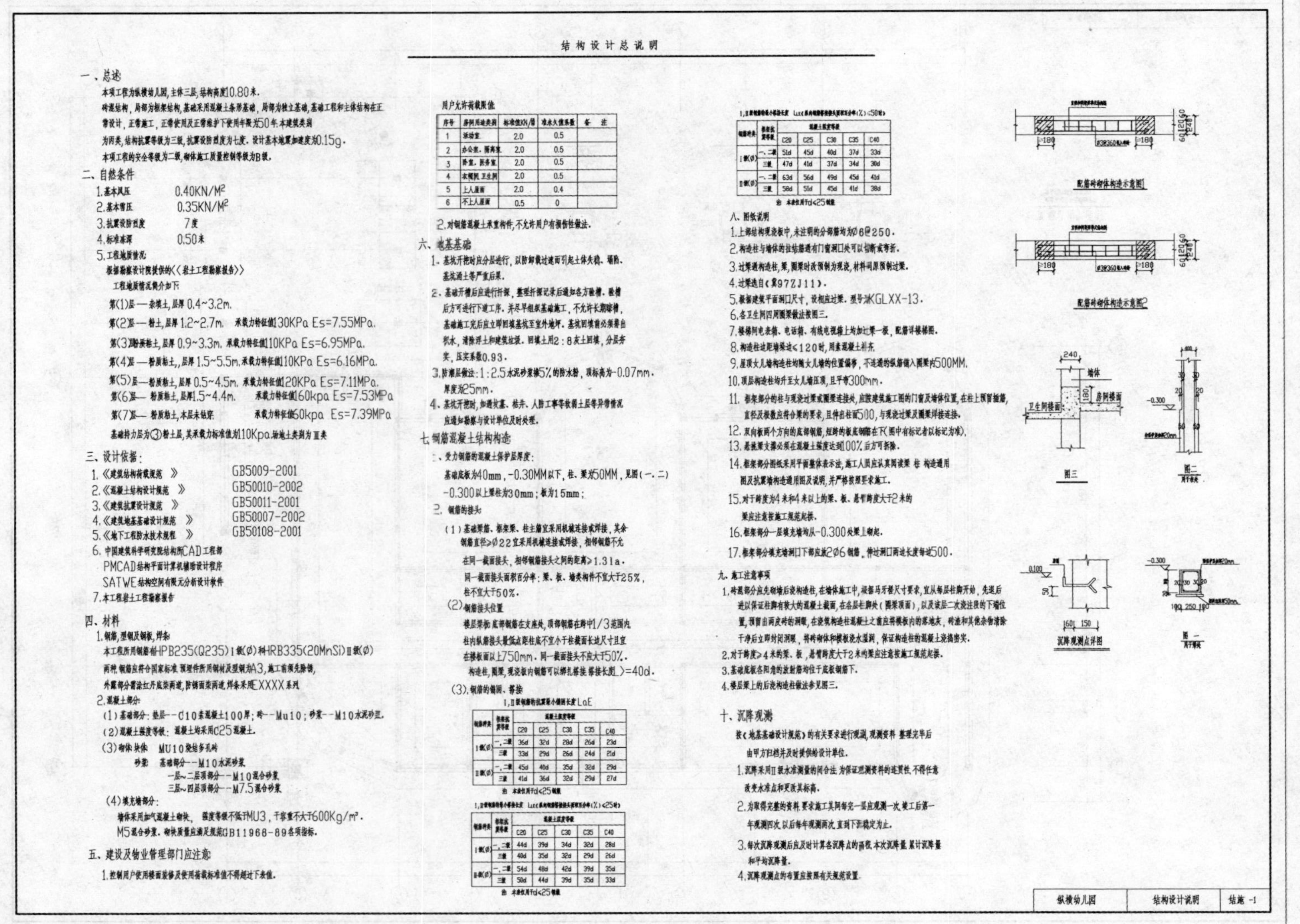

结构设计总说明

一、总述

本项工程为纵横幼儿园，主体三层，结构高度10.80米。

砖混结构，局部为框架结构，基础采用混凝土条形基础，局部为独立基础，基础工程和主体结构在正常设计，正常施工，正常使用及正常维护下使用年限为50年。本建筑类别为丙类，结构抗震等级为三级，抗震设防烈度为七度。设计基本地震加速度为0.15g。

本项工程的安全等级为二级，砌体施工质量控制等级为B级。

二、自然条件

1. 基本风压　0.40KN/M²
2. 基本雪压　0.35KN/M²
3. 抗震设防烈度　7度
4. 标准冻深　0.50米
5. 工程地质情况

根据勘察设计院提供的《〈岩土工程勘察报告〉》

工程地质情况简介如下：

第(1)层—杂填土，层厚 0.4~3.2m.

第(2)层—粉土，层厚 1.2~2.7m.　承载力特征值130KPa Es=7.55MPa.

第(3)层粉质粘土，层厚 0.9~3.3m. 承载力特征值110KPa Es=6.95MPa.

第(4)层—粉质粘土，层厚 1.5~5.5m. 承载力特征值110KPa Es=6.16MPa.

第(5)层—粉质粘土，层厚 0.5~4.5m. 承载力特征值120KPa Es=7.11MPa.

第(6)层—粉质粘土，层厚1.5~4.4m.　承载力特征值160kpa Es=7.53MPa

第(7)层—粉质粘土，本层未钻穿　承载力特征值60kpa Es=7.39MPa

基础持力层为③粉土层，其承载力标准值为110Kpa.场地土类别为Ⅲ类

三、设计依据：

1. 《建筑结构荷载规范》　GB5009-2001
2. 《混凝土结构设计规范》　GB50010-2002
3. 《建筑抗震设计规范》　GB50011-2001
4. 《建筑地基基础设计规范》　GB50007-2002
5. 《地下工程防水技术规程》　GB50108-2001
6. 中国建筑科学研究院结构所CAD工程部
   PMCAD结构平面计算机辅助设计程序
   SATWE结构空间有限元分析设计软件
7. 本工程岩土工程勘察报告

四、材料

1. 钢筋，型钢及钢板，焊条

本工程所用钢筋有HPB235(Q235)Ⅰ级(Ø)和HRB335(20MnSi)Ⅱ级(Ø)两种，钢筋应符合国家标准，预埋件所用钢材及型钢为A3，施工前须先除锈，外露部分需涂红丹底漆两道，防锈面漆两道，焊条采用EXXXX系列

2. 混凝土部分

(1)基础部分：垫层--C10素混凝土100厚；砖--Mu10；砂浆--M10水泥砂浆。

(2)混凝土强度等级：混凝土均采用C25混凝土。

(3)砌体 块体　MU10烧结多孔砖

砂浆　基础部分--M10水泥砂浆

一层~二层顶部分--M10混合砂浆

三层~四层顶部分--M7.5混合砂浆

(4)填充墙部分：

墙体采用加气混凝土砌块，强度等级不低于MU3，干容重不大于600Kg/m³。M5混合砂浆。砌块质量应满足规范GB11968-89各项指标。

五、建设及物业管理部门应注意

1. 控制用户使用楼面装修及使用荷载标准值不得超过下表值。

用户允许荷载限值

序号	房间用途类别	标准值KN/㎡	准永久值系数	备　注
1	活动室	2.0	0.5	
2	办公室、隔离室	2.0	0.5	
3	卧室、医务室	2.0	0.5	
4	衣帽间 卫生间	2.0	0.5	
5	上人屋面	2.0	0.4	
6	不上人屋面	0.5	0	

2. 对钢筋混凝土承重构件，不允许用户有损伤性做法。

六、地基基础

1. 基坑开挖时应分层进行，以防卸载过速而引起土体失稳、塌陷、基坑涌土等严重后果。
2. 基础开槽后应进行钎探，整理钎探记录后通知各方验槽，验槽后方可进行下道工序，并尽早组织基础施工，不允许长期晾槽，基础施工完后应立即回填基坑至室外地坪。基坑回填前必须排出积水，清除浮土和建筑垃圾。回填土用2：8灰土回填，分层夯实，压实系数0.93。
3. 防潮层做法：1：2.5水泥砂浆掺5%的防水粉，顶标高为-0.07mm。厚度为25mm。
4. 基坑开挖时，如遇坟墓、枯井、人防工事等软弱土层等异常情况应通知勘察与设计单位及时处理。

七、钢筋混凝土结构构造

一、受力钢筋的混凝土保护层厚度：

基础底板为40mm，-0.30MM以下，柱、梁为50MM，见图(一、二)

-0.300以上梁柱为30mm；板为15mm；

二、钢筋的接头

(1)基础梁筋、框架梁、柱主筋宜采用机械连接或焊接，其余钢筋直径>Ø22宜采用机械连接或焊接，相邻钢筋不允在同一截面接头，相邻钢筋接头之间的距离>1.31a。

同一截面接头面积百分率：梁、板、墙类构件不宜大于25%，柱不宜大于50%。

(2)钢筋接头位置

楼层梁板 底部钢筋在支座处，顶部钢筋在跨中1/3范围内。

柱内纵筋接头最低点距柱底不宜小于柱截面长边尺寸且宜在楼板面以上750mm。同一截面接头不应大于50%。

构造柱，圈梁，现浇板内钢筋可以绑扎搭接 搭接长度L>=40d。

(3)钢筋的锚固、搭接

Ⅰ,Ⅱ级钢筋的抗震最小锚固长度LaE

钢筋种类	抗震等级	C20	C25	C30	C35	C40
Ⅰ级(Ø)	一、二级	36d	32d	28d	26d	23d
	三级	33d	29d	26d	24d	21d
Ⅱ级(Ø)	一、二级	45d	40d	35d	32d	29d
	三级	41d	36d	32d	29d	27d

注　本表仅用于d<25钢筋

Ⅰ,Ⅱ级钢筋的最小搭接长度 LLE(纵向钢筋搭接接头面积百分率(%)≤25时)

钢筋种类	抗震等级	C20	C25	C30	C35	C40
Ⅰ级(Ø)	一、二级	44d	39d	34d	32d	28d
	三级	40d	35d	32d	29d	26d
Ⅱ级(Ø)	一、二级	54d	48d	42d	39d	35d
	三级	50d	44d	39d	35d	33d

注　本表仅用于d<25钢筋

Ⅰ,Ⅱ级钢筋的最小搭接长度 LLE(纵向钢筋搭接接头面积百分率(%)≤50时)

钢筋种类	抗震等级	C20	C25	C30	C35	C40
Ⅰ级(Ø)	一、二级	51d	45d	40d	37d	33d
	三级	47d	41d	37d	34d	30d
Ⅱ级(Ø)	一、二级	63d	56d	49d	45d	41d
	三级	58d	51d	45d	41d	38d

注　本表仅用于d<25钢筋

八、图纸说明

1. 上部结构现浇板中，未注明的分布筋均为Ø6@250。
2. 构造柱与墙体的拉结筋遇有门窗洞口处可以切断或弯折。
3. 过梁遇构造柱，梁，圈梁时改预制为现浇，材料同原预制过梁。
4. 过梁选自(冀97ZJ11)。
5. 根据建筑平面洞口尺寸，设相应过梁。型号为KGLXX-13。
6. 各卫生间四周圈梁做法按图三。
7. 楼梯间电表箱、电话箱、有线电视箱上均加过梁一根，配筋详楼梯图。
8. 构造柱边距墙垛边<120时，用素混凝土补齐。
9. 屋顶女儿墙构造柱均随女儿墙的位置偏移，不连通的纵筋锚入圈梁内500MM。
10. 顶层构造柱均升至女儿墙压顶，且平弯300mm。
11. 框架部分的柱与现浇过梁或圈梁连接处，应按建筑施工图的门窗及墙体位置，在柱上预留插筋，直径及根数应符合梁的要求，且伸出柱面500，与现浇过梁及圈梁焊接连接。
12. 双向板两个方向的底部钢筋，短跨的板底钢筋在下(图中有标记者以标记为准)。
13. 悬挑梁支撑必须在混凝土强度达到100%后方可拆除。
14. 框架部分图纸采用平面整体表示法，施工人员应认真阅读梁 柱 构造通用图及抗震墙构造通用图及说明，并严格按照要求施工。
15. 对于跨度为4米和4米以上的梁、板、悬臂跨度大于2米的梁应注意按施工规范起拱。
16. 框架部分一层填充墙均从-0.300处梁上砌起。
17. 框架部分填充墙洞口下部应放2Ø6钢筋，伸过洞口两边长度每边500。

九、施工注意事项

1. 砖混部分应先砌墙后浇构造柱，在墙体施工中，根据马牙槎尺寸要求，宜从每层柱脚开始，先退后进以保证柱脚有较大的混凝土截面，在各层柱脚处(圈梁顶面)，以及该层二次浇注段的下端位置，预留出两皮砖的洞眼，在浇筑构造柱混凝土之前应将模板内的落地灰，砖渣和其他杂物清除干净后立即封闭洞眼，将砖砌体和模板浇水湿润，保证构造柱的混凝土浇捣密实。
2. 对于跨度≥4米的梁、板，悬臂跨度大于2米的梁应注意按施工规范起拱。
3. 基础底板各阳角的放射筋均位于底板钢筋下。
4. 楼层梁上的后浇构造柱做法参见图三。

十、沉降观测

按《地基基础设计规范》的有关要求进行观测，观测资料 整理完毕后由甲方归档并及时提供给设计单位。

1. 沉降采用Ⅱ级水准测量的闭合法，为保证观测资料的连贯性，不得任意改变水准点和更改其标高。
2. 为取得完整的资料，要求施工其间每完一层应观测一次，竣工后第一年观测四次，以后每年观测两次，直到下沉稳定为止。
3. 每次沉降观测后应及时计算各沉降点的高程，本次沉降量，累计沉降量和平均沉降量。
4. 沉降观测点的布置应按照有关规范设置。

纵横幼儿园	结构设计说明	结施 -1

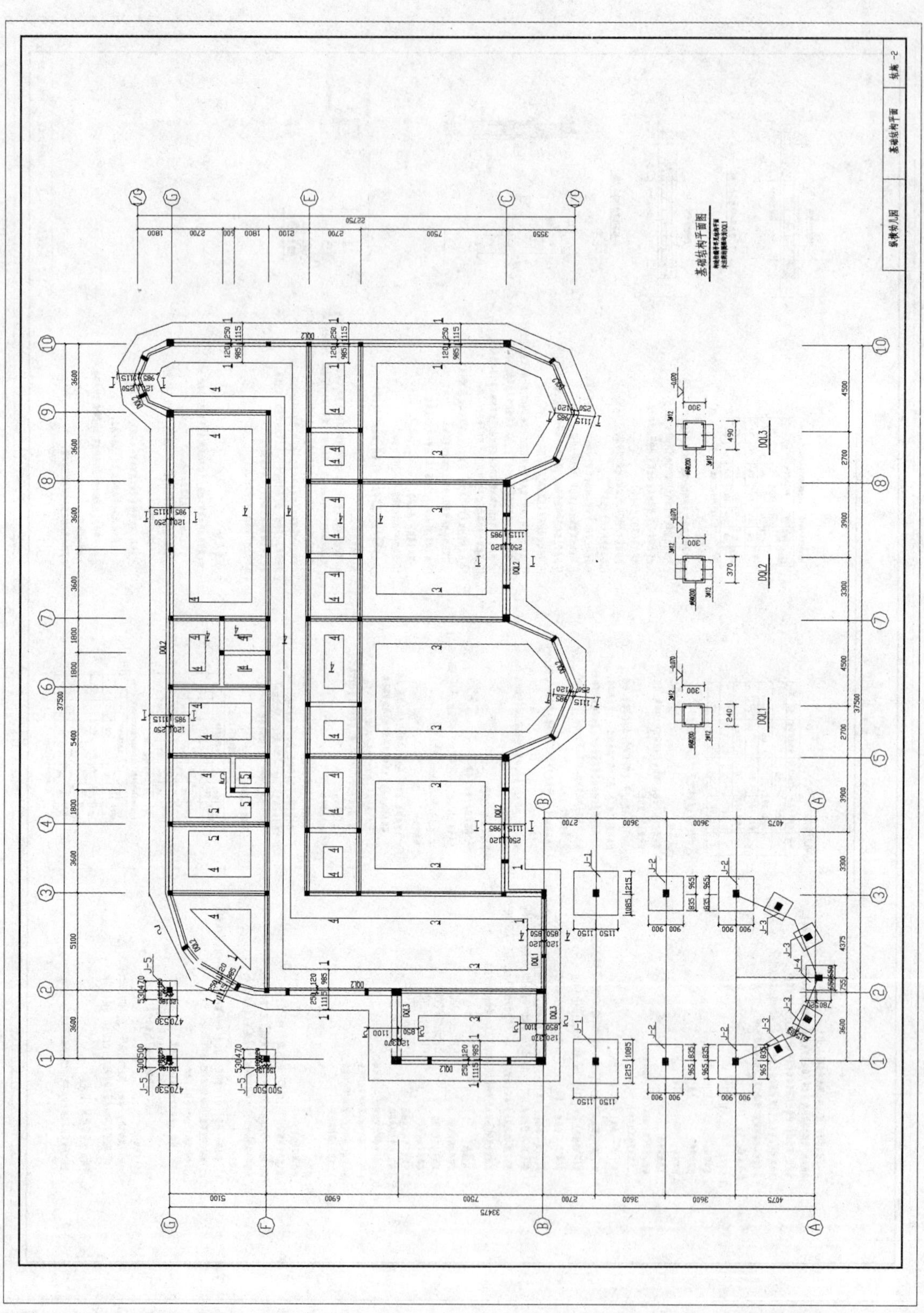

基础结构平面图
DQL1
DQL2
DQL3
37500
33475

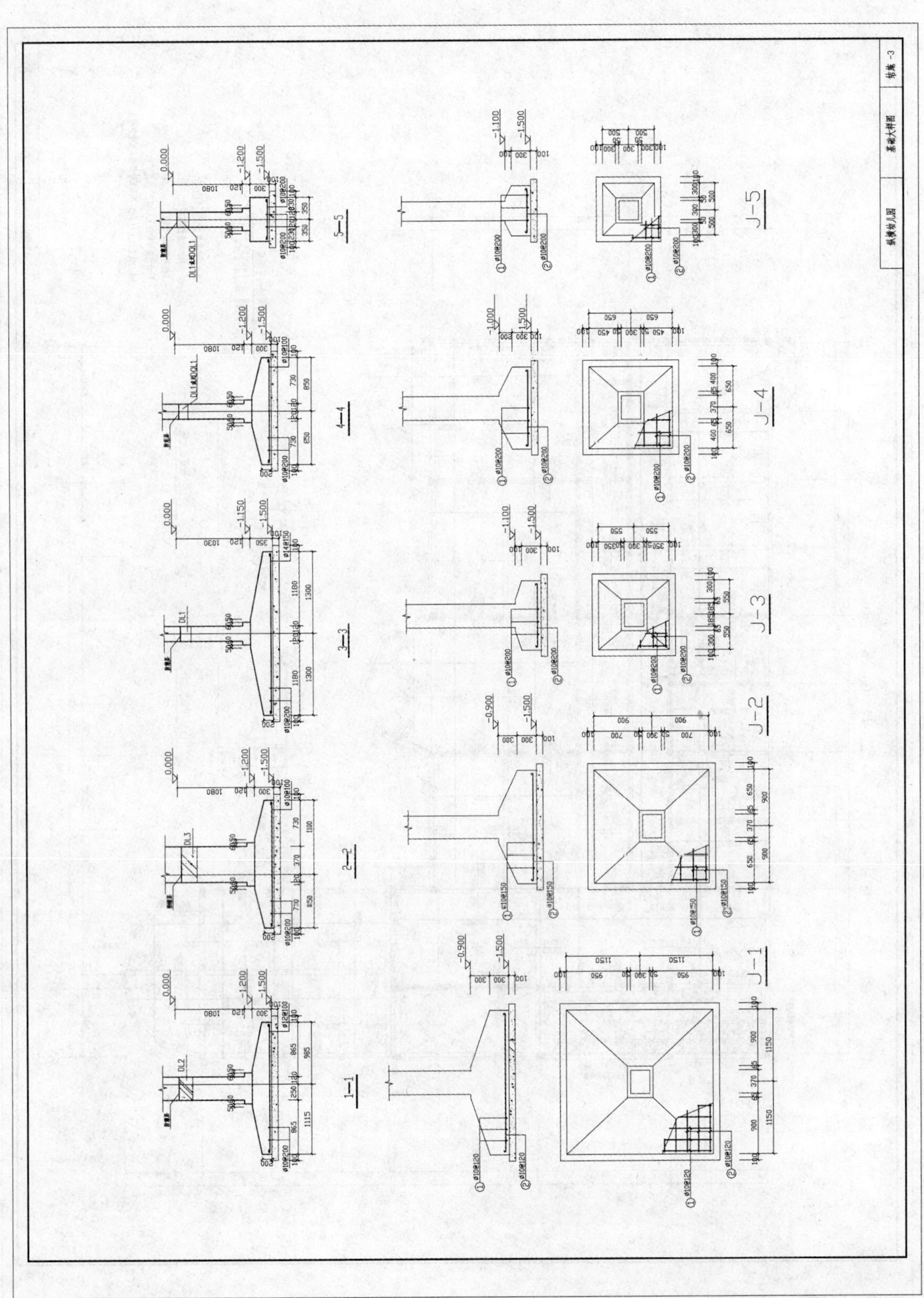
1—1
2—2
3—3
4—4
5—5
J-1
J-2
J-3
J-4
J-5

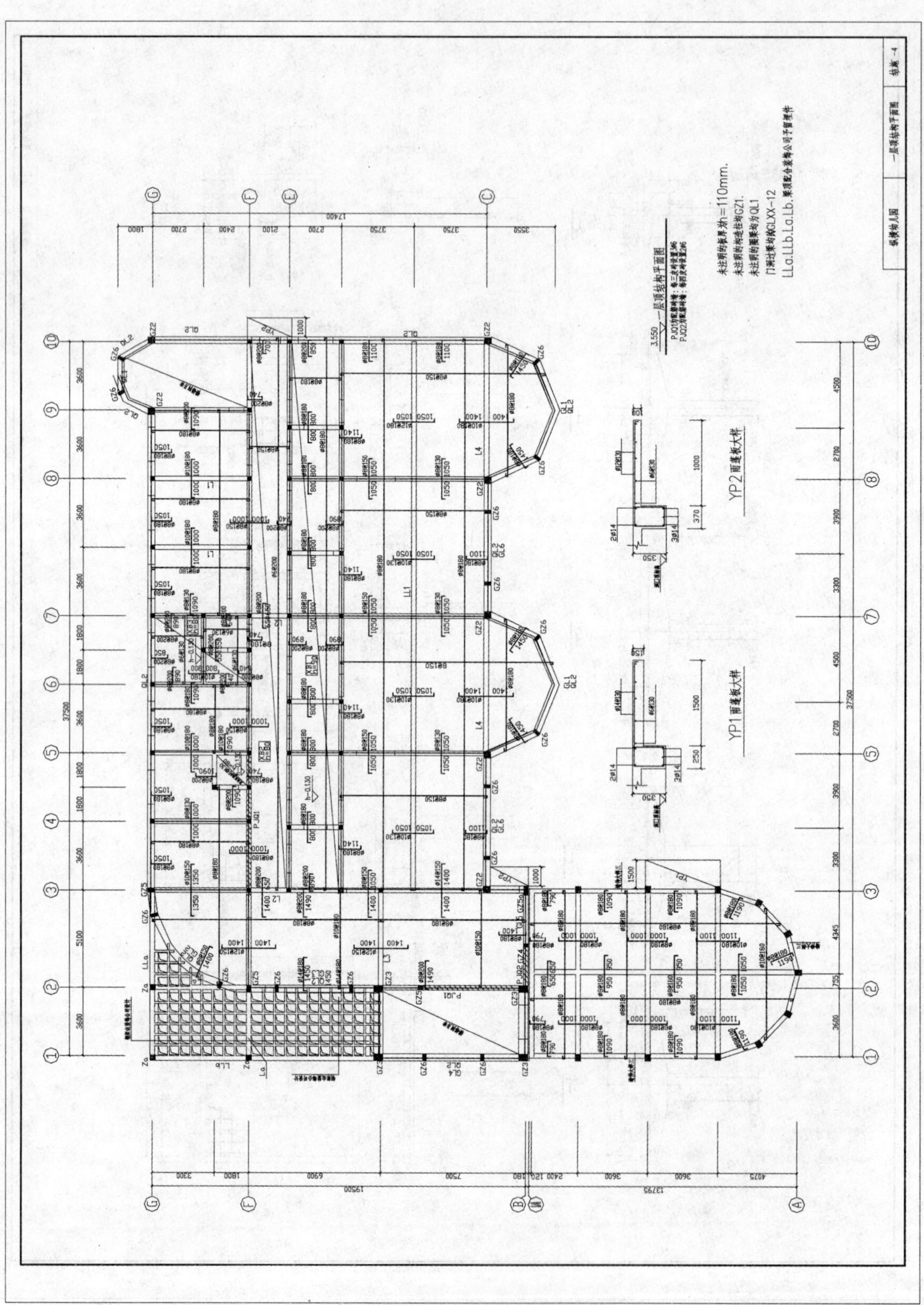
YP2 雨篷板大样
YP1 雨篷板大样
37500
17400
19500

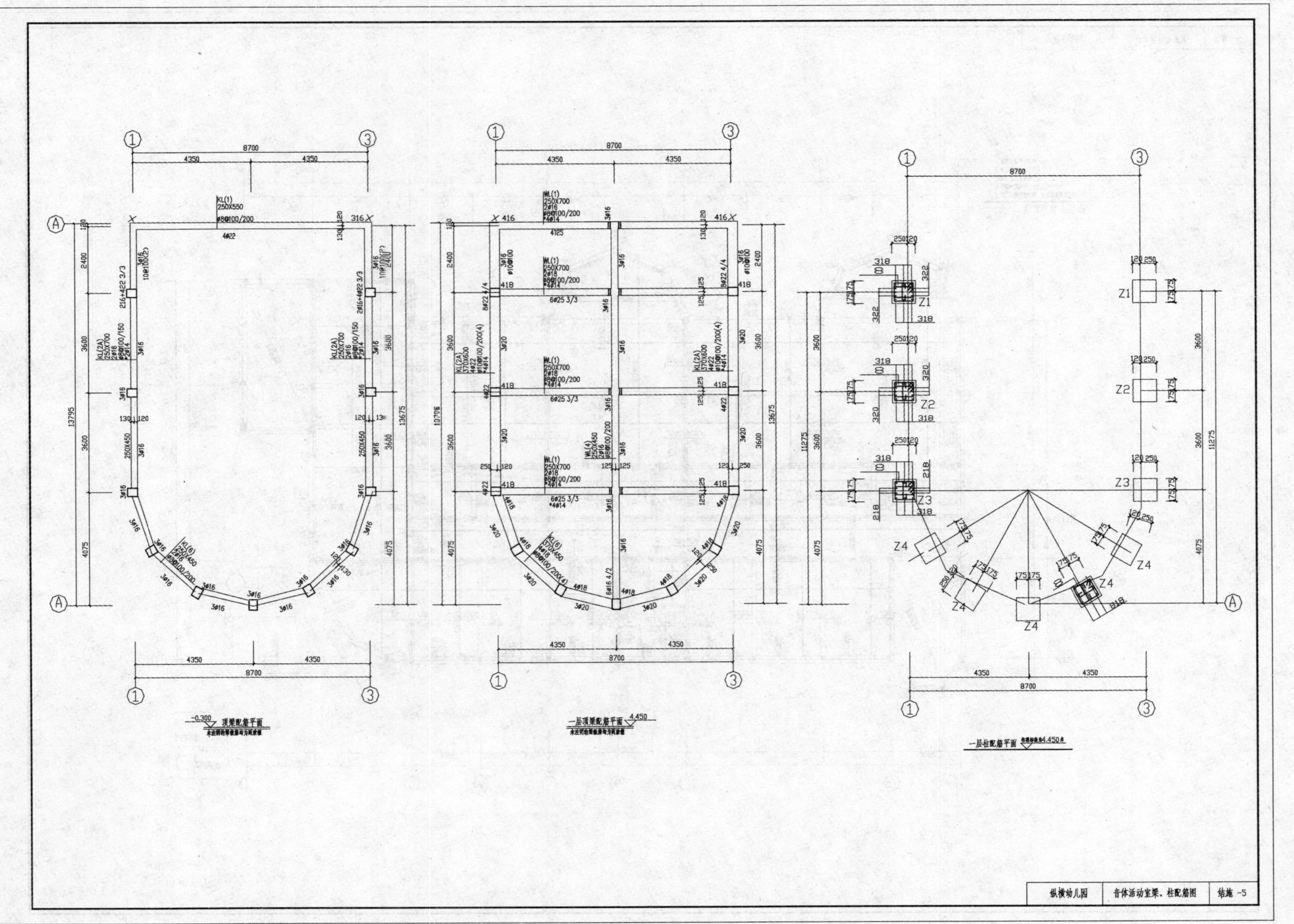
-0.300 顶梁配筋平面
一层顶梁配筋平面 4.450
一层柱配筋平面
KL(1)
250X550
KL(2A)
KL(6)
WL(1)
250X700
WL(4)
Z1
Z2
Z3
Z4
8700
4350
3600
2400
4075
13795
13675
11275
纵横幼儿园
音体活动室梁、柱配筋图
结施 -5

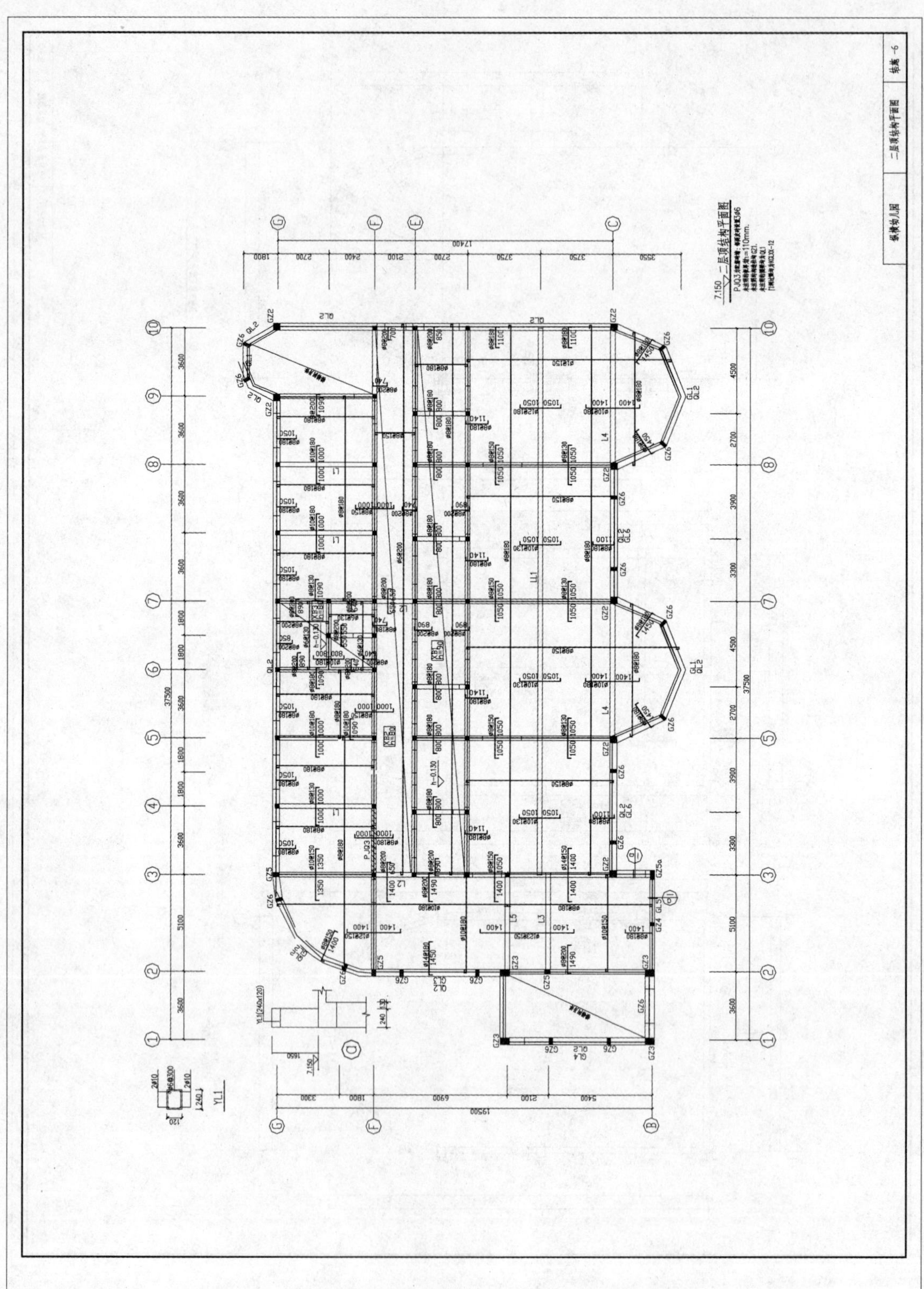

某镇幼儿园
二层顶结构平面图
结施-6
二层顶结构平面图
YL1

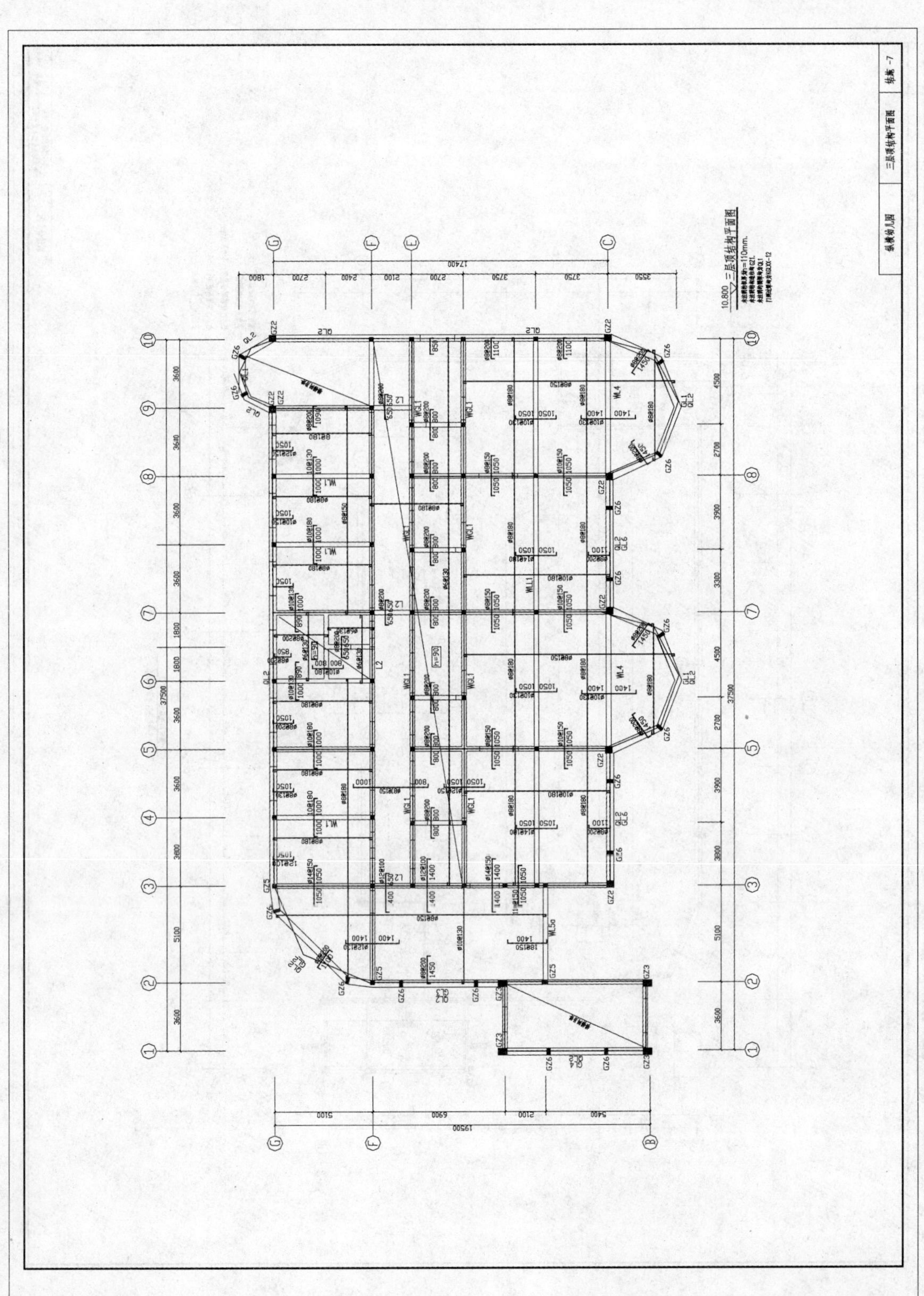

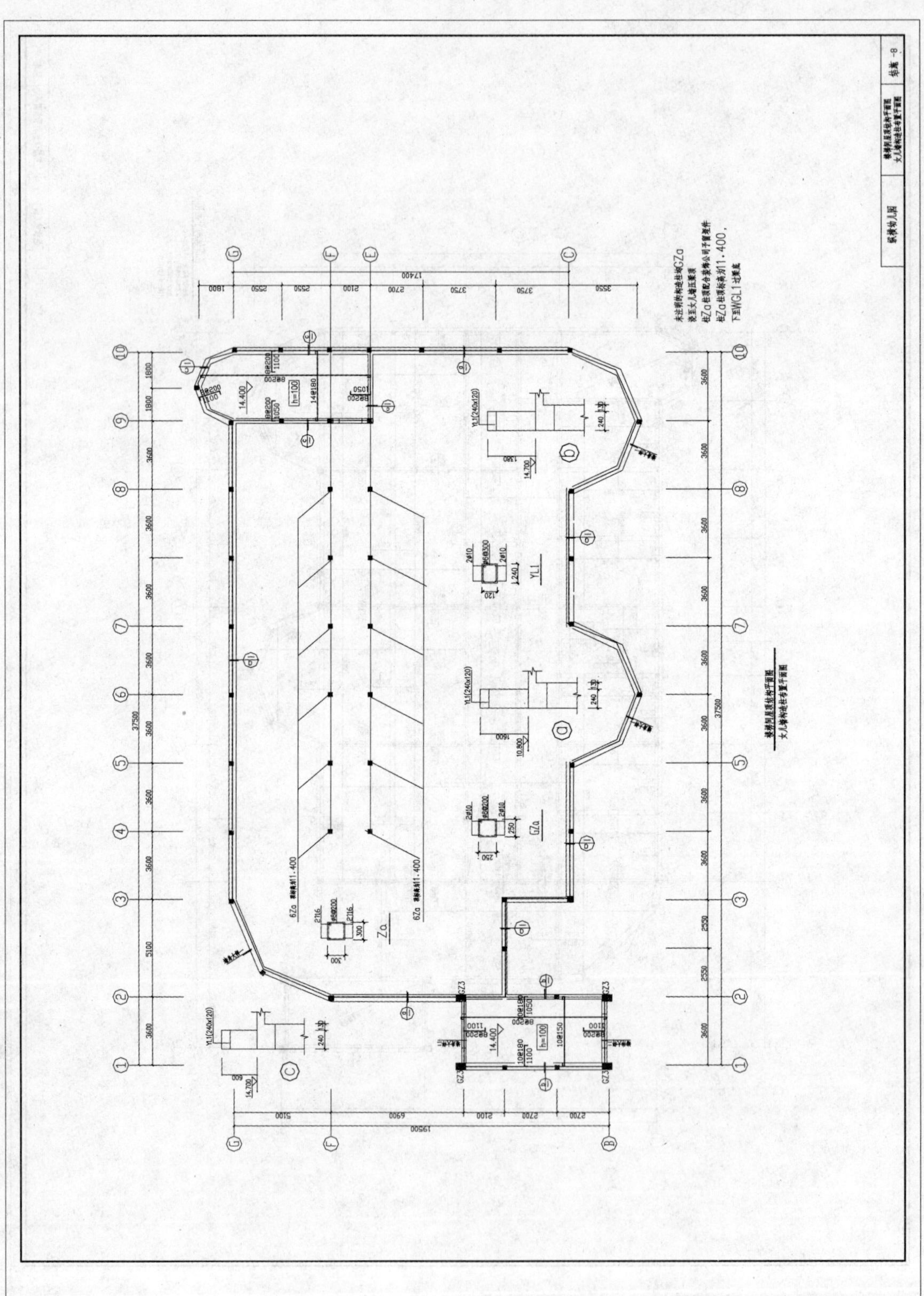

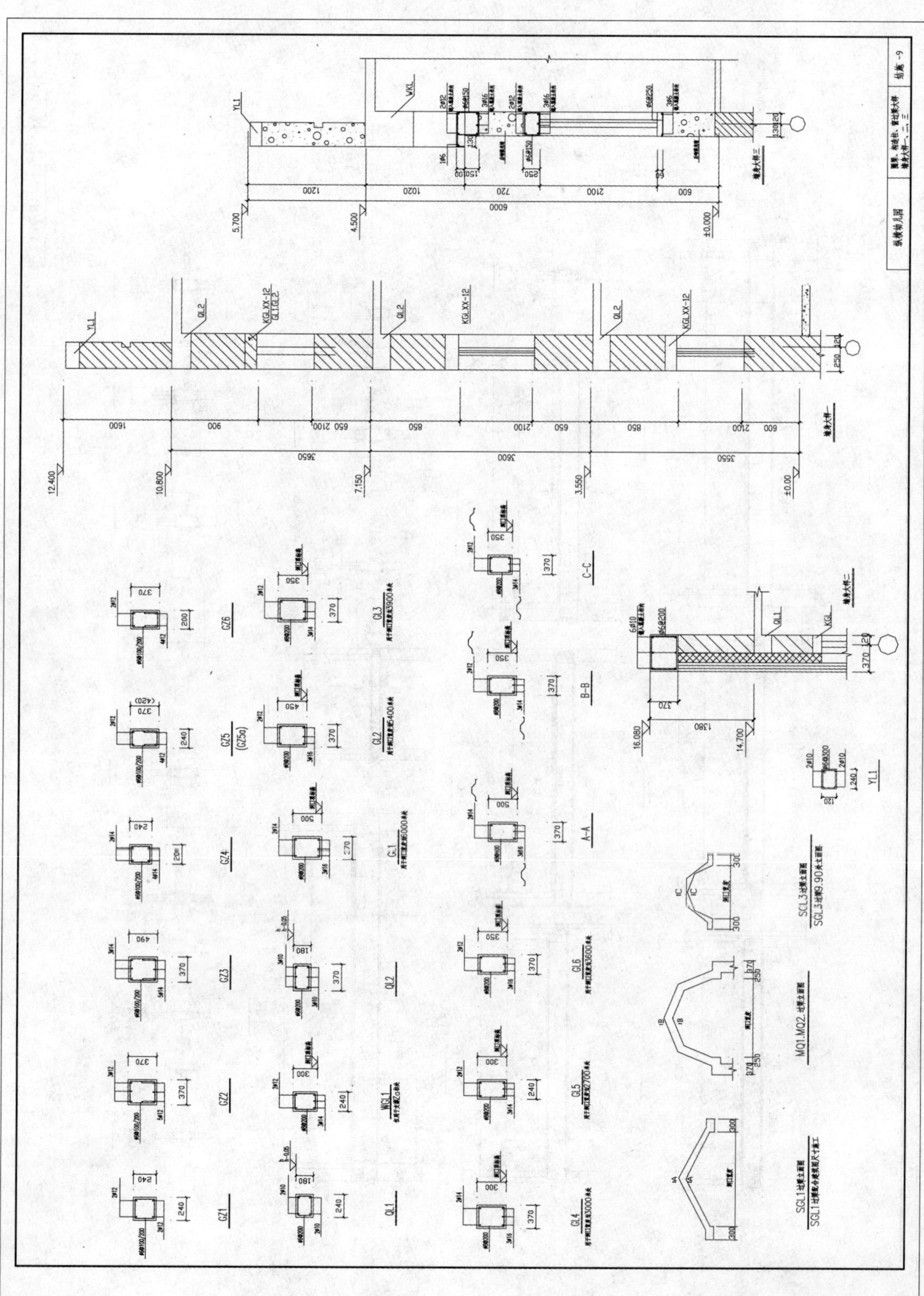

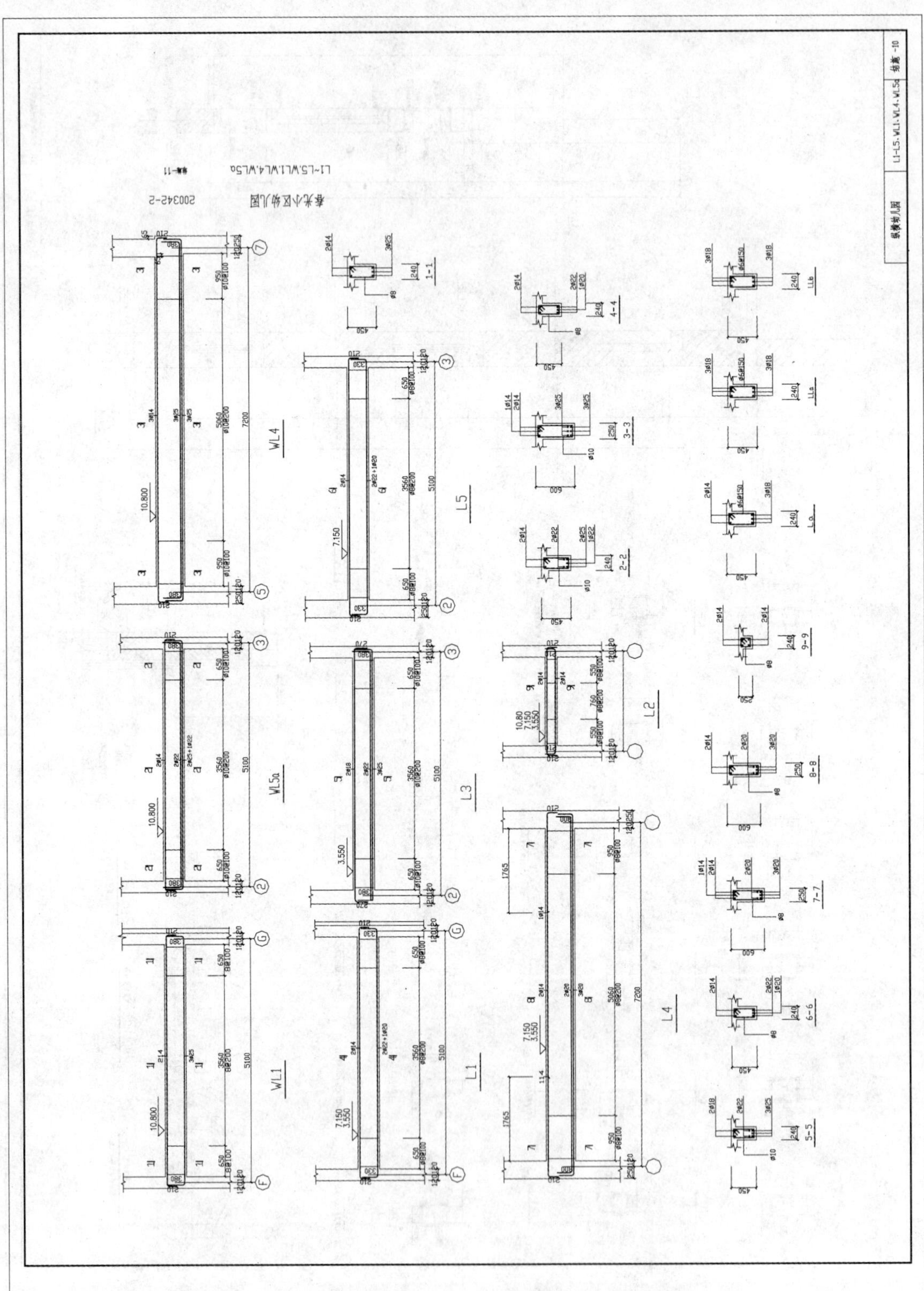
WL4
WL5a
WL1
L5
L3
L1
L2
L4

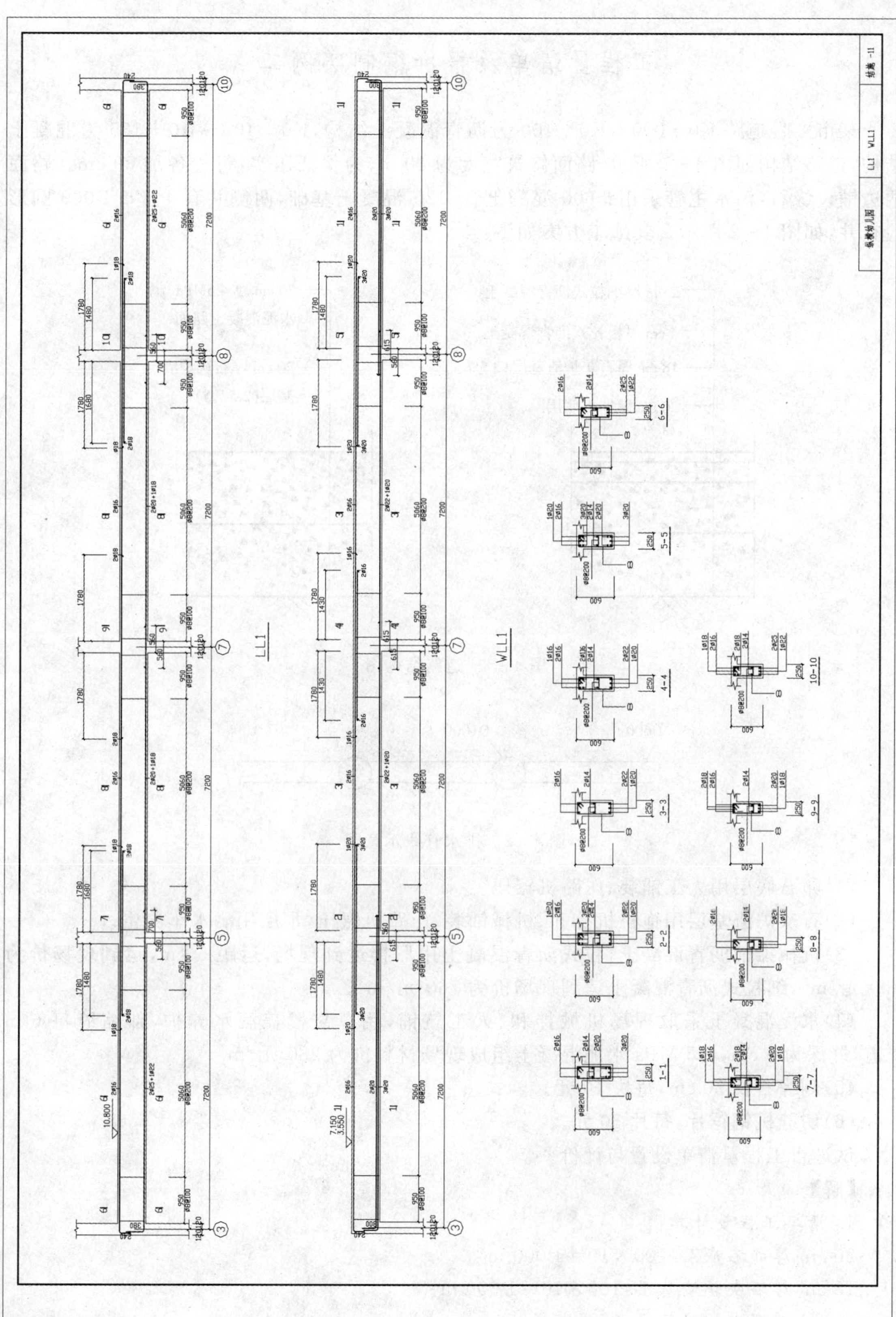
LL1
WLL1

工程量清单及报价编制实例二

某市二号道路K0＋000～K0＋100为沥青混凝土结构，K0＋100～K0＋135为混凝土结构，道路结构如图4－1所示，路面修筑宽度为10 m，为保证压实，每边各加30 cm。路面两边铺设缘石，污水主管采用ϕ 600混凝土管，120°混凝土基础，两侧共有4座ϕ 1 000圆形检查井，如图4－2所示。其施工方案如下：

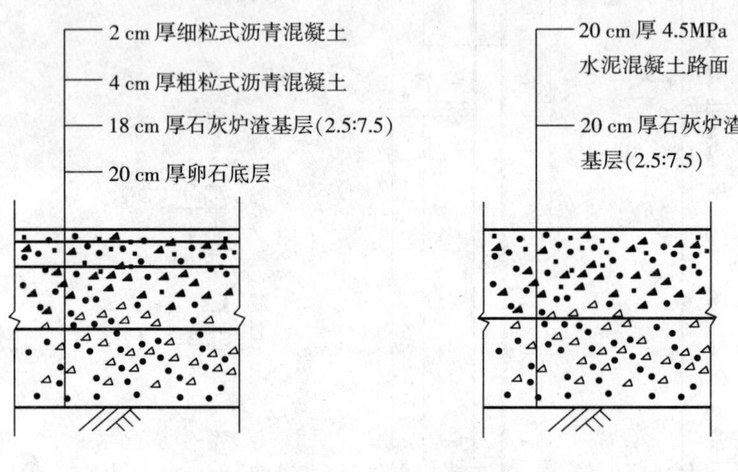

图4－1　道路结构图

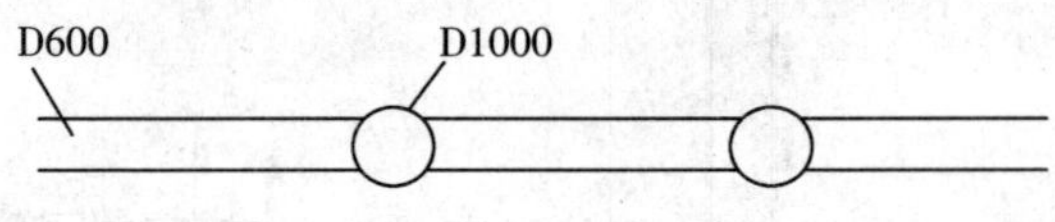

图4－2　排水管线示意图

(1)卵石底层用人工铺装、压路机辗压。

(2)石灰炉渣基层用拖拉机拌和、机械铺装、压路机辗压，顶层用洒水车养生。

(3)机械摊铺沥青混凝土，粒式沥青混凝土用厂拌运到现场，运距5 km，运到现场价为800元/m^3，细粒式沥青混凝土运到现场价为760元/m^3。

(4)水泥混凝土采取现场机械拌和、人工筑铺，用草袋覆盖洒水养护，伸缩缝每6 m 1道，缝深为5 cm，4.5 MPa水泥混凝土组成现场材料价为280元/m^3。

(5)侧缘石长50 cm，每块10元。

(6)切缝机钢锯片，每片30元。

试进行工程量清单设置与计价

【解】

1. 清单工程量计算：

20 cm厚卵石底层：100×10＝1 000 m^2

18 cm厚石灰炉渣基层：100×10＝1 000 m^2

20 cm厚石灰炉渣基层：35×10＝350 m^2

4 cm 厚沥青混凝土路面：100×10＝1 000 m^2

2 cm 厚沥青混凝土路面：100×10＝1 000 m^2

22 cm 厚水泥混凝土路面：35×10＝350 m^2

路缘石长：135×2＝270 m

混凝土管道铺设：135×2＝270 m

圆形检查井：4 座

工程量清单见表 4－2。

表 4－2　分部分项工程量清单工程量

序号	项目编码	项目名称	项目特征	计量单位	工程量
1	040202009001	卵石底层	厚 20 cm	m^2	1000
2	040202006001	石灰炉渣基层	2.5∶7.5 厚 18 cm	m^2	1000
3	040202006002	石灰炉渣基层	2.5∶7.5 厚 20 cm	m^2	350
4	040504003001	沥青混凝土路面	厚 4 cm，最大粒径 5 cm	m^2	1000
5	040504003002	沥青混凝土路面	厚 2 cm，最大粒径 3 cm	m^2	1000
6	040203005001	水泥混凝土路面	4.5 MPa 厚 22 cm	m^2	350
7	040204003001	安砌侧（平）缘石	C30 混凝土缘石	m	270
8	040501002001	混凝土管道铺设	120°混凝土基础，ϕ 600	m	270
9	040504001001	砌筑检查井	圆形ϕ 1 000	座	4

2. 综合单价计算：根据施工方案及工料机价格、消耗量进行综合单价编制，管理费及利润以（人工费＋机械费）为计算基础，管理费率取 8 %，利润率取 5 %（按安徽省建设工程计价规范取值）。

(1)20 cm 厚卵石底层：施工工程量为 100×(10＋0.3×2)＝1 060 m^2

1)人工铺卵石底层，20 cm 厚

① 人工费：(357.5 元/100 m^2)×1 060 m^2＝3 789.71 元

② 材料费：(1 664.87 元/100 m^2)×1 060 m^2＝17 646.56 元

③ 机械费：(83.63 元/100 m^2)×1 060 m^2＝886.48 元

2)综合

① 直接费小计：(3 789.71＋17 646.56＋886.48)元＝22 322.75 元

② 管理费：(3 789.71＋886.48)元×8 %＝374.10 元

③ 利润：(3 789.71＋886.48)元×5 %＝233.81 元

④ 合计：(22 322.75＋374.10＋233.81)元＝22 930.66 元

⑤ 综合单价：22 930.66 元÷1 000 m^2＝22.93 元/m^2

(2)18 cm 厚石灰炉渣基层：施工工程量为 100×(10＋0.3×2)＝1 060 m^2

1)拖拉机拌和石灰炉渣基层(2.5∶7.5 厚 20 cm)

① 人工费：(112.16 元/100 m^2)×1 060 m^2＝1 188.90 元

② 材料费：(1 756.05 元/100 m^2)×1 060 m^2＝18 614.13 元

③ 机械费：(172.94 元/100 m^2)×1 060 m^2＝1 833.16 元

2)拖拉机拌和石灰炉渣基层(2.5∶7.5)，减 2 cm

① 人工费：(－7.26 元/100 m^2)×1 060 m^2＝－76.96 元

② 材料费：(－174.98 元/100 m^2)×1 060 m^2＝－1 854.79 元

③ 机械费：(－2.16 元/100 m^2)×1 060 m^2＝－22.90 元

3)顶层多合土洒水车洒水养护

① 人工费：(2.08 元/100 m^2)×1 060 m^2＝22.05 元

② 材料费：(2.16 元/100 m^2)×1 060 m^2＝22.90 元

③ 机械费：(14.17 元/100 m^2)×1 060 m^2＝150.20 元

4)综合

① 直接费小计：19 876.70 元

② 管理费：3 094.466 元×8 %＝247.56 元

③ 利润：3 094.46 元×5 %＝254.72 元

④ 合计：(19 876.70＋247.56＋254.72)元＝20 278.98 元

⑤ 综合单价：20 278.98 元÷1000 m^2＝20.28 元/m^2

(3)石灰炉渣基层(2.5∶7.5 厚 20 cm)：施工工程量为 35×(10＋0.3×2)＝371 m^2

1)拖拉机拌和石灰炉渣基层(2.5∶7.5 厚 20 cm)

① 人工费：(112.16 元/100 m^2)×371 m^2＝416.11 元

② 材料费：(1 756.05 元/100 m^2)×371 m^2＝6 514.95 元

③ 机械费：(172.94 元/100 m^2)×371 m^2＝641.61 元

2)顶层多合土洒水车洒水养护

① 人工费：(2.08 元/100 m^2)×371 m^2＝7.72 元

② 材料费：(2.16 元/100 m^2)×371 m^2＝8.01 元

③ 机械费：(14.17/100 m^2)×371 m^2＝52.57 元

3)综合

① 直接费小计：7 640.97 元

② 管理费：1 118.01 元×8 %＝89.44 元

③ 利润：1 118.01 元×5 %＝55.90 元

④ 合计：(7 640.97＋89.44＋55.90)元＝7 786.31 元

⑤ 综合单价：7 786.31 元÷350 m^2＝22.25 元/m^2

(4)沥青混凝土路面(厚 4 cm，最大粒径 5 cm)，施工工程量为 100×10＝1 000 m^2

1)粗粒式沥青混凝土路面(厚 4 cm，机械摊铺)

① 人工费：(61.38 元/100 m^2)×1 000 m^2＝613.80 元

② 材料费：(24.74 元/100 m^2)×1 000 m^2＝247.4 元

沥青混凝土(未计价材料)：(4.04 m^3/100 m^2)×1 000 m^2×800 元/m^3＝32 320 元

③ 机械费：(148.34 元/100 m^2)×1 000 m^2＝148.34 元

2)喷洒沥青油料(石油沥青)

① 人工费：(2.36 元/100 m^2)×1 000 m^2＝23.6 元

② 材料费：(174.1 元/100 m^2)×1 000 m^2＝1 741 元

③ 机械费：(21.16 元/100 m^2)×1 000 m^2＝211.6 元

3)综合

① 直接费小计：36 640.8 元

② 管理费：2 332.40 元×8 %＝186.59 元

③ 利润：2 332.40 元×5 %＝116.62 元

④ 合计：(36 640.8＋186.59＋116.62)元＝36 944.01 元

⑤ 综合单价：36 944.01 元÷1 000 m^2＝36.94 元/m^2

(5)沥青混凝土路面(厚 2 cm，最大粒径 3 cm)，施工工程量为 100×10＝1 000 m^2

1)细粒式沥青混凝土路面(厚 2 cm，机械摊铺)

① 人工费：(46.04 元/100 m^2)×1 000 m^2＝460.4 元

② 材料费：(12.67 元/100 m^2)×1 000 m^2＝126.7 元

沥青混凝土(未计价材料)：(2.02 m^3/100 m^2)×1 000 m^2×760 元/m^3＝15 352 元

③ 机械费：(81.50 元/100 m^2)×1 000 m^2＝815 元

2)综合

① 直接费小计：16 754.10 元

② 管理费：1 275.4 元×8 %＝102.03 元

③ 利润：16 572.6 元×5 %＝63.77 元

④ 合计：(16 754.10＋102.03＋63.77)元＝16 919.90 元

⑤ 综合单价：16 919.90 元÷1 000 m^2＝16.92 元/m^2

(6)水泥混凝土路面(厚 22 cm，4.5 MPa)：施工工程量为 35×10＝350 m^2

1)水泥混凝土路面(厚 22 cm，4.5 MPa)

① 人工费：(982.7 元/100 m^2)×350 m^2＝3 439.45 元

② 材料费：(4 616.51 元/100 m^2)×350 m^2＝16 157.79 元

③ 机械费：(111.82 元/100 m^2)×350 m^2＝391.37 元

2)沥青玛碲脂伸缩缝：施工工程量为 0.05×10×5＝2.5 m^2

① 人工费：(96.53 元/10 m^2)×2.5 m^2＝24.13 元

② 材料费：(906.2 元/10 m^2)×2.5 m^2＝226.55 元

③ 机械费：无

3)锯缝机锯缝：施工工程量为 10×5＝50 m

① 人工费：(17.86 元/10 m)×50 m＝89.3 元

② 材料费：(24.82 元/10 m)×50 m＝124.1 元

③ 机械费：(6.96 元/10 m)×50 m＝34.8 元

4)混凝土路面养护(草袋)

① 人工费：(33.88 元/100 m^2)×350 m^2＝118.58 元

② 材料费：(63.76 元/100 m^2)×350 m^2＝223.16 元

③ 机械费：无

5)综合

① 直接费小计：20 829.23 元

② 管理费：4 097.63 元×8 %＝327.81 元

③ 利润:4 097.63 元×5 %=204.88 元

④ 合计:(20 829.23+327.81+204.88)元=21 361.92 元

⑤ 综合单价:21 361.92 元÷350 m^2=61.03 元/m^2

(7)安砌侧缘石(C30 混凝土,长 50 cm),施工工程量为 135×2=270 m

1)砂垫层:施工工程量为 0.25×0.05×270=3.38 m^3

① 人工费:(18.26 元/m^3)×3.38 m^3=61.72 元

② 材料费:(97.47 元/m^3)×3.38 m^3=329.45 元

③ 机械费:无

2)混凝土侧缘石:

① 人工费:(150.2 元/100 m)×270 m=405.54 元

② 材料费:(80.73 元/100 m)×270 m=217.97 元

混凝土缘石(未计价材料):101.5m/100 m×270 m×10 元/块×0.5m/块=1 370.25 元

③ 机械费:无

3)综合

① 直接费小计:2 384.93 元

② 管理费:467.26 元×8 %=37.38 元

③ 利润:467.26 元×5 %=23.36 元

④ 合计:(2 384.93+37.38+23.36)元=2 445.67 元

⑤ 综合单价:3 063 元÷270 m^2=9.06 元/m^2

(8)混凝土管道铺设:ϕ600 施工工程量为 135×2−0.7×4=267.2m

1)混凝土管道基础:120°混凝土基础

① 人工费:(1 252 元/100 m)×267.2m=3 345.34 元

② 材料费:(67.47 元/100 m)×267.2m=172.26 元

③ 机械费:(314.59 元/100 m)×267.2m=840.58 元

2)混凝土管道铺设:ϕ600 钢筋混凝土管

① 人工费:(721.77 元/100 m)×267.2 m=1 928.57 元

② 材料费:无

混凝土管(未计价材料):101 m/100 m×267.2 m×80 元/m=21 589.76 元

③ 机械费:无

3)管道闭水试验:工程量为 135×2=270 m

① 人工费:(89.96 元/100 m)×270=242.89 元

② 材料费:(139.56 元/100 m)×270=376.81 元

③ 机械费:无

4)综合

① 直接费小计:28 496.23 元

② 管理费:6 357.39 元×8 %=508.59 元

③ 利润:6 357.39 元×5 %=317.87 元

④ 合计:(28 496.23+508.59+317.87)元=29 322.69 元

⑤ 综合单价:34 490.12 元÷267.2 m=108.60 元/m

(9)污水检查井:ϕ1 000,施工工程量为2×2=4座

1)污水检查井:ϕ1 000

① 人工费:(231.38元/座)×4=925.52元

② 材料费:(699.26元/座)×4=2 797.04元

③ 机械费:(3.71元/座)×4=14.84元

2)综合

① 直接费小计:3 737.40元

② 管理费:940.36元×8%=75.23元

③ 利润:940.36元×5%=47.02元

④ 合计:(3 737.40+75.23+47.02)元=3 859.65元

⑤ 综合单价:3 859.65元÷4座=964.91元/座

分部分项工程量清单综合单价计算表见表4-3～表4-11。

表4-3　分部分项工程量清单综合单价计算表

工程名称:某市二号路道路工程　　　计量单位:m²

项目编码:040202009001　　　工程数量:1 000

项目名称:卵石(厚20 cm)　　　综合单价:22.93元

序号	定额编号	工程内容	单位	数量	其中					
					人工费	材料费	机械费	管理费	利润	小计
1	D2－137	卵石底层（厚20 cm）	100 m²	10.6	3789.71	17646.56	886.48			
		合计			3789.71	17646.56	886.48	374.10	233.81	22930.66

表4-4　分部分项工程量清单综合单价计算表

工程名称:某市二号路道路工程　　　计量单位:m²

项目编码:040202006001　　　工程数量:1 000

项目名称:石灰炉渣基层(厚18 cm,2.5∶7.5)　　　综合单价:20.28元

序号	定额编号	工程内容	单位	数量	其中					
					人工费	材料费	机械费	管理费	利润	小计
1	D2－243	石灰炉渣基层（厚20 cm）	100 m²	10.6	1188.90	18614.13	1833.16			
2	D2－244	石灰炉渣基层（减2 cm）	100 m²	10.6	－76.96	－1854.79	－22.90			

（续表）

序号	定额编号	工程内容	单位	数量	其中					
					人工费	材料费	机械费	管理费	利润	小计
3	D2—268	顶层多合土养护	100 m²	10.6	20.05	22.9	150.2			
		合计			1133.99	16782.24	1960.47	247.56	154.72	20278.98

表 4－5　分部分项工程量清单综合单价计算表

工程名称：某市二号路道路工程　　　　计量单位：m²

项目编码：040202006002　　　　工程数量：350

项目名称：石灰炉渣基层（厚 20 cm，2.5：7.5）　　　　综合单价：22.25 元

序号	定额编号	工程内容	单位	数量	其中					
					人工费	材料费	机械费	管理费	利润	小计
1	D2—243	石灰炉渣基层（厚 20 cm）	100 m²	3.71	416.11	6514.95	641.61			
2	D2—268	顶层多合土养护	100 m²	3.71	7.72	8.01	52.57			
		合计			423.83	6522.96	694.18	89.44	55.90	7786.31

表 4－6　分部分项工程量清单综合单价计算表

工程名称：某市二号路道路工程　　　　计量单位：m²

项目编码：040202009001　　　　工程数量：1 000

项目名称：卵石（厚 20 cm）　　　　综合单价：22.93 元

序号	定额编号	工程内容	单位	数量	其中					
					人工费	材料费	机械费	管理费	利润	小计
1	D2—323	粗粒式沥青混凝土路面，机械摊铺 4 cm 厚	100 m²	10	613.80	247.40	1483.40			
2	D2—372	喷洒沥青油	100 m²	10	23.60	1741.00	211.60			
3		沥青混凝土	m³	40.4		32320				
		合计			637.40	34308.40	1695.00	186.59	116.62	36944.01

表 4-7　分部分项工程量清单综合单价计算表

工程名称：某市二号路道路工程　　　　计量单位：m^2

项目编码：040203004001　　　　工程数量：1 000

项目名称：沥青混凝土路面(厚 2 cm，细粒式)　　　　综合单价：16.92 元

序号	定额编号	工程内容	单位	数量	其中					
					人工费	材料费	机械费	管理费	利润	小计
1	D2－340	细粒式沥青混凝土路面，机械摊铺 2 cm 厚	100 m^2	10	460.40	126.70	815.00			
2		沥青混凝土	m^3	20.2		15352				
		合计			460.40	15478.70	815.00	102.03	63.77	16919.90

表 4-8　分部分项工程量清单综合单价计算表

工程名称：某市二号路道路工程　　　　计量单位：m^2

项目编码：040203005001　　　　工程数量：350

项目名称：水泥混凝土面层(厚 22 cm，4.5 MPa)　　　　综合单价：61.03 元

序号	定额编号	工程内容	单位	数量	其中					
					人工费	材料费	机械费	管理费	利润	小计
1	D2－346	水泥混凝土面层，厚 22 cm	100 m^2	3.5	3439.45	16157.79	391.37			
2	D2－353	伸缩缝，沥青玛蹄脂	10 m^2	0.25	24.13	226.55				
3	D2－357	锯缝机锯缝	10 m	5	89.30	124.10	34.80			
4	D2－362	路面养护(草袋)	100 m^2	3.5	118.58	223.16				
		合计			3671.46	16731.60	426.17	327.81	204.88	21361.92

表 4－9　分部分项工程量清单综合单价计算表

工程名称：某市二号路道路工程　　　　计量单位：m^2

项目编码：040204003001　　　　工程数量：270

项目名称：安砌侧缘石　　　　综合单价：9.06 元

序号	定额编号	工程内容	单位	数量	其中					
					人工费	材料费	机械费	管理费	利润	小计
1	D2－408	砂垫层	m^3	3.38	61.72	329.45				
2	D2－411	砼缘石安砌	100 m	2.7	405.54	217.97				
		砼缘石	m	274.05		1370.25				
		合计			467.26	1917.67		37.38	23.36	2445.67

表 4－10　分部分项工程量清单综合单价计算表

工程名称：某市二号路道路工程　　　　计量单位：m^2

项目编码：0040501002001　　　　工程数量：270

项目名称：混凝土管道铺设　　　　综合单价：108.60 元

序号	定额编号	工程内容	单位	数量	其中					
					人工费	材料费	机械费	管理费	利润	小计
1	D5－44	120°混凝土管道基础	100 m	2.672	3345.34	172.26	840.58			
2	D2－411	ϕ600 砼管铺设	100 m	2.672	1928.57					
		钢筋砼管	m	269.87		21589.76				
3	D5－2636	管道闭水试验	100 m	2.7	242.89	376.81				
		合计			5516.81	22138.84	840.58	508.59	317.87	29322.69

表 4－11　分部分项工程量清单综合单价计算表

工程名称：某市二号路道路工程　　　　计量单位：m^2

项目编码：040504001001　　　　工程数量：4

项目名称：污水检查井　　　　综合单价：964.91 元

序号	定额编号	工程内容	单位	数量	其中					
					人工费	材料费	机械费	管理费	利润	小计
1	D5－1549	污水检查井，ϕ1 000	座	4	925.52	2797.04	14.84			
		合计			925.52	2797.04	14.84	75.23	47.02	3859.65

3. 分部分项工程量清单计价

分部分项工程量清单计价见表 4 - 12。

表 4 - 12　分部分项工程量清单计价表

序号	项目编码	项目名称	计量单位	工程数量	金额(元)	
					综合单价	合计
1	040202009001	卵石底层(厚 20 cm)	m^2	1 000	22.93	22 930.0
2	040202006001	石灰炉渣基层(2.5∶7.5 厚 18 cm)	m^2	1 000	20.28	20 280.0
3	040202006002	石灰炉渣基层(2.5∶7.5 厚 20 cm)	m^2	350	22.25	7787.5
4	040504003001	沥青混凝土路面(厚 4 cm,最大粒径 5 cm)	m^2	1 000	36.94	36 940.0
5	040504003002	沥青混凝土路面(厚 2 cm,最大粒径 3 cm)	m^2	1 000	16.92	16 920.0
6	040203005001	水泥混凝土路面(4.5 MPa 厚 22 cm)	m^2	350	61.03	21360.5
7	040204003001	安砌侧缘石(C30 混凝土缘石)	m	270	9.06	2446.2
8	040501002001	混凝土管道铺设(120 混凝土基础,ϕ 600)	m	270	108.60	29322.0
9	040504001001	砌筑检查井(圆形ϕ 1 000)	座	4	964.91	3 859.6
		合计				161846

参 考 文 献

[1] 建设工程工程量清单计价规范(GB 50500－2008). 北京:中国计划出版社,2008.
[2] 建设工程工程量清单计价规范宣贯辅导材料. 北京:中国计划出版社,2008.
[3] 建设部、财政部建标[2003]206 号文.
[4] 杨博. 安徽省建筑工程消耗量定额. 北京:中国计划出版社,2005.
[5] 安徽省建筑工程消耗量定额综合单价. 安徽省建设工程造价总站.
[6] 杨博. 安徽省市政工程消耗量定额. 北京:中国计划出版社,2005.
[7] 杨博. 安徽省建设工程清单计价费用定额. 北京:中国计划出版社,2005.
[8] 安淑兰,徐秀维,何俊. 建筑工程计量与计价. 北京:中国电力出版社,2008.
[9] 吴韵侠. 建筑工程清单计价. 北京:中国水利水电出版社,2008.